Räumliche Kurven und Flächen
in phänomenologischer Behandlung

mit 164 Abbildungen

von

Wolfgang Kroll
Honorarprofessor der Philipps-Universität Marburg

Bibliografische Information der Deutschen Nationalbibliothek
Die Deutsche Nationalbibliothek verzeichnet diese Publikation in der Deutschen Nationalbibliografie; detaillierte bibliografische Daten sind im Internet über http://dnb.d-nb.de abrufbar.

Bibliographic information published by the Deutsche Nationalbibliothek
The Deutsche Nationalbibliothek lists this publication in the Deutsche Nationalbibliografie; detailed bibliographic data are available in the Internet at http://dnb.d-nb.de.

Information bibliographique de la Deutsche Nationalbibliothek
La Deutsche Nationalbibliothek a répertorié cette publication dans la Deutsche Nationalbibliografie; les données bibliographiques détaillées peuvent être consultées sur Internet à l'adresse http://dnb.d-nb.de.

ISBN 978-3-00-021836-1

Inhalt

Eine Kultur, die Innovationen behindert, wird nicht mehr wie in ferner Vergangenheit bloß stillstehen, sie bietet ihren Mitgliedern vielmehr sich verschlechternde Lebensbedingungen.

Gero von Randow

Einleitung

Dieses Buch ist in der Überzeugung geschrieben, dass eine innovative, substanzreiche Raumgeometrie einen wichtigen Platz im zukünftigen Mathematikunterricht der Oberstufe einnehmen muss und wird. So schreiben BAPTIST und WINTER in einer Expertise, in der sie Grundsätze für ein zukünftiges „Kerncurriculum Mathematik"[1] darlegen:

> „Der Geometrie sollte ein weit höheres Gesicht zukommen. Hier können die Schüler sehen, was sie denken! Die formale Lineare Algebra/Analytische Geometrie muss wieder zu einer reichhaltigen Analytischen Geometrie (unter Einbeziehung geeigneter Software) werden. Zu einer Methode also, mit der sich prinzipiell unendlich vielfältige (räumliche) Gebilde erzeugen und untersuchen lassen, von denen einige unmittelbar Bedeutung für alle Menschen haben."[2]

Auch die zweite Expertengruppe, die sich im gleichen Werk mit dem gleichen Thema auseinandersetzt, betont die Bedeutung der Geometrie[3] und verweist dabei besonders auf SCHUPP, der in zahlreichen Veröffentlichungen die allgemeinbildenden Potenzen eines *objektexplorierenden Geometrieunterrichts* herausgearbeitet hat.[4] In diesem Sinne ist das Buch geschrieben: Es stellt Phänomene des Raumes – der die Ebene miteinschließt – dar und entwickelt Materialien für einen Unterricht, in dem Analysis und Analytische Geometrie eng miteinander vernetzt sind. Damit möchte es auch eine Lücke in der didaktischen Literatur füllen, in der dieses Thema fast vollständig vernachlässigt wird.

Obwohl wir in einem dreidimensionalen Raum leben und obwohl die Mathematik schon von alters her räumliche Formen und Strukturen untersucht, hat eine substantielle Raumgeometrie und -analysis im Unterricht des Gymnasiums bisher kaum eine Rolle gespielt. Das gilt auch für die Lineare Algebra, die das Räumliche auf Geraden und Ebenen verdünnt, allenfalls erweitert um einige Berechnungen an der Kugel. Der Hauptgrund, auf den eine solche Verengung der Aspekte zurückzuführen ist, dürfte in den Schwierigkeiten der räumlichen Darstellung komplexerer Gegenstände zu suchen sein. Wofür aber früher sehr viel Zeit und Mühe aufgewandt werden musste, sind heute nur noch wenige Eingaben im Computer nötig. Das Ergebnis ist eine korrekte und ausdrucksstarke Graphik, die

[1] In „Kerncurriculum Oberstufe", im Auftrag der Kultusministerkonferenz herausgegeben von H.-E. TENORTH. Vgl. [Tenorth 2001]

[2] [Baptist, Winter 2001; S. 72]

[3] [Borneleit, Dankwerts, Henn, Weigand 2001; S. 42]

[4] Vgl. insbesondere [Schupp 1998] und [Schupp 2000].

darüber hinaus *leicht und auf vielfältige Weise manipulierbar ist.* Durch *Animation* z. B. kann man den Entstehungsprozess wichtiger Elemente sichtbar machen, durch *Drehung* den Gegenstand von allen Seiten inspizieren, durch *Vergrößern* Details hervorheben und so weiter. Die Bedienung der Software ist darüber hinaus nicht schwer zu erlernen. Sie dürfte in Zukunft sogar noch einfacher werden, da an ihrer kundenorientierten Weiterentwicklung intensiv gearbeitet wird.

Ein weiterer wichtiger Aspekt in diesem Zusammenhang ist, dass jede noch so schöne computergenerierte *räumliche* Graphik immer nur eine *Ansicht* (Projektion) darstellt. Erst das Gehirn erzeugt daraus einen kognitiven Repräsentanten des „wahren Gegenstandes", während dieser im zweidimensionalen Fall als ebene Kurve *unmittelbar* gegeben ist. Untersuchungen räumlicher Gebilde sind daher nicht trivial; für ihre Exploration kann es kein allgemeines Schema geben, das auch ein Rechner erledigen könnte. *„Analysis" findet in einem solchen Kurs wieder in einem ernst zu nehmenden Sinne statt.*

Mit dem mächtigen Werkzeug des Rechners wird so eine Raumgeometrie möglich, die über das Lineare weit hinausgeht. Wie bereits gesagt, geht es dabei um eine *Phänomenologie des Raumes*, wie sie durch räumliche Kurven und nichtebene Flächen erfahrbar ist. Beide Phänomene sind eng aufeinander bezogen. Flächen tragen Kurven, und selbst wenn eine Kurve unabhängig von allen Flächen zu sein scheint, wie zum Beispiel die Bahnkurve eines bewegten Körpers, so führen doch bereits ihre einfachsten Untersuchungen auf projizierende Flächen, denen sie angehört. Häufig aber werden Kurven überhaupt erst durch den Schnitt zweier Flächen definiert. Darüber hinaus gehört die Aussage, auf welchen Flächen die Kurve liegt, zu ihren wichtigen Merkmalen und dient bei einfach vorstellbaren Flächen ihrer Veranschaulichung. Kurven, als Bahnkurven gedeutet, sind dynamischer Natur; Flächen begreift man dagegen vor allem als statische Gebilde. Als solche dienen sie der Abgrenzung von Körpern und geben ihnen eine greifbare Gestalt. Das schließt nicht aus, dass jede Fläche auch dynamisch erzeugt werden kann, zum Beispiel durch die Bewegung einer Kurve. Gerade in unserer Alltagswelt wird davon umfassender Gebrauch gemacht. Auch die graphische Darstellung von Flächen mit dem Rechner beruht auf Kurven, und die Untersuchung von Flächeneigenschaften wäre ohne ihre Hilfe unmöglich. Aus diesem Grunde ist es sinnvoll, Flächen und Kurven miteinander zu betrachten und nicht voneinander zu trennen, wie es in den Lehrbüchern der Differentialgeometrie geschieht, die in erster Linie auf die Entwicklung der Theorie aus sind.

Wir gehen nun näher auf die Einzelheiten ein, von denen wir uns bei der Abfassung des Buches haben leiten lassen.

Zum Didaktischen Konzept: In einem Buch, das anhand markanter Phänomene die Raumerfahrung intensivieren und die räumliche Anschauung fördern möchte, sind die Objekte um ihrer selbst willen da und dienen nicht bloß als Beispiele für etwas Allgemeineres, Abstrakteres oder gar nur als Rechenanlässe. Sie sind vielmehr *Gegenstände eigenen Wertes*, beglaubigt durch den Kontext, in den sie – historisch, genetisch, inner- und außermathematisch – gestellt sind.[5] Sie zu untersuchen, heißt, sie verstehen zu lernen. Daher werden formale Ergebnisse nicht nur diskutiert, sondern möglichst auch anschaulich erklärt. Als ein Beispiel für viele, das besonders prägnant ist, sei die *Tangentenfläche* angeführt.[6] Ihre Zweiblättrigkeit gehört sicher mit zu den interessantesten Phänomenen des Raumes.

Gegenüber diesem Anliegen treten formale Deduktionen in den Hintergrund. Doch die Mathematik wäre nicht die Mathematik, wenn man auf ihre so effiziente Symbolsprache umstandslos verzichten könnte. Wir befolgen lediglich den Grundsatz: „*So anschaulich wie möglich, so formal wie nötig*“ und sind überzeugt, dass formale Genauigkeit ohne ein anschaulich fundiertes Verständnis nur wenig zur Allgemeinbildung beitragen kann. Demgemäß werden Eigenschaften, die zum Beispiel bei der Anwendung von Formeln als selbstverständlich gelten können, in diesem Buch nicht explizit angeführt; Sätze nicht mit größtmöglicher Allgemeinheit formuliert; symbolische Schreibweisen so einfach wie möglich gehalten. Dafür ist der erklärende Text recht ausführlich angelegt und bezieht dabei auch kulturelle Phänomene mit ein. Die Tatsache, dass Beziehungen zu ihnen in so reichem Maße vorhanden sind, unterstreicht die Bedeutung der Mathematik und motiviert zugleich die vorgenommenen Entwicklungen. Kleinere *historische Exkurse* sind eingeflochten.[7] Sie zeigen, dass die Mathematik auch ein menschliches Antlitz besitzt. Leider gibt es aber nur wenige Beispiele, in denen es so gut identifizierbar ist wie in diesen.[8] Am überpersönlichen Charakter der Mathematik ändert das nichts.

Als weiteres wichtiges Element des didaktischen Konzepts nennen wir die *Vernetzung* von Analysis und Linearer Algebra/Analytischer Geometrie. In *vertikaler* Hinsicht wird sie z. B. dadurch bewirkt, dass die infinitesimalen Grundvorstellungen der Analysis immer wieder herangezogen werden müssen, zum Herstellen von Begriffen und Lösen von Problemen. Oder dadurch, dass die *Basistransformation* der Linearen Algebra einfache Lösungen von schwierig erscheinenden Aufgaben erlaubt[9] und die *Linearkombination* der

[5] Vgl. hierzu [Kroll 2005a; S. 2]

[6] S. 29 ff

[7] Vgl. S. 111 ff und S. 180 ff.

[8] Das gilt vor allem für ihre älteren Wissensbestände, die in der Schule gelehrt werden, nicht für die moderne Forschung.

[9] Siehe z. B. S. 82 oder S. 223.

substantiellen Flächenerzeugung dient.[10] In horizontaler Hinsicht ist sie darin zu sehen, dass die Methoden der Analysis und Linearen Algebra/Analytischen Geometrie ständig im Einsatz sind und auf die gleichen Objekte im gleichen Zusammenhang angewendet werden. Ohne Übertreibung kann man daher sagen, dass die Reichweite des gesamten zuvor entwickelten Instumentariums erst in der Raumgeometrie wirklich sichtbar wird.

Es versteht sich, dass „Lernen in sinnvollen Zusammenhängen", wie es von allen Seiten gefordert wird, in einem solch reichhaltigen Kontext, der Bezüge in so vielen Richtungen aufweist, optimal gefördert wird. Dabei werden selbstständige Aktivitäten der Schüler und Schülerinnen immer wieder explizit angeregt. Sie werden zum Variieren aufgefordert, zum Erzeugen und Interpretieren von Graphen, zum Lösen von Problemen unterschiedlichen Schwierigkeitsgrades, kurz: sie werden nicht als *Konsumenten* behandelt, sondern als ernst zu nehmende Mitwirkende in einem vielschichtigen Produktionsprozess. Und last but not least: Sie ernten als Frucht ihrer Bemühungen nicht selten ein ästhetisch besonders ansprechendes Produkt! Raumgeometrie lohnt sich.

Zu Inhalt und Aufbau des Buches: Wer von diesem Buch eine „abgespeckte" Differentialgeometrie erwartet, wird sich enttäuscht sehen. Zwar werden die Mittel der Analysis angewandt, um Kurven und Flächen genauer zu untersuchen, doch nur in dem Umfang, wie sie üblicherweise in der Schule zur Verfügung stehen. Sie reichen gerade zur Einführung der beiden Begriffe Krümmung und Torsion aus. Doch während die Differentialgeometrie auf ihnen aufbaut, ist hiermit in diesem Buch schon der Schlusspunkt gesetzt. Sie sollten gleichwohl nicht fehlen, weil das Phänomen der „doppelten Krümmung" für Raumkurven charakteristisch und auch historisch bedeutsam ist.

Andrerseits enthält das Buch Anwendungen der Analysis, die in der Differentialgeometrie normalerweise nicht behandelt werden. Das Auftreten doppelter Integrale wird dabei nicht als Hindernis angesehen, da es sich anschaulich ebenso wie ihre Ausrechnung leicht verstehen lässt. In welcher Weise ein Computer-Algebra-System (CAS) die gegebenenfalls nummerischen Auswertungen vornimmt, darf dabei offen bleiben. Es genügt, wenn man sich in einfachen Fällen von der Korrektheit der Ergebnisse überzeugen kann. Wir möchten aber hervorheben, dass zu einer Phänomenologie von Kurven und Flächen nicht nur Aussagen über Bogenlängen, sondern auch über Flächen- und Rauminhalte gehören. Insbesondere ist es dank des CAS heute kein Problem mehr, den Inhalt von *Flächenausschnitten* zu berechnen. Es genügt, sie geeignet zu parametrisieren und den Betrag des Kreuzproduktes der beiden Ableitungen mit Hilfe des CAS zu bilden. Dass dieser Integrand häufig recht kompliziert ausfällt, entspricht der Natur der Sache. Gleichwohl kann man mindestens nummerische Werte erhalten. Doch gibt es genug interessante Fälle, in

[10] Vgl. S. 12 ff.

denen auch exakte Integrationen möglich sind. Das Buch enthält dazu zahlreiche Beispiele. Im Gegensatz zu den Anwendungen der Analysis im üblichen Unterricht, die häufig sehr künstlich sind, erscheinen dabei die Fragestellungen naheliegend und ganz natürlich.

Ein weiterer allgemeiner, den Inhalt des Buches betreffender Gesichtspunkt ist darin zu sehen, dass die Schlüsselrolle der Koordinaten viel deutlicher hervortritt, als wenn man es nur mit der Ebene zu tun hätte. Jede Parametrisierung einer Fläche kann im Prinzip als Einführung von (meist krummlinigen) Koordinaten verstanden werden. Funktionale Abhängigkeiten oder Gleichungen zwischen Parametern definieren Kurven, die man ähnlich untersuchen kann wie in der Ebene. Die bekannte falsche Identifizierung einer Gleichung der Form $y = cx^2$ mit einer Kurve von „parabolischer Gestalt" wird angesichts so stark von ihr abweichender Kurven auf der Kugel oder dem Zylinder als Graph derselben Funktion (jeweils in der Standardparametrisierung) gründlich in Frage gestellt. Die Übertragung von Begriffen, die in der Ebene gewonnen wurden – zum Beispiel: Was bedeutet die Ableitung von $y = cx^2$ für die Kurve auf der Kugel? Was hat sie mit „der" Tangente zu tun? – führt darüber hinaus zu neuem Nachdenken und zu einem vertieften Verständnis der Grundbegriffe der Analysis.

Kugel und Zylinder stehen im Mittelpunkt des Buches. Beide stellen *Urformen* krummer Flächen dar, aus denen sich viele komplexere Formen aus Natur und Technik zusammensetzen (lassen). Die Kugel aber steht trotz ihrer größeren Komplexität an erster Stelle, nicht nur weil die Erde ihre Form hat und jeder mehr über sie wissen müsste, als dass sie rund ist, sondern weil sie unter den nichttrivialen Flächen die einfachste ist. Sie konfrontiert sogleich mit wichtigen Fragen der Raumgeometrie, führt zu historisch und heute noch bedeutsamen realen Problemstellungen und nicht zuletzt zu ästhetisch überaus reizvollen Kurven. Keine andere Fläche weist so reichhaltige, über die Mathematik hinausgehende Bezüge auf.

Dementsprechend ist das erste Kapitel den sphärischen Kurven gewidmet. Erst im zweiten folgt der Zylinder. Die Inhaltsberechnungen werden in einem gesonderten Kapitel vorgenommen, da sie einerseits recht umfangreich sind, andrerseits bereits hinreichende Vorkenntnisse über Kurven und Flächen vorhanden sein sollten. Das vierte und fünfte Kapitel bringen dann im wesentlichen „Anwendungen" in verschiedenen Zusammenhängen, die exemplarisch zeigen wollen, wie man auf den Kenntnissen der ersten drei Kapitel aufbauend weitermachen kann. Es versteht sich, dass dabei auch neue Aspekte zur Sprache kommen.

Jedem Paragraphen sind Aufgaben und so weit möglich „Arbeitsaufträge" beigegeben. Die unterschiedliche Bezeichnung weist lediglich darauf hin, dass die letzteren *umfangreichere* Untersuchungen erforderlich machen, *nicht unbedingt schwierigere*. Ein höherer Anspruch wird generell mit einem Stern * gekennzeichnet, nicht nur im Fall der Aufgaben, sondern auch des Textes. Jedes Kapitel wird durch didaktische Hinweise, die für die unterrichtliche Behandlung des Stoffes von Bedeutung sind, im Anhang ergänzt. Lösungen der Aufgaben und Hinweise zu den Arbeitsaufträgen sollen in einem gesonderten Band erscheinen.

Zur Arbeit mit dem Buch: Das Buch will kein Schulbuch im engeren Sinne des Wortes sein, obwohl es *für die Schule* geschrieben ist. Deshalb ist das erste Kapitel bewusst so abgefasst, dass ein Lehrer seinem Text folgend ohne größeren Aufwand eine Unterrichtsreihe konzipieren kann, bei der die Schüler im vorgesehenen Sinne an der Erarbeitung teilnehmen. Da das Buch aber auch eine Materialsammlung darstellt, wird man natürlich auswählen müssen. Eine Unterrichtseinheit wäre bereits mit den ersten drei Abschnitten und Paragraph 1.4.1 sinnvoll abgeschlossen. Stattdessen wäre aber auch ein Einstieg mit Kapitel 2 möglich, wobei nur die allgemeinen Bemerkungen der ersten drei Abschnitte etwas angepasst werden müssten. Näheres dazu entnehme man den didaktischen Anmerkungen zu den Kapiteln 1 und 2.

Eine zweite Unterrichtseinheit über Flächen- und Volumenberechnung sollte sich aber unbedingt der ersten anschließen, wobei sogar der sofortige Einstieg mit den beiden allgemeinen Formeln 3.2 möglich wäre. Mit dieser zweiten Einheit wären dann die Voraussetzungen für die Bearbeitung des restlichen Inhalts gegeben, so dass – gegebenenfalls auch als selbstständige Arbeit – weitere Themen in Angriff genommen werden können.

Das Buch wendet sich aber auch an Hochschullehrer, die in der Ausbildung von Gymnasiallehrern tätig sind. Eine entsprechende Vorlesung, eventuell mit anschließendem Seminar, wäre nicht nur hinreichend praxisbezogen, sondern bei entsprechender Gestaltung[11] auch hinreichend anspruchsvoll, um neben anderen universitären Kursen bestehen zu können. Bedenkt man, dass sich die Kritik an der Praxisferne der Ausbildung immer vehementer äußert, so sollte diese Möglichkeit durchaus willkommen sein.

Zur Realisierung: Wir gehen davon aus, dass durch den Rechnereinsatz das Training formaler Fertigkeiten im Unterricht, das bisher die meiste Zeit beansprucht hat, stark reduziert werden kann.[12] Auch wenn die dadurch gewonnene Zeit zur besseren Entwicklung von Grundvorstellungen und der aus ihnen resultierenden Verfahren herangezogen wird, dürften drei Semester für die Blöcke Analysis und Lineare Algebra/Analytische Geometrie ausreichen. Damit wäre Zeit für einen beide Gebiete vernetzenden Anschlusskurs über Kurven und Flächen im Raum gewonnen. Ein solcher würde auch genügend Gelegenheit bieten, die einschlägigen Methoden immer wieder im *neuen Zusammenhang* anzuwenden. Der *Grundsatz des kumulativen Lernens* käme auf diese Weise optimal zur Geltung.

[11] die die noch notwendigen Präzisierungen miteinschließen würde

[12] Das entspricht den Forderungen der beiden schon erwähnten Expertenteams.

Von den Teilnehmern eines solchen Kurses wird erwartet, dass sie

- Verständnis für die Grundbegriffe und Verfahren der Analysis erworben haben;
- die elementaren Eigenschaften von Sinus und Kosinus sowie der Exponentialfunktion kennen;
- Vektoralgebra einschließlich Skalar- und Kreuzprodukt auf geometrische Probleme anwenden können;
- mit einem Computer-Algebra-System umzugehen gelernt haben und einschlägige Rechnungen der Analysis und Linearen Algebra mit seiner Hilfe ausführen können.

Darüber hinaus wäre es wünschenswert – aber nicht Bedingung – wenn die Schüler bereits jetzt eine Dynamische-Geometrie-Software kennen gelernt und mit ihrer Hilfe *räumliche Graphen* erstellt haben.

In technologischer Hinsicht wird vorausgesetzt, dass die Schüler über einen *Taschencomputer* verfügen, mit dem sie im Unterricht wie zu Hause allfällige Rechnungen ausführen können.[13] Darüber hinaus sollten sie jederzeit Zugang zu einem leistungsfähigen CAS[14] haben, um vor allem räumliche Graphen zu erstellen und mit ihnen zu experimentieren. Am einfachsten wäre das wohl mit Laptops zu realisieren, sofern nicht die weitere Entwicklung der Unterrichtstechnologien neue Lösungen für dieses Problem findet. Auf die Besonderheiten, die beim Erzeugen räumlicher Graphen mittels einer geeigneten Software zu beachten sind, gehen wir selbst zu Beginn des Buches ein, da es für alles Folgende grundlegend ist.

Dieses Buch wäre nicht entstanden, wenn mein Freund Hans Schupp nicht dazu angeregt und es in allen Phasen seines Werdens kritisch-konstruktiv begleitet hätte. Dafür sei ihm auch an dieser Stelle besonders gedankt. Großen Dank schulde ich auch Frau Jutta Happel, die die mühsame Arbeit der Übertragung des Textes aus der Handschrift in Maschinenschrift mit Geduld und großer Sorgfalt ausgeführt hat. Ich danke ferner den Herren Dr. Sorgatz von SciFace Software und Dr. Gehrs von der MuPAD-Forschungsgruppe Paderborn, die mich bei der Einarbeitung in die Software MuPAD Pro stets bereitwillig unterstützt haben, sowie der MuPAD Education Group dafür, dass sie den gesamten Text einschließlich Begleitmaterial ins Internet gestellt und für die Öffentlichkeit verfügbar gemacht hat. Schließlich möchte ich noch Herrn Dr. Bauch vom Netzwerk ObDiMat dankbar erwähnen. Er hat sich uneigennützig nach Druckmöglichkeiten umgesehen und so zur Veröffentlichung des Buches entscheidend beigetragen.

Sarnau, im Sommer 2007 — Wolfgang Kroll

[13] Hier ist an den *voyage 200*™ gedacht.
[14] Zum Beispiel *MuPAD*® Pro 3 oder 4

1 Kurven auf der Kugel

Auf Grund ihrer hochgradigen Symmetrie nimmt die Kugel einen besonderen Platz unter den Flächen ein. Im Alltag unterscheidet man dabei meist nicht zwischen der Kugel als dreidimensionalem Körper und ihrer zweidimensionalen Oberfläche, da in der Regel aus dem Zusammenhang hervorgeht, was gemeint ist. In der höheren Mathematik ist es dagegen üblich, die Oberfläche der Kugel nach dem altgriechischen Wort für die Himmelskugel als *Sphäre* zu bezeichnen. Kurven, die auf der Kugel liegen, heißen daher auch *Sphärische Kurven*. In diesem Kapitel sollen einige besonders markante Beispiele von ihnen betrachtet werden. Dagegen ist die Kugel als solche nicht Gegenstand der Untersuchung. Ihre elementaren, aus der Schule bekannten Eigenschaften werden vorausgesetzt, von ihren tiefer liegenden Eigenschaften[1] wird im vierten Abschnitt nur das Problem der kürzesten Linien besprochen.

Kurven lassen sich mit Hilfe *dynamischer Geometriesoftware* (DGS) einfach zeichnen. Da es sich im allgemeinen um Kurven auf Flächen handelt, würde man jedoch auf einen wesentlichen Teil der Information, der mittels einer Graphik möglich ist, verzichten, wenn man die Kurve ohne ihre Trägerfläche zeichnen würde. Aus diesem Grund handelt der erste Abschnitt des Kapitels davon, wie man mit Hilfe des PC eine Flächengraphik erzeugt. Erst danach wird eine Kurve vorgestellt, die aus verschiedenen Gründen prominent genannt werden kann: die Kurve von Vincenzo VIVIANI. Sie hat in der neuzeitlichen Entwicklung der Mathematik eine bedeutsame Rolle gespielt und zeichnet sich durch interessante Eigenschaften aus. Insbesondere ist sie eine der schönsten sphärischen Kurven, und eignet sich auf Grund ihrer einfachen Erzeugung gut für eine erste Begegnung. Wenn man jedoch tiefer eindringen will, muss man wie bei den ebenen Kurven die Analysis heranziehen. Der dritte Abschnitt handelt dabei von den verschiedenen Approximationsmöglichkeiten durch lineare Objekte (Gerade, Ebene), während die Flächen- und Volumenberechnung erst im Kapitel 3 dargestellt werden. Mit der Berechnung von Bogenlängen, die eng mit dem Tangentenbegriff zusammenhängt, kommen aber auch bereits in diesem Kapitel Anwendungen der Intergralrechnung vor (vierter Abschnitt). Den Schluss bildet ein Exkurs über Radlinien und andere kinematisch erzeugbare Kurven. Er bietet zusätzliches Material und ist als Ergänzung gedacht.

[1] Vgl. hierzu [Hilbert/Cohn-Vossen 1973, S. 190–205], wo die Autoren elf Eigenschaften der Kugel, die sie vor anderen Flächen auszeichnen, eingehend erörtern. Weitere interessante Eigenschaften der Kugel, die großenteils erst nach dem Erscheinen des Buches von Hilbert und Cohn-Vossen entdeckt bzw. bewiesen wurden, findet man in [Bigalke 1984, S. 132–134].

1.1 Zur Darstellung von Flächen mit dem Computer

Das typische Bild einer Kugel, das von moderner Software erzeugt wird, sieht aus wie in Abbildung 1. Unter Umständen erhält man aber auch ein Bild wie in Abbildung 2.

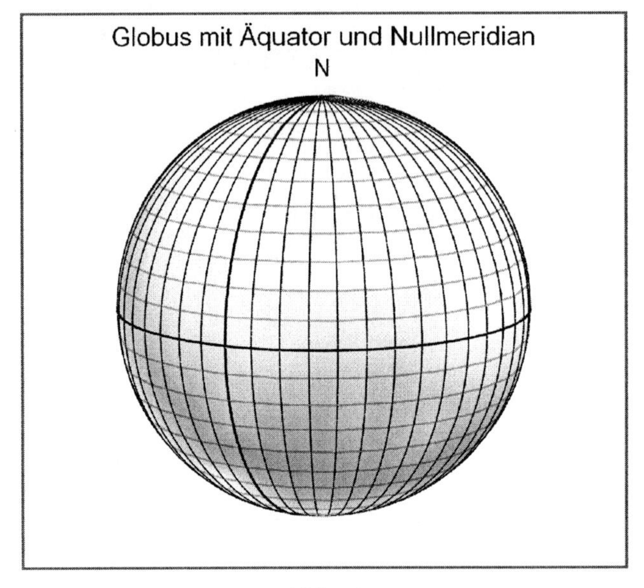

Abb. 1

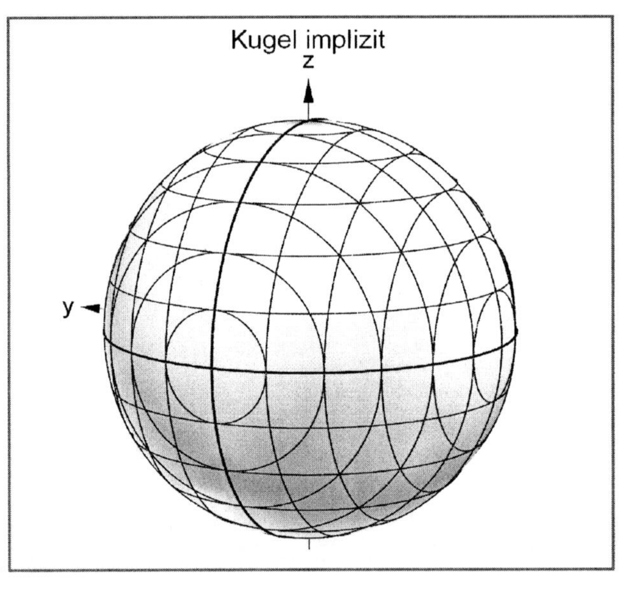

Abb. 2

Wie lassen sich diese unterschiedlichen Graphiken erklären?

1.1.1 Beschreibung der Fläche durch eine Gleichung

Wie wir es schon von der Ebene im Raum wissen, gibt es verschiedene Möglichkeiten, eine Fläche analytisch zu beschreiben, nämlich durch eine Gleichung in den Variablen x, y, z (von denen aber nicht alle in der Gleichung vokommen müssen) oder durch eine Parameterdarstellung mit zwei Parametern. Die Kugelgleichung lautet

$$(x - x_0)^2 + (y - y_0)^2 + (z - z_0)^2 = r^2$$

und besagt bekanntlich, dass sie genau aus den Punkten besteht, die von dem festen Punkt $(x_0|y_0|z_0)$ den konstanten Abstand r haben. Mittels einer solchen Gleichung kann man leicht nachprüfen, ob ein Punkt auf der Fläche liegt. Will man jedoch Punkte der Kugel direkt ausrechnen, so muss man die Gleichung nach einer der Variablen auflösen. Im Falle der Kugel ist das möglich, und man erhält so die beiden Funktionen

$$(x, y) \longrightarrow z = z_0 \pm \sqrt{r^2 - (x - x_0)^2 - (y - y_0)^2}$$

für z. Eine solche Darstellung nennt man *explizite*, das heißt „unmittelbare" Darstellung der Fläche, während man die Gleichung selbst als *implizite*, also „mittelbare" Darstellung bezeichnet.

Ist nun eine Fläche explizit dargestellt, dann wird ihre Graphik von moderner Software dadurch erzeugt, dass zunächst etwa y konstant gehalten und die resultierende Funktion von x als räumliche Kurve in der Ebene $y =$ konst. gezeichnet wird. Der Vorgang wiederholt sich für einen neuen y-Wert, wobei es vom Variabilitätsbereich für y und von den Voreinstellungen der Software abhängt, wieviele solche Kurven gezeichnet werden. Dasselbe geschieht dann ein zweites Mal mit festgehaltenem x an Stelle von y. So erhält man zwei Kurvenscharen auf der Fläche, die im allgemeinen ihre Gestalt recht gut erkennen lassen. Probleme können auftreten, wenn, wie zum Beispiel beim Auftreten von Wurzeln, die eingestellte Schrittweite zu grob ist, so dass die Graphen eckig werden oder Lücken aufweisen. Die Software erlaubt es jedoch meistens, die Anzahl der zu berechnenden Punkte durch Verkleinerung der Maschenweite zu vergrößern und dadurch eine Verbesserung zu erzielen.

Betrachten wir darauf hin die Abbildung 2, so erkennen wir die Kreise, die beim Schnitt der Ebenen $x =$ konst. und $y =$ konst. mit der Kugel entstehen. Wir sehen aber noch eine dritte Schar, nämlich die Schnittkreise mit den Ebenen $z =$ konst. Wie auch schon die Bildunterschrift verrät, liegt der Graphik nämlich keine explizite Darstellung, sondern die implizite zu Grunde, wobei die dritte Variable z in der gleichen Weise behandelt wird wie x und y. Allerdings ist nicht jede DGS in der Lage, Gleichungen in dieser Weise auszuwerten. In einem solchen Fall muss man zu einer Parameterdarstellung der Fläche greifen und zwar vorzugsweise solchen, die der „gestaltlichen Natur" der Fläche besser angepasst sind. Die beiden obigen Funktionen, die die obere bzw. untere Halbkugel mit Hilfe der Parameter x und y beschreiben, zählen nicht dazu. Denn zur Kreisform passen die kartesischen Koordinaten nur schlecht.

1.1.2 Parameterdarstellung von Drehflächen

Die Kugel ist eine *Dreh- oder Rotationsfläche*, die von einem Kreis durch Rotation um einen Durchmesser des Kreises erzeugt wird. Für Kreise gibt es nun eine besonders gut angepasste Darstellungsmöglichkeit mittels der beiden *Kreisfunktionen* Sinus und Kosinus. Sie lautet:

Standarddarstellung des Kreises
$x = r\cos t\,,\ \ y = r\sin t\,,\ \ 0 \leq t \leq 2\pi$

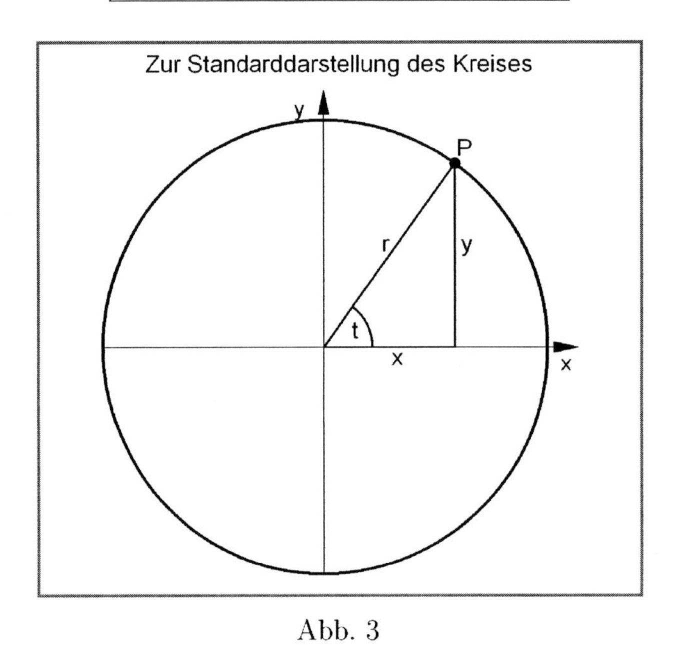

Abb. 3

Bemerkung: Man kann die beiden Kreisfunktionen häufig auch dann nutzen, wenn sich die Gleichung der Kurve wie die Kreisgleichung als Summe von zwei Quadraten schreiben lässt. Wenn sie zum Beispiel

$$(2x + y - 1)^2 + \left(\frac{1}{2}y + 3\right)^2 = 5$$

lautet, setzt man einfach

$$2x + y - 1 = \sqrt{5}\cos t\,, \quad \frac{1}{2}y + 3 = \sqrt{5}\sin t$$

und bestimmt aus diesen beiden Gleichungen x und y. Das Ergebnis

$$y = 2\sqrt{5}\sin t - 6\,, \quad x = \frac{1}{2}\sqrt{5}\cos t - \sqrt{5}\sin t + \frac{7}{2}$$

ist dann eine der Kurve in der Regel gut angepasste Parameterdarstellung.

Wird nun eine Fläche durch Drehung einer Kurve um die z-Achse erzeugt und ist die Kurve in der xz-Ebene durch eine Parameterdarstellung $x = f(v)$, $z = h(v)$ gegeben, dann entnimmt man unmittelbar der Abbildung 4, dass die Bahn eines beliebigen Punktes P

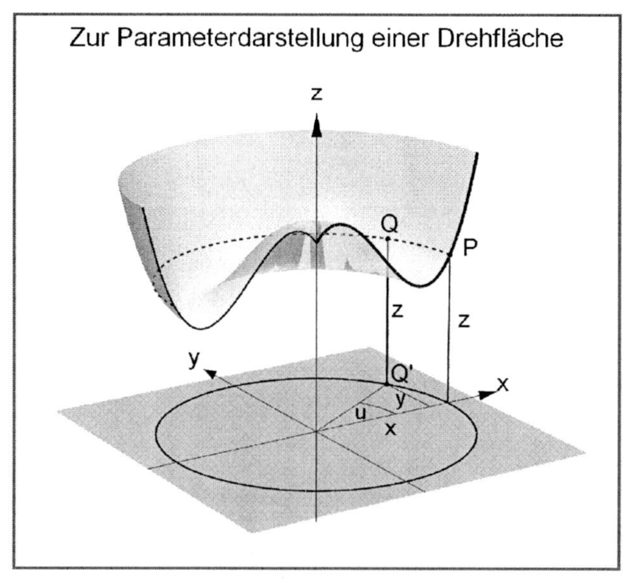

Abb. 4

den Radius $f(v)$ hat und seine Lage in der gedrehten Position durch $x = f(v)\cos u$, $y = f(v)\sin u$, $z = h(v)$ beschrieben wird:

Parameterdarstellung einer von der Kurve $x = f(v)$, $z = h(v)$ erzeugten Drehfläche $x = f(v)\cos u\,,\ y = f(v)\sin u\,,\ z = h(v)\,,\ 0 \leq u \leq 2\pi$

Um dieses Ergebnis auf die Kugel anzuwenden, gehen wir vom rechten Halbkreis mit der Darstellung $x = r\cos v$, $y = r\sin v$, $-\frac{1}{2}\pi \leq v \leq \frac{1}{2}\pi$ aus, denn würde man den gesamten Kreis nehmen, erhielte man zwar auch die Kugel, jedoch „doppelt". Tatsächlich würde eine DGS auch die beiden einander *überlagernden* Flächen zeichnen, was man allerdings meist nicht bemerkt, da sich die Parameterlinien (in der Regel) decken. Das gleiche Phänomen würde eintreten, wenn man den Variabilitätsbereich von u auf ein Vielfaches von 2π vergrößert. Dabei können aber noch weitere Effekte auftreten. Da nämlich die Software die gegebenen Intervalle in der Regel in die gleiche Anzahl Teilintervalle unterteilt und die zugehörigen Parameterlinien – wie oben schon für x und y beschrieben – zeichnet, werden die Abstände zwischen den geradlinig miteinander verbundenen Punkten größer.

Die Graphik wird dann häufig eckig. Andere Schwierigkeiten ergeben sich, wenn die Intervallgrenzen keine Vielfachen von $\frac{1}{2}\pi$ bzw. 2π sind, aber größer als die Periode. Denn in diesem Fall müssen sich die Parameterlinien bei der Überlagerung nicht mehr decken. Sie treten in scheinbar unregelmäßiger Dichte auf und machen das Bild unübersichtlich. Dementsprechend halten wir für die Kugel fest:

Standarddarstellung der Kugel als Drehfläche
$x = r\cos v \cos u\,,\ \ y = r\cos v \sin u\,,\ \ z = r\sin v$
$-\frac{1}{2}\pi \le v \le \frac{1}{2}\pi\,,\ \ 0 \le u \le 2\pi$

Bemerkung: Es gibt andere Parameterdarstellungen von Kreis und Kugel, bei denen aus prinzipiellen Gründen die Graphik unvollständig bleiben muss. Zum Beispiel lautet eine solche für die Kugel:

$$x = \frac{1-t^2}{1+t^2}\cdot\frac{1-s^2}{1+s^2}\,,\ y = \frac{1-t^2}{1+t^2}\cdot\frac{2s}{1+s^2}\,,\ z = \frac{2t}{1+t^2}\,.$$

Hierbei variiert t zwischen -1 und 1 und beschreibt den rotierenden Halbkreis. Die Rotation kann aber nicht vollständig wiedergegeben werden, da s von $-\infty$ bis ∞ laufen müsste. Selbst wenn man $-10 \le s \le 10$ nimmt, bleibt ein „Loch“, und die Kugel wird wegen der Intervallgröße „eckig“. Man könnte zwar versuchen, wenigstens letzteres durch eine Verkleinerung der „Maschenweite“ zu verhindern, müsste dann aber eine erhebliche Vergrößerung der Rechenzeit in Kauf nehmen.

1.2 Die Kurve von VIVIANI

Vincenzo VIVIANI (1622–1703)war der letzte und, wie man sagt, intelligenteste Schüler von GALILEI (1564–1642). Er hat die später nach ihm benannte Kurve zunächst nicht veröffentlicht, sondern der gelehrten Öffentlichkeit ein Problem gestellt, wie das zu seinen Zeiten der Brauch war. LEIBNIZ (1646-1716) hat es noch im gleichen Jahr gelöst und ein wenig später Jakob BERNOULLI (1654–1705) mit etwas anderen Methoden. Seine Berühmtheit verdankt das Problem zum einen der Tatsache, dass LEIBNIZ die gerade von ihm erfundene Integralrechnung auf gekrümmte Flächenstücke anwenden konnte.[2] Zum anderen beruht es darauf, dass VIVIANI ein räumliches Analogon zu den sogenannten *lunulae* des HIPPOKRATES (um 440 v. Chr.) gefunden hatte. Wir kommen im dritten Kapitel darauf zurück.

Hier dient die Kurve von VIVIANI, eine der interessantesten und schönsten Beispiele für eine Raumkurve, vor allem dazu, einige Grundfragen zu klären, die einerseits mit der Kugel, andererseits mit der Untersuchung von Raumkurven allgemein verknüpft sind.

[2] Zu diesen Angaben vgl. man [Roero 1998].

1.2.1 Eine lineare Funktion auf der Kugel

Die Längen- und Breitenkreise der Kugel kann man als ein krummliniges Koordinatensystem auffassen, das wir zur Unterscheidung vom *kartesischen* xyz-System, in das die Kugel eingebettet ist, als uv-System bezeichnen wollen. Es handelt sich um ein zweidimensionales System, in dem man Funktionen der Art $v = f(u)$ und ihre Graphen betrachten kann. Sie definieren eine Kurve auf der Kugel, wobei Definitions- und Wertebereich den Einschränkungen $0 \leq u < 2\pi$, $-\frac{1}{2}\pi \leq v \leq \frac{1}{2}\pi$ unterliegen.

Die einfachsten unter den Funktionen sind die linearen und unter ihnen die, die durch $v = u$ definiert ist. Ihr Graph verbindet daher, vom Punkt $(0|0)$ auf dem Äquator ausgehend, die einander diametral gegenüberliegenden Gitterpunkte, sofern man wie üblich eine gleiche Teilung der beiden „Achsen“ Nullmeridian und Äquator voraussetzt. Abbildung 5

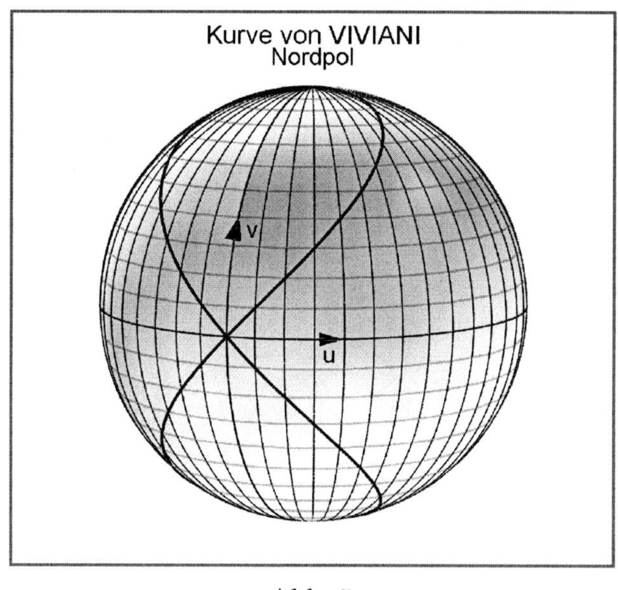

Abb. 5

zeigt diese Kurve, die wir heute nach Vincenzo VIVIANI nennen.

Der Leser wird sich jetzt allerdings fragen, wie die *Achterschleife* überhaupt ein Funktionsgraph sein kann. Eigentlich dürfte die Kurve ja nur im ersten und achten *Oktanten*, die durch $0 \leq u, v < \frac{\pi}{2}$ bzw. $-\frac{\pi}{2} < u, v \leq 0$ gegeben sind, verlaufen. Das Zustandekommen dieser Kurve muss man sich in der Tat anders vorstellen, nicht als Graph der Funktion $v = u$, sondern als *Spur der Bewegung* eines Punktes, der sich auf einem Längenkreis bewegt, während der Längenkreis selbst sich mit gleicher Geschwindigkeit um die z-Achse dreht (Abb. 6), so dass der Punkt zwei Bewegungen gleichzeitig ausführt. Während der Funk-

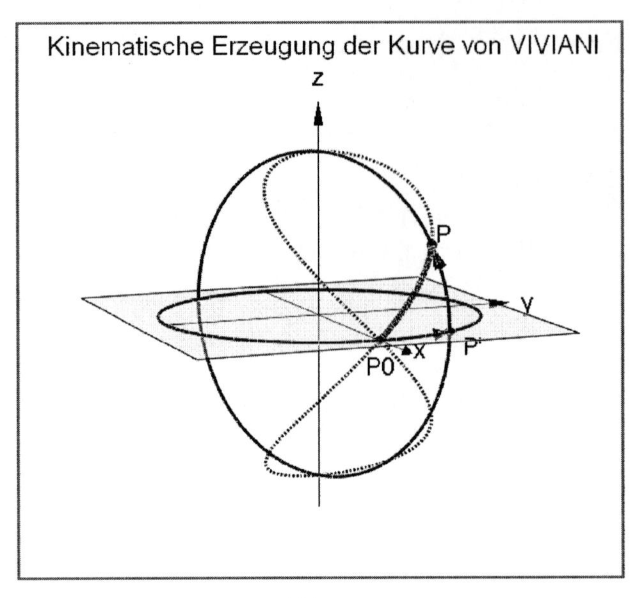

Abb. 6

tionsgraph zu $v = u$ im Nordpol endet, läuft der Punkt einfach weiter, erreicht nach einer halben Umdrehung den Äquator im Ausgangspunkt, nach einer weiteren Viertelumdrehung den Südpol und kehrt von dort wieder zum Ausgangspunkt zurück. Nimmt man v und u als die zugehörigen Drehwinkel, so gehören die Zahlenpaare $\left(\frac{1}{2}\pi \middle| \frac{1}{2}\pi\right)$, $(\pi|\pi)$, $\left(\frac{3}{2}\pi \middle| \frac{3}{2}\pi\right)$, $(2\pi|2\pi)$ zu diesen vier Punkten. Als Punkte des Funktionsgraphen lassen sie sich nur dann auffassen, wenn man die Beschränkungen von v und u ignoriert und die Kugel als „Überlagerungsfläche“[3] interpretiert. So werden wir es im Folgenden halten. Mit $v = u$ folgt dann aus der Standarddarstellung der Kugel die

Parameterdarstellung der Kurve von VIVIANI

$$x = \cos^2 u\,,\ \ y = \cos u \sin u\,,\ \ z = \sin u\,,\ \ -\infty < u < \infty$$

Dabei haben wir $r = 1$ gesetzt, da es nur auf die *Gestalt* der Kurve und nicht auf ihre Größe ankommt. Ein Punkt der Kurve bewegt sich genau dann einmal durch die Doppelschleife, wenn u ein Intervall mit der Länge 2π durchläuft.

Die vivianische Kurve mag manchem etwas künstlich erscheinen, da sie weder in der Natur noch in technischen Bereichen vorzukommen scheint. Seitdem es aber die Raumfahrt gibt, ist das anders geworden. Dort tritt sie als *Spurpunktskurve* eines Satelliten auf, der die Erde innerhalb von 24 Stunden auf einer Bahn, die über die Pole geht, umkreist. Dabei versteht man unter einem Spurpunkt die Projektion des Satelliten vom Erdmittelpunkt

[3] Vgl. hierzu die Ausführungen auf S. 5.

aus auf die Erdoberfläche. Interessant ist, dass schon EUDOXOS von Knidos (4. vorchristliches Jahrhundert) in seiner berühmten Planetentheorie ähnliche Kurven betrachtet hat.[4] Die oben beschriebene *kinematische* Erzeugungsweise von Kurven auf der Kugel findet man bereits bei PAPPOS von Alexandria (um 300 n. Chr.)[5], wobei dieser aber nicht gleiche, sondern Geschwindigkeiten im Verhältnis 1 : 4 annimmt und die Bewegung im Nordpol beginnen lässt (sog. *papussche Spirale*). Doch soll der außermathematische Nutzen nicht übermäßig betont werden. Der Wert der vivianischen Kurve beruht vor allem auf ihrem Reichtum an Beziehungen und interessanten Eigenschaften.[6] Wir werden im nächsten Paragraphen ein weiteres Beispiel dafür geben.

1.2.2 Risse

Keine Graphik macht die „wahre" Gestalt einer nicht ebenen Raumkurve sichtbar, auch wenn sie noch so echt aussieht. Trotzdem kann man sich von den Maßverhältnissen auch ohne ein räumliches Modell einen recht guten Eindruck verschaffen, indem man ihre *orthogonalen Projektionen* auf die Koordinatenebenen betrachtet. Im Fall der xy-Ebene spricht man vom *Grundriss*, im Fall der xz-Ebene vom *Aufriss* und im Fall der yz-Ebene vom *Seitenriss*, wobei die letzteren auch vertauscht sein können. Offenbar gilt:

Orthogonalprojektionen einer Raumkurve
Gegeben sei eine Raumkurve mit der Parameterdarstellung
$x = f(t),\ y = g(t),\ z = h(t)$. Dann sind

$$\begin{array}{llll} x = f(t), & y = g(t), & z = 0 & \text{(Grundriss)} \\ x = f(t), & y = 0, & z = h(t) & \text{(Aufriss)} \\ x = 0, & y = g(t), & z = h(t) & \text{(Seitenriss)} \end{array}$$

Parameterdarstellungen ihrer orthogonalen Projektionen auf die Koordinatenebenen.

Abbildung 7 zeigt die drei Risse der vivianischen Kurve in einer Anordnung, wie man sie

[4] Vgl. [Fladt, Baur 1975, S. 96] und www.mathcurve.com/curve3d/hippopede.shtml, wo diese Kurven animiert dargestellt werden.

[5] ebda, S. 220

[6] Vgl. [Schupp 2005], wo der Autor eine Fülle von Eigenschaften erörtert.

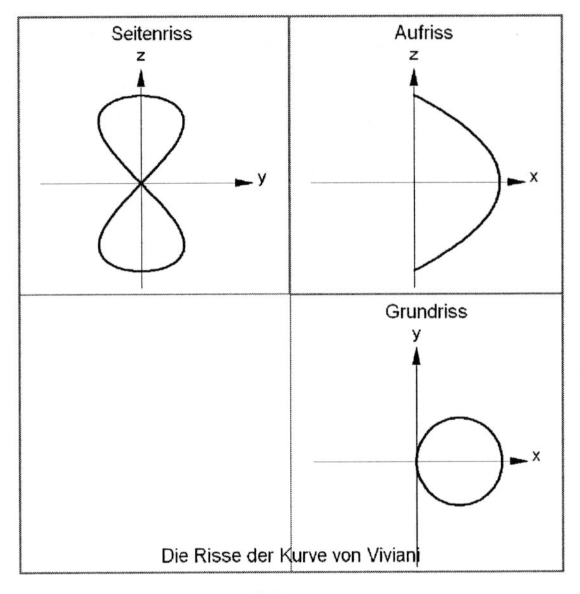

Abb. 7

durch Auseinanderklappen des „Koordinatenwürfels“ erhält, wenn man zuvor die drei Projektionen noch in geeigneter Weise parallel verschoben hat. Die Graphik in Abbildung 8 gibt davon eine räumliche Ansicht. Offenbar gleicht also die vivianische Kurve aus weiter

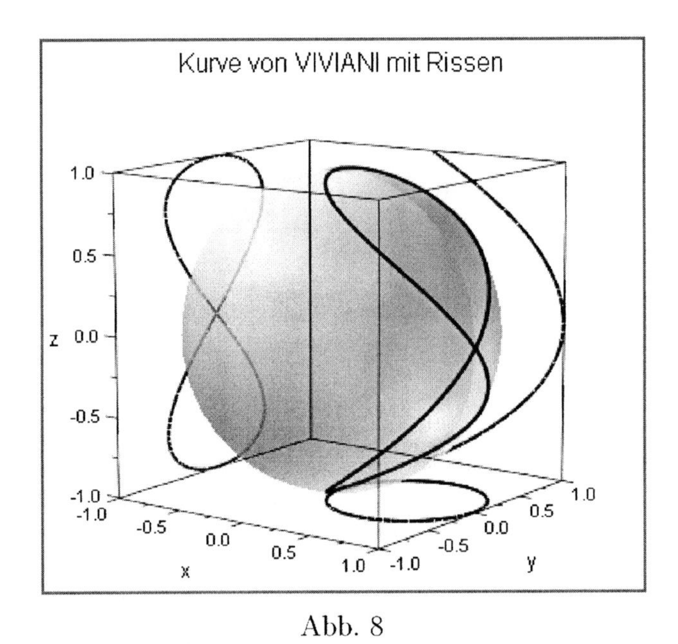

Abb. 8

Entfernung in der *Draufsicht* einem Kreis und in der *Vorderansicht* dem Ausschnitt einer Parabel, während der Seitenriss eine „Achterkurve“ darstellt.

Zunächst sind das aber nur Vermutungen. Um sie zu bestätigen, lesen wir die zugehörigen Gleichungen von Grundriss und Aufriss direkt aus der Graphik ab, während wir im Falle des Seitenrisses den Parameter u mittels $\sin^2 u + \cos^2 u = 1$ eliminieren müssen. Sie lauten

$$\begin{aligned} &\text{Grundriss:} && (x-\tfrac{1}{2})^2 + y^2 = \tfrac{1}{4} \\ &\text{Aufriss:} && x = 1 - z^2 \\ &\text{Seitenriss:} && y^2 = z^2(1-z^2). \end{aligned}$$

Mit Hilfe der Risse lassen sich die Symmetrieeigenschaften der Kurve klar erkennen, ferner die extremalen Punkte bestimmen und weitere Eigenschaften entdecken, die eng mit einem neuen Flächentyp zusammenhängen: dem *allgemeinen Zylinder*. Projiziert man nämlich eine beliebige Kurve orthogonal auf eine Ebene – vgl. das Beispiel in Abbildung 9, wo wir die xy-Ebene als Projektionsebene gewählt haben – so liegen die projizierenden Lote auf zu

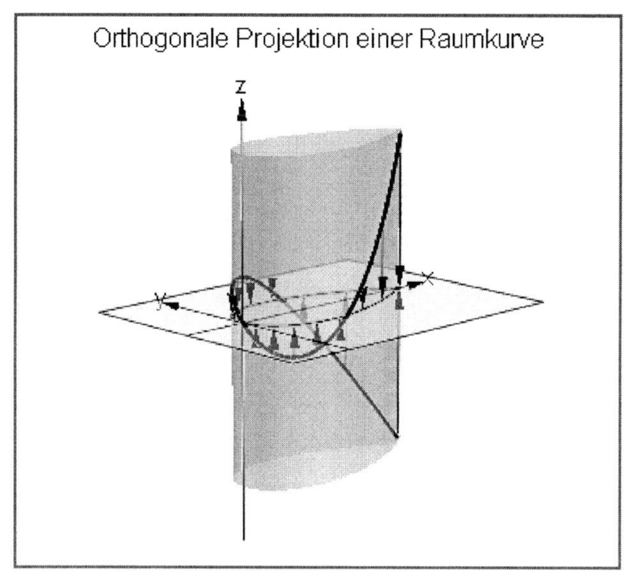

Abb. 9

einander parallelen Geraden. Sie bilden eine Fläche, die man sich wie ein Papierblatt vorstellen kann, das man in die Form des Risses gebogen hat. Je nach dessen Gestalt spricht man dann von einem parabolischen oder elliptischen oder hyperbolischen Zylinder oder einfach Zylinder, wenn kein geläufiger Name zur Verfügung steht. Die Kurve von VIVIANI liegt also auch auf einem Kreiszylinder, einem parabolischen Zylinder und einem achtförmigen Zylinder. Sie ist die *Schnittkurve* aller vier Flächen und könnte infolgedessen auch als Schnitt von je zweien definiert werden. Abbildung 10 stellt den „Dreifachschnitt" der Kugel mit dem Kreiszylinder und dem parabolischen Zylinder dar.

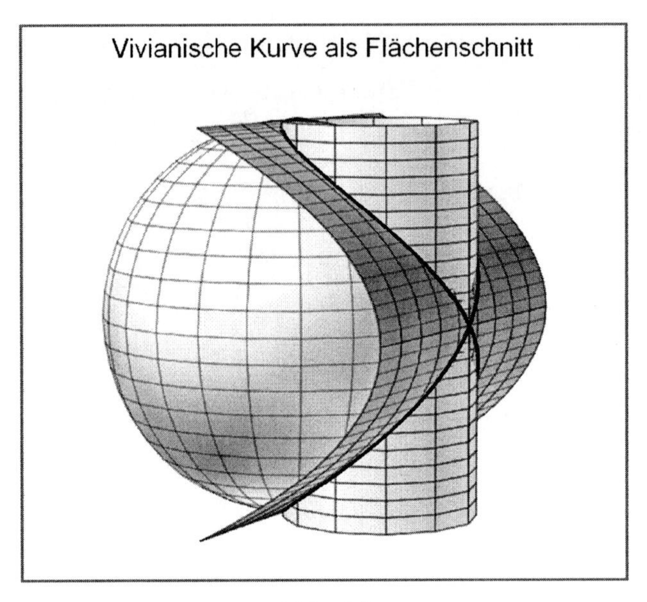

Abb. 10

Dazu heben wir hervor: Die Gleichung des Kreiszylinders, auf dem die vivianische Kurve liegt, ist mit der ihres Grundrisses identisch und lautet $x^2 + y^2 = x$. Hier fehlt die Variable z, weil der Punkt $(x|y|z)$ genau dann auf dem Zylinder liegt, wenn x und y die Grundrissgleichung erfüllen. Will man jedoch eine Graphik des Zylinders erzeugen, dann muss man außer für x und y auch für z eine Parameterdarstellung eingeben, und das ist z selbst! Es stellt den zweiten Flächenparameter dar, und die entsprechenden Parameterlinien gehen alle aus dem Grundriss durch Parallelverschiebung senkrecht zur xy-Ebene hervor. Entsprechendes gilt für die anderen Zylinder. Der folgende Paragraph wird nun zeigen, welchen Nutzen die projizierenden Zylinder für die Untersuchung von Kurven haben.

1.2.3 Linearkombination von Flächen

Durch jede Raumkurve kann man beliebig viele Flächen legen, wie man sich anschaulich leicht klar macht. Unter ihnen sind die projizierenden Zylinder besonders einfach und auch deshalb nützlich, weil man mit ihrer Hilfe neue Flächen finden kann, auf denen die Kurve liegt. Dazu bildet man wie beim *Gaußschen Algorithmus* und auch aus dem gleichen Grund *Linearkombinationen* von zwei der Zylindergleichungen. Denn da beide Gleichungen von allen Punkten der Schnittkurve erfüllt werden, gilt das auch für ihre Linearkombinationen.

Erzeugung von Flächen durch eine Kurve
Ist $f(x, y, z) = 0$ die Gleichung einer Fläche F,
$g(x, y, z) = 0$ die Gleichung einer Fläche $G \neq F$
und ist K die Schnittkurve von F und G, so stellt die Linearkombination

$$af(x, y, z) + bg(x, y, z) = 0$$

(a, b nicht gleichzeitig null) die Gleichung einer Fläche durch K dar.

Mit Hilfe dieses Satzes suchen wir weitere *einfache* Flächen, auf denen die vivianische Kurve liegt. Dabei legen wir den Grundriss- bzw. Aufrisszylinder mit den Gleichungen $x^2 + y^2 - x = 0$, $x + z^2 - 1 = 0$ zu Grunde. Man sieht sofort, dass man die Kugel als Trägerfläche einfach durch ihre Addition ($a = b = 1$) erhält. Doch auch die Differenz $x^2 - 2x + y^2 - z^2 + 1 = 0$ erscheint sehr einfach, zumal sie sich auf die Form $(x-1)^2 + y^2 = z^2$ bringen lässt. Gemäß der Bemerkung auf Seite 4 liegt es nahe, sie in die Parameterform

$$x - 1 = z \cos t \,, \quad y = z \sin t$$

zu bringen, wobei z der zweite Parameter ist. Abbildung 11 zeigt die zugehörige Graphik

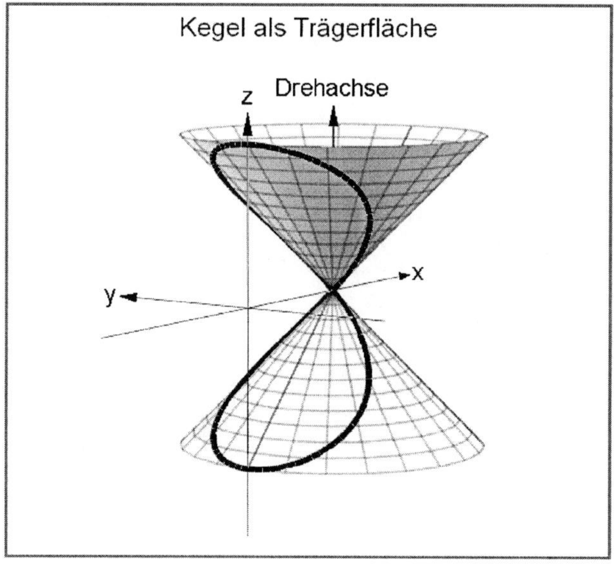

Abb. 11

zusammen mit der vivianischen Kurve. Die neue Trägerfläche scheint ein (Doppel-)Kegel zu sein.

Zum Nachweis schreiben wir die Parameterdarstellung in vektorieller Form

$$\begin{pmatrix} x \\ y \\ z \end{pmatrix} = \begin{pmatrix} 1 \\ 0 \\ 0 \end{pmatrix} + z \begin{pmatrix} \cos t \\ \sin t \\ 1 \end{pmatrix}$$

und sehen, dass sie für *konstantes* t eine Gerade durch $(1|0|0)$ mit dem Richtungsvektor $\begin{pmatrix} \cos t \\ \sin t \\ 1 \end{pmatrix}$ darstellt. Alle diese Geraden bilden die *Mantellinien* des Kegels. Flächen dieser Art, die durch Herumführen einer Geraden längs einer Kurve erzeugt werden können, wobei die Gerade stets durch einen festen Punkt geht, heißen in der Mathematik in Analogie zum allgemeinen Zylinder generell *Kegel*. Der gewöhnliche Kegel entsteht, wenn die Leit- oder Führungskurve ein Kreis ist und der feste Punkt von allen Kreispunkten gleichen Abstand hat. (Wenn nicht, wäre der Kegel schief.) Unser Kegel ist demnach ein *gerader Kreiskegel*. Denn seine Gleichung $(x-1)^2 + y^2 = z^2$ besagt, dass der Schnitt mit den Ebenen $z =$ konst. stets ein Kreis mit dem Mittelpunkt $(1|0|z)$ auf der z-Achse ist. Da ferner der Radius mit z übereinstimmt, handelt es sich um einen Kegel mit dem Öffnungswinkel 90°.

Wir betrachten nun die Linearkombinationen

$$x^2 + y^2 - x + c(x + z^2 - 1) = 0$$

der beiden „Basisflächen“, die man aus der allgemeinen Form durch Division mit $a \neq 0$ erhält. Bis auf den parabolischen Zylinder werden dadurch alle Möglichkeiten erfasst. Man entnimmt der Gleichung, dass es sich um *Quadriken* handelt. Darunter versteht man die nichtebenen Flächen, in deren Gleichung die Variablen höchstens im Quadrat vorkommen. Terme der Form xy, yz, zx zählen aus Dimensionsgründen ebenfalls als Quadrate.

Diese Linearkombinationen lassen sich durch quadratische Ergänzung auf die Form

$$\left(x + \frac{1}{2}(c-1)\right)^2 + y^2 + cz^2 = \frac{1}{4}(c+1)^2$$

bringen, und man erkennt, dass alle *Querschnitte* der Fläche mit den Ebenen $z =$ konst. Kreise sind, deren Mittelpunkte auf der Geraden $\left(-\frac{1}{2}(c-1)|0|z\right)$ liegen. Es handelt sich also ausnahmslos um *Drehflächen*. Sie werden durch Rotation der *Randkurve*

$$\left(x + \frac{1}{2}(c-1)\right)^2 + cz^2 = \frac{1}{4}(c+1)^2$$

erzeugt. Für $c > 0$ sind dies *Ellipsen* mit dem Kreis als Sonderfall für $c = 1$, sonst *Hyperbeln*. In einem xy-Koordinatensystem, dessen Ursprung mit ihrem Mittelpunkt zusammenfällt, lauten ihre Gleichungen:

Normalform von Ellipsen- und Hyperbelgleichung

$$\frac{x^2}{a^2} \pm \frac{y^2}{b^2} = 1$$

In Abbildung 12 ist der Fall $c = 2$ zusammen mit der Kurve von VIVIANI dargestellt.

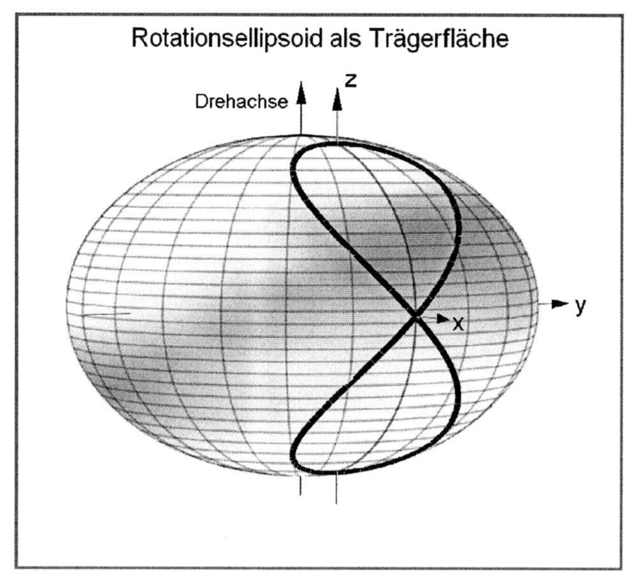

Abb. 12

Die Tatsache, dass die vivianische Kurve auf unendlich vielen Rotationsellipsoiden und -hyperboloiden – einschließlich Kugel und Kegel – liegt, stellt ein besonderes Phänomen dar. Immerhin besagt sie, dass man unendlich viele Ellipsen und Hyperbeln so bestimmen kann, dass sie bei Rotation um eine ihrer Achsen die Kurve von Viviani Punkt für Punkt überstreichen. Mit ihrer Hilfe kann man ferner beweisen, dass sie als eine Art Ellipse auf der Kugel angesehen werden kann. Man vgl. hierzu [Kroll 2005].

Aufgaben zu 1.2

1. Zeichnen Sie die Funktionsgraphen zu $v = u$, $v = u + \frac{1}{2}\pi$, $v = u - \frac{1}{2}\pi$, $v = u + \pi$ auf der Kugel. Als Name für die Graphik bietet sich „vierblättrige vivianische Rosette“ an. Erklären Sie den Namen und bestimmen Sie markante Punkte der Rosette.
2. Entwerfen Sie analog Aufgabe 1 eine „sechsblättrige vivianische Rosette“.
3. Zeichnen Sie die Kurve mit der Gleichung $v = \frac{1}{2}u$ auf der Kugel und erklären Sie ihren Verlauf. Durch welche geometrische Operation könnte man die Kurve aus der vivianischen erzeugen?
4.* Erzeugen Sie eine Graphik der Kurve mit der Gleichung $v = 2u$ auf der Kugel. Erklären Sie ihre Besonderheiten. Warum ist sie nicht zur Kurve mit der Gleichung $v = \frac{1}{2}u$ kongruent, wie das in einem *kartesischen* uv-System der Fall wäre?

5. (*Eine quadratische Kurve auf der Kugel*)

a) Untersuchen Sie die Kurve zur Gleichung $v = \frac{2}{\pi}u^2$ für $-\pi \le u \le \pi$ (besondere Punkte, Verlauf im Nord- und Südpol).

b) Für $|u| \le \frac{\pi}{2}$ ähnelt das Bild einem Kreis auf der Kugel, der von der Ebene $z = 1-x$ ausgeschnitten wird. Wie groß ist die maximale Abweichung der zugehörigen Grundrisse in der xy-Ebene, wie groß die maximale Abweichung der zugehörigen Seitenrisse in xz-Ebene?

6.* (*Eine Tennisballkurve*)
Durch die Parameterdarstellung

$$x = \frac{3}{5}\cos(3t) + \frac{2}{5}\cos t\,, \quad y = \frac{3}{5}\sin(3t) - \frac{2}{5}\sin t\,, \quad z = \frac{2}{5}\sqrt{6}\sin(2t)$$

ist eine Kurve definiert.

a) Man zeige, dass es sich um eine geschlossene, *sphärische* Kurve handelt und zeichne sie auf der Kugel.

b**) Untersuchen Sie die Kurve auf ihre Drehsymmetrien und begründen Sie, dass sie die Kugeloberfläche halbiert.

7. Durch $u = \frac{3\pi}{\sqrt{3}}\cos t \sin^2 t$, $v = \pi \cos t$ ist eine geschlossene Kurve auf der Kugel in parametrisierter Darstellung gegeben. Man erzeuge ihre Graphik und bestimme auf ihr Punkte $(x|y|z)$, bei denen jeweils eine Koordinate extremal ist.

Arbeitsaufträge zu 1.2

1. *Hippopeden des Eudoxos*
Diese bereits auf Seite 6 erwähnten Kurven lassen sich durch die folgende Parameterdarstellung *gemeinsam* beschreiben:

Parameterdarstellung der Hippopeden
$x = 1 - 2r + 2r\cos^2 t,\quad y = 2r\sin t\cos t,\quad z = 2\sqrt{r(1-r)}\sin t,\quad 0 \le t \le 2\pi.$

Hierbei ist r ein weiterer Parameter mit $0 < r < 1$.

Man wähle einen Wert für r aus und untersuche die zugehörige Kurve analog zur vivianischen Kurve.

2. *Ein vivianischer Kegel*
Verbindet man den Nullpunkt des xyz-Systems geradlinig mit jedem Punkt der vivianischen Kurve, so entsteht ein Kegel(mantel) mit der Parameterdarstellung

$$x = s\cos^2 t,\quad y = s\cos t\sin t,\quad z = s\sin t,\quad 0 \le t \le 2\pi,\quad 0 \le s \le 1.$$

a) Man zeige dies und erzeuge eine Graphik des Kegels (ohne Kugel).

b) Man drehe diesen Kegel um die x-Achse um 90° und stelle beide Kegel in einer Graphik dar.

3.* *Vivianische Konoide*
Verbindet man jeden Punkt der x-Achse (z-Achse, y-Achse) geradlinig mit demjenigen Punkt der vivianischen Kurve, der denselben x-Wert (z-Wert, y-Wert) hat, so erhält man eine „kegelartige" Fläche, die in der Mathematik deshalb „Konoid" genannt wird.

a) Bestimmen Sie eine Parameterdarstellung des vivianischen Konoides bezüglich der x- und der

z-Achse. Erzeugen Sie je eine Graphik der beiden Konoide und vergleichen Sie diese miteinander.
b) Bestimmen Sie diejenigen beiden Konoide der vivianischen Kurve bezüglich der Parallelen zur z-Achse durch (1|0|0) bzw. der Parallelen zur x-Achse durch (0|0|1), bei der Punkte mit dem gleichen z- bzw. gleichen x-Wert verbunden werden. Führen Sie erneut einen Vergleich durch.

1.3 Anwendung der Differentialrechnung

Der Begriff der Tangente an eine Raumkurve stellt nichts anderes als die naheliegende Verallgemeinerung des für Funktionsgraphen bekannten Tangentenbegriffes dar. Ihm gesellt sich im Raum der Begriff der *Tangentialebene* zur Seite. Als zweidimensionales *lineares Analogon* der Tangente dient sie der Untersuchung von Flächen. Wie wir im Folgenden aber sehen werden, ist sie einfach auf den Begriff der Kurventangente zurück zu führen und bietet von daher ebenfalls wenig Neues. Dagegen stellt die *Tangentenfläche* einer Kurve ein überaus reizvolles Phänomen dar. Sie besteht, grob gesprochen, aus allen Tangenten einer Kurve und hat sehr interessante Eigenschaften. Unter anderem hängen diese mit der nur im Raume möglichen optimalen Approximation einer Kurve in einem Punkt *durch eine Ebene* zusammen.

1.3.1 Die Tangente

In der Differentialrechnung wird die Tangente in einem Punkt P_0 eines Funktionsgraphen mittels der Sekanten definiert, die durch P_0 und einen von P_0 verschiedenen Punkt P des Graphen gehen. Lässt man P gegen P_0 gehen, so strebt die Sekante unter den üblichen Voraussetzungen einer *Grenzlage* zu, der Tangente. Dieses Vorgehen ist auf eine räumliche Kurve – die die ebenen mit einschließen – ohne weiteres übertragbar.

Die Kurve sei durch ihre Parameterdarstellung

$$x = f(t)\,,\ y = g(t)\,,\ z = h(t)$$

gegeben, der Punkt P_0 durch den Parameter t_0 festgelegt und P der veränderliche Punkt zum Parameter $t \neq t_0$ (vgl. Abb. 13), $P \neq P_0$. Wir bezeichnen nun den Ortsvektor eines

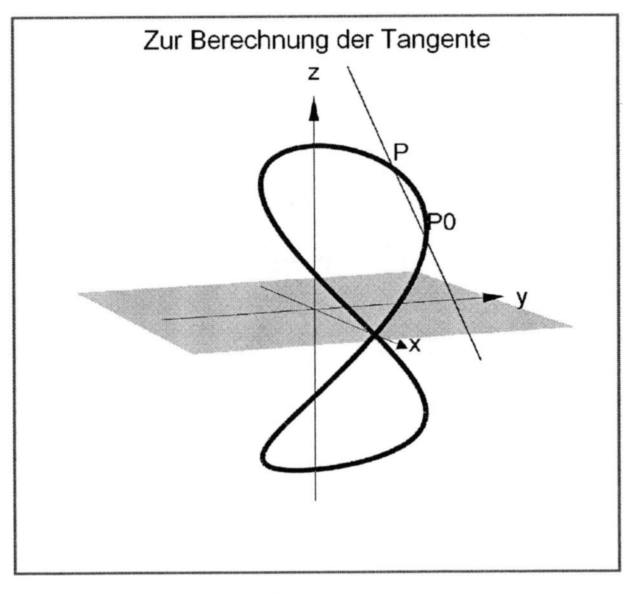

Abb. 13

beliebigen Punktes der Kurve mit $\vec{p}(t)$ und erhalten so den Richtungsvektor $\overrightarrow{P_0P}$ in der Form

$$\vec{p}(t) - \vec{p}(t_0) = \begin{pmatrix} f(t) - f(t_0) \\ g(t) - g(t_0) \\ h(t) - h(t_0) \end{pmatrix}.$$

Der zugehörige Differenzenquotient hat, da $t - t_0$ ein Skalar ist, die gleiche Richtung, und besteht seinerseits aus den Differenzenquotienten der Skalarfunktionen $f(t), g(t), h(t)$. Somit strebt für $t \to t_0$ der Vektor $\frac{\vec{p}(t)-\vec{p}(t_0)}{t-t_0}$ gegen den Vektor aus den drei Ableitungen $f'(t_0), g'(t_0), h'(t_0)$. Dieser definiert infolgedessen die Richtung der Tangente. Wir nennen ihn im Folgenden den „Tangentenvektor“ $\vec{p}'(t)$. Zu beachten ist aber, dass nur seine *Richtung* dadurch festgelegt ist.

Richtung und Gleichung der Tangente einer Kurve
Die Kurve sei gegeben durch

$$\vec{p}(t) = \begin{pmatrix} f(t) \\ g(t) \\ h(t) \end{pmatrix}$$

mit differenzierbaren Funktionen f, g, h. Dann hat die Tangente an der Stelle t_0 die Richtung

$$\vec{p}\,'(t_0) = \begin{pmatrix} f'(t_0) \\ g'(t_0) \\ h'(t_0) \end{pmatrix}$$

und die Gleichung

$$\vec{t}(s) = \vec{p}(t_0) + s\vec{p}\,'(t_0),$$

sofern die drei Ableitungen nicht gleichzeitig verschwinden.

Beispiel (1): Kurswinkelberechnung

Ein Flugzeug fliegt von Frankfurt (F) nach New York (N), wobei sein Bordcomputer so eingestellt ist, dass er die Bahn aus den Anfangs- und Endpunktkoordinaten $(u_1|v_1)$ bzw. $(u_2|v_2)$ *linear interpoliert*.

a) Berechnen Sie die Kurswinkel für Abflug und Ankunft.

b) Stellen Sie den Kurswinkel α in Grad bezüglich der Nordrichtung in Abhängigkeit von der Position u dar.

c) Wie könnte man den *mittleren Kurswinkel* definieren? Wie groß ist die maximale Abweichung von diesem Wert? Deuten Sie das Ergebnis.

Lösung: Lineare Interpolation bedeutet, dass für die Bahn eine *lineare* Gleichung $v = au + b$ gilt. Durch Einsetzen und Auflösen nach a und b folgt die als „Zwei-Punkte-Formel" bekannte Gleichung

$$v = \frac{v_2 - v_1}{u_2 - u_1}(u - u_1) + v_1.$$

Mit $u_1 = 8,7° = 0.1518$ (im Bogenmaß), $v_1 = 50,1° = 0.8744$ für Frankfurt und $u_2 = -73,8° = -1.2881$, $v_2 = 40,6° = 0,7086$ für New York ergibt sich hieraus $v = 0.1152u + 0.8569$. Somit lautet die Parameterdarstellung der zugehörigen Bahnkurve

$$(*) \qquad x = \cos v \cos u, \quad y = \cos v \sin u, \quad z = \sin v,$$

wobei $v = f(u) = 0.1152u + 0.8569$ ist und u die Werte von u_1 bis u_2 durchläuft.

Wir bearbeiten nun gleich Teil b), da er a) enthält und es einfacher ist, die Berechnung allgemein statt mit nummerischen Werten durchzuführen. Dazu benötigen wir noch die Parameterdarstellung eines Längenkreises durch einen beliebigen Bahnpunkt $(u|f(u))$. Sie ist mit $(*)$ *formal identisch*, wobei aber jetzt u konstant und v variabel ist. Demgemäß ist der Tangentenvektor des Längenkreises allgemein gegeben durch die Ableitung nach v:

$$x' = -\sin v \cos u, \quad y' = -\sin v \sin u, \quad z' = \cos v.$$

Ihre Spezialisierung auf $v = f(u)$ gibt dann die Nordrichtung in $(u|f(u))$.

Analog verfahren wir mit $(*)$, wobei wir die Ketten- und Produktregel anwenden müssen:

$$\begin{aligned} x' &= -\sin v \cdot f'(u) \cos u - \cos v \sin u, \\ y' &= -\sin v \cdot f'(u) \sin u + \cos v \cos u, \\ z' &= \quad \cos v \cdot f'(u). \end{aligned}$$

Hierbei ist noch zu beachten, dass die Bahn von u_1 bis u_2, also in Richtung *abnehmender u-Werte* durchlaufen wird. Für die Berechnung des Kurswinkels kehren wir daher noch die Vorzeichen der Komponenten um. So erhalten wir einerseits

$$\vec{m}_{\text{Bahn}} = \begin{pmatrix} \sin v \cos u \\ \sin v \sin u \\ -\cos v \end{pmatrix} f'(u) + \begin{pmatrix} \cos v \sin u \\ -\cos v \cos u \\ 0 \end{pmatrix}$$

und andererseits

$$\vec{m}_{\text{Längenkreis}} = \begin{pmatrix} -\sin v \cos u \\ -\sin v \sin u \\ \cos v \end{pmatrix},$$

wobei in jedem Fall $v = f(u)$ zu setzen ist. Für den Kurswinkel α gilt dann

$$\cos\alpha = \frac{\vec{m}_{\text{Bahn}} \cdot \vec{m}_{\text{Längenkreis}}}{|\vec{m}_{\text{Bahn}}| \cdot |\vec{m}_{\text{Längenkreis}}|},$$

und mittels eines CAS folgt leicht

$$\cos\alpha = \frac{-f'(u)}{\sqrt{f'^2(u) + \cos^2 v}}.$$

Die gesuchte Funktion für α im Gradmaß lautet daher

$$\alpha = g(u) = \frac{180°}{\pi} \arccos \frac{-0.1152}{\sqrt{0.013271 + \cos^2(0.1152u + 0.8569)}}.$$

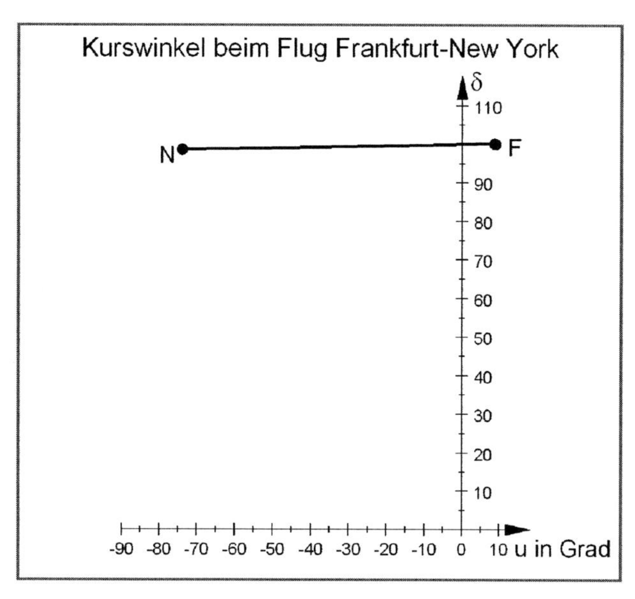

Abb. 14

Die Abbildung zeigt eine annähernd konstante Funktion, die sehr genau linear ist. Die in Aufgabe a) gefragten Kurswinkel betragen $\alpha_F = 100.1°$, $\alpha_N = 99.6°$.

Aufgabe c) fragt nach dem Mittelwert der Kurswinkel. Bei einer stetig verteilten Größe wie hier wird er durch das Integral

$$\alpha_m = \frac{1}{b-a}\int_a^b g(u)du$$

definiert. Man erhält mit einem CAS $\alpha_m = 99.29°$. Der mittlere Funktionswert von $g(u)$ an der Stelle $u = -32.55°$ beträgt mit $99.26°$ fast genauso viel.

Die maximale Abweichung könnte man exakt als das Maximum von $|g(u) - 99.29°|$ ermitteln oder annähernd aus einer graphischen Darstellung dieser Funktion ablesen. Letztere zeigt, dass sie am Rand angenommen wird, und zwar beim Abflug. Die maximale Abweichung beträgt $0.81°$.

Das Ergebnis besagt, dass sich die Krümmung des *uv*-Koordinatensystems der Kugel gegenüber einem ungekrümmten *kartesischen* kaum bemerkbar macht. Die „lineare" Verbindung von Frankfurt nach New York ist recht genau eine Kurve mit konstantem Kurswinkel, also eine *Loxodrome.*[7]

Beispiel (2): Tangentenspurkurve

Eine recht anschauliche Vorstellung vom Tangentenverlauf kann man bekommen, wenn

[7] Vgl. S. 41 ff.

man die Schnittpunkte der Tangenten mit einer Koordinatenebene betrachtet. Im Fall der vivianischen Kurve lautet die Gleichung der Tangente

$$\vec{t}(s) = \begin{pmatrix} \cos^2 t \\ \cos t \sin t \\ \sin t \end{pmatrix} + s \begin{pmatrix} -2\cos t \sin t \\ \cos^2 t - \sin^2 t \\ \cos t \end{pmatrix}.$$

Sie schneidet die xy-Ebene, wenn die dritte Komponente gleich null ist. Dann ist $s = -\frac{\sin t}{\cos t}$, und für die zugehörigen x- und y-Werte folgt:

$$(1) \quad x = \cos^2 t - \frac{\sin t}{\cos t}(-2\cos t \sin t) = \cos^2 t + 2\sin^2 t = 1 + \sin^2 t$$

bzw.

$$(2) \quad y = \cos t \sin t - \frac{\sin t}{\cos t}(\cos^2 t - \sin^2 t) = \frac{\sin^3 t}{\cos t}.$$

Durchläuft nun der Berührpunkt die Kurve, so durchlaufen die Tangentenschnittpunkte ebenfalls eine Kurve, die man als die „Tangentenspurkurve“ in der xy-Ebene bezeichnet. Ihre Parameterdarstellung wird durch die obigen Gleichungen (1) und (2) wiedergegeben. Im vorliegenden Fall handelt es sich um eine sogenannte *Kissoide* (Efeublattkurve).

Wir betrachten nun die folgende Aufgabe:

a) Man stelle die vivianische Kurve zusammen mit ihrer Spurkurve in der xy-Ebene und mit einer Tangente dar und beschreibe, wie sie sich bewegt, wenn ihr Berührpunkt die obere Schleife der Kurve durchläuft.

b) Man bestimme den Winkel, unter dem die Tangente die xy-Ebene schneidet, als Funktion von t.

Lösung: Abbildung 15 zeigt, dass der Winkel α am größten ist, wenn P sich im

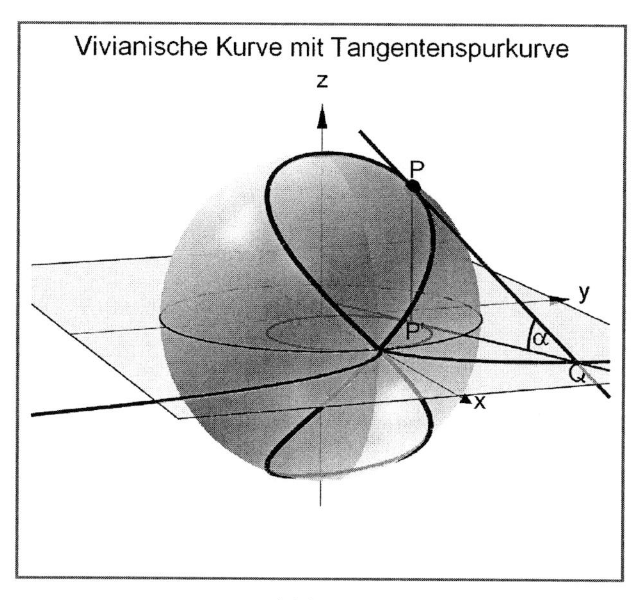

Abb. 15

Doppelpunkt der vivianischen Kurve auf der x-Achse befindet, also $t = 0$ ist. Wird t größer, dann bewegt sich Q auf der Kissoide immer weiter nach außen, während P nur verhältnismäßig langsam ansteigt. Die Tangente verläuft immer flacher und wird schließlich im Nordpol waagerecht. Danach wiederholt sich der Vorgang in umgekehrter Reihenfolge.

Multipliziert man den Richtungsvektor der z-Achse $\begin{pmatrix} 0 \\ 0 \\ 1 \end{pmatrix}$ skalar mit dem Richtungsvektor der Tangente, dann erhält man $\cos t$ und indem man durch die Beträge der betreffenden Vektoren dividiert, den Kosinus des zwischen ihnen liegenden Winkels, hier also $\frac{1}{2}\pi - \alpha$. Demnach ist

$$\cos\left(\frac{1}{2}\pi - \alpha\right) = \sin\alpha = \frac{\cos t}{\sqrt{1+\cos^2 t}}$$

und gemäß der Formel $\sin^2\alpha + \cos^2\alpha = 1$

$$\cos\alpha = \frac{1}{\sqrt{1+\cos^2 t}}, \quad \text{also} \quad \alpha = \arccos\frac{1}{\sqrt{1+\cos^2 t}}.$$

Man entnimmt der Formel, dass α von $\frac{1}{2}\pi$ bis 0 fällt, wenn t von 0 bis $\frac{1}{2}\pi$ anwächst.

Beispiel (3): Momentangeschwindigkeit einer Bewegung

Ist eine Kurve – nicht unbedingt auf der Kugel – durch eine Ortsvektorfunktion $\vec{p}(t)$ der Zeit t gegeben, so legt der zugehörige Punkt in einem Zeitraum Δt einen Kurvenbogen zurück, der annähernd gleich dem Betrag der Sehne $\vec{p}(t+\Delta t) - \vec{p}(t)$ ist. Der Differenzenquotient approximiert also die Momentangeschwindigkeit *nach Größe und Richtung*, und zwar um so besser, je kleiner Δt ist. Andererseits ist sein Grenzwert nichts anderes als der Tangentenvektor $\vec{p}\,'(t)$. Daher gilt

> Bahngeschwindigkeit eines Punktes
> Ist das Ort-Zeit-Gesetz einer Bewegung durch $\vec{p}(t)$ gegeben, so beträgt die Bahngeschwindigkeit in jedem Augenblick
> $$\vec{v}(t) = \vec{p}\,'(t).$$

Auf die vivianische Kurve angewandt, folgt aus

$$\vec{p}\,'(t) = \begin{pmatrix} -2\cos t \sin t \\ \cos^2 t - \sin^2 t \\ \cos t \end{pmatrix},$$

dass

$$|\vec{p}\,'(t)| = |\vec{v}(t)| = \sqrt{1+\cos^2 t}$$

ist. Die Bahngeschwindigkeit ändert sich dem Betrage nach und ist im Doppelpunkt $(1\,|0|0)$ am größten ($\sqrt{2}$ Längeneinheiten durch Zeiteinheit), im Nordpol am kleinsten (1 LE durch ZE). Wir betrachten nun die folgende Aufgabe:

Man untersuche die Bewegung eines Punktes, die dem Gesetz

$$\vec{q}(t) = \begin{pmatrix} \cos^2 t \\ \sqrt{2}\cos t \sin t \\ \sin^2 t \end{pmatrix}$$

gehorcht.

Lösung: Der Punkt beschreibt eine sphärische Kurve, da

$$|\vec{q}(t)|^2 = \cos^4 t + 2\cos^2 t \sin^2 t + \sin^4 t = (\cos^2 t + \sin^2 t) = 1$$

ist. Sie ist darüber hinaus *eben*, da außerdem $x + z = \cos^2 t + \sin^2 t = 1$ gilt. Die Bahn ist also ein Kreis. Sein Mittelpunkt M hat die Koordinaten $\left(\frac{1}{2}\middle|\,0\,\middle|\frac{1}{2}\right)$ und sein Radius beträgt $r = \frac{1}{2}\sqrt{2}$.

Die Bahngeschwindigkeit erhält man durch Ableiten nach der Zeit t:

$$\vec{q}\,'(t) = \vec{v}(t) = \begin{pmatrix} -2\cos t \sin t \\ \sqrt{2}(\cos^2 t - \sin^2 t) \\ 2\sin t \cos t \end{pmatrix}.$$

Für ihren Betrag gilt

$$|\vec{v}(t)|^2 = 8\cos^2 t \sin t + 2(\cos^4 t - 2\sin^2 t\cos^2 t + \sin^4 t) = 2(\cos^2 t + \sin^2 t)^2 = 2.$$

Der Punkt durchläuft also die Kreisbahn mit der konstanten Geschwindigkeit $\sqrt{2}$. In der Tat ist der Umfang $U = 2\pi r = \pi\sqrt{2}$, und dieser wird bereits in der Zeit $t = \pi$ durchlaufen, wie man anhand einer Graphik feststellen kann.

Zusatzaufgabe: Vom Punkt $A = (1|0|0)$ aus starten zwei Körper gleichzeitig, einer auf der vivianischen Kurve, der zweite auf dem obigen Kreis gemäß den Parameterdarstellungen der beiden Kurven als Bewegungsgesetz. Wann haben sie auf dem Weg von A zum Nordpol den größten Abstand voneinander, sofern dieser auf dem Großkreis gemessen wird?

Lösung: Da sich beide Punkte auf der Kugel bewegen, ist der Mittelpunktswinkel genau dann am größten, wenn das für die zugehörige Sehne gilt. Für deren Länge erhalten wir

$$\begin{aligned}(d(t))^2 &= (\vec{p}(t) - q(t))^2 = \begin{pmatrix} 0 \\ \sin t\cos t(1-\sqrt{2}) \\ \sin t - \sin^2 t \end{pmatrix}^2 \\ &= (1-\sqrt{2})^2 \sin^2 t\cos^2 t + (\sin t - \sin^2 t)^2.\end{aligned}$$

Ableiten nach t und null setzen führen auf die Gleichung

$$\sin t\cos t(8(\sqrt{2}-1)\sin^2 t - 6\sin t + 8 - 4\sqrt{2}) = 0.$$

Ein CAS liefert dazu im Intervall von 0 bis $\frac{1}{2}\pi$ die Lösungen $t_1 = 0$, $t_2 = \frac{1}{2}\pi$, $t_3 = 0.60638$. Im Falle t_1 und t_2 ist der Abstand minimal (nämlich null), im Fall von t_3 maximal. Die zugehörige Sehnenlänge beträgt $d(t_3) = 0.3126$, und für den zugehörigen Mittelpunktswinkel δ gilt $\sin\frac{1}{2}\delta = 0.1563$, also $\delta = 2\arcsin 0.1563 = 0.3139 = 18.0°$.

Aufgaben zu 1.3.1

1. Viele der bisher betrachteten Kurven weisen *Doppelpunkte* auf, in denen sie sich selbst schneiden oder berühren (vgl. die Aufgaben 3, 4, 5 sowie Arbeitsauftrag 1 zu 1.2). Berechnen Sie den jeweiligen Schnittwinkel, bei den Hippopeden in Abhängigkeit von r.
2. Bestimmen Sie die Winkel der „Blütenblätter" in den beiden vivianischen Rosetten. (Vgl. die Aufgaben 1 und 2 S. 11.)
3. Wir betrachten den Kleinkreis K_0, der durch Schnitt der Ebene $x + z = 1$ mit der Einheitskugel erzeugt wird, sowie Kurven $K(c)$, die in Abhängigkeit von einem Parameter c durch die Gleichungen

$$x = \frac{1}{\sqrt{2}}\cos t + \frac{1}{\sqrt{2+c^2}}\sin t\,,\; y = \frac{c}{\sqrt{2+c^2}}\sin t\,,\; z = \frac{1}{\sqrt{2}}\cos t - \frac{1}{\sqrt{2+c^2}}\sin t\,,\; 0 \le t \le 2\pi$$

gegeben sind.

a) Zeigen Sie, dass alle $K(c)$ *Großkreise* der Einheitskugel sind und erzeugen Sie eine Graphik von K_0 und $K(\sqrt{2})$.

b) Wählen Sie ein $c \neq 0$ aus und berechnen Sie den Schnittwinkel von K_0 mit $K(c)$.

c) Lösen Sie b) für beliebiges c und deuten Sie das Ergebnis geometrisch.

4. Unter welchen Winkeln schneidet der Großkreis $K(2\sqrt{3})$ aus Aufgabe 3 die vivianische Kurve?

5. Welcher Punkt der vivianischen Kurve hat vom Punkt $\left(\frac{1}{2}\sqrt{2}\,\middle|\,0\,\middle|\,\frac{1}{2}\sqrt{2}\right)$ die größte und die kleinste Entfernung, wenn man diese stets als Großkreisbogen nimmt? Deuten Sie das Ergebnis im Lichte der vorangegangenen Aufgaben.

Arbeitsaufträge zu 1.3.1

1. *Breite einer Schleife der vivianischen Kurve*
Als „Breite" einer symmetrischen Kurve wird man den größten Abstand zweier ihrer Punkte ansehen, die symmetrisch zueinander liegen, im Falle der Schleife also spiegelbildlich bezüglich der xz-Ebene. Es kommt aber darauf an, ob man die Breite auf einem Großkreis oder gewissen Kleinkreisen misst.
Man untersuche diese Frage, wobei die Kleinkreise entweder senkrecht zur z-Achse oder senkrecht zur x-Achse liegen sollen. Man stelle ferner fest, ob der Großkreis bzw. die beiden Kleinkreise, auf denen jeweils das entsprechende Maximum realisiert wird, mit der vivianischen Kurve einen rechten Winkel bilden.

2. *Eine Helix auf der Kugel*
Unter einer *Helix* oder einer *Schraubenlinie* versteht man allgemein eine Kurve, deren Tangenten mit der xy-Ebene einen konstanten Winkel bilden.
Man zeige, dass die folgenden drei Gleichungen eine Helix auf der Kugel beschreiben, bestimme ihre Tangentenspurkurve in der xy-Ebene und ihren Grundriss und erzeuge von ihnen einschließlich der Trägerkugel eine Graphik.

$$\begin{aligned} x &= \frac{1}{2}\cos(2t)\cos t + \sin(2t)\sin t\,, \\ y &= \frac{1}{2}\sin(2t)\cos t - \cos(2t)\sin t\,, \\ z &= \frac{1}{2}\sqrt{3}\cos t\,. \end{aligned}$$

Im Falle des Grundrisses und der Tangentenspurkurve handelt es sich um sehr bekannte ebene Kurven. Welche sind das und welcher Zusammenhang besteht zwischen beiden?

3. Zu jedem Wert des Parameters a gehört eine Kurve $K(a)$, die durch

$$\begin{aligned} x &= \frac{1}{2}\cos(2a)\cos t + \sin(2a)\sin t\,, \\ y &= \frac{1}{2}\sin(2a)\cos t - \cos(2a)\sin t\,, \\ z &= \frac{1}{2}\sqrt{3}\cos t\,. \end{aligned}$$

gegeben ist. Man untersuche, um was für Kurven es sich dabei handelt und in welcher Beziehung sie zur Helix des Arbeitsauftrages 2 stehen. Unter welchem Winkel schneiden sie jeweils die Helix?

1.3.2 Flächen aus Tangenten

Durch einen Punkt der Kugel mit den Kugelkoordinaten $(u_0|v_0)$ lassen sich unendlich viele Kurven legen, indem man für u und v Parameterdarstellungen $u = f(t)$, $v = g(t)$ wählt, die für einen bestimmten Wert von t, z. B. $t = 0$, den Bedingungen $u_0 = f(0)$, $v_0 = g(0)$ genügen. Die Gleichung der sphärischen Kurve erhält man dann durch Einsetzen dieser Funktionen in die Standarddarstellung der Kugel:

$$(*) \qquad x = \cos u \cos v\,, \quad y = \sin u \cos v\,, \quad z = \sin v.$$

Dadurch werden x, y und z Funktionen von t, die wir dementsprechend $x(t), y(t), z(t)$ schreiben. Um die Tangente in $(u_0|v_0)$ zu bestimmen, leiten wir nach t ab und erhalten mit der Produkt- und Kettenregel:

$$\begin{aligned} x'(t) &= -\sin u f'(t) \cos v - \cos u \sin v g'(t)\,; \\ y'(t) &= \cos u f'(t) \cos v - \sin u \sin v g'(t)\,; \\ z'(t) &= \cos v g'(t)\,. \end{aligned}$$

In vektorieller Schreibweise mit $\vec{p}(t)$ als Ortsvektor der Kurvenpunkte lautet das Ergebnis:

$$\vec{p}\,'(t) = \begin{pmatrix} -\sin u \cos v \\ \cos u \cos v \\ 0 \end{pmatrix} f'(t) + \begin{pmatrix} -\cos u \sin v \\ -\sin u \sin v \\ \cos v \end{pmatrix} g'(t)\,.$$

Der Richtungsvektor der Tangente in $(u_0|v_0)$ geht hieraus hervor, indem wir $t = 0$ einsetzen, wobei u und v in u_0 und v_0 übergehen:

$$\vec{p}\,'(0) = \begin{pmatrix} -\sin u_0 \cos v_0 \\ \cos u_0 \cos v_0 \\ 0 \end{pmatrix} f'(0) + \begin{pmatrix} -\cos u_0 \sin v_0 \\ -\sin u_0 \sin v_0 \\ \cos v_0 \end{pmatrix} g'(0)\,.$$

Wir sehen: Der Tangentenvektor $\vec{p}\,'(0)$ der Kurve in (u_0, v_0) ist *Linearkombination* zweier Vektoren, die nur von dem festen Punkt abhängen, nicht von der Kurve, die lediglich mittels der Ableitungen $f'(0), g'(0)$ in die Formel eingeht. Diese beiden Vektoren entstehen offenbar dadurch, dass man $(*)$ zunächst nach u ableitet und v als konstant annimmt, dann $(*)$ nach v ableitet und u als konstant annimmt und schließlich u durch u_0, v durch v_0 ersetzt. Bei Funktionen von mehreren Veränderlichen – hier von u und v – spricht man von *partiellen Ableitungen* und bezeichnet diese mit der Variablen, nach der jeweils abgeleitet wird, indem man sie an die abzuleitende Größe als Index unten anhängt. Dementsprechend ist

$$x_u = -\sin u \cos v\,, \quad x_v = -\cos u \sin v$$

usw., und unser für den Tangentenvektor erhaltenes Ergebnis lässt sich kurz in der Form

$$(**) \qquad \vec{p}\,'(0) = \vec{p}_u f'(0) + \vec{p}_v g'(0)$$

wiedergeben.

Bevor wir dieses Ergebnis auswerten, wollen wir es geometrisch deuten. Wäre nämlich eine der beiden Ableitungen $f'(0), g'(0)$ gleich 1 und die andere 0, dann erhielte man $\vec{p}\,'(0) = \vec{p}_u$ bzw. $\vec{p}\,'(0) = \vec{p}_v$. Das ist zum Beispiel der Fall, wenn $u = t + u_0$ und $v = v_0$ bzw. $u = u_0$ und $v = t + v_0$ gewählt wird. Die erste dieser beiden Darstellungen beschreibt offenbar diejenige *Parameterlinie* der Kugel, bei der v konstant ist, die zweite diejenige, bei der u konstant ist. Damit können wir unser Ergebnis $(**)$ auch so formulieren: Der Richtungsvektor einer beliebigen Kurve durch $(u_0|v_0)$ ist eine Linearkombination der Richtungsvektoren der beiden durch diesen Punkt gehenden Parameterlinien.

Tatsächlich gilt dieses für die Kugel hergeleitete Ergebnis ganz allgemein für beliebige Flächen. Jede von ihnen lässt sich mittels eines Ortsvektors beschreiben, dessen partielle Ableitungen in einem gegebenen Punkt eine Ebene aufspannen:

Tangentialebene
Durch $\vec{p}(u, v)$ sei eine Parameterdarstellung einer Fläche gegeben. Dann versteht man unter der Tangentialebene der Fläche im Punkt $\vec{p}_0 = \vec{p}(u_0, v_0)$ die durch

$$\vec{p}_0 + s_1\,\vec{p}_u + s_2\,\vec{p}_v\,, \quad s_1, s_2 \in \mathbb{R}\,,$$

dargestellte Ebene. Hierbei sind die partiellen Ableitungen $\vec{p}_u$ und $\vec{p}_v$ an der Stelle $(u_0|v_0)$ zu nehmen.

Natürlich sollte die Tangentialebene nur von der Fläche selbst, nicht ihrer Parameterdarstellung abhängen. Das ist – analog zur Tangente einer Kurve – tatsächlich der Fall und geht einfach daraus hervor, dass bei einer Neuparametrisierung die alten Parameterlinien zu besonderen Kurven durch $(u_0|v_0)$ werden.

Für die Tangentialebene der Kugel leiten wir noch eine zweite Darstellung her, die diese Unabhängigkeit unmittelbar zeigt. Anschaulich ist klar – und rechnerisch leicht zu beweisen – dass $\vec{p}_u$ und $\vec{p}_v$ zu einander orthogonal sind und mit dem zum Punkt hinführenden Vektor $\begin{pmatrix} x_0 \\ y_0 \\ z_0 \end{pmatrix}$ ebenfalls rechte Winkel bilden. Somit lautet das Ergebnis für die

Tangentialebene der (Einheits-)Kugel
$x^2 + y^2 + z^2 = 1$ im Punkt $(x_0|y_0|z_0)$:

$$x_0x + y_0y + z_0z = 1\,.$$

Während die Tangentialebene einer Fläche nur wenig Neues zu bieten hat, stellt die Tangentenfläche einer Kurve ein ganz besonderes Phänomen dar, das manche Überraschungen bereit hält. Es ist die Fläche, die von einer Tangente überstrichen wird, wenn ihr Berührpunkt die gesamte Kurve durchläuft. Daher braucht man in der Tangentengleichung von Seite 19 nur noch t als zweiten variablen Parameter zu betrachten, um die zugehörige Tangentenfläche analytisch darzustellen. Abbildung 16 zeigt das Ergebnis für die vivianische

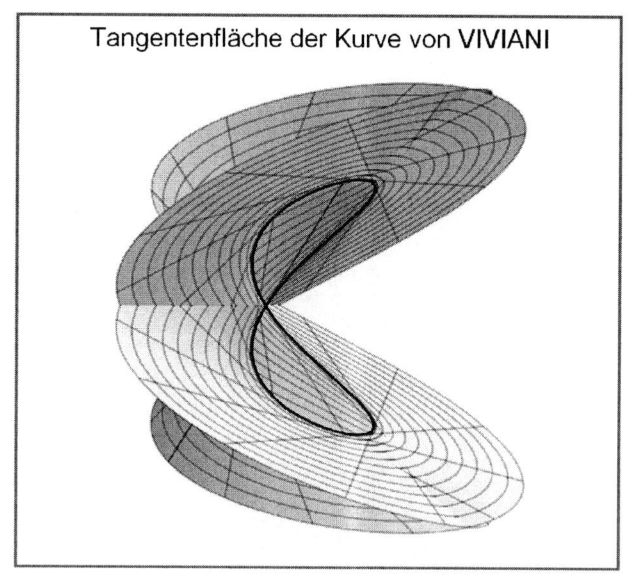

Abb. 16

Kurve. Die Fläche besteht aus zwei „Blättern", die sich gegenseitig durchdringen und in der Kurve zusammenstoßen. Die geraden Parameterlinien sind offenbar die Tangenten (t = konst.), die gekrümmten beschreiben den Weg eines bestimmten Tangentenpunktes (s = konst.), wenn t variiert. Bei genauerer Betrachtung erkennt man, dass die Parameterlinien zu positiven und zu negativen s auf verschiedenen Blättern liegen.

Um zu verstehen, wie dieses Ergebnis zustande kommt, das für alle echten Raumkurven zutrifft, greifen wir auf den Kreis zurück. In einer Ebene liegend, überdecken seine Tangenten dessen Äußeres doppelt. Stellt man sich nun vor, dass er „zylindrisch" verbogen wird (vgl. Abb. 17 a bis c), dann schneiden sich seine Tangenten nicht mehr und sein

„doppelt belegtes“ Äußere wird zu *zwei verschiedenen Flächen* verformt, die wie eine „spanische Halskrause“ die Kurve umgeben. In Abbildung 17a ist der Fall $s < 0$ dargestellt,

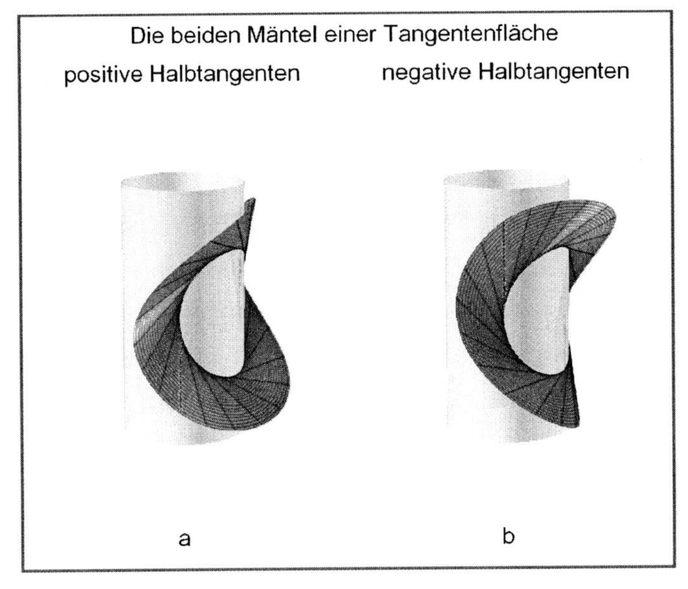

Abb. 17 a, b

in Abbildung 17 b für $s > 0$, und Abbildung 17 c neu zeigt die ganze „Halskrause“. An den

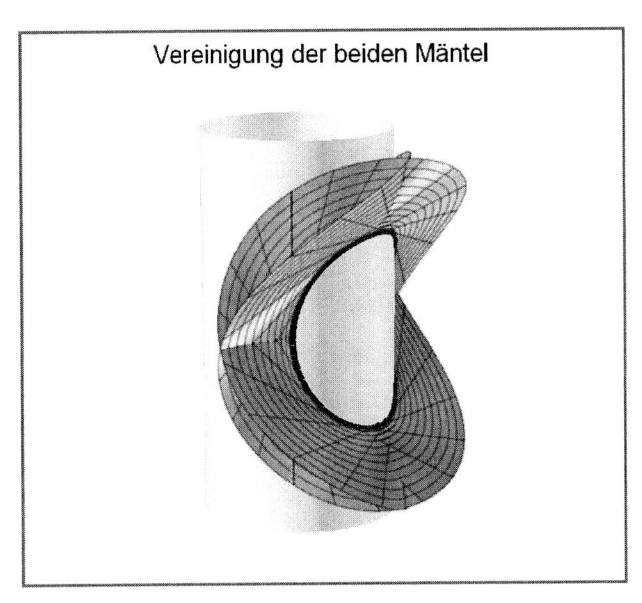

Abb. 17 c

ersten beiden Teilbildern kann man sehr schön erkennen, dass und wie die „halben“ Tangenten mit dem Berührpunkt als Anfangspunkt sich zu den beiden Blättern zusammenschließen.

Um die Fläche genauer zu untersuchen, ziehen wir nun die Tangentialebene heran. Ein beliebiger Ortsvektor $\vec{q}$ der Tangentenfläche der vivianischen Kurve hat die Form

$$\begin{aligned} \vec{q} &= \begin{pmatrix} \cos^2 t \\ \cos t \sin t \\ \sin t \end{pmatrix} + s \begin{pmatrix} -2\cos t \sin t \\ \cos^2 t - \sin^2 t \\ \cos t \end{pmatrix} \\ &= \vec{p}(t) + s\,\vec{p}\,'(t)\,,\ 0 \le t \le 2\pi\,,\ s \in \mathbb{R}\,. \end{aligned}$$

Nun leiten wir $\vec{q}$ zunächst nach s ab und erhalten $\vec{q}_s = \vec{p}\,'(t)$. Das Ergebnis wundert nicht. Denn wenn t konstant ist, beschreibt $\vec{q}$ ja *die Tangente als Parameterlinie der Fläche.* Der Tangentenvektor gibt also auch die Richtung der Parameterlinie an. Die Ableitung von $\vec{q}$ nach t ergibt entsprechend $\vec{q}_t = \vec{p}\,'(t) + s\,\vec{p}\,''(t)$. Sie ist natürlich komplizierter, weil sie die Richtung der gewundenen Parameterlinien in Abbildung 16 beschreibt.

Die Gleichung der Tangentialebene in einem Punkt $\vec{q}_0 = \vec{p}(t_0) + s_0\,\vec{p}\,'(t_0)$ lautet nun mit diesen Größen

$$\begin{aligned} \vec{e} &= \vec{q}_0 + r_1\,\vec{q}_s + r_2\,\vec{q}_t \\ &= \vec{q}_0 + r_1\,\vec{p}\,'(t_0) + r_2(\vec{p}\,'(t_0) + s_0\,\vec{p}\,''(t_0)) \\ &= \vec{q}_0 + (r_1 + r_2)\vec{p}\,'(t_0) + r_2\,s_0\,\vec{p}\,''(t_0), \end{aligned}$$

wobei $\vec{e}$ Ortsvektor der Ebene ist, der zu den beiden Ebenenparametern r_1 und r_2 gehört. Wie die letzte Umformung zeigt, wird die Tangentialebene der Tangentenfläche bereits von $\vec{p}\,'(t_0)$ und $\vec{p}\,''(t_0)$ aufgespannt. Sie ist also längs einer Tangente der Kurve, nämlich für das gleiche t_0, dieselbe:

> Die Tangentialebene der Tangentenfläche einer Kurve ist längs einer „Erzeugenden", d. h. längs einer Tangente, konstant.

Dieses Ergebnis gilt offenbar für jede Kurve, da wir bei seiner Herleitung von der speziellen Gestalt der vivianischen Kurve keinen Gebrauch gemacht haben.

Genau genommen sind die obigen Schlussfolgerungen aber nur für $s_0 \neq 0$ richtig, denn wenn $s_0 = 0$ ist, dann ist

$$\vec{e} = \vec{q}_0 + (r_1 + r_2)\vec{p}\,'(t_0) = \vec{p}(t_0) + (r_1 + r_2)\vec{p}\,'(t_0),$$

beschreibt also nur die Tangente selbst und keine Ebene mehr. Da das Ergebnis aber für beliebig kleine $s_0 \neq 0$ richtig ist, können wir es auf den Grenzfall mit ausdehnen. Die Gleichung der Tangentialebene lautet dann einfach

$$\vec{e} = \vec{q}_0 + r\,\vec{p}\,'(t_0) + \bar{r}\,\vec{p}\,''(t_0)$$

mit zwei neuen Parametern r und $\bar{r}$, aus denen sich r_1 und r_2 für $s_0 \neq 0$ ohne weiteres rekonstruieren lassen: $r_2 = \frac{\bar{r}}{s_0}$, $r_1 = r - \frac{\bar{r}}{s_0}$. Sie erfasst also alle möglichen Fälle.

Welche Bedeutung hat nun diese Ebene, wenn man sie nur in den Kurvenpunkten betrachtet? Gemäß der Herleitung schmiegt sie sich optimal an die Tangentenfläche an, so dass man anschaulich sagen könnte: sie wird von zwei „auf einander folgenden" Tangenten aufgespannt. Daher rührt ihr Name:

Schmiegebene einer Kurve
Sei durch $\vec{p}(t)$ die Parameterdarstellung einer Kurve gegeben. Dann heißt die Ebene mit dem Ortsvektor

$$\vec{e} = \vec{p}(t_0) + r\,\vec{p}\,'(t_0) + \bar{r}\,\vec{p}\,''(t_0), \quad r, \bar{r} \in \mathbb{R},$$

Schmiegebene der Kurve an der Stelle t_0.

Mit der Schmiegebene hängt eng der Begriff der *Hauptnormalen* einer Kurve zusammen. Unter allen Normalen, d. h. den *Senkrechten zur Tangente* im Berührpunkt, wird diejenige besonders ausgezeichnet, die *in* der Schmiegebene liegt. Sie entspricht genau der Normalen einer ebenen Kurve, da die räumliche Kurve in einer Umgebung des Berührpunktes annähernd in der Schmiegebene verläuft.

Bemerkung: Die Schmiegebene wird von der Kurve im allgemeinen „durchsetzt", d. h. die Kurve wechselt die Seite der Ebene. Das ist dadurch zu erklären, dass die Tangentenfläche aus zwei Blättern besteht, die sich in der Kurve zwar berühren, aber i. a. von einander weg wenden. Daher berührt die Ebene ein Blatt von unten und ein Blatt von oben. Es gibt aber Ausnahmen, so wie es bei der Tangente, die im allgemeinen die Kurve lokal auf einer Seite lässt, auch den Fall gibt, dass sie durch die Kurve hindurchgeht.

Wir berechnen nun Schmiegebene und Hauptnormale für die vivianische Kurve. In ihrem Fall ist $\vec{p}\,''(t) = \begin{pmatrix} -2(\cos^2 t - \sin^2 t) \\ -4\cos t \sin t \\ -\sin t \end{pmatrix}$. Damit lautet die Gleichung der Schmiegebene

$$\vec{e} = \begin{pmatrix} \cos^2 t \\ \cos t \sin t \\ \sin t \end{pmatrix} + r \begin{pmatrix} -2\cos t \sin t \\ \cos^2 t - \sin^2 t \\ \cos t \end{pmatrix} + \bar{r} \begin{pmatrix} -2(\cos^2 t - \sin^2 t) \\ -4\cos t \sin t \\ -\sin t \end{pmatrix}.$$

Die Hauptnormale $\vec{n}$ ist nun eine Linearkombination von $\vec{p}\,'(t)$ und $\vec{p}\,''(t)$, die zum Tangentenvektor $\vec{p}\,'(t)$ orthogonal ist. Infolgedessen muss $\vec{p}\,'(t)(r\,\vec{p}\,'(t) + \bar{r}\,\vec{p}\,''(t)) = 0$, also $(1 + \cos^2 t)r - \sin t \cos t\,\bar{r} = 0$ sein. Wählen wir hierin der Einfachheit halber $r = \sin t \cos t$, dann folgt $\bar{r} = 1 + \cos^2 t$ und schließlich

$$\vec{n} = \begin{pmatrix} 2\sin^4 t - 4\cos^4 t \\ -\sin t \cos t(2\cos^2 t + 5) \\ -\sin t \end{pmatrix}.$$

Im Doppelpunkt der Kurve ($t = 0$) ist daher zum Beispiel $\vec{n} = \begin{pmatrix} -4 \\ 0 \\ 0 \end{pmatrix}$.

Wir fügen noch zwei wichtige allgemeine Bemerkungen hinzu. Im allgemeinen wird die Hauptnormale einer Kurve nicht mit der Flächennormalen der Trägerfläche, d. h. der Normalen der Tangentialebene in dem gleichen Punkt, übereinstimmen. Wenn das aber bei einer Kurve in jedem ihrer Punkte der Fall ist, so ist, wie man mit höheren Mitteln beweisen kann, diese Kurve eine *Geodätische* der Trägerfläche, d. h. eine Linie kürzester Entfernung.

Die zweite Bemerkung bezieht sich auf die Erzeugung der Tangentenfläche mittels einer Geraden. Nach dem lateinischen Wort *regula* für die gerade Linie heißt eine solche Fläche *Regelfläche.* Auch der vivianische Kegel und das vivianische Konoid (vgl. die Arbeitsaufträge 2 und 3 auf S. 16) sind solche Regelflächen. Interessanter Weise ändert sich die Tangentialebene, wenn man den Berührpunkt längs einer Erzeugenden verschiebt, beim Kegel nicht, wohl aber beim Konoid. Das soll hier zum Abschluss noch gezeigt werden, um Fehlvorstellungen bezüglich Regelflächen vorzubeugen.

Das von der z-Achse aus konstruierte Konoid hat die Parameterdarstellung

$$\vec{q} = \begin{pmatrix} 0 \\ 0 \\ \sin t \end{pmatrix} + s \begin{pmatrix} \cos^2 t \\ \cos t \sin t \\ 0 \end{pmatrix}.$$

Also ist

$$\vec{q_s} = \begin{pmatrix} \cos^2 t \\ \cos t \sin t \\ 0 \end{pmatrix}, \quad \vec{q_t} = \begin{pmatrix} 0 \\ 0 \\ \cos t \end{pmatrix} + s \begin{pmatrix} -2\cos t \sin t \\ \cos^2 t - \sin^2 t \\ 0 \end{pmatrix}.$$

Die Gleichung der Tangentialebene lautet dann

$$\vec{e} = \begin{pmatrix} 0 \\ 0 \\ \sin t_0 \end{pmatrix} + r_1 \begin{pmatrix} \cos^2 t_0 \\ \cos t_0 \sin t_0 \\ 0 \end{pmatrix} + r_2 \begin{pmatrix} -2s_0 \cos t_0 \sin t_0 \\ s_0(\cos^2 t_0 - \sin^2 t_0) \\ \cos t_0 \end{pmatrix}.$$

Das Ergebnis zeigt, dass sich s_0 aus dem zweiten Richtungsvektor nicht einfach ausklammern lässt, so dass eine Veränderung von s_0 nicht nur wie bisher eine Verlängerung oder

Verkürzung des Vektors bedeutet, sondern eine Änderung seiner Richtung, sofern nicht $\cos t_0 = 0$ ist. Zur weiteren Diskussion vergleiche man die folgenden Aufgaben.

Aufgaben zu 1.3.2

1. a) Bestimmen Sie alle Tangentialebenen der Einheitskugel, die die vivianische Kurve berühren und durch den Punkt $(2|2|2)$ gehen.

   b) Durch welche Punkte $(a|a|a)$ gibt es
   (1) keine; (2) genau eine; (3) genau zwei; (4) genau drei; (5) genau vier
   Tangentialebenen mit der in a) geforderten Eigenschaft?

2. a) Zeigen Sie, die Schmiegebenen der vivianischen Kurve berühren auch ihre Tangentenspurkurve in der xy-Ebene.

   b*) Man gebe eine Begründung dafür, dass die Schmiegebene einer beliebigen Kurve jede ihrer Tangentenspurkurven, gleichgültig in welcher Ebene, berührt.

3. In welchen Punkten der vivianischen Kurve stimmt die Richtung ihrer Hauptnormalen mit der Richtung ihres Ortsvektors $\vec{p}(t)$ überein?

4. Berechnen Sie die Tangentialebenen des vivianischen z-Konoids in den Punkten P der vivianischen Kurve. Gibt es unter ihnen solche, die auf der

   a) Schmiegebene; b) Tangentialebene der Kugel

   in P senkrecht stehen?

Arbeitsaufträge zu 1.3.2

1. Bei der Bestimmung der Tangentenfläche einer Kurve scheint die Länge des Tangentenvektors keine Rolle zu spielen.

   a) Untersuchen Sie diese Frage für die vivianische Kurve $\vec{p}(t)$ in der üblichen Parametrisierung, indem Sie die Tangentenfläche

   $$\vec{q} = \vec{p}(t_0) + s\,\vec{p}\,'(t_0)$$

   mit der *normierten* Tangentenfläche $\vec{q}^{\,*}$ vergleichen, in der der Richtungsvektor der Tangente auf 1 normiert ist:

   $$\vec{q}^{\,*} = \vec{p}(t_0) + s\frac{\vec{p}\,'(t_0)}{|\vec{p}\,'(t_0)|}.$$

   b) Was ergibt sich für die gleiche Fragestellung wie in a), wenn man die folgende Darstellung

   $$\vec{q}^{\,**} = \vec{p}(t_0) + s \cdot f(t_0) \cdot \vec{p}\,'(t_0)$$

   zugrunde legt, wobei $f(t_0)$ eine beliebige Funktion von t_0 ist?

2. a) Die Graphik der Tangentenfläche der vivianischen Kurve zeigt *Selbstdurchdringungen*. Untersuchen Sie, wie diese zustande kommen, und bestimmen Sie die *Durchdringungskurven*.

   b) Führen Sie dieselbe Untersuchung für den „auf einen Zylinder aufgewickelten Kreis“ (vgl. S. 30) durch.

3. Untersuchen Sie die Schmiegebenen der vivianischen Kurve darauf hin,

   a) welche von ihnen durch den Nullpunkt;

b) durch den Punkt (1|1|1);

c) durch die Koordinatenachsen gehen.

1.4 Abstandsberechnung

Der Abstand zweier Punkte, die durch ihre Ortsvektoren $\vec{p}_1$ und $\vec{p}_2$ gegeben sind, ist als Betrag ihrer Differenz $|\vec{p}_2 - \vec{p}_1|$ leicht bestimmbar. Wenn sich die beiden Punkte aber auf der Oberfläche einer Kugel befinden, möchte man natürlich nicht wissen, wie lang die Verbindungsstrecke durch die Kugel hindurch ist, sondern welche (kürzeste) Entfernung sie auf der Kugel haben.

Die Bestimmung der Linien einer Fläche, die zwei Punkte auf kürzestem Weg verbinden, ist ein Extremalproblem, das deshalb schwer zu lösen ist, weil man alle nur möglichen Wege in Betracht ziehen muss. Die *Geodätischen*, wie sie in der Mathematik genannt werden, sind jedoch für viele Flächen bekannt. Im Falle der Kugel stellen die Kreise mit größtem Radius, die sogenannten *Großkreise*, die Geodätischen dar. Obwohl wir diese Aussage hier nicht beweisen können, so leuchtet sie anschaulich doch sofort ein. Denn Großkreise sind am wenigsten gekrümmt und als Schnitte der Kugel mit einer Ebene auch quasi „geradlinig“. Wenn man auf einer Kugel einen Faden zwischen zwei Punkten straff zieht, so wird man genau diese beiden Eigenschaften von seiner Endposition erwarten.

Wir wollen uns in diesem Abschnitt nicht mit der obigen Feststellung begnügen, sondern beispielhaft die Entfernungen zweier Kugelpunkte in Abhängigkeit von konkret vorgegebenen Wegen berechnen. Zu dem Zweck leiten wir in 1.4.1 die allgemeine Formel für die Bogenlänge einer beliebigen Kurve her und vergleichen die Entfernungen zwischen Frankfurt und New York, wenn man die Orte auf verschiedene Weisen, u. a. mit einem Großkreis, verbindet. Im folgenden Paragraphen 1.4.2 stellen wir dann auch die Formeln auf, mit deren Hilfe sich Großkreise graphisch darstellen und weitergehende Untersuchungen vornehmen lassen. Hieran anschließend wird in 1.4.3 das Problem der „Kurve konstanten Kurses“, der sogenannten *Loxodrome*, aufgegriffen und seine Lösung benutzt, um eine berühmte Abbildung der Erdoberfläche, die bereits im 16. Jahrhundert gefunden wurde und nach ihrem Erfinder *Mercatorkarte* genannt wird, in ihren Grundzügen zu erklären.

1.4.1 Vergleich zweier Weglängen auf der Kugel

Wenn der Ortsvektor $\vec{p}(t)$ einer Kurve als Funktion eines Parameters t gegeben ist, dann hängt auch ihre Bogenlänge, gemessen von einem willkürlich festgelegten Anfangspunkt an, von t ab. Wir nennen diese Funktion $B(t)$. In einem kurzen „Zeitraum“ Δt wird nun der Zuwachs der Bogenlänge $B(t+\Delta t) - B(t)$ durch die Länge der zugehörigen Sehne $|\vec{p}(t+\Delta t) - \vec{p}(t)|$ approximiert, und zwar umso besser, je kleiner Δt ist. Im Grenzfall gilt daher einerseits für $\Delta t > 0$

$$\lim_{\Delta t \to 0} \frac{B(t+\Delta t) - B(t)}{\Delta t} = \lim_{\Delta t \to 0} \left| \frac{\vec{p}(t+\Delta t) - \vec{p}(t)}{\Delta t} \right|$$

und andererseits für $\Delta t < 0$

$$\lim_{\Delta t \to 0} \left| \frac{\vec{p}(t+\Delta t) - \vec{p}(t)}{-\Delta t} \right| = \lim_{\Delta t \to 0} \left| \frac{\vec{p}(t) - \vec{p}(t+\Delta t)}{\Delta t} \right|.$$

Daher stimmen der rechts- und linksseitige Grenzwert überein, und wir erhalten die Ableitung von $B(t)$ als Betrag des Tangentenvektors

$$B'(t) = |\vec{p}\,'(t)| = \sqrt{(f'(t))^2 + (g'(t))^2 + (h'(t))^2},$$

wenn wir die Parameterfunktionen von $\vec{p}(t)$ wie schon bisher mit

$$x = f(t),\ y = g(t),\ z = h(t)$$

bezeichnen. Durch Integration folgt aus dieser Beziehung die

> Formel für die Bogenlänge einer Kurve
> Eine Kurve sei durch die Parameterdarstellung von $\vec{p}(t)$: $x = f(t),\ y = g(t),\ z = h(t)$ gegeben. Dann beträgt ihre Länge zwischen zwei Punkten $P_1(t_1),\ P_2(t_2)$
> $$B(t_2) - B(t_1) = \int_{t_1}^{t_2} \sqrt{(f'(t))^2 + (g'(t))^2 + (h'(t))^2}dt.$$

Als erste Anwendung dieser Formel berechnen wir die Länge desjenigen Weges von Frankfurt (F) nach New York (N), der – analog zur vivianischen Kurve – durch *lineare Interpolation* zwischen den beiden Punkten $F(u_1|v_1)$ und $N(u_2|v_2)$ bestimmt ist. Den Erdradius $R = 6371$ km wählen wir dabei als Längeneinheit und erhalten dann das Ergebnis auch in dieser Einheit. Für die Rechnungen benötigen wir ein Computer-Algebra-System, da sie sonst zu aufwendig wären und insbesondere das Integral nur sehr grob abgeschätzt werden könnte.

In 1.3.1, Seite 19, haben wir bereits die Gleichung der Interpolationsfunktion aufgestellt: $v = 0.1152u + 0.8569$. Wie dort (vgl. S. 20) ebenfalls hergeleitet, gilt dann mit diesem v

$$|\vec{p}\,'(t)| = \cos^2(v) + 0.01327.$$

Somit folgt für die Länge des Weges

$$B = \int_{u_1}^{u_2} \sqrt{\cos^2 v + 0.01327} du,$$

und der PC liefert für das Integral den nummerischen Wert

$$B = 1.0244 \text{ Einheiten} \approx 6526 \text{ km}.$$

Nun folgt der Vergleich mit der Länge des Großkreisbogens $\overset{\frown}{FN}$. Wir kennen zwar seine Parameterdarstellung nicht, können aber die Sehne $\overline{FN}$ mit der Abstandsformel und dann den zugehörigen Mittelpunktswinkel berechnen.

Aus den oben angegebenen Daten $(u_1|v_1), (u_2|v_2)$ erhalten wir durch Einsetzen in die Parameterdarstellung der Kugel:

$$F(0.6341\,|\,0.0970\,|\,0.7672)\,, \quad N(0.2118\,|\,-0.7291\,|\,0.6508)$$

Die kartesischen Koordinaten werden in die Abstandsformel $|FN| = |\vec{p}(u_2) - \vec{p}(u_1)|$ eingesetzt und ergeben

$$|FN| = \sqrt{0.874356} = 0.9351.$$

Der zugehörige Mittelpunktswinkel ε errechnet sich aus[8]

$$\sin\left(\frac{1}{2}\varepsilon\right) = \frac{\frac{1}{2}|FN|}{R} = \frac{1}{2}|FN|\,,$$

zu $\varepsilon = 0.973$. Also hat der Bogen gemäß der Formel $B = \varepsilon \cdot R$ die Länge $B = 6199$ km.

Die kürzeste Entfernung zwischen Frankfurt und New York beträgt demnach 6199 km und ist damit um 327 km kleiner als die Entfernung auf dem linear interpolierten Weg.

1.4.2 Parameterdarstellung von Kugelkreisen

Um Kugelkreise graphisch darstellen, aber auch um ihre Eigenschaften genauer studieren zu können – zum Beispiel um die Kurswinkel in jedem Punkt zu bestimmen – muss man sie Punkt für Punkt kennen. Aus diesem Grund zeigen wir jetzt, wie man die Parameterdarstellung eines Großkreises finden kann, wenn zwei seiner Punkte bekannt sind. Die Darstellung eines Kleinkreises ergibt sich analog.

Die beiden Punkte seien durch $\vec{p}_1, \vec{p}_2$ mit $|\vec{p}_1| = |\vec{p}_2| = 1$ gegeben. Die zugehörigen Vektoren bilden einen Winkel δ, der spitz oder stumpf sein kann. Abbildung 18 a zeigt den Fall

[8] Alternativ könnte man auch das Skalarprodukt von $\overrightarrow{OF}$ und $\overrightarrow{ON}$ verwenden.

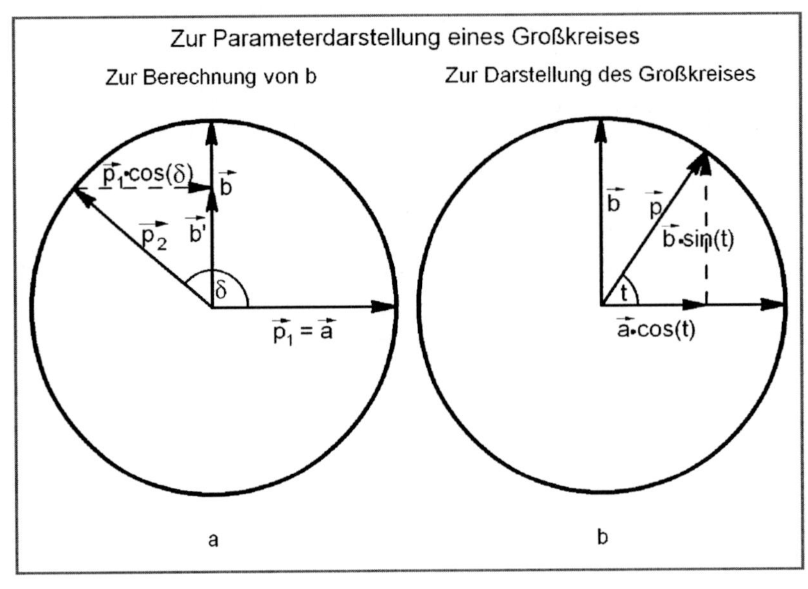

Abb. 18

eines stumpfen Winkels. Gemäß der Standarddarstellung des Kreises liegt es nahe, $\vec{p_1}$ zum Anfangsvektor zu machen und von ihm aus die Kreislinie mittels eines Parameters t zu beschreiben. Wir nennen ihn deshalb $\vec{a}$. Nun wäre es von Vorteil, einen dazu orthogonalen Vektor $\vec{b}$ gleicher Länge zu kennen, der auf dem Bogen zwischen den beiden Punkten liegt. Die Abbildung zeigt, wie man ihn leicht bestimmen kann:

– Man berechnet δ mittels $\cos\delta = \vec{p_1}\vec{p_2}$. (Man beachte hierbei, dass $|\vec{p_1}| = |\vec{p_1}| = 1$ ist.)

– Man bestimmt einen Vektor $\vec{b}\,'$, der bereits die gewünschte Richtung hat gemäß

$$\vec{b}\,' = \vec{p_2} - \vec{p_1}\cos\delta.$$

– Da $|\vec{b}\,'| = \sin\delta$ ist, erhalten wir schließlich

$$\vec{b} = \frac{\vec{p_2} - \vec{p_1}\cos\delta}{\sin\delta}.$$

Nun folgt aus Abbildung 18, dass für jeden Punkt des Kreises mit dem Ortsvektor $\vec{p}$ die Gleichung

$$\vec{p} = \vec{a}\cos t + \vec{b}\sin t$$

besteht, wobei zu $t = 0$ der Punkt $\vec{p_1}$, zu $t = \delta$ der Punkt $\vec{p_2}$ gehört. Damit haben wir unser Ziel erreicht:

Gleichung eines Großkreises

Durch $\vec{p}_1, \vec{p}_2$ seien zwei Punkte des Großkreises gegeben mit $|\vec{p}_1| = |\vec{p}_2| = 1$. Dann lautet seine Parameterdarstellung

$$\vec{p} = \vec{a}\cos t + \vec{b}\sin t$$

mit $\vec{a} = \vec{p}_1$, $\vec{b} = \frac{\vec{p}_2 - \vec{p}_1 \cos\delta}{\sin\delta}$, $\cos\delta = \vec{p}_1\vec{p}_2$.

Wir bestimmen nun nach dieser Methode die Parameterdarstellung des Großkreisbogens $\overset{\frown}{FN}$, der von Frankfurt nach New York führt. Nach den schon hergeleiteten Ergebnissen (vgl. S. 37) ist

$$\vec{a} = \vec{p}_1 = \overrightarrow{OF} = \begin{pmatrix} 0.6341 \\ 0.0970 \\ 0.7672 \end{pmatrix} \quad \text{und} \quad \vec{p}_2 = \overrightarrow{ON} = \begin{pmatrix} 0.2118 \\ -0.7291 \\ 0.6508 \end{pmatrix}.$$

Hieraus folgt $\delta = 0.9729$ (im Bogenmaß) und

$$\vec{b} = \frac{\vec{p}_2 - \vec{p}_1 \cos\delta}{\sin\delta} = \begin{pmatrix} -0.1756 \\ -0.9482 \\ 0.2649 \end{pmatrix}.$$

Abbildung 19 zeigt im Vergleich den Großkreisbogen mit der durch lineare Interpolation

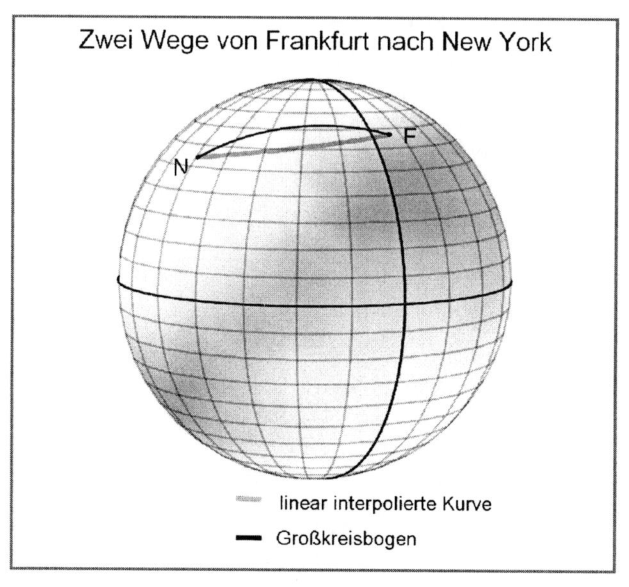

Abb. 19

erhaltenen Kurve. In der Graphik erscheint er deutlich länger als der zweite Weg.

Abschließend wollen wir nun noch die Kurswinkel für den Großkreisbogen berechnen. Das ist einfacher als bei einer anderen Kurve, da es sich bei ihm um eine ebene Kurve handelt. Das gleiche gilt auch für die Längenkreise, und da der Kurswinkel α als Schnittwinkel dieser Kreise definiert ist, braucht man nur den Winkel zwischen diesen Ebenen zu ermitteln. Er stimmt mit dem Winkel zwischen ihren Normalen überein, sofern diese richtig ausgewählt werden.

Wir bestimmen zunächst eine Normale für den Längenkreis zur Länge u. Dessen Ebene wird von den Vektoren $\begin{pmatrix} \cos u \\ \sin u \\ 0 \end{pmatrix}$ und $\begin{pmatrix} 0 \\ 0 \\ 1 \end{pmatrix}$ aufgespannt. Also ist $\vec{n}_1 = \begin{pmatrix} \sin u \\ -\cos u \\ 0 \end{pmatrix}$ bzw. $-\vec{n}_1$ die gesuchte Normale des Längenkreises mit dem Betrag 1.

Im Fall des Großkreisbogens ermitteln wir eine Normale $\vec{n}$ aus den drei Bedingungen $\vec{n}\vec{a} = \vec{n}\vec{b} = 0$ und $\vec{n}^2 = 1$ und erhalten mittels eines CAS $\vec{n} = \pm \begin{pmatrix} 0.7532 \\ -0.3022 \\ -0.5843 \end{pmatrix}$. Auch hier sind also wieder zwei normierte Vektoren möglich. Für den Schnittwinkel gilt deshalb

$$\cos\alpha = \pm\,(0,7532\sin u + 0.3022\cos u),$$

wobei das richtige Vorzeichen noch bestimmt werden muss.

Dies geschieht am einfachsten, indem wir α gemäß der obigen Formel für Frankfurt aus $u = 8.7° = 0.151844$ ermitteln. Wir erhalten $\alpha = 65.6°$ oder $\alpha = 114.4°$. Im ersten Fall wäre der Großkreisbogen nach Norden, im zweiten nach Süden ausgerichtet. Mittels der z-Komponente von $\vec{p}\,'(0) = -\vec{a}\sin 0 + \vec{b}\cos 0$, die gleich $b_3 = 0.2649$, also positiv ist, stellen wir fest, dass die Abflugrichtung tatsächlich nach Norden geht (obwohl New York südlicher liegt). In der Formel gilt also das Pluszeichen, und wir können mit ihrer Hilfe α als Funktion von u leicht darstellen (vgl. Abb. 20). Die Graphik zeigt erneut einen

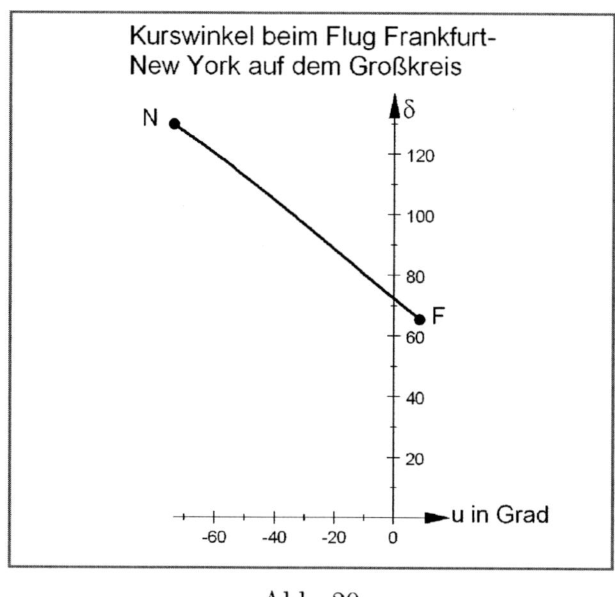

Abb. 20

annähernd linearen Verlauf, wobei der Winkel von 65.6° bis 129.7° zunimmt. Die kürzeste Route wäre also mit ständigen erheblichen Kursänderungen verbunden, was praktisch unmöglich ist. Der folgende Paragraph wird zeigen, wie man in der Praxis dieses Problem umgeht.

1.4.3 Loxodrome und Mercatorkarte

Eine Kurve, die alle Längen- oder Breitenkreise unter einem konstanten Winkel schneidet, heißt *Loxodrome.* Das Wort kommt aus dem Altgriechischen und bedeutet eigentlich „schiefläufige Kurve", im Gegensatz zur sogenannten *Orthodrome*, der „rechtläufigen". So werden die Großkreise auf der Kugel bezeichnet, die die kürzeste, also „richtige" oder „rechte" Verbindung zweier Punkte realisieren. Die Winkelbedingung besagt, dass die Tangente an die Kurve mit der Tangente des Längen- bzw. Breitenkreises stets den gleichen Winkel bildet. Sei also P ein Punkt der gesuchten Kurve mit den Kugelkoordinaten u und v (Abb. 21), dem Punkt $R = (u + du \,|\, v + dv)$ in infinitesimalem Abstand folgen

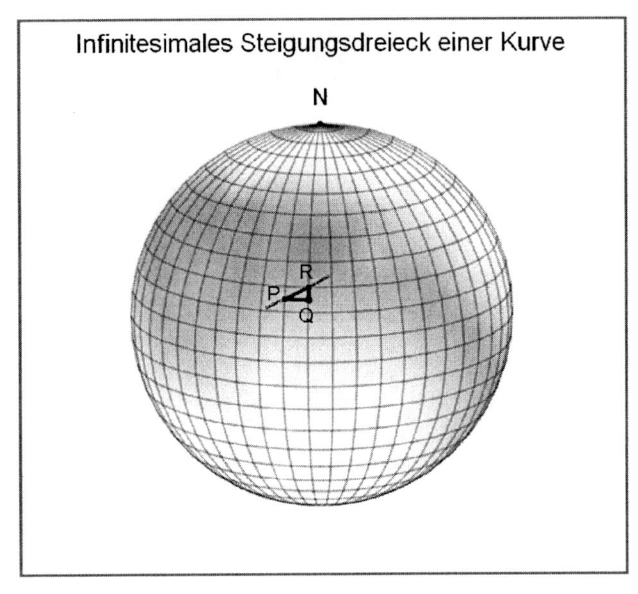

Abb. 21

möge. Dann ist das durch P und R bestimmte „Steigungsdreieck" PQR so klein, dass seine Seiten als gerade angesehen werden können. Nennen wir den Steigungswinkel gegenüber dem Breitenkreis β, so gilt

$$\tan\beta = \frac{|QR|}{|PQ|} = \frac{dv}{\cos v du} = \text{konst.}$$

Denn der Radius des Breitenkreises durch P ist $\cos v$, also $|PQ| = \cos v du$, und da Q und R auf demselben Längenkreis liegen, ist $|QR| = dv$.

Zur Abkürzung setzen wir $\tan\beta = m$ und stellen die Gleichung um:

$$\frac{du}{dv} = \frac{1}{m\cos v}.$$

Das Ergebnis besagt, dass u als Integral darstellbar ist, und wir erhalten mit Hilfe eines CAS

$$u_1 - u_0 = \int_{v_0}^{v_1} \frac{dv}{m\cos v} = \frac{1}{m}\int_{v_0}^{v_1} \frac{dv}{\cos v} = \frac{1}{m}\ln\frac{|\cos v_1(1-\sin v_0)|}{|\cos v_0(1-\sin v_1)|}.$$

Da v nur zwischen $-\frac{1}{2}\pi$ und $\frac{1}{2}\pi$ variiert, können wir im Folgenden die Betragsstriche weglassen.

Zunächst machen wir uns klar, was wir durch die Formel gewonnen haben:
Erstens: Zu jedem Anfangspunkt $(u_0|v_0)$ und jedem Endpunkt $(u_1|v_1)$ können wir den konstanten Schnittwinkel der Loxodrome mit dem Breitenkreis errechnen. Wir nennen ihn den

Loxodromenwinkel

$$\tan\beta = m = \ln\frac{\cos v_1(1-\sin v_0)}{\cos v_0(1-\sin v_1)}\Big/(u_1-u_0)$$

Soll zum Beispiel der Flug von Frankfurt $(8,7°|50,1°)$ nach New York $(-73,8°|40,6°)$ auf einer Loxodrome stattfinden, so erhält man nach dieser Formel $\beta \approx 9,3° + n\pi \quad (n \in \mathbb{Z})$, da der Tangens die Periode π hat. Offenbar kommt von den Werten nur $\beta = 189,3°$ in Frage $(n = 1)$, das heißt der Kurswinkel $\alpha = 90° - \beta$ beträgt $\alpha = \text{N } 99,3° \text{ W}$. Er stimmt mit dem Mittelwert für die durch lineare Interpolation definierte Kurve recht genau überein (vgl. S. 21).

Zweitens: Die Formel liefert u als Funktion von v. Schreibt man wieder u statt u_1 und v statt v_1, so lautet die

Funktion der Loxodrome

$$u = u_0 + \frac{1}{\tan\beta}\cdot\left(\ln\frac{\cos v}{1-\sin v} - \ln\frac{\cos v_0}{1-\sin v_0}\right)$$

Mit ihrer Hilfe lässt sich die Kurve auf der Kugel wie üblich zeichnen. Sie fällt mit der durch lineare Interpolation bestimmten Verbindung von Frankfurt nach New York praktisch zusammen, was auf Grund der Winkelberechnung nicht mehr wundert.

Das gilt auch für die auf der Loxodrome zurückgelegte Entfernung. Diese errechnet sich sehr einfach mittels des infinitesimalen Steigungsdreiecks. Denn es ist $ds = |PR| = \frac{dv}{\sin\alpha}$. Das ergibt integriert die einfache Formel

Länge der Loxodrome

$$L = \frac{v_1 - v_2}{\sin\beta}.$$

Das Ergebnis $L = 6537$ km ist etwas größer als die „lineare“ Entfernung 6526 km.

Da es in der Praxis nicht möglich ist, ständig den Kurs zu ändern, um auf einem Großkreis zu fahren oder fliegen, verwendet man die Technik, einen geeigneten Punkt des Großkreises durch die beiden Orte mit *festem* Kurs anzusteuern, und von diesem aus einen nächsten Punkt, und so weiter. Die Bahn besteht dann aus *Loxodromenstücken* und kann auf diese Weise erheblich verkürzt werden. Das zeigt das folgende Beispiel.[9]

Man wählt auf dem Großkreisbogen von Frankfurt nach New York (z. B.) den nördlichsten Punkt S_1, den man leicht aus der Formel für den Kurswinkel (vgl. S. 40) mit $\alpha = 90°$

[9]Es ist [Bigalke 1984, S. 88 ff] entnommen.

erhält, sowie einen zweiten Punkt S_2 spiegelbildlich zu Frankfurt in Bezug auf den Längenkreis durch S_1. Die Koordinaten lauten daher $S_1(21.9°\,\mathrm{W}\,|\,54.3°\,\mathrm{N})$, $S_2(52.5°\,\mathrm{W}\,|\,50.1°\,\mathrm{N})$. Wie oben dargelegt, berechnen wir die zu ihnen gehörigen Loxodromenwinkel[10] und die auf ihnen zurückgelegten Strecken:

$$\beta_1 = 167.4°, \; s_1 = 2135 \text{ km} = s_2\,; \;\; \beta_3 = 32.5°, \; s_3 = 1966 \text{ km}.$$

Der Gesamtweg beträgt daher

$$s = 2s_1 + s_3 = 6236\,\text{km}$$

und ist nur um 37 km länger als der kürzeste. Das Beispiel ist natürlich sehr idealisiert, da noch viele andere Faktoren bei der Auswahl einer Flugroute berücksichtigt werden müssen. Das gilt erst recht für die Schifffahrt, bei der Strömungsverhältnisse, Untiefen, Inseln und manches andere mehr die Wahl des Seeweges beeinflussen.

Für die Schifffahrt hat bereits im 16. Jahrhundert Gerhard KREMER (1512–1594), der sich latinisiert MERCATOR nannte, eine Karte entworfen, auf der Loxodromen als gerade Linien abgebildet werden. Mercator ging geometrisch vor. Wir haben es einfacher, da wir uns auf die Loxodromenfunktion von Seite 43 stützen können. Natürlich stellt die Gleichung

$$u = f(v) = u_0 + \frac{1}{\tan\beta}\left(\ln\frac{\cos v}{1-\sin v} - \ln\frac{\cos v_0}{1-\sin v_0}\right)$$

keine Gerade dar, selbst wenn wir das $(u|v)$-Koordinatensystem als *kartesisches* anlegen würden. Niemand aber kann uns daran hindern, $\ln\frac{\cos v}{1-\sin v} = y$ und dann auch $\ln\frac{\cos v_0}{1-\sin v_0} = y_0$ zu setzen sowie aus „Schönheitsgründen“ $x = u$, $x_0 = u_0$, um in einem kartesischen $(x|y)$-System eine Weltkarte dann dadurch zu zeichnen, dass man zu sehr vielen Punkten der Erde aus ihrer geographischen Länge u und ihrer Breite v die zugehörigen x- und y-Werte bestimmt und sie als Bildpunkte in die Karte einträgt. In einer solchen Karte werden die Längenkreise $u = \text{const.}$ als Geraden $x = \text{const.}$ abgebildet, analog die Breitenkreise $v = \text{const.}$ als Geraden $y = \text{const.}$ In der Karte schneiden sich also (die Bilder der) Breiten- und Längenkreise orthogonal und sind untereinander parallel. Während aber die Längenkreise bei konstantem $\Delta u = \Delta x$ auf äquidistante Geraden abgebildet werden, gilt das für die Breitenkreise nicht. Denn wie die Tabelle zeigt, gehören zu äquidistanten

v	10°	20°	30°	40°	50°	60°	70°	80°	85°
y	10.05°	20.4°	31.5°	43.7°	57.9°	75.5°	99.4°	139.6°	179.4°

v-Werten monoton wachsende Abstände der y-Werte, die wir um der besseren Vergleichbarkeit willen aus dem Bogenmaß ins Gradmaß umgerechnet haben. Offenbar strebt y

[10] Man beachte, dass westliche Längen (wie auch südliche Breiten) negativ sind.

gegen unendlich, wenn v gegen 90° strebt. Die Karte dehnt sich also nach oben beliebig weit aus, wobei aber auch die Verzerrung immer mehr zunimmt. Da sich ferner bei den y-Werten nur die Vorzeichen ändern, wenn v negativ wird, gilt das Analoge für die Südhalbkugel. Abbildung 22[11] zeigt eine solche Mercatorkarte, die ungefähr von $v = -85°$ bis

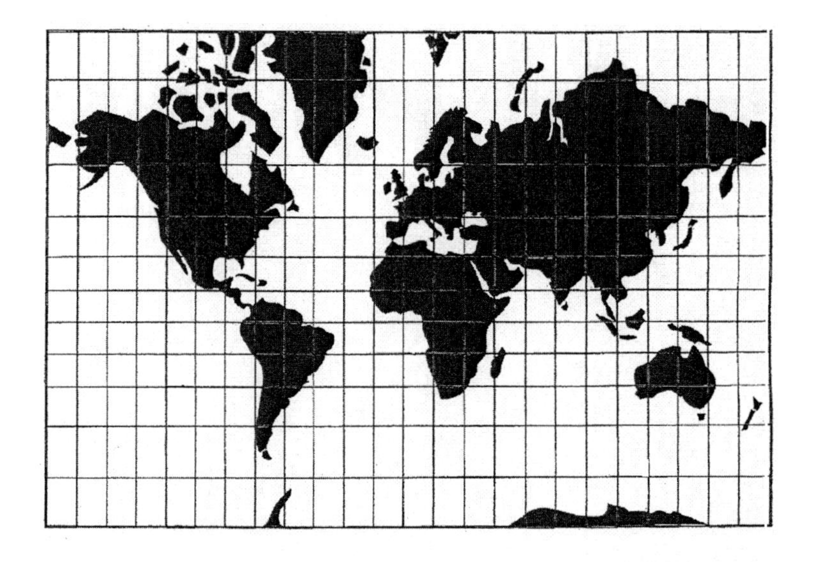

Abb. 22

$v = 85°$ reicht. Sie ist also fast quadratisch.

In diesem $(x|y)$-Koordinatensystem lautet nun die Gleichung der Loxodrome

$$x = x_0 + \frac{1}{\tan\beta}(y - y_0)$$

oder, wenn wir sie nach y auflösen und noch $\tan\beta = m$ setzen,

$$y = m(x - x_0) + y_0.$$

Das ist die Gleichung einer Geraden mit der Steigung m durch den Punkt $(x_0|y_0)$. Sie schneidet also die Parallelen zur x-Achse, folglich auch die Breitenkreise, unter dem Winkel β. Auf Grund dieser Tatsache dürfen wir vermuten, dass die Karte *winkeltreu* ist, also zwei beliebige Kurven auf der (Erd-)Kugel so abgebildet werden, dass ihr Schnittwinkel dabei erhalten bleibt. Die folgende anschauliche Begründung macht dabei von der oben herausgestellten Tatsache Gebrauch. Sei nämlich $(u_0|v_0)$ der Schnittpunkt der beiden Kurven auf der Kugel. Diese schneiden den zur Breite v_0 gehörigen Breitenkreis unter zwei

[11] Quelle: Heinz Fuhrer „Feldmessen und Kartographie", Ernst Klett Schulbuchverlag GmbH Stuttgart, ISBN 3-12-484840-3, mit freundlicher Genehmigung des Verlages

Winkeln, β_1 und β_2, so dass ihr Schnittwinkel $\beta_2 - \beta_1$ beträgt. Nun gehen durch diesen Punkt auch zwei Loxodromen, die unter denselben Winkeln den Breitenkreis schneiden und folglich die Kurven berühren. Das Berühren bleibt auch in der Karte erhalten, da nahe beieinander liegende Punkte in ebensolche abgebildet werden. (Die Abbildungsfunktionen sind stetig!) Demnach gehen die beiden Loxodromen in Tangenten der Bildkurven über, die sich unter dem gleichen Winkel $\beta_2 - \beta_1$ schneiden.

Trägt man in der Mercatorkarte die Punkte Frankfurt und New York ein und verbindet sie geradlinig, so kann man aus der Karte den Loxodromenwinkel β ablesen. Das Bild des zugehörigen Großkreisbogens kann man ebenfalls eintragen, indem man einige Zwischenpunkte mit Hilfe seiner Darstellung $\vec{p}(t)$ (vgl. S. 43) errechnet. Dann erhält man ein Bild wie in Abbildung 23.[12] Dort sind auch die Punkte S_1, S_2 und die Teil-Loxodromen

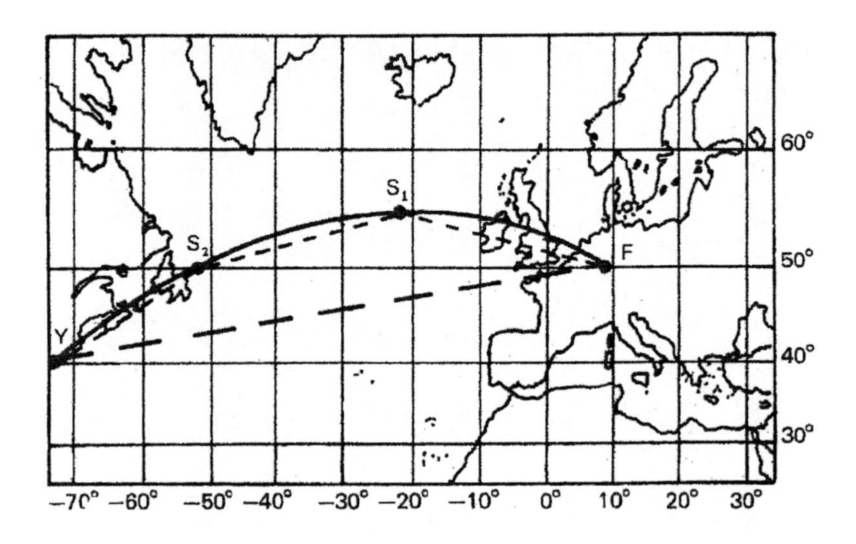

Abb. 23

gestrichelt eingezeichnet. Gemäß Konstruktion von S_2 liegt auch sein Bild in der Karte bezüglich des Längenkreises durch S_1 in Frankfurt symmetrisch. Das Dreieck FS_1S_2 ist also gleichschenklig.

Kennt man die Gleichung einer sphärischen Kurve – im einfachsten Fall als Beziehung zwischen u und v – dann kann man auch leicht ihre Gleichung in der Mercatorkarte angeben. Zum Beispiel ist im Fall der vivianischen Kurve $v = u$. Dann ist

$$y = \ln \left| \frac{\cos x}{1 - \sin x} \right|$$

[12]Entnommen [Bigalke 1984, S. 97] mit freundlicher Genehmigung des Autors

die Gleichung ihres Bildes im $(x|y)$-System, wobei wir jetzt wieder die Betragsstriche hinzufügen müssen, um die Punkte mit $|x| \geq \frac{\pi}{2}$ zu erfassen. Abbildung 24 zeigt die

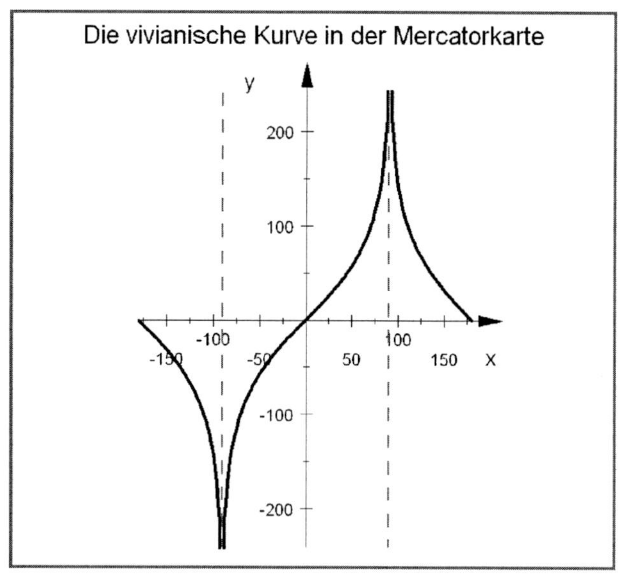

Abb. 24

vivianische Kurve in der Mercatorkarte. Sie hat an den Stellen $x = \pm\frac{\pi}{2}$ einen Pol.

Aufgaben zu 1.4[13]

1. Bestimmen Sie die Entfernung zwischen Hamburg und Hongkong ($u = 114.2°$, $v = 22.3°$)

   a) bei linear interpolierter Bahn;

   b) auf dem Großkreis;

   c) auf der Loxodrome.

   Unter welchem Kurswinkel verlässt die Kurve jeweils Frankfurt und unter welchem Kurswinkel trifft sie in Hongkong ein? Welches ist jeweils ihr nördlichster Punkt? Man erzeuge auch eine Graphik der drei Kurven.

2. Zwischen London ($u = -0.5°$, $v = 51.5°$) und Carácas ($u = -66.8°$, $v = 10.3°$) soll in der Mitte des Großkreisbogens ein Punkt S festgelegt werden.

   a) Bestimmen Sie die geographische Länge und Breite des Punktes.

   b) Berechnen Sie den Weg von London nach Carácas, wenn S mit beiden Orten loxodromisch verbunden wird. Um wieviel länger ist er als die kürzeste Entferung?

3. Ein Kleinkreis entsteht durch den Schnitt der Ebene $2x - 2y + z = 1$ mit der Einheitskugel.

   a) Geben Sie eine Parameterdarstellung des Schnittkreises an und erzeugen Sie seine Graphik.

   b) In welchen Punkten und unter welchen Winkeln schneidet er die vivianische Kurve?

[13] Die Aufgaben 2, 4 und 5 sind im wesentlichen [Bigalke 1984] entnommen.

4*. Ein Flugzeug startet von Frankfurt aus auf einem Großkreis unter dem Abflugwinkel N 60° W.

a) Bestimmen Sie eine Parameterdarstellung dieses Großkreises und erzeugen Sie seine Graphik bis zu dem Punkt, wo das Flugzeug wieder auf den Breitengrad von Frankfurt trifft.

b) In welchem Punkt endet der Flug nach einer Entfernung von 7000 km?

5. Ein Sportflugzeug fliegt von Liverpool ($u = -3.0°$, $v = 53.4°$) aus 486 Seemeilen (sm) unter dem festen Kurs $\alpha = \text{N}\,167°\,\text{O}$. Wo befindet es sich dann?

6. a) Erzeugen Sie eine Graphik, die die Loxodrome zwischen Frankfurt und New York nach beiden Seiten immer weiter fortsetzt.

b) Erklären Sie, wie es zum Verhalten der Loxodrome in der Nähe der Pole kommt.

c) Warum hat die Loxodrome auf der Nord- und Südhalbkugel den „gleichen Verlauf"? Präzisieren Sie diese Aussage.

d) Welchen Polabstand vom Nordpol hat Frankfurt? Wieviel mal länger ist der Weg, den man von Frankfurt auf der obigen Loxodrome bis zum Nordpol zurücklegen müsste?

7. Ein Satellit bewegt sich auf einer Kreisbahn um die Erde, deren Mittelpunkt mit dem Erdmittelpunkt übereinstimmt. Verbindet man die Orte, über denen er senkrecht steht, durch eine Kurve, dann ist diese ein Großkreis. Man erkläre, warum er auf allen *üblichen* Karten, insbesondere der Mercatorkarte, als eine Art Sinuskurve erscheint.

Arbeitsaufträge zu 1.4

1. Entwickeln Sie ein Verfahren, um die Gleichung eines Großkreises aufzustellen, der als Schnitt einer Ebene $ax + by + cz = 0$ mit der Einheitskugel festgelegt wird. Wählen Sie ein geeignetes Beispiel und erzeugen Sie dazu eine Graphik.

2*. Bei der stereographischen Projektion projiziert man die Oberfläche der Kugel vom Nordpol aus auf die xy-Ebene. Informieren Sie sich über die Eigenschaften der zugehörigen Karte. In welche Kurven geht dabei die vivianische Acht über, wenn man ihr verschiedene Positionen auf der Kugel gibt, jedoch stets so, dass sie zu zwei der Koordinatenebenen symmetrisch verläuft?

1.5 Exkurs: Über Radlinien und andere kinematische erzeugbare Kurven auf der Kugel

In diesem Abschnitt geht es um eine große Klasse von sphärischen Kurven, die durch Zusammensetzung von zwei Kreisbewegungen, wie wir sie schon bei der vivianischen Kurve kennen gelernt haben, zustande kommen. Diese Frage wird in 1.5.1 systematisch aufgenommen und in 1.5.2 wird gezeigt, wie sich alle sphärischen Kurven gleich welcher Genese kinematisch erzeugen lassen.

1.5.1 Zusammensetzung zweier Kreisbewegungen

Wenn ein Kreis, der „Rollkreis", auf einem zweiten Kreis, dem „Rastkreis", abrollt, dann bewegt sich jeder Punkt seiner Peripherie auf einer räumlichen Kurve, es sei denn die Ebenen von Roll- und Rastkreis wären identisch. Wir werden im Folgenden sehen, dass solche *Radlinien* oder *Rollkurven* stets auf einer Kugel liegen. Bei einer solchen Abrollbewegung sind die Drehwinkel über die Bedingung gekoppelt, dass die Bogenlänge des Rollkreises vom fixierten Punkt auf seiner Peripherie bis zum Berührpunkt dieselbe

Länge haben muss wie der Bogen des Rastkreises vom Ausgangspunkt bis eben zu diesem Punkt. Eine solche Kopplung wird in der Technik häufig durch *Verzahnung* realisiert, z. B. bei den *Kegelzahnrädern* eines *Ausgleichgetriebes.*

Verallgemeinerungen solcher Radlinien erhält man, wenn man sich vorstellt, dass der Rollkreis nicht rollt, sondern an einem Stab (AM_0 in Abb. 25 a) um eine Achse geschwenkt wird, als die in der Abbildung

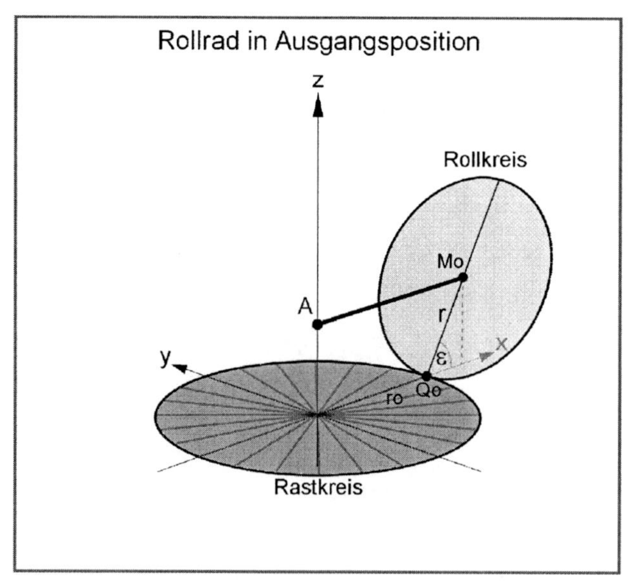

Abb. 25 a

die z-Achse fungiert. Er stellt eine starre Verbindung mit dem Kreis her und rotiert mit ihm zusammen um die z-Achse. Über seine Drehgeschwindigkeit wird dabei nur vorausgesetzt, dass sie konstant ist. Unabhängig davon rotiert der Kreis an seinem Ende um M_0 ebenfalls mit konstanter Geschwindigkeit. Mithin führt ein Punkt seiner Peripherie zwei Bewegungen gleichzeitig aus, die Rotation um die z-Achse und die Rotation um seinen Mittelpunkt. Der „Rastkreis" hat hier lediglich eine geometrische Bedeutung. Auf ihm „berührt" der Rollkreis zwar ständig die xy-Ebene, die wir hier speziell für seine Lage gewählt haben, aber im allgemeinen mit „Schlupf", z. B. wenn wie in der Abbildung $r_0 > r$ ist, beide Rotationen aber gleich schnell erfolgen.

Wir leiten nun gleich die Parameterdarstellung der Bewegungskurve für diesen allgemeinen Fall her, da dies keine größeren Schwierigkeiten macht. Zu dem Zweck „zerlegen" wir die gleichzeitig stattfindenden Rotationen in zwei *nach einander* ablaufende Bewegungen. Zuerst betrachten wir die Rotation um die z-Achse und fragen nach den Koordinaten von Q_0 und M_0, wenn der Drehwinkel t beträgt. Da Q_0 sich auf dem Rastkreis bewegt, erhalten wir für seine allgemeine Lage, die wir mit Q bezeichnen, $Q = (r_0 \cos t | r_0 \sin t | 0)$. Analog bewegt sich M_0, aber mit dem Radius $|AM_0|$ statt r_0. Dieser hängt vom Neigungswinkel ε der Rollkreisebene ab und beträgt, wie aus Abbildung 25 a hervorgeht,

$$|AM_0| = r_0 + r \cos \varepsilon.$$

Somit ist seine allgemeine Lage gegeben durch

$$M = \big((r_0 + r \cos \varepsilon) \cos t | (r_0 + r \cos \varepsilon) \sin t | r \sin \varepsilon\big),$$

denn der z-Wert $r \sin \varepsilon$ von M_0 bleibt konstant.

Abbildung 25 b zeigt die Lage, nachdem die Drehung um die z-Achse erfolgt ist. Wir führen nun die

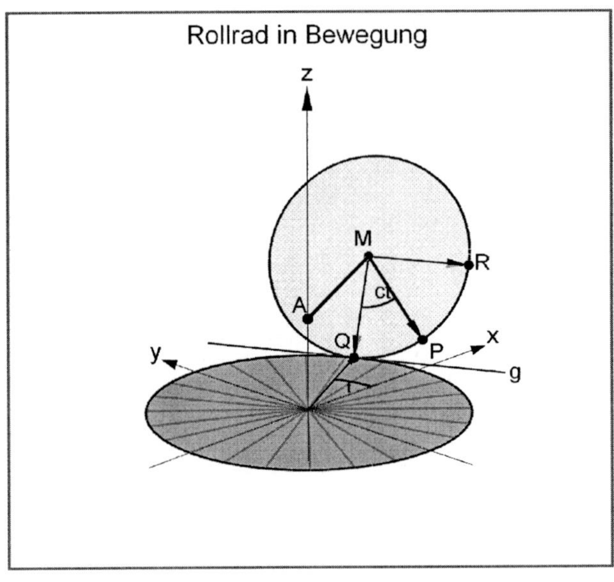

Abb. 25 b

zweite Drehung aus. Der Punkt, dessen Bewegung wir betrachten, habe zur Zeit $t = 0$ die Lage von Q_0. Er dreht sich jetzt also aus der Lage Q_0 in die Lage von P, wobei der Drehwinkel, der vom Geschwindigkeitsverhältnis c abhängt, jetzt ct beträgt. Nennen wir den Vektor $\overrightarrow{MQ} = \vec{a}$, den dazu in Drehrichtung senkrechten Vektor $\overrightarrow{MR} = \vec{b}$, so gilt

$$\overrightarrow{MP} = \vec{a}\cos(ct) + \vec{b}\sin(ct),$$

eine Beziehung, die wir schon öfter[14] verwendet haben. Demnach ist der Ortsvektor von P

$$\vec{p} = \overrightarrow{OM} + \vec{a}\cos(ct) + \vec{b}\sin(ct),$$

und es geht jetzt nur noch darum, $\overrightarrow{MR} = \vec{b}$ zu bestimmen.

Dazu machen wir uns klar, dass der Rastkreis und der Rollkreis in Q dieselbe Tangente g haben. Also ist $\overrightarrow{MR} \,||\, g \perp \overrightarrow{OQ}$, und wir brauchen nur noch die Richtung von $\overrightarrow{OQ} = \begin{pmatrix} r_0 \cos t \\ r_0 \sin t \\ 0 \end{pmatrix}$ durch das Ableiten nach t zu bestimmen. Das Ergebnis lautet bis auf einen Proportionalitätsfaktor $\begin{pmatrix} \sin t \\ -\cos t \\ 0 \end{pmatrix}$, hat den Betrag 1 und bereits die Richtung von $\overrightarrow{MR}$. Somit gilt $\vec{b} = \begin{pmatrix} r \sin t \\ -r \cos t \\ 0 \end{pmatrix}$. Zusammenfassend erhalten wir das Ergebnis:

[14]Vgl. z. B. S. 38.

Zusammensetzung zweier Kreisbewegungen
P sei ein Punkt eines Kreises mit Radius r und Mittelpunkt M. Die Ebene dieses Kreises sei gegen die xy-Ebene um ε geneigt. Rotiert P auf dem Kreis und dieser Kreis gleichzeitig um die z-Achse, so lautet die Parameterdarstellung der so erzeugten Kurve

$$\vec{p}(t) = \begin{pmatrix} (r_0 + r\cos\varepsilon)\cos t \\ (r_0 + r\cos\varepsilon)\sin t \\ r\sin\varepsilon \end{pmatrix} - r\begin{pmatrix} \cos\varepsilon\cos t \\ \cos\varepsilon\sin t \\ \sin\varepsilon \end{pmatrix}\cos(ct) + r\begin{pmatrix} \sin t \\ -\cos t \\ 0 \end{pmatrix}\sin(ct).$$

Dabei ist $(r_0|0|0)$ die Ausgangslage von P und c das Geschwindigkeitsverhältnis.

Bevor wir uns den Beispielen zuwenden, zeigen wir, dass diese Kuven auf einer Kugel liegen. Das geschieht am einfachsten geometrisch. Die Senkrechte in M_0 auf Q_0M_0 (vgl. Abb. 25 a) schneidet nämlich die z-Achse in einem Punkt Z, da Q_0M_0 in der xz-Ebene liegt. Dieser Punkt ist Umkreismittelpunkt des Dreiecks, das von den beiden Durchmessern durch Q_0 gebildet wird. Auf Grund der Rotationssymmetrie liegen also alle Kurvenpunkte auf der Kugel, die vom Umkreis durch Drehung um die z-Achse erzeugt wird. Man rechnet leicht nach, dass $Z = \left(0|0|\frac{r+r_0\cos\varepsilon}{\sin\varepsilon}\right)$ ist und der Kugelradius R deshalb gleich

$$R = |ZQ_0| = \frac{\sqrt{r^2 + r_0^2 + 2rr_0\cos\varepsilon}}{\sin\varepsilon} = \frac{|OM_0|}{\sin\varepsilon}.$$

Beispiel (1): Schraubenlinien auf der Kugel

Im Folgenden sei die Kugel wieder die Einheitskugel. Wir betrachten zwei symmetrisch zur xy-Ebene liegende Breitenkreise. Dann gibt es stets einen Großkreis, der beide Breitenkreise berührt (vgl. Abb. 26 a).

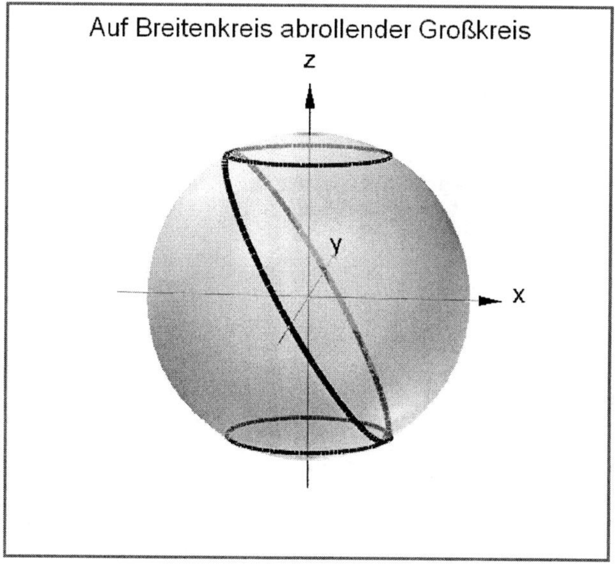

Abb. 26 a

Der Rastkreis sei der untere der beiden Breitenkreise. Das ist jetzt bei der Anwendung der Formel zu berücksichtigen. In der Graphik haben wir $v = \pm 60°$ für die Breite gewählt. Dementsprechend ist

$\varepsilon = 120°$ der Neigungswinkel, der immer von der positiven x-Richtung ab zu messen ist. Der Radius des Rastkreises beträgt $r_0 = \cos v = \frac{1}{2}$, des Rollkreises $r = 1$. Das Verhältnis der beiden Radien beträgt also $\frac{1}{2}$, und da beim Abrollen die Bögen gleich bleiben müssen, ist c ebenfalls gleich $\frac{1}{2}$. Unter Berücksichtigung der Lage des Rastkreises, gemäß der alle z-Werte um $\sin v = \frac{1}{2}\sqrt{3}$ verkleinert werden müssen, lautet also die Parameterdarstellung dieser Radlinie

$$\vec{p}(t) = -\begin{pmatrix} \frac{1}{2}\cos t \\ \frac{1}{2}\sin t \\ \frac{1}{2}\sqrt{3} \end{pmatrix} \cos\left(\frac{1}{2}t\right) + \begin{pmatrix} \sin t \\ -\cos t \\ 0 \end{pmatrix} \sin\left(\frac{1}{2}t\right).$$

(Der Aufpunkt fällt hier natürlich fort, weil M stets im Ursprung liegt.) Um mit dieser Gleichung aber die volle Kurve zu bekommen, muss man berücksichtigen, dass eine Umrundung des Rastkreises ($t = 2\pi$) nur eine halbe Umrundung des Rollkreises bedeutet. Das kann man durch eine Verdopplung des Definitionsbereiches, einfacher aber durch „Umparametrisieren" erreichen: Man ersetzt einfach $\frac{1}{2}t$ durch t und t dann natürlich durch $2t$. Die Gleichung der Kurve erhält so ihre endgültige Form

$$\vec{p}(t) = \begin{pmatrix} \frac{1}{2}\cos 2t \cos t + \sin 2t \sin t \\ \frac{1}{2}\sin 2t \cos t - \cos 2t \sin t \\ -\frac{1}{2}\sqrt{3} \end{pmatrix}, \quad 0 \le t \le 2\pi.$$

In Abbildung 26 b ist sie zusammen mit dem Großkreis zu sehen.

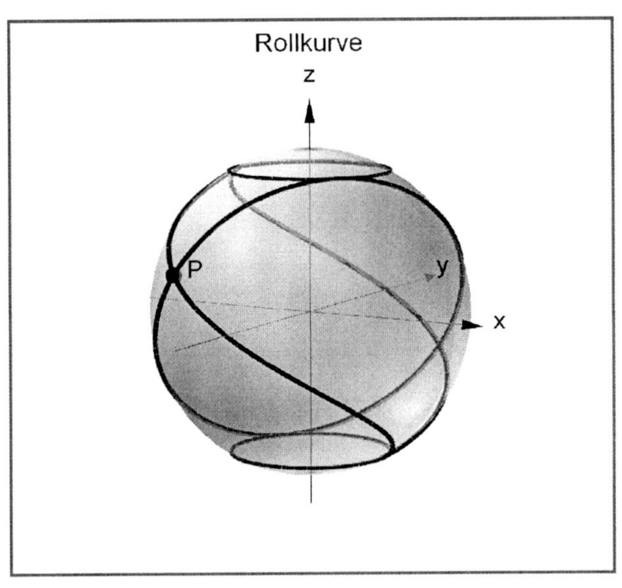

Abb. 26 b

Alle Kurven, die auf die gleiche Art nur mit anderen Breitenkreisen erzeugt werden, heißen Schraubenlinien, weil ihre Tangenten wie bei der gewöhnlichen Schraubenlinie einen konstanten Winkel mit der xy-Ebene bilden. Verbreitet ist auch der wissenschaftliche Name *Helix*. Die sphärischen Schraubenlinien haben noch viele weitere interessante Eigenschaften, die im Rahmen von Aufgaben selbständig erarbeitet werden können. (Vgl. S. 55 ff.) Hier soll nur noch das Zustandekommen der „Spitzen", die für alle Rollkurven typisch sind, anschaulich erklärt werden.

Zum Vergleich ziehen wir die Abrollkurve des Einheitskreises auf einer Geraden, die sogenannte *Zykloide* (= Kreiskurve) heran (Abb. 27 a). Ihre Parameterdarstellung ergibt sich auf Grund der Abrollbedingung

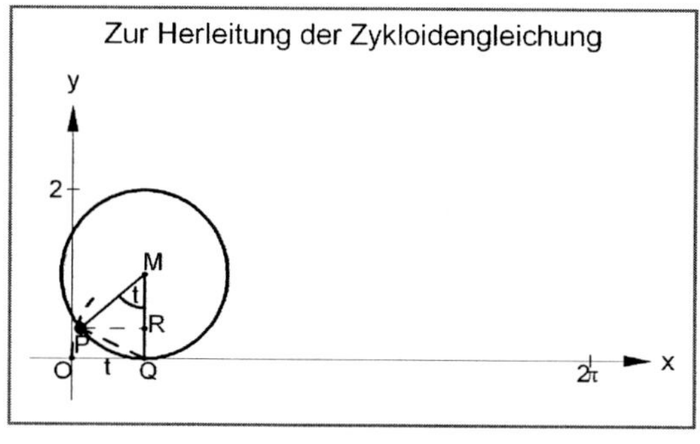

Abb. 27 a

$|OQ| = |\overset{\frown}{PQ}| = t$, und man liest direkt aus der Graphik ab:

$$\begin{aligned} x &= |OQ| - |MP| \sin t = t - \sin t \\ y &= |MQ| - |MP| \cos t = 1 - \cos t. \end{aligned}$$

Abbildung 27 b gibt sie im Intervall von 0 bis 2π wieder. Die Kurve hat die Periode 2π und immer

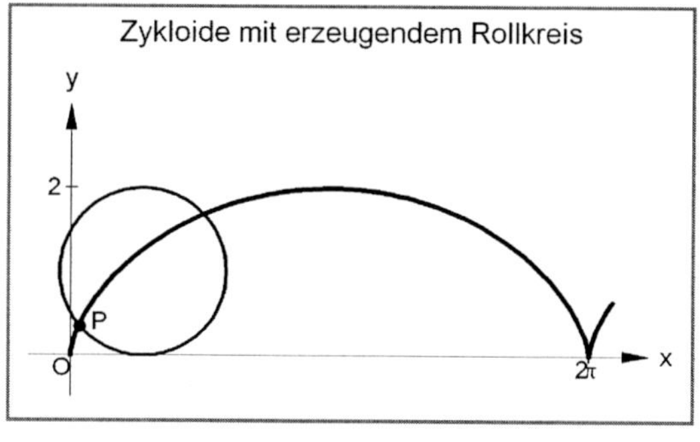

Abb. 27 b

dann, wenn der Bahnpunkt die Gerade berührt, entsteht eine Spitze. Der Grund liegt darin, dass für kleine Mittelpunktswinkel t die Sehne $|PQ|$ annähernd gleich dem Bogen $|\overset{\frown}{PQ}| = |OQ|$ ist. Folglich liegt P annähernd auf einem Kreisbogen um den Berührpunkt (in Abb. 27 a bereits gestrichelt eingezeichnet), der in O beginnt, und zwar umso genauer, je kleiner t ist. Das gleiche gilt, wenn der Bahnpunkt sich wieder der Geraden nähert. Die „Spitze" wird also annähernd von zwei Kreisbögen gebildet, die die Kurve so eng berühren, dass man keinen Unterschied wahrnehmen kann.

Biegen wir nun das Stück der x-Achse von O bis 2π zu einem „doppelt belegten" Kreis mit Radius $r_0 = \frac{1}{2}$ und kippen auch noch den Rollkreis um einen Winkel – hier 30° –, dann entsteht die räumliche Situation zur Erzeugung unserer Schraubenlinie. In einer Umgebung des Berührpunktes mit dem Breitenkreis kann sie aber als annähernd eben angesehen werden, wobei die Ebene von einem kleinen Stück der Tangentialebene an die Kugel im Berührpunkt gegeben ist. Mithin ist klar, dass auch bei der räumlichen Abrollbewegung wie bei der Zykloide solche „Spitzen" entstehen müssen. Dementsprechend steht die

Tangente an diesen Stellen senkrecht auf dem Rastkreis. Das kann rechnerisch leicht überprüft werden (vgl. die folgenden Aufgaben). Wir wandeln nun unser Beispiel etwas ab.

Beispiel (2): Ein Kleinkreis rollt auf einem gleich großen Breitenkreis ab.

Dafür gibt es viele Möglichkeiten. Wir wählen den einfachsten Fall, dass die Durchmesser beider Kreise gleich den Seiten eines einbeschriebenen regulären Sechsecks sind, also die Länge 1 haben (Abb. 28 a). Da

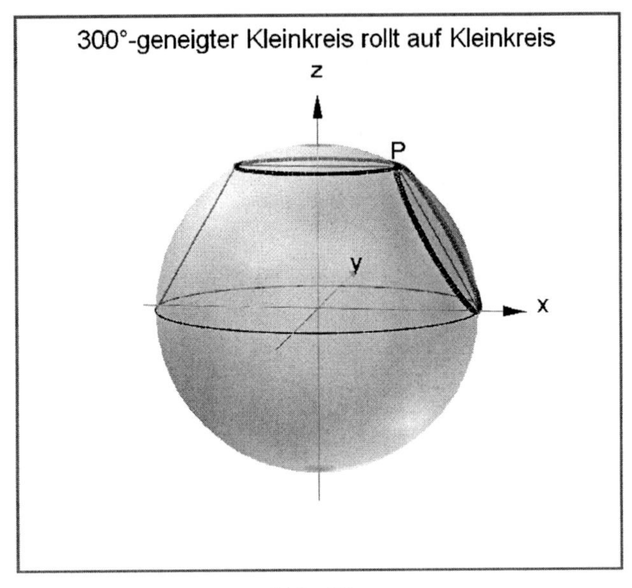

Abb. 28 a

der Rastkreis nicht in der xy-Ebene liegt, verschieben wir beide Kreise um den z-Wert von P nach unten. In dieser Situation gilt: $r_0 = r = \frac{1}{2}$, $\varepsilon = 300°(!)$, $c = 1$, und wir erhalten mit diesen Daten

$$\begin{aligned} x &= \frac{3}{4}\cos t - \frac{1}{4}\cos^2 t + \frac{1}{2}\sin^2 t, \\ y &= \frac{3}{4}\sin t - \frac{1}{4}\cos t \sin t - \frac{1}{2}\sin t \cos t, \\ z &= -\frac{1}{4}\sqrt{3} + \frac{1}{4}\sqrt{3}\cos t. \end{aligned}$$

Um in die ursprüngliche Lage zurück zu kommen, müssen wir jetzt nur noch den z-Wert von P, also $\sin 60° = \frac{1}{2}\sqrt{3}$, addieren. Dann erhalten wir die Graphik der Rollkurve, die Abbildung 30 b zeigt.

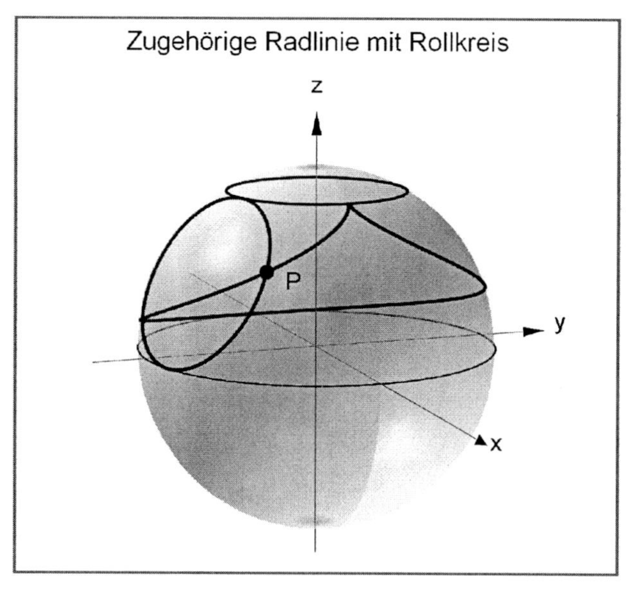

Abb. 28 b

Aufgaben zu 1.5.1

1. a) Man zeige, dass die in Beispiel (1) betrachtete Schraubenlinie diesen Namen zu Recht trägt. Wie hängt ihr *Anstiegswinkel* gegenüber der xy-Ebene mit dem gewählten Breitenkreis zusammen?

   b) Bei seiner Rotation berührt der erzeugende Kreis dieser Schraubenlinie den unteren Breitenkreis in einem Punkt Q und den oberen in einem Punkt R. Untersuchen Sie, wie die Tangente in einem beliebigen Punkt P der Kurve mit den beiden „Berührstrecken“ PQ und PR zusammenhängt.

   c*) Erklären Sie den Zusammenhang, der sich in b) ergibt, anschaulich auf analogem Weg, wie im Text das Zustandekommen der „Spitzen“ erklärt worden ist. Bestätigen Sie die Aussage mittels Rechnung.

2. a) Bestimmen Sie die Schraubenlinie auf der Kugel, deren Anstiegswinkel α durch $\cos\alpha = \frac{1}{3}$ bestimmt ist, und untersuchen Sie ihre Tangenteneigenschaften wie in Aufgabe 1 b). Stellen Sie die Kurve graphisch dar.

   b*) Lösen Sie die gleiche Aufgabe wie im Aufgabenteil a) für den Anstiegswinkel 30°.Worin liegt der wesentliche Unterschied beider Kurven?

3. Der Grundriss der im Text behandelten Schraubenlinie ist ebenfalls eine Radlinie. Zeigen Sie das unter Verwendung der im Text hergeleiteten allgemeinen Radlinienformel.

4. Welcher Zusammenhang besteht zwischen der Tangentenspurkurve einer Schraubenlinie der Kugel mit deren Grundriss?

5. Untersuchen Sie die Grundrisse der in Aufgabe 2 genannten Schraubenlinien analog Aufgabe 3.

6. Auf dem erzeugenden Großkreis des Beispiels (1) bewege sich ein Punkt P, während der Großkreis selbst sich um die z-Achse mit der gleichen Winkelgeschwindigkeit dreht.

   a) Untersuchen Sie die Bahnkurve und stellen Sie sie graphisch dar.

   b) Auf welchen markanten Flächen liegt diese Kurve?

7. Der im zweiten Beispiel des Textes betrachtete Rollkreis könnte statt auf dem Breitenkreis auch auf dem Äquator der Kugel abrollen (aber natürlich nicht gleichzeitig). Untersuchen Sie die zugehörige Radlinie einschließlich ihres Grundrisses.

8. Der Kleinkreis aus Aufgabe 7 möge um die z-Achse rotieren, während gleichzeitig ein Punkt auf seiner Peripherie mit gleicher Winkelgeschwindigkeit umläuft.

   a) Bestimmen Sie seine Bahnkurve und stellen Sie sie graphisch dar.

   b*) Erklären Sie, warum die Radlinie des Beispiels (2) nicht mit der Bahnkurve aus a) übereinstimmt, obwohl diese Vermutung doch nahe läge.

9. (Radlinien, die zu regulären einbeschriebenen Vielecken gehören.)

   a) Statt des regulären Sechsecks von Beispiel (2) betrachte man das einbeschriebene gleichseitige Dreieck, dessen Basis Durchmesser eines Breitenkreises unterhalb der xy-Ebene ist. Auf diesem Breitenkreis rolle ein gleich großer Kreis ab. Bestimmen Sie die zugehörige Radlinie. Stellen Sie sie graphisch auf der Kugel zusammen mit ihren $120°$-Drehbildern bezüglich der z-Achse dar. Untersuchen Sie die entstehende „Rosette". (Vgl. hierzu die vivianischen Rosetten in Aufgabe 1, 2 von 1.2.)

   b) Untersuchen Sie die Radlinie, die zum einbeschriebenen Quadrat gehört (Risse, besondere Trägerflächen).

Arbeitsaufträge zu 1.5.1

1. *Ebene Radlinien*
   Für $\varepsilon = 0°$ bzw. $\varepsilon = 180°$ liefert die im Text hergeleitete Formel ebene Radlinien, sogenante *Epi-* bzw. *Hypozykloiden.* Untersuchen Sie solche Kurven im Hinblick auf charakteristische Eigentümlichkeiten. Welche Sonderformen gibt es?

2*. *Hippopeden des Eudoxos*
   Zeigen Sie, dass die in Arbeitsauftrag 1 zu 1.2 (S. 16) definierten Hippopeden sich als Bahnkurven zweier zusammengesetzter gleich schneller Großkreisbewegungen deuten lassen.

3*. *Sphärische Schraubenlinien*
   Man zeige, dass die in den Aufgaben 1. bis 3. im Spezialfall ermittelten Eigenschaften allgemeine Gültigkeit haben.

1.5.2 Ein Mechanismus zur Erzeugung sphärischer Kurven

Radlinien lassen sich mit Hilfe geeignet konstruierter abgeschrägter Zahnräder erzeugen. Auch die Zusammensetzung zweier beliebiger Kreisbewegungen dürfte sich mechanisch realisieren lassen, zum Beispiel mit Hilfe zweier Elektromotoren auf den Drehachsen. Wie gut ein solcher Mechanismus funktionieren mag, steht allerdings auf einem anderen Blatt. Wir stellen uns einfach einen „idealen" Mechanismus vor und überlassen die reale Konstruktion, wenn sie denn gefordert wird, den hierfür ausgebildeten Ingenieuren. In diesem Sinne ist auch der Mechanismus zu verstehen, der jetzt am Beispiel der vivianischen Kurve dargestellt werden soll.

An einer „Kurbel" mit der Länge 1, die im Punkt $(1|0|0)$ angebracht und in der xy-Ebene drehbar ist, befindet sich am Ende ein Gelenk. An diesem ist das Ende A einer Stange mit der Länge 2 beweglich befestigt, das andere Ende B kann sich mittels eines „Schiebers" auf der z-Achse hin und her bewegen (vgl. Abb. 29 a). Dreht man die Kurbel, so muss B der Bewegung folgen, indem es eine

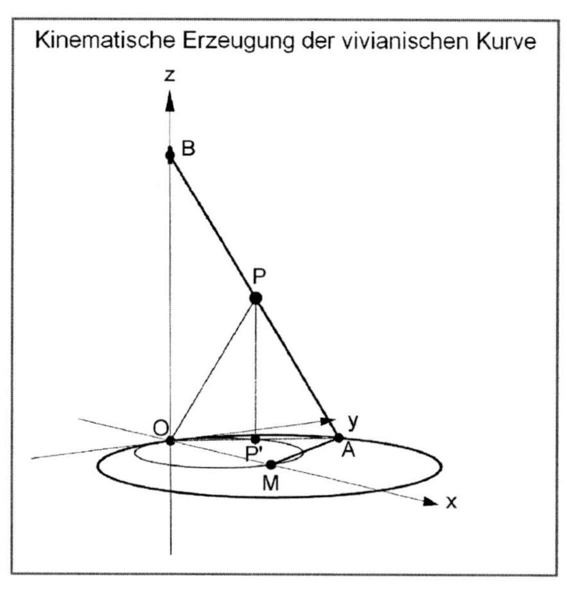

Abb. 29 a

Auf- und Abbewegung ausführt. Die technischen Probleme, die dabei in den extremen Lagen von B, nämlich in $(0|0|0)$ und $(0|0|\pm 1)$, auftreten müssen, lassen wir außer acht. Wir wollen nun die Bahn des *Mittelpunktes P der Stange* bestimmen.

Dazu stellen wir als erstes fest, dass das Dreieck OAB stets bei O rechtwinklig ist. Nach dem Thalessatz hat daher OP stets die Länge der halben Stange, also 1. Der Mechanismus erzwingt also eine Bahn auf der Einheitskugel. Nun betrachten wir die Projektion P' von P auf die xy-Ebene. Die Projizierende PP' ist Mittelparallele von OAB, halbiert also die Strecke OA. Übt man daher eine zentrische Streckung mit Zentrum O und Streckfaktor $\frac{1}{2}$ auf den Kreis aus, so erhält man den Ort der Punkte P'. Als Streckbild eines Kreises mit dem Mittelpunkt $(1|0|0)$ und dem Radius $r = 1$ handelt es sich wieder um einen Kreis, und zwar mit dem Mittelpunkt $M' = \left(\frac{1}{2}|0|0\right)$ und dem Radius $r' = \frac{1}{2}$. Da die Punkte P über oder unter diesem Kreis liegen, ist ihre Bahn die Schnittkurve des Zylinders $\left(x - \frac{1}{2}\right)^2 + y^2 = \frac{1}{4}$ mit der Einheitskugel, also die vivianische Kurve. Abbildung 29 b stellt diesen Zusammenhang dar.

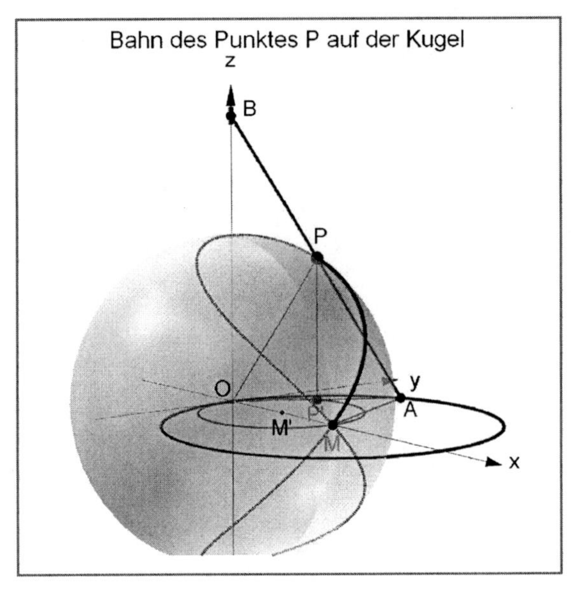

Abb. 29 b

Offensichtlich lässt sich das oben beschriebene Verfahren auf alle sphärischen Kurven anwenden. Man muss ja nur ihren Grundriss von O aus im Verhältnis 1:2 strecken, um die „Leitkurve“ für den Punkt A zu erhalten. Allerdings sollte es sich dabei um eine geschlossene Kurve handeln, damit der Bewegungsablauf sich wiederholen kann. Bei der gedrehten vivianischen Kurve, deren Grundriss eine Parabel ist, wäre das nicht der Fall. Es geht aber bei allen Schraubenlinien der Kugel, sofern sie selbst geschlossen sind, und das ist dann und nur dann der Fall, wenn der Kosinus des Breitenwinkels v eine rationale Zahl ist. Da ihr Grundriss stets eine ebene Radlinie bildet, lässt sich die Bewegung auf der Leitkurve sogar sehr einfach als Abrollbewegung eines Kreises auf einem anderen realisieren.

Wir demonstrieren dies an einem anderen Beispiel, der Radlinie aus Aufgabe 9 b) des vorigen Paragraphen. Diese Radlinie besitzt die Parameterdarstellung

$$\begin{aligned} x &= \frac{1}{2}\sqrt{2}(\cos t + \sin^2 t), \\ y &= \frac{1}{2}\sqrt{2}\sin t(1 - \cos t), \\ z &= -\frac{1}{2}\sqrt{2}\cos t. \end{aligned}$$

Ihre Grundrisskurve (vgl. Abb. 30 a) legt die Vermutung nahe, dass es sich auch bei ihm um eine Radlinie,

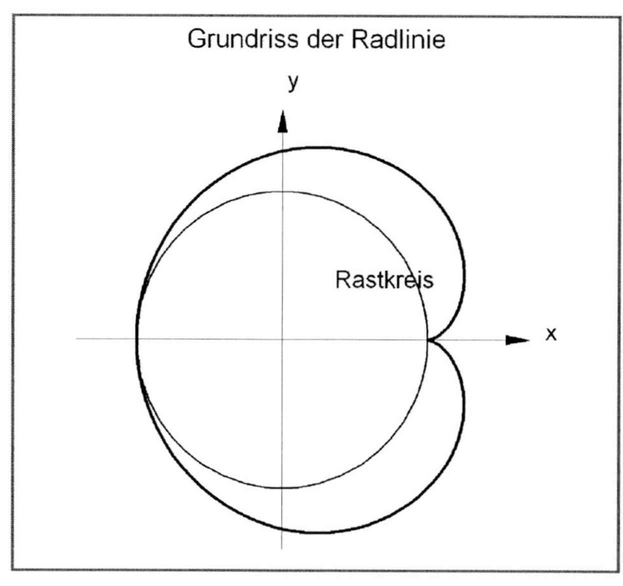

Abb. 30 a

nämlich eine Epizykloide, handelt. In der Tat erhält man sie durch Abrollen des Kreises $\left(x - \frac{3}{4}\sqrt{2}\right)^2 + y^2 = \frac{1}{8}$ an dem gleich großen Kreis mit der Gleichung $\left(x - \frac{1}{4}\sqrt{2}\right)^2 + y^2 = \frac{1}{8}$. Es handelt sich also um eine *Kardioide* (Herzkurve). Demnach muss man das untere Ende A der Stange an der Peripherie des Kreises befestigen, dessen Anfangsposition durch die Gleichung $\left(x - \frac{3}{2}\sqrt{2}\right)^2 + y^2 = \frac{1}{2}$ beschrieben wird. A liegt dabei an der Stelle $(\sqrt{2}|0|0)$ und B an der Stelle $(0|0|\sqrt{2})$. Rollt nun dieser Kreis an dem Kreis $\left(x - \frac{1}{2}\sqrt{2}\right)^2 + y^2 = \frac{1}{2}$ ab, dann erzeugt der Mittelpunkt P der Stange die räumliche Radlinie, von der wir ausgegangen sind (Abb. 30 b).

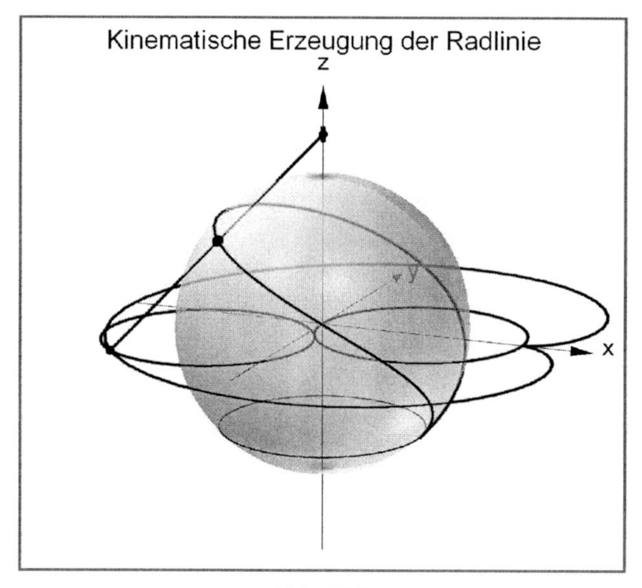

Abb. 30 b

Aufgaben zu 1.5.2

1. Man zeige, dass sich die Radlinien der Aufgabe 9 von 1.5.1 auch mit Hilfe von Kegelzahnrädern erzeugen lassen.

2*. Die oben zuletzt betrachtete Radlinie liegt wie die vivianische Kurve außer auf der Einheitskugel auch auf einem geraden Kreiskegel. Bestimmen Sie die Gleichung dieses Kegels und konstruieren Sie einen (idealen) Mechanismus zur Erzeugung der Kurve, der hiervon Gebrauch macht. Man beachte dabei, dass ein Kreiskegel durch Rotation einer „Stange“ realisiert werden kann. Zeigen Sie, dass sich auch die vivianische Kurve so erzeugen lässt.

Arbeitsaufträge zu 1.5.2

1. Man untersuche analog zur vivianischen Kurve die Bahnkurven, die von demselben Mechanismus erzeugt werden, wenn der betrachtete Punkt irgendein Punkt der Stange ist.

2*. Konstruieren Sie einen Mechanismus, der die Hippopeden von EUDOXOS erzeugt.

2 Kurven und Flächen am Zylinder

Ebenso wie die Kugel nimmt der Kreiszylinder eine Sonderstellung unter den Flächen ein. Er verdankt sie seiner Eigenschaft, sowohl bei einer Drehung um seine Achse wie bei einer Verschiebung parallel zu seiner Achse in sich selbst überzugehen. Darauf beruhen seine vielfältigen technischen Anwendungen. Ein besonderer Vorzug ist, dass er in die Ebene abgewickelt werden kann und als *Kreis*zylinder ebenso einfach wieder aufgewickelt; für andere zylindrische Flächen gilt das nicht.

Das bedeutsamste Beispiel einer „Wickelkurve" ist die *gewöhnliche Schraubenlinie.* Sie steht im Zentrum des ersten Abschnittes, in dem aber auch auf andere „Spiralkurven" eingegangen wird. Die ebenfalls wichtige Erzeugung von zylindrischen Kurven durch den Schnitt mit einer zweiten Fläche wird im zweiten Abschnitt behandelt. Dabei kommen auch besondere Flächen ins Blickfeld, die von der Schnittkurve berandet werden und den Massivzylinder abschließen. Das Kapitel schließt mit den Schraub*flächen*, die uns im Alltag ständig begegnen, und nimmt insofern das Thema des ersten Abschnittes wieder auf.

2.1 Schraubenlinien und allgemeinere Spiralkurven

Die Schraubenlinie realisiert eine Kurve mit konstanter Steigung gegenüber der Grundebene. Infolgedessen kann sie durch gleichzeitige Drehung und Schiebung – eine *Schraubung* – in sich selbst überführt werden, sofern die Schubstrecke dabei stets proportional zum Drehwinkel bleibt. Bei Befestigungsschrauben wird dieser Effekt technisch genutzt, indem eine Drehung in eine Translation verwandelt wird. Aber auch die umgekehrte Anwendung kommt vor, die Verwandlung einer stetigen Schiebung in eine Drehung, zum Beispiel bei Drillbohrern und Turbinen. Im ersten Paragraphen behandeln wir die einfacheren Eigenschaften der Schraubenlinie, im zweiten die tiefer liegenden Begriffe der *Krümmung* und *Torsion* einer Kurve und wenden diese dann auf die Schraubenlinie an. Im dritten werden einige weitere spiralförmige Kurven untersucht. Sie dienen nicht nur der Abgrenzung, sondern könnten ebenfalls zur Realisierung von Bewegungsvorgängen genutzt werden, wobei allerdings die Proportionalität zwischen Dreh- und Translationsgeschwindigkeit nicht unbedingt mehr gegeben ist.

2.1.1 Die gewöhnliche Schraubenlinie

Es ist leicht, eine Schraubenlinie herzustellen. Man nehme einen rechteckigen Papierstreifen und wickle ihn *schräg* mehrmals um ein Rundholz oder eine Kerze. Die sichtbaren Kanten des Streifens bilden dann eine Schraubenlinie. Man findet solche Schraubenlinien auf dem Kern von Papierrollen (Haushaltswischtücher, Toilettenpapier). Sie demonstrieren den Herstellungsprozess. Der Pappzylinder entsteht durch Aufwickeln eines noch weichen Pappstreifens, der dann ausgehärtet und passend abgeschnitten wird. Umgekehrt kann man durch schräges Abrollen eines Zylinders – z. B. einer Kerze – auf einer scharfen Kante eine Schraubenlinie erzeugen. Das beste Modell einer Schraubenlinie aber erhält man, wenn man eine Gerade auf eine nicht zu dünne Overheadfolie zeichnet und diese rollt. Je nachdem, wie eng man den Rollzylinder macht, erhält man verschiedene Schraubenlinien. Man kann das Ergebnis leicht mit Hilfe von Tesastreifen fixieren, wobei sich dank der inneren Spannung der Folie vor allem bei mehreren Lagen die Kreisform von selbst ausbildet. Sie ließe sich durch Kreisscheiben aus dickerer Pappe zusätzlich stabilisieren.

Um den Vorgang des Aufwickelns mathematisch zu beschreiben, legen wir ein kartesisches uv-System in die Ebene und stellen uns vor, dass die u-Achse so auf einen Zylinder mit Radius a aufgewickelt wird, dass die v-Achse parallel zur Zylinderachse verläuft (Abb. 1). Wir

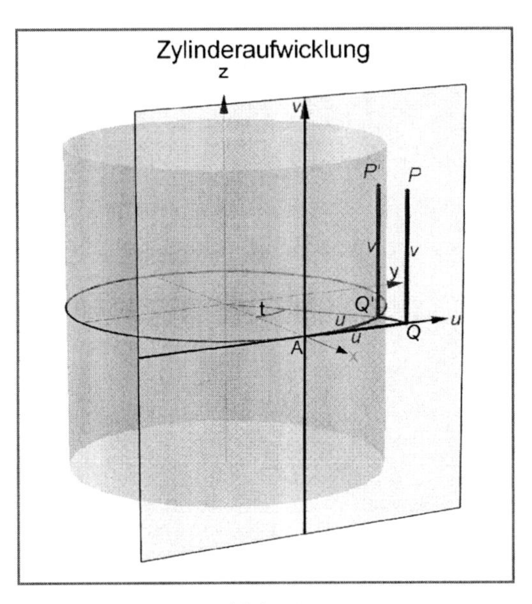

Abb. 1

überlegen nun, welche Koordinaten x, y, z der „Wickelpunkt" P' bekommt, wenn P die Koordinaten u und v hat.

Aus der Graphik liest man ab, dass t als Mittelpunktswinkel des Bogens u im Kreis mit Radius a gleich $\frac{u}{a}$ ist. Mithin gilt

$$x = a\cos\frac{u}{a}, \quad y = a\sin\frac{u}{a}$$

und offensichtlich $z = v$. Ist nun v eine Funktion von u, so erhält man mit diesen drei Gleichungen eine Parameterdarstellung der aufgewickelten Kurve.

Wir wickeln nun eine Gerade $v = bu$ mit $b \neq 0$ auf und erhalten so die

Gleichung der Standardschraubenlinie

$$\vec{p}(t) = \begin{pmatrix} a\cos\frac{u}{a} \\ a\sin\frac{u}{a} \\ bu \end{pmatrix} \quad \text{bzw.} \quad \vec{p}(t) \begin{pmatrix} a\cos t \\ a\sin t \\ abt \end{pmatrix},$$

wenn $\frac{u}{a} = t$ gesetzt wird.

Abbildung 2 zeigt die entsprechende Graphik für $a = 1$ und $b = \pm\frac{1}{4}$. Wenn die Steigung b

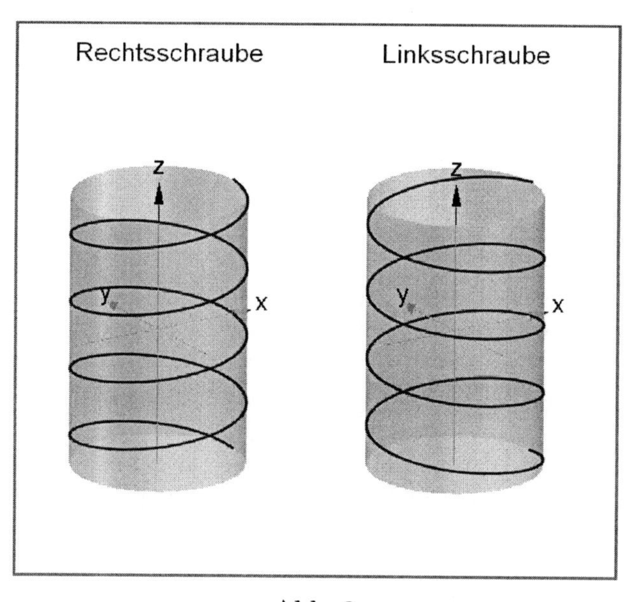

Abb. 2

der Geraden positiv ist, spricht man von einer Rechts-, anderenfalls von einer Linksschraube. In der Technik ist die erste Form am meisten verbreitet, ebenso in der Natur. Die meisten Kletterpflanzen winden sich nach rechts. Eine Ausnahme ist der Hopfen, der sich nach links windet. Durch Spiegelung kehrt sich der Drehsinn einer Schraubenlinie um. Das lässt sich an dem schraubenförmig gewundenen Gehörn von einigen Tierarten gut beobachten, zum Beispiel von Widdern oder gewissen Antilopen (Kudus). Entsprechend der Ebenensymmetrie ihres Körpers ist eines der beiden Hörner nach rechts, das andere nach links gewunden.

Wir betrachten nun den umgekehrten Vorgang des Abwickelns einer Schraubenlinie (Abb. 3), nicht im Hinblick auf das Ergebnis, das wir ja bereits kennen, sondern um uns daran

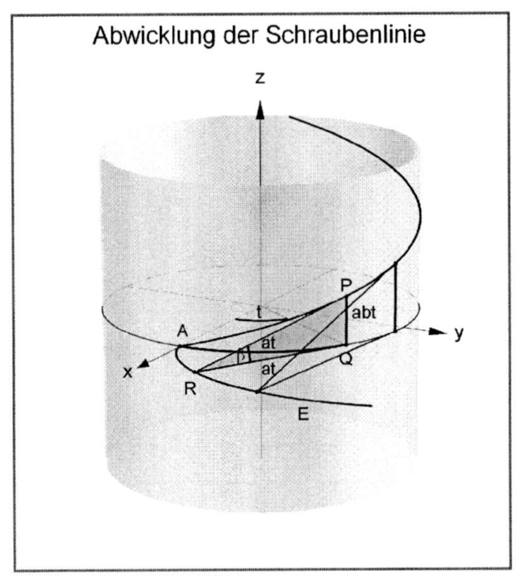

Abb. 3

einige Eigenschaften der Schraubenlinie klar zu machen. Dementsprechend stellen wir uns den Zylinder als „Wurst" vor, in deren Pelle wir eine Schraubenlinie eingeschnitten haben und die wir mittels eines *Querschnittes* an der Stelle A in zwei Hälften zerlegt haben. Fasst man dann die Pelle an ihrer Spitze A an und zieht sie allmählich ab, so entsteht in jeder Situation ein senkrecht stehendes ebenes Dreieck RQP, das in PQ den Zylinder berührt. PR ist Tangente an die Schraubenlinie, QR an ihren Grundriss, den Kreis. Zum Parameter t gehört dabei im Kreis der Bogen $\overset{\frown}{AQ}= at$, der gleich der Länge der Tangente $|RQ|$ ist, und auf der Schraubenlinie der Bogen $B = \overset{\frown}{AP} = |RP|$. Gemäß der Parameterdarstellung ist $|PQ| = abt$, also $\tan\beta = \frac{abt}{at} = b$ die konstante Steigung der Schraubenlinie gegenüber der xy-Ebene. Für die Länge B des Bogens $\overset{\frown}{AP}$ lesen wir aus der Zeichnung die einfache Formel $B = \frac{at}{\cos\beta} = \frac{a}{\cos\beta}t$ ab. Die von A aus gemessene Bogenlänge ist also zu t proportional.

Zum Schluss bestimmen wir noch die Tangentenspurkurve der Schraubenlinie in der xy-

Ebene. Da die Tangente durch

$$\begin{pmatrix} a\cos t \\ a\sin t \\ abt \end{pmatrix} + s \begin{pmatrix} -a\sin t \\ a\cos t \\ ab \end{pmatrix}$$

dargestellt wird, schneidet sie die xy-Ebene für $s = -t$. Die Spurkurve hat also die Parameterdarstellung

$$x = a(\cos t + t\sin t)\,, \quad y = a(\sin t - t\cos t)\,.$$

Sie ist die Bahn des Punktes R, wenn man das Dreieck abwickelt. Die Erzeugung dieser Kurve kann man sich infolgedessen auch so vorstellen: Ein undehnbarer Faden sei in der xy-Ebene um den Zylinder gewickelt mit Anfang in A. Dann bewegt sich A auf der Spurkurve, wenn man den Faden abzieht und dabei immer stramm hält. Dabei verläuft der Faden stets tangential zum Zylinder und das freie Stück hat die Länge des Bogens $\overset{\frown}{AQ}$. Schließlich kann man statt des Fadens auch einen Stab nehmen, auf dem man einen Punkt markiert hat und den man zunächst so hält, dass er den Zylinder in A berührt. Rollt man nun den Stab tangential am Zylinder ab, ohne dass er dabei gleitet, dann beschreibt der markierte Punkt eben diese Spurkurve. Generell nennt man eine Kurve, die durch Abrollen einer Geraden in der eben beschriebenen Weise erzeugt wird, die *Evolvente* (von lat.: *evolvere* „abwickeln") dieser Kurve. Damit können wir sagen: Die Tangentenspurkurve der Schraubenlinie in der xy-Ebene ist die Evolvente ihres Grundrisskreises.

Aufgaben zu 2.1.1

1. Man leite die Formeln für $\tan\beta$ und B *analytisch* aus der Gleichung der Schraubenlinie her.
2. Bestimmen Sie Aufriss und Seitenriss der Standardschraubenlinie und beschreiben Sie ihre Veränderungen in Abhängigkeit von b.
3. Die Standardschraubenlinie ist gekennzeichnet durch ihren Anfangspunkt $A(a|0|0)$ für $t = 0$. Bestimmen Sie die Schraubenlinien, die ihren Anfangspunkt in $B(0|a|0)$, $C(-a|0|0)$, $D(0|-a|0)$ haben und erzeugen Sie eine Graphik aller vier Schraubenlinien innerhalb einer Zeichnung.
4. Stellen Sie die abgewickelte Schraubenlinie in einem kartesischen uv-Koordinatensystem dar, wenn diese einen Zylinder vom Umfang 5 cm fünf Mal umwindet und dabei die Höhe 10 cm erreicht.
5. a) Die Schraubenlinie der Aufgabe 4 wird von einer Schraubenlinie, deren *Ganghöhe* (= Abstand zweier Windungen von einander) 10 cm beträgt. Wo schneiden sie sich?

   b*) Wie lautet das Ergebnis von a), wenn die Ganghöhe 2,5 cm beträgt?
6. Eine Schraubenlinie soll die Höhe von 3.50 m mit einer Steigung von 10% in zwei Windungen erreichen.

Arbeitsauftrag zu 2.1.1

Man informiere sich über die Maße einer konkreten Wendeltreppe oder Parkhausrampe und stelle die Gleichungen besonders exponierter Schraubenlinien, die an ihr auftreten, dar.

2.1.2* Krümmung und Torsion

Unter der Krümmung einer Kurve versteht man eine Größe, die die Stärke ihrer Richtungsänderung beschreibt, gemessen an der „Strecke“, die dabei zurückgelegt wird. Dementsprechend müsste man den Winkel α berechnen, den die Tangenten in den Endpunkten der „Strecke“ mit einander bilden und diesen durch die Länge der zurückgelegten „Strecke“, also die Bogenlänge, dividieren. Den Wert darf man aber nur als *mittlere* Krümmung bezeichnen, da der Kurvenverlauf zwischen beiden Punkten keine Rolle spielt. Der Begriff „Krümmung“ bezieht sich dagegen auf das *lokale Änderungsverhalten* der Kurve in einem Punkt und ist daher ein Begriff der Differentialrechnung:

> Krümmung einer Kurve in einem Punkt
>
> Sei P_0 ein fester, P ein beliebiger Punkt der Kurve und α der Winkel, den die Tangente in P_0 mit der Tangente in P bildet, dann ist α eine Funktion $f(B)$ der Bogenlänge $B = \overset{\frown}{P_0P}$, und unter der Krümmung der Kurve in P versteht man den Differentialquotienten $\kappa = \frac{d\alpha}{dB} = f'(B)$.

Will man die Krümmung nach dieser Definition berechnen, dann erfordert das einen gewissen Aufwand. Carl Friedrich GAUSS (1777–1855) hat ein Verfahren angegeben, das die Berechnung erleichtert. Dazu betrachtet man das sogenannte sphärische *Tangentenbild* der Kurve. Dahinter verbirgt sich etwas ganz Einfaches. Man bildet den Tangentenvektor der Kurve und *normiert* ihn auf 1, indem man durch seinen Betrag dividiert. Das Ergebnis ist natürlich vom Kurvenparameter t abhängig und kann *seinerseits* als eine Kurve genommen werden, die wegen der Normierung auf der Einheitskugel liegen muss:

> Tangentenbild einer Kurve
>
> Eine Kurve sei durch die Parameterdarstellung $\vec{p}(t)$ gegeben. Dann heißt die Kurve mit der Parameterdarstellung
>
> $$\vec{q}(t) = \frac{\vec{p}\,'(t)}{|\vec{p}\,'(t)|}$$
>
> das *sphärische Tangentenbild* der gegebenen Kurve.

Bevor wir nun zeigen, wie die Krümmung mit Hilfe des Tangentenbildes ausgerechnet werden kann, wollen wir das Tangentenbild der Schraubenlinie bestimmen. Aus

$$\vec{p}(t) = \begin{pmatrix} a\cos t \\ a\sin t \\ abt \end{pmatrix} \quad \text{folgt} \quad \vec{p}\,'(t) = \begin{pmatrix} -a\sin t \\ a\cos t \\ ab \end{pmatrix}$$

als Tangentenvektor, wobei $|\vec{p}\,'(t)| = \sqrt{a^2 + a^2b^2} = a\sqrt{1+b^2} = \frac{a}{\cos\beta}$ ist. Mithin lautet die Parameterdarstellung ihres Tangentenbildes

$$\vec{q}(t) = \frac{\cos\beta}{a} \begin{pmatrix} -a\sin t \\ a\cos t \\ ab \end{pmatrix} = \begin{pmatrix} -\sin t\cos\beta \\ \cos t\cos\beta \\ \sin\beta \end{pmatrix},$$

letzteres wegen $b = \tan\beta = \frac{\sin\beta}{\cos\beta}$. Da die dritte Komponente von $\vec{q}(t)$ konstant ist, handelt es sich um einen Breitenkreis der Einheitskugel, und zwar zu $v = \beta$.

Tatsächlich kommt es auf die Gestalt der Kurve aber gar nicht an. Entscheidend ist die Überlegung, dass die Endpunkte zweier normierter Tangentenvektoren auf der Kugel liegen und „dicht" benachbart sind, wenn die Berührpunkte der Tangenten dicht beieinander liegen. Sei der eine Kurvenpunkt (P) durch den Parameter t festgelegt und der zweite (Q) durch den „infinitesimal benachbarten" Wert $t+dt$, so bilden die beiden in den Mittelpunkt der Kugel verschobenen Tangenten (vgl. Abb. 4) $\overrightarrow{PP'}$ und $\overrightarrow{QQ'}$ gerade den

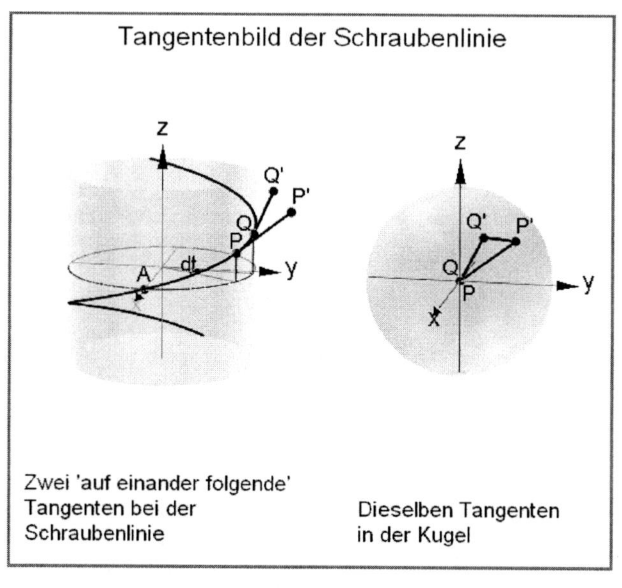

Abb. 4

Winkel $d\alpha$ und dieser ist gleich dem *Großkreisbogen*, der P' mit Q' verbindet. Dessen Länge stimmt aber mit der *Bogenlänge des Tangentenbildes* $\widehat{P'Q'}$ im Grenzfall überein.

Deshalb können wir $d\alpha$ in der Definition von κ durch $\overset{\frown}{P'Q'}$ ersetzen.

Im Fall der Schraubenlinie ist die Rechnung einfach. Das Tangentenbild wird durch $\vec{q}(t)$ beschrieben. Also hat der zugehörige Bogen die Länge

$$\overset{\frown}{P'Q'} = \sqrt{\vec{q}\,'(t)}\,dt = \cos\beta dt,$$

da $\vec{q}\,'(t) = \begin{pmatrix} -\cos t \cos\beta \\ -\sin t \cos\beta \\ 0 \end{pmatrix}$ ist.

Es bleibt jetzt nur noch der Zuwachs der Bogenlänge selbst, also dB zu bestimmen. Mit dem in 2.1.1 hergeleiteten Ergebnis $B = \frac{a}{\cos\beta}t$ (vgl. S. 48) folgt aber sofort durch Ableiten $dB = \frac{a}{\cos\beta}dt$. Als Endergebnis erhalten wir so die Formel für die

Krümmung der Schraubenlinie

$$\kappa = \frac{d\alpha}{dB} = \frac{\cos^2\beta}{a}.$$

Wie nicht anders zu erwarten, besitzt die Schraubenlinie in jedem ihrer Punkte die gleiche Krümmung. Sie hat diese Eigenschaft mit dem Kreis gemeinsam, der als Schraubenlinie mit dem Anstieg 0 aufgefasst werden kann. Nach der obigen Formel hat also ein Kreis mit Radius a die konstante Krümmung $\kappa = \frac{\cos^2 0}{a} = \frac{1}{a}$.

Wir wenden uns nun der *zweiten Krümmung*[15] einer Raumkurve zu, mit der man das Maß ihrer *Torsion* (lat.: Verdrehung, Verwindung) bestimmt. Ihr liegt die (optimale) Approximation der Kurve mittels ihrer Schmiegebene zugrunde, die wir in 1.3.2 eingeführt haben (vgl. S. 32). Leider ist es nicht ganz einfach, sich eine anschauliche Vorstellung vom „Verlauf“ dieser Ebene zu machen. Wir ziehen dazu die Tangentenfläche unserer Kurve heran (vgl. Abb. 5), die die Schmiegebene in dem fraglichen Kurvenpunkt längs

[15] Echte Raumkurven werden tatsächlich häufig als „doppelt gekrümmte“ Kurven bezeichnet.

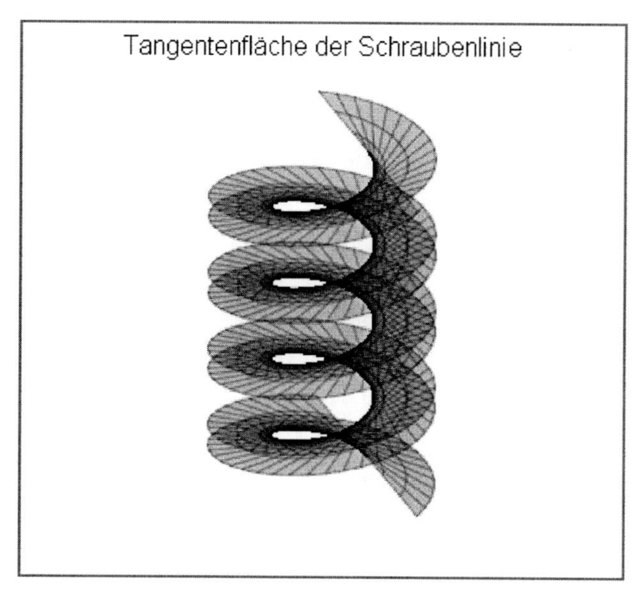

Abb. 5

der dortigen Tangente berührt. Da die Tangentenfläche aus zwei Blättern besteht, liegt also die Schmiegebene dazwischen. Anschaulich kann man sie mit einem dünnen Karton, etwa einer Postkarte, vergleichen, die man so weit zwischen die beiden Blätter der Tangentenfläche schiebt, bis sie durch die Kurve gestoppt wird. Führt man nun diese Postkarte an der Kurve entlang, so verändert sie ihre Stellung: Sie „verwindet" sich. Die Stärke der Verwindung ist am besten an ihren Normalen abzulesen. Je größer der Winkel zwischen ihnen ist, umso größer ist auch die Torsion, sofern der zwischen den beiden Positionen liegende Bogen die gleiche Länge hat. Wie man sieht, muss man also nur die Tangente in der Definition der ersten Krümmung durch die Normale der Schmiegebene ersetzen, um die zweite Krümmung, die Torsion τ der Kurve in einem Punkt, zu erhalten.

Wir führen dies nun für die Schraubenlinie mit der bekannten Parameterdarstellung $\vec{p}(t)$ durch.

1. Bestimmung der Normalen der Schmiegebene, der sogenannten „*Binormalen*". Die Schmiegebene wird von den Vektoren

$$\vec{p}\,'(t) = \begin{pmatrix} -a\sin t \\ a\cos t \\ ab \end{pmatrix}, \quad \vec{p}\,''(t) = \begin{pmatrix} -a\cos t \\ -a\sin t \\ 0 \end{pmatrix}$$

aufgespannt. Die Binormale $\vec{n}$ ist zu beiden orthogonal, also durch die Gleichungen $\vec{p}\,'(t)\cdot\vec{n} = \vec{p}\,''(t)\cdot\vec{n} = 0$ bestimmt.[16] Als Ergebnis für $\vec{n}$ erhält man in bereits

[16] Wenn das Kreuzprodukt bekannt ist, kann man auch dieses zur Bestimmung von $\vec{n}$ verwenden.

normierter Form

$$\vec{n} = \begin{pmatrix} b\sin t \\ -b\cos t \\ 1 \end{pmatrix} \cdot \frac{1}{\sqrt{1+b^2}}.$$

2. Berechnung der Winkeländerung von $\vec{n}$, die wir hier mit $d\gamma$ bezeichnen.

$$d\gamma = |\vec{n}\,'|dt = \left|\begin{pmatrix} b\cos t \\ b\sin t \\ 0 \end{pmatrix}\right| \frac{1}{\sqrt{1+b^2}}dt = \frac{b}{\sqrt{1+b^2}}dt = \sin\beta dt.$$

3. Berechnung von dB.
   Da es sich um die gleiche Kurve handelt, können wir das Ergebnis von Seite 68 übernehmen: $dB = \frac{a}{\cos\beta}dt$.

Aus 2. und 3. folgt:

Torsion der Schraubenlinie

$$\tau = \frac{d\gamma}{dB} = \frac{\sin\beta\cos\beta}{a}.$$

Sie ist ebenfalls konstant.

Aufgaben zu 2.1.2

1. Untersuchen Sie, wie sich Krümmung und Torsion einer Schraubenlinie ändern
   a) bei festem β; b) bei festem a.
   Interpretieren Sie das Ergebnis anschaulich.
2. Durch κ und τ ist eine Schraubenlinie eindeutig bestimmt. Zeigen Sie das. Bei welchen Werten erhält man eine Rechts- bzw. Linksschraube?
3. Eine Zuglampe hängt an einem Nylonfaden, um den sich das Stromkabel wendelt. Wie ändern sich dessen Krümmung und Torsion, wenn man an der Lampe zieht? Geben Sie ein Zahlenbeispiel.

Arbeitsaufträge zu 2.1.2

1. Da der Kreis der Krümmung $\kappa = \frac{1}{a}$ hat, kann man einer Kurve in jedem ihrer Punkte einen *Krümmungskreis* zuordnen, dessen Radius r gleich der reziproken Krümmung ist und der außerdem in der zu diesem Punkt gehörigen Schmiegebene liegt. Er ist eindeutig bestimmt, wenn man weiß, auf welcher Seite der Tangente er liegen soll.
   Bestimmen Sie die Lage der Mittelpunkte der Krümmungskreise für die Schraubenlinie. Gehen Sie dabei davon aus, dass die Krümmungskreise „nach innen gerichtet“ sind, wie es plausibler Weise sein muss.

2. Da ebene Kurven auch Raumkurven sind, kann man ihre Krümmung in genau der gleichen Weise bestimmen.
   Führen Sie die entsprechende Rechnung für die *Kreisevolvente* (vgl. S. 65) durch und bestimmen Sie auch die Lage der Mittelpunkte der Krümmungskreise (vgl. Arbeitsauftrag 1). Wie lässt sich das Ergebnis anschaulich verstehen? Begründen Sie in diesem Zusammenhang, warum ein Krümmungskreis die Kurve besser approximiert als jeder andere Kreis, der die Tangente im gleichen Punkt berührt.

2.1.3 Räumliche Spiralkurven

Spira heißt im Lateinischen die *gewundene Linie*, gleichgültig ob sie sich in einer Ebene windet oder im Raum als echte Raumkurve. So wird auch im Volksmund die (gewöhnliche) Schraubenlinie oft als Spirale bezeichnet, während die Mathematik den Begriff auf ebene Kurven beschränkt.[17] Gleichwohl ist es sinnvoll, für die große Klasse von Kurven, die sich unendlich oft um einen Zylinder winden oder um ähnlich gestaltete trichter- oder kegelförmige (Dreh-)Flächen, einen anschaulichen Namen zu haben. Wir sprechen dann von einer räumlichen Spiralkurve und lassen den Zusatz „räumlich" fort, wenn er selbstverständlich ist.

Im Folgenden wollen wir nun zwei solche Kurven näher betrachten und in den Aufgaben noch einige weitere untersuchen.

Beispiel (1): Die aufgewickelte Parabel

Aus der Gleichung $v = cu^2$ erhält man nach dem auf Seite 64 geschilderten Verfahren unmittelbar die Parameterdarstellung ihrer Aufwicklung

$$x = a\cos\frac{u}{a}, \quad y = a\sin\frac{u}{a}, \quad z = cu^2 .$$

Wir transformieren wieder den Parameter, indem wir $\frac{u}{a} = t$, also $u = at$ setzen und erhalten

$$\vec{p}(t): \; x = a\cos t, \; y = a\sin t, \; z = ca^2t^2.$$

Abbildung 6 zeigt die zugehörige Graphik für den Fall $a = 1$, $c = \frac{1}{40}$. Auf Grund der

[17] Vgl. dazu [Heizer 1998, S. 12 ff]

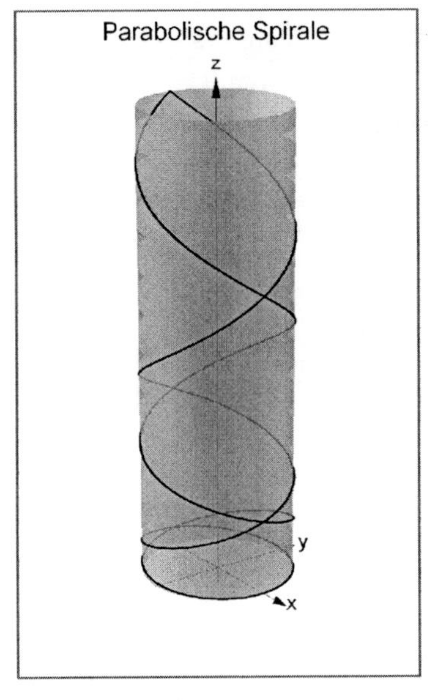

Abb. 6

Achsensymmetrie der gewöhnlichen Spirale windet sich die Kurve rechts und links um den Zylinder und ist zur xz-Ebene symmetrisch. Dabei nimmt ihre „Steigung“ ständig zu. Dies wird durch die Rechnung bestätigt. Mit $\vec{p}\,'(t) = \begin{pmatrix} -\sin t \\ \cos t \\ 2ct \end{pmatrix}$ folgt für den Winkel β der Tangente, den sie mit der xy-Ebene bildet:

$$\cos(90^\circ - \beta) = \frac{2ct}{\sqrt{1+4c^2t^2}} = \sin\beta.$$

Das Ergebnis versteht sich aber eigentlich von selbst. Denn es besagt, dass der Steigungswinkel der Tangente sich beim Aufwickeln der Parabel auf den Zylinder nicht ändert. Gemäß den auf Seite 64 f angestellten Überlegungen wird das Steigungsdreieck der Tangente bei diesem Vorgang ja ebenfalls nur verbogen, aber nicht verzerrt.

Weitere Fragen, die die Graphik nahe legen, lassen sich ebenso mittels der abgewickelten Kurve beantworten, etwa die Frage nach dem Schnittwinkel in den Überschneidungspunkten oder die Frage nach den Flächeninhalten der „Felder“, die durch die Selbstüberschneidung entstehen. Die letztere greifen wir auf, weil die Abwicklung des Mantels ein interessantes Muster ergibt. Dem Zylindermantel, der in Abbildung 6 dargestellt ist, entspricht ein Rechteck mit der Breite $2\pi a = 2\pi$ und der Höhe $H = c(5\pi)^2 \approx 6.2$. Schneidet man ihn längs der Parallelen zur z-Achse an der Stelle $x = -1$ auf, so zerfällt die Kurve in Teilstücke (vgl. Abb. 7). Das ist darauf zurückzuführen, dass der Zylinder beim

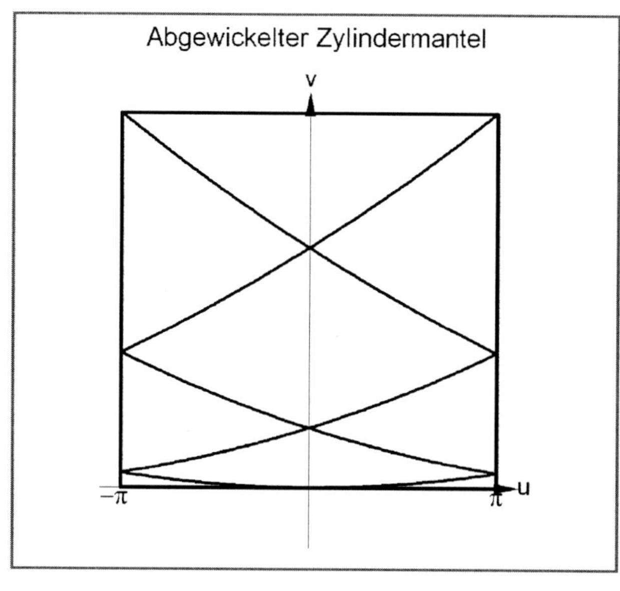

Abb. 7

Aufwickeln des kartesischen $(u|v)$-Systems unendlich oft überdeckt wird, also eine „Überlagerungsfläche“ darstellt. Man kann sich das leicht mit Hilfe des schon geschilderten Folienmodells (vgl. S. 62) klar machen. Schneidet man dieses wie beschrieben auf, so entstehen rechteckige Streifen der Breite 2π, die eigentlich nebeneinander liegen, nun aber entsprechend der räumlichen Drehung nach links bzw. nach rechts so weit verschoben sind, dass sie mit dem mittleren Streifen zur Deckung kommen.

Wir wollen nun die Fläche auf dem Zylindermantel zwischen dem zweiten und vierten Überschneidungspunkt berechnen, d. h. die Fläche, die von der vollen zweiten Windung der Kurve begrenzt wird. Auf Grund der Symmetrie genügt es dafür, die Fläche A zwischen den Parabeln $f_1(u) = c(u+2\pi)^2$ und $f_2(u) = c(u-4\pi)^2$ im Intervall 0 bis π zu berechnen. Für diese gilt

$$\begin{aligned} A &= c\int_0^{\pi} \left((u-4\pi)^2 - (u+2\pi)^2\right)du = c\int_0^{\pi} (-12\pi u + 12\pi^2)du \\ &= 12\pi c\int_0^{\pi} (\pi - u)du = 12\pi c \cdot \frac{1}{2}\pi^2 = 6c\pi^3. \end{aligned}$$

Vergleicht man das Ergebnis mit dem für ein Dreieck, das die gleiche Basis (auf der v-Achse) und die gleiche Höhe (parallel zur u-Achse) hat, so wird das Ergebnis manche überraschen. Siehe hierzu die folgende Aufgabe 1.

Beispiel (2): Die Kegelschraube

Holzschrauben und einfache Holzbohrer haben eine kegelförmig ausgebildete Spitze. Damit sie funktionieren, muss ihre „Profilkurve“ eine Schraubenlinie sein, d. h. eine Kurve konstanten Anstiegs gegenüber einer senkrecht zur Schraubenachse befindlichen Ebene. Nun stellt der Kegel ebenso wie der Zylinder eine abwickelbare Fläche dar. Man könnte deshalb vermuten, dass man nur eine Gerade kegelförmig aufwickeln muss, um eine Schraubenlinie auf dem Kegel zu erhalten. Leider ist diese Vermutung im allgemeinen falsch. Das sieht man sofort, wenn man etwa aus Karopapier einen Viertelkreis ausschneidet und zu einem Kegel formt. Dann bilden die Linien des Karopapiers schleifenförmige Kurven, die im der Kegelspitze nächsten Punkt senkrecht zur Achse verlaufen, also die Steigung 0 haben. Dieser Ansatz führt also nicht weiter.

Es gibt aber noch eine zweite Analogie. Die zylindrische Schraubenlinie schneidet nämlich alle Mantellinien unter dem konstanten Winkel α, sie ist also „Zylinderloxodrome".[18] Das beruht einfach auf der Tatsache, dass die Mantellinien orthogonal zur xy-Ebene verlaufen, also α den konstanten Anstiegswinkel β zu 90° ergänzt. Auf den Kegel übertragen, würde das heißen: Jede Schraubenlinie des Kegels schneidet seine Mantellinien unter einem konstanten Winkel, ist also auch „Kegelloxodrome".

Diese Vermutung ist nicht schwer zu beweisen. Zunächst stellen wir die Gleichung des Kegels in einer zweckmäßigen Form auf. Nennen wir seinen Öffnungswinkel ω, so beträgt der Radius des Breitenkreises in der Entfernung s von der Spitze (vgl. Abb. 8) $r = s \sin \omega$

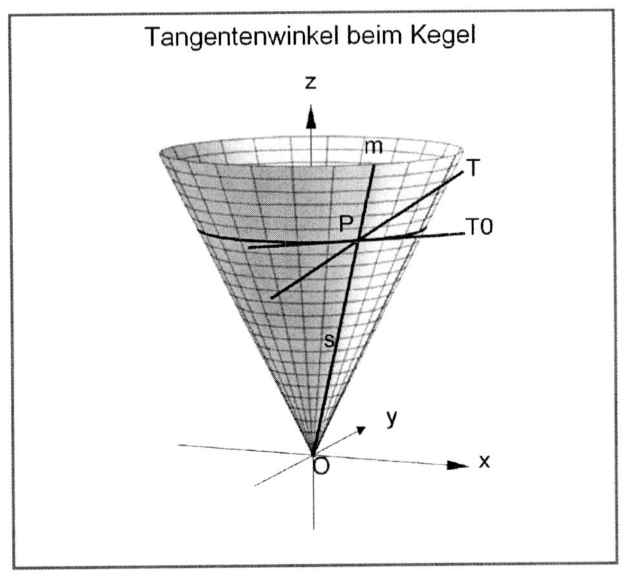

Abb. 8

und sein Abstand von der Spitze $z = s \cos \omega$. Jeder Punkt des Breitenkreises hat demnach

[18]Vgl. hierzu S. 41 ff

die Koordinaten

$$x = s\sin\omega\cos t\,, \quad y = s\sin\omega\sin t\,, \quad z = s\cos\omega\,.$$

Damit haben wir bereits die gewünschte Parameterdarstellung des Kegels erhalten. Jeder Punkt ist durch s und t eindeutig festgelegt. Bei konstantem s stellen dieselben Gleichungen den Breitenkreis dar. Also brauchen wir sie nur nach t abzuleiten, um den Richtungsvektor der Tangente T_0 zu erhalten. Er lautet, wenn wir noch den gemeinsamen Faktor s fort lassen,

$$\vec{q} = \begin{pmatrix} -\sin\omega\sin t \\ \sin\omega\cos t \\ 0 \end{pmatrix}.$$

Halten wir andrerseits t fest, so geben die Gleichungen den Richtungsvektor der Mantellinie m an:

$$\vec{r} = \begin{pmatrix} \sin\omega\cos t \\ \sin\omega\sin t \\ \cos\omega \end{pmatrix},$$

wobei wir den die Richtung nicht beeinflussenden Faktor s wieder weggelassen haben.

Es sei nun s und t fest und T eine beliebige Tangente im Punkt P an den Kegel. Sie liegt dann in der von $\vec{q}$ und $\vec{r}$ aufgespannten Tangentialebene, ihr Richtungsvektor $\vec{m}$ ist also eine Linearkombination der beiden:

$$\vec{m} = a\vec{q} + b\vec{r}, \quad a, b \in \mathbb{R}.$$

Dabei stellen wir uns vor, dass es sich um die Tangente einer Kurve handelt, die durch P gehen und mit der Mantellinie durch P den Winkel α bilden möge. Ihren Anstiegswinkel gegenüber der xy-Ebene bezeichnen wir wie bisher mit β. Gesucht ist die Beziehung zwischen α und β.

Winkel α wird von den Vektoren $\vec{r}$ und $\vec{m}$ gebildet. Daher ist

$$\cos\alpha = \frac{\vec{r}\cdot\vec{m}}{|\vec{r}|\cdot|\vec{m}|} = \frac{a\vec{r}\vec{q} + b\vec{r}^{\,2}}{|\vec{r}|\cdot|\vec{m}|} = \frac{b}{|\vec{m}|}\,.$$

Um β zu berechnen, stellen wir fest, dass es günstiger ist, den Ergänzungswinkel zu 90° zu berechnen, da dieser zwischen der Tangente und der Normalen $\vec{n}$ der xy-Ebene liegt.

Mit $\vec{n} = \begin{pmatrix} 0 \\ 0 \\ 1 \end{pmatrix}$ folgt dann wie oben

$$\sin\beta = \cos(90° - \beta) = \frac{\vec{n}\cdot\vec{m}}{|\vec{n}|\cdot|\vec{m}|} = \frac{a\vec{n}\vec{q} + b\vec{n}\vec{r}}{|\vec{n}|\cdot|\vec{m}|} = \frac{b\cos\omega}{|\vec{m}|}\,.$$

Hieraus lesen wir die gesuchte Beziehung $\sin\beta = \cos\alpha \cdot \cos\omega$ ab. Sie ist bemerkenswert einfach und besagt: Wenn α konstant ist, so auch β und umgekehrt. Oder: Die Begriffe „Schraubenlinie" und „Loxodrome" fallen beim Kegel (wie auch schon beim Zylinder) zusammen.

Diese Tatsache nutzen wir jetzt aus, um die Gleichung der Schraubenlinie aufzustellen. Dazu betrachten wir ein „infinitesimales" Stück dieser Kurve (vgl. Abb. 9), das, wie wir

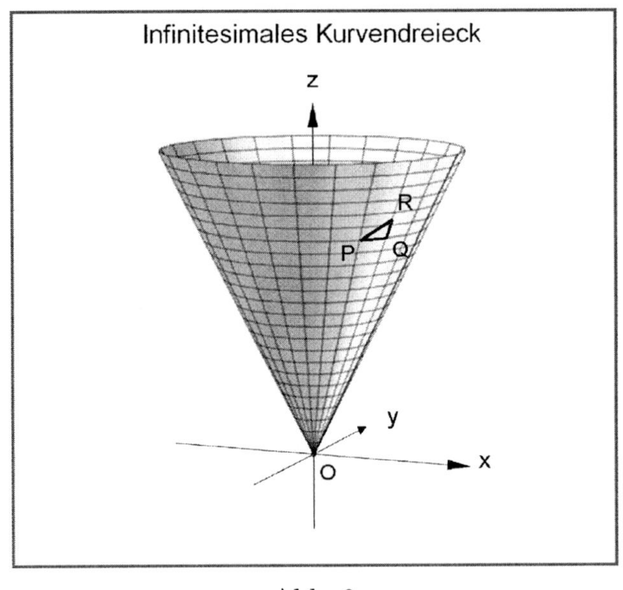

Abb. 9

wissen, mit jedem Breitenkreis den konstanten Winkel $90° - \alpha$ bildet. Auf Grund seiner Kleinheit können wir das Dreieck PQR als eben betrachten, und da es bei Q einen rechten Winkel hat, gilt

$$\tan(90° - \alpha) = \frac{|QR|}{|\overset{\frown}{PQ}|}.$$

Nun müssen wir nur noch diese beiden Katheten bestimmen.

Die Länge des Bogens $\overset{\frown}{PQ}$ ergibt sich aus dem zugehörigen Radius $s\sin\omega$ des Breitenkreises und der Änderung dt des Mittelpunktswinkels zu $|\overset{\frown}{PQ}| = s\sin\omega dt$. Noch einfacher gestaltet sich die Bestimmung von $|QR|$. Da wir die Mantellinie zur Parameterlinie gemacht haben, ist $|QR|$ einfach gleich ds. Demnach lautet die obige Beziehung

$$\tan(90° - \alpha) = \frac{ds}{s\sin\omega dt},$$

und diese besagt, dass

$$\frac{dt}{ds} = \frac{1}{cs}$$

ist, wenn wir die hier auftretende Konstante $\tan(90° - \alpha) \cdot \sin\omega$ noch mit c abkürzen. Durch Integration folgt hieraus

$$t - t_0 = \frac{1}{c}(\ln s - \ln s_0) = \frac{1}{c}\ln\frac{s}{s_0}$$

mit zwei Konstanten („Anfangswerten") t_0 und s_0 oder nach s aufgelöst

$$s = s_0 e^{c(t-t_0)} = s_0 e^{-ct_0} e^{ct} = ke^{ct},$$

wenn wir noch die Konstante $s_0 e^{-ct_0}$ zu k zusammenfassen. Nun brauchen wir nur noch s in die Parameterdarstellung der Kegels einzusetzen und haben unser Ziel erreicht:

Gleichung der Kegelschraubenlinie

Der Kegel habe den Öffnungswinkel ω. Dann kann jede Schraubenlinie auf seiner Oberfläche durch eine Gleichung der Form

$$\vec{p}(t) = ke^{ct}\begin{pmatrix}\sin\omega\cos t\\ \sin\omega\sin t\\ \cos\omega\end{pmatrix} = k\sin\omega e^{ct}\begin{pmatrix}\cos t\\ \sin t\\ \cot\omega\end{pmatrix}.$$

dargestellt werden.
Jede Schraubenlinie ist zugleich eine „Loxodrome" des Kegels, die die Mantellinien unter einem konstanten Winkel α schneidet. Dabei gilt

$$c = \sin\omega\tan(90° - \alpha) = \frac{\sin\omega}{\tan\alpha},$$

und die Größe des konstanten Anstiegswinkels β gegenüber der xy-Ebene ist gegeben durch

$$\sin\beta = \cos\omega\cos\alpha.$$

In Abbildung 10 ist eine solche Schraube mit den Werten $\omega = \frac{\pi}{6} = 30°$, $c = 0.05$ und $k = \sqrt{3}$ dargestellt.

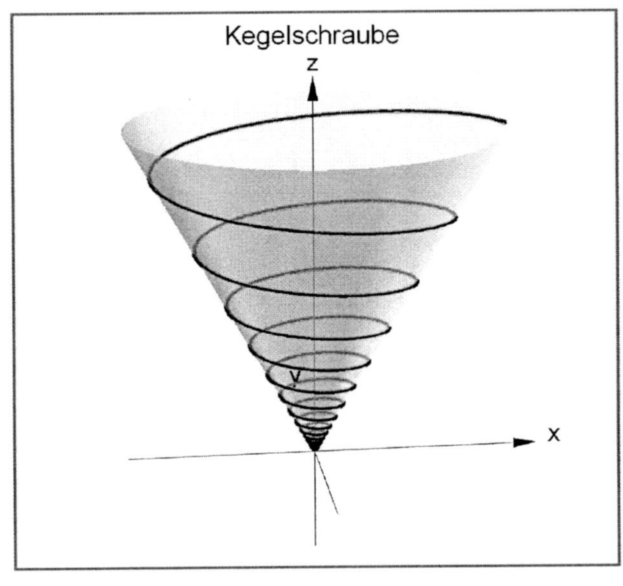

Abb. 10

Aufgaben zu 2.1.3

1. a) Man berechne die Fläche, die von der Parabel $f(x) = a - bx^2$ $(a, b > 0)$ und der x-Achse berandet wird.

   b) Man zeige mit Hilfe von a), dass die Fläche, die eine Sehne von einer Parabel abschneidet, nur vom Öffnungsfaktor b der Parabel und der Länge des Intervalls auf der x-Achse abhängt, das durch die Endpunkte der Sehne festgelegt ist.

   c*) Man begründe die im Text auf Seite 73 formulierte Behauptung mittels b).

2. a) Man berechne die Tangentenspurkurve der aufgewickelten Parabel aus Beispiel (1). In welchem Zusammenhang steht sie mit der Kreisevolvente? (Vgl. S. 65 f.)

   b) Verallgemeinern Sie den in a) gegebenen Zusammenhang.

3. Der Grundriss einer Kegelspirale sei eine *archimedische Spirale*, die durch die Gleichungen $x = t\cos t$, $y = t\sin t$ gegeben ist. Untersuchen Sie die zugehörige Raumkurve auf einem Kegel Ihrer Wahl.

4. Bestimmen Sie die Aufwicklung der Kurve $v = f(u) = ke^{cu}$ für $c = \frac{1}{3}$, $k = \frac{1}{50}$ auf einen Zylinder mit Radius $a = 1$. Welche bemerkenswerte Eigenschaften hat diese Kurve?

5. Durch
$$\vec{p}(t) = \begin{pmatrix} \cos t \cos(8\pi \sin t) \\ \cos t \sin(8\pi \sin t) \\ \sin t \end{pmatrix}$$
   ist eine Spiralkurve definiert. Untersuchen Sie diese Kurve und erzeugen Sie ihre Graphik.

6. Die durch
$$\vec{p}(t) = \begin{pmatrix} \cos t - t\sin t \\ \sin t - t\cos t \\ \frac{1}{40}(1 + t^2) \end{pmatrix}$$

definierte Kurve liegt auf einem Rotationsparaboloid. Erzeugen Sie von beiden eine Graphik und bestimmen Sie wichtige Eigenschaften der Kurve.

7. Durch

$$\vec{p}(t) = \begin{pmatrix} \cos t \\ \sin t \\ -cte^{ct} \end{pmatrix} e^{-ct} \quad \text{und} \quad \vec{q}(t) = \begin{pmatrix} t\cos t \\ t\sin t \\ c\ln t \end{pmatrix}$$

sind zwei „Trichterschrauben" definiert. Stellen Sie sie für $c = \frac{1}{20}$ graphisch dar und vergleichen Sie beide Kurven miteinander.

Arbeitsaufträge zu 2.1.3

1. Eine Spiralkurve soll einen vorgegebenen *Umriss* haben. Bestimmen Sie solche Kurven, deren Umriss

   a) eine quadratische Parabel;

   b) die Kosinuskurve im Intervall von $-\frac{\pi}{2}$ bis $\frac{\pi}{2}$;

   c) die Exponentialkurve $f(x) = e^{-\frac{1}{2}x^2}$ ist.

2*. (Aufwicklung eines Viertelkreises)
Biegt man den ersten Quadraten eines $(u|v)$-Koordinatensystems zu einem Kegel, so hat dieser einen Öffnungswinkel ω, der durch $\sin\omega = \frac{1}{4}$ bestimmt ist. Bezeichnet man den Abstand eines beliebigen Punktes $P(u|v)$ vom Nullpunkt mit s und den zugehörigen Steigungswinkel mit τ, so gelten die Beziehungen

$$s = \sqrt{u^2 + v^2}\,, \quad \cos\tau = \frac{u}{s}\,, \quad \sin\tau = \frac{v}{s}\,.$$

Durch die Aufwicklung geht P in einen Punkt $P'(x|y|z)$ des Raumes über mit den Koordinaten

$$x = s\sin\omega\cos t, \quad y = s\sin\omega\sin t, \quad z = s\cos\omega.$$

   a) Man erläutere, wie diese Beziehungen zustande kommen unter Verwendung von entsprechenden Graphiken.

   b*) Man bestimme mittels dieser Beziehungen die Parameterdarstellung der Koordinatenlinie $u = c$ bzw. $v = c$ und stelle diese an einem Beispiel auch graphisch dar. Warum bilden sie eine zusammenhängende Kurve? Man bestätige ferner durch Rechnung, dass es sich nicht um eine Schraubenlinie handeln kann.

2.2 Durch Schneiden erzeugte Zylinderkurven und assoziierte Flächen

Schrauben- und Spiralkurven können wie jede Kurve grundsätzlich auch als Schnitte von Flächen erzeugt werden, im Falle der gewöhnlichen Schraubenlinie $\vec{p}(t) = \begin{pmatrix} a\cos t \\ a\sin t \\ ct \end{pmatrix}$ zum

Beispiel durch Schnitt des Zylinders $\vec{q}_1(t,s) = \begin{pmatrix} a\cos t \\ a\sin t \\ s \end{pmatrix}$ mit einer der beiden „Wellblechflächen“ $\vec{q}_2(t,s) = \begin{pmatrix} \cos t \\ s \\ ct \end{pmatrix}$ oder $\vec{q}_3(t,s) = \begin{pmatrix} s \\ a\sin t \\ ct \end{pmatrix}$, deren Querschnitte Auf- bzw. Seitenriss der Schraubenlinie sind. Für die Untersuchung ihrer Eigenschaften gibt das aber nicht viel her. Anders bei den in diesem Abschnitt behandelten Kurven. Ihre Erzeugung beruht jedoch ebenfalls auf Erfordernissen der Praxis, diesmal jedoch der Baukunst und aller der Berufe, bei denen Röhren miteinander zu verbinden sind. So geht es im ersten Paragraphen um die Schnitte sich rechtwinklig kreuzender Drehzylinder, im zweiten werden parabolische Zylinder mit einbezogen und der dritte handelt schließlich von einer Fläche, die in diesem Zusammenhang auftritt, deren Bedeutung aber weit darüber hinausgeht. Unter anderem verwenden auch Architekten diese Fläche zur Konstruktion besonderer Dachformen.

2.2.1 Das Kreuzgewölbe

Das *Kreuzgewölbe* ist eine Erfindung der Römer. Es entsteht, wenn sich zwei sogenannte *Tonnengewölbe*, die aus zwei Halbtonnen mit gleichen Abmessungen bestehen, rechtwinklig kreuzen (vgl. Abb. 11). Die Schnittlinien heißen *Grate*, die dazwischen liegenden Teile

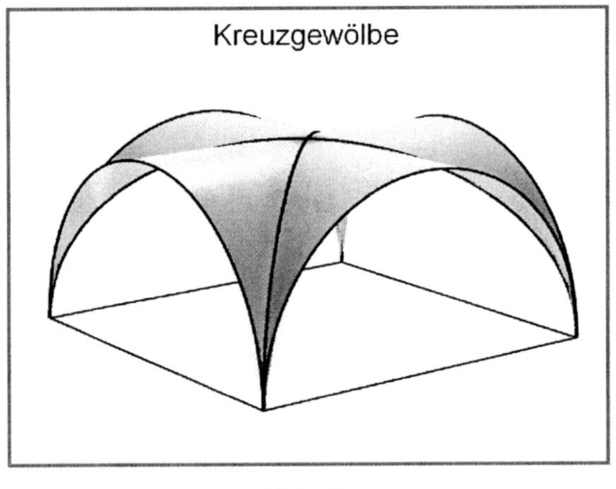

Abb. 11

Kappen. In der romanischen Baukunst sind Kreuzgewölbe sehr häufig zu finden. Die Gotik entwickelt sie dann weiter; die Grate werden zu *Rippen* mit künstlerisch gestalteten Profilen ausgebildet, und an die Stelle des Gewölbescheitels tritt ein Schlussstein. Uns interessiert hier aber in erster Linie nur die mathematische Seite der Konstruktionen. Dieser werden wir uns jetzt zu.

Bei den sich schneidenden Tonnen handelt es sich um halbe Kreiszylinder. Wir legen das Koordinatensystem so, dass ihre Achsen mit der x- und der y-Achse zusammenfallen und nehmen den Radius der beiden Zylinder als Längeneinheit. Dann lauten ihre Gleichungen $x^2 + z^2 = 1$ und $y^2 + z^2 = 1$. Um ihre Schnittkurve zu bestimmen, suchen wir nach einer einfacheren Gleichung, die die Koordinaten ihrer Punkte erfüllen. Das ist hier offensichtlich die Differenz[19] $x^2 - y^2 = 0$ der Zylindergleichungen. Sie besagt, dass $y = \pm x$ ist, „die" Schnittkurve also in zwei Teilkurven zerfällt. Sie sind eben, weil $y = x$ bzw. $y = -x$ die Gleichung einer Ebene ist, die zur xy-Ebene senkrecht verläuft. Eine Parameterdarstellung ergibt sich hieraus schnell. Wir setzen $x = \cos t = \pm y$ und erhalten aus beiden Zylindergleichungen übereinstimmend $z = \sin t$:

> Schnittkurven zweier Zylinder mit Radius $r = 1$ (Längeneinheit), deren Achsen sich senkrecht schneiden
> Ihre Gleichung lautet
> $$\vec{p}(t) = \begin{pmatrix} \cos t \\ \pm\cos t \\ \sin t \end{pmatrix}, \quad 0 \leq t \leq 2\pi.$$

Da die Schnittkurve eben ist, möchte man natürlich auch ihre Gleichung in dieser Ebene bestimmen. Wir gehen dabei gleich vom allgemeinsten Fall eines beliebigen Schrägschnittes aus und stellen den Zylinder senkrecht. Abbildung 12 zeigt ein Beispiel, bei dem die

[19]Man könnte auch eine geeignete Linearkombination bilden. Vgl. hierzu S. 9 ff.

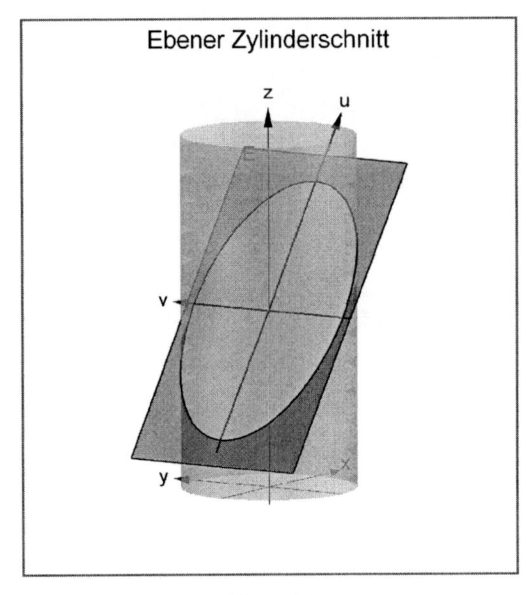

Abb. 12

Gleichung der Ebene E die Form $z = mx + c$ hat. Der Radius des Zylinders sei weiterhin $r = 1$. In der Abbildung sind bereits die Achsen des ebenen Koordinatensystems eingezeichnet, wobei die u-Achse aus Symmetriegründen in die xz-Ebene gelegt ist und dort durch die Gleichung $z = mx + c$ beschrieben wird, während die v-Achse die Richtung der y-Achse hat. Demnach lässt sich die Ebene darstellen durch

$$E : \begin{pmatrix} x \\ y \\ z \end{pmatrix} = \begin{pmatrix} 0 \\ 0 \\ c \end{pmatrix} + \frac{u}{\sqrt{1+m^2}} \begin{pmatrix} 1 \\ 0 \\ m \end{pmatrix} + v \begin{pmatrix} 0 \\ 1 \\ 0 \end{pmatrix},$$

wobei wir den Richtungsvektor der u-Achse noch auf 1 normiert haben. Wir bringen sie nun mit der Zylinderfläche $x^2 + y^2 = 1$ zum Schnitt, indem wir für x und y einsetzen, und erhalten $\frac{u^2}{1+m^2} + v^2 = 1$. Dies ist die Gleichung einer *Ellipse* im kartesischen $(u|v)$-System mit den beiden Halbachsen $a = \sqrt{1+m^2}$, $b = 1$.[20]

Definiert man die Ellipse als gedehnten Kreis, so ist das obige Ergebnis leicht geometrisch einzusehen (Abb. 13). Dazu verschieben wir den Grundkreis K des Zylinders nach oben

[20]Vgl. hierzu S. 15.

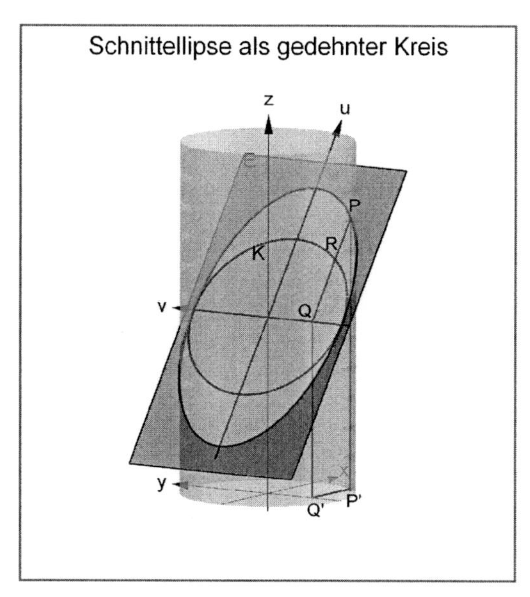

Abb. 13

um c und drehen ihn dann in die Schnittebene. Sei nun P ein beliebiger Punkt der Schnittkurve, Q sein Lotfußpunkt auf der v-Achse, R der Schnittpunkt des Lotes mit dem gedrehten Kreis und P', Q' die Lotfußpunkte von P und Q in der xy-Ebene. Dann ist $|Q'P'| = |QR|$ und $\frac{|Q'P'|}{|QP|} = \frac{|QR|}{|PQ|}$ eine Konstante, nämlich der Kosinus des Winkels, den E mit der xy-Ebene bildet. Nennen wir ihn α, so beträgt dieses konstante Verhältnis $\frac{1}{\sqrt{1+m^2}}$ wegen $\cos\alpha = \frac{1}{\sqrt{1+\tan^2\alpha}}$. Das heißt, K wird im Verhältnis $\sqrt{1+m^2}$ bezüglich der v-Achse gestreckt. Angewandt auf das Kreuzgewölbe besagt dieses Ergebnis wegen $\alpha = 45°$, dass seine Grate kongruente Halbellipsen sind, deren Halbachsen a, b sich wie $\sqrt{2} : 1$ verhalten.

Von großem Interesse ist die Abwicklung der Schnittellipse. Da wir den Radius gleich 1 gesetzt haben, ist $\begin{pmatrix} \cos t \\ \sin t \end{pmatrix}$ eine bequeme Parametrisierung des Grundkreises. Dann gehört zu jedem seiner Punkte der z-Wert $z = mx + c = m\cos t + c$. Da t zugleich die Länge des Bogens des Grundkreises angibt, ist dies bereits die Gleichung der Abwicklung im tz-System. Wir erhalten also im wesentlichen eine gestauchte oder gestreckte Kosinuskurve. Man kann sich leicht anschaulich davon überzeugen, indem man etwa von einem Stück einer Jagdwurst, die man einseitig schräg abgeschnitten hat, die Pelle abzieht. Umgekehrt muss ein Klempner, der eine abknickende Rohrverbindung aus Weißblech herstellen will, dieses in Form einer Kosinuskurve passend schneiden.

Damit ist bereits alles über die ebenen Zylinderschnitte gesagt. Wenn sich jedoch zwei Zylinder schneiden, dann ist der Schnitt dann und nur dann eben, wenn sich ihre Achsen kreuzen und ihre Radien gleich groß sind. Im Falle des Kreuzgewölbes erhält man dabei auf jedem der Halbzylindermäntel zwei sich kreuzende Kosinuskurven, die an der t-Achse gespiegelt und auf das Intervall von 0 bis π beschränkt sind. Vergrößert man aber den Radius eines der beiden Zylinder, dann wird die Schnittkurve bereits deutlich komplizierter, obwohl zwei ihrer Risse natürlich immer noch Teile eines Kreises sind. Das gilt umso mehr, wenn die Achsen keinen rechten Winkel miteinander bilden oder sich überhaupt nicht schneiden. Wir behandeln hier nur noch den Fall der Radiusänderung, da sich die Methode ohne weiteres auch auf die anderen Fälle übertragen lässt.

Dem kleineren der beiden Zylinder geben wir wie bisher den Radius $r = 1$, dem anderen den Radius $R > 1$. Die Achse des ersten möge die z-Achse sein, des zweiten die x-Achse. Dann lauten die beiden Gleichungen $x^2 + y^2 = 1$ und $y^2 + z^2 = R^2$. Die Parametrisierung der Schnittkurve ergibt sich nach demselben Prinzip wie oben, indem wir $x = \cos t$, $y = \sin t$ setzen und z dazu aus der zweiten Gleichung ermitteln. Wir erhalten $z = \pm\sqrt{R^2 - \sin^2 t}$ und können damit die Schnittkurve (Abb. 14 a) sowie die Abwicklung (Abb. 14 b), letzteres für verschiedene R, leicht darstellen. Wir sehen „Wellenlinien" mit

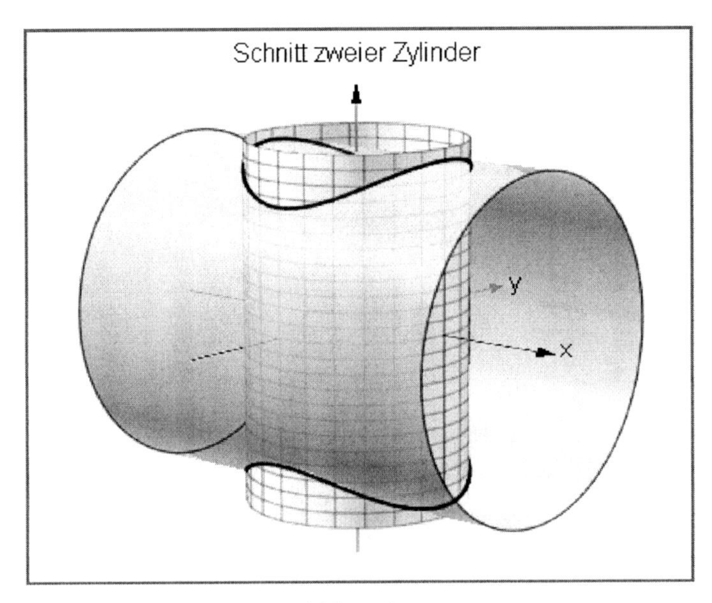

Abb. 14 a

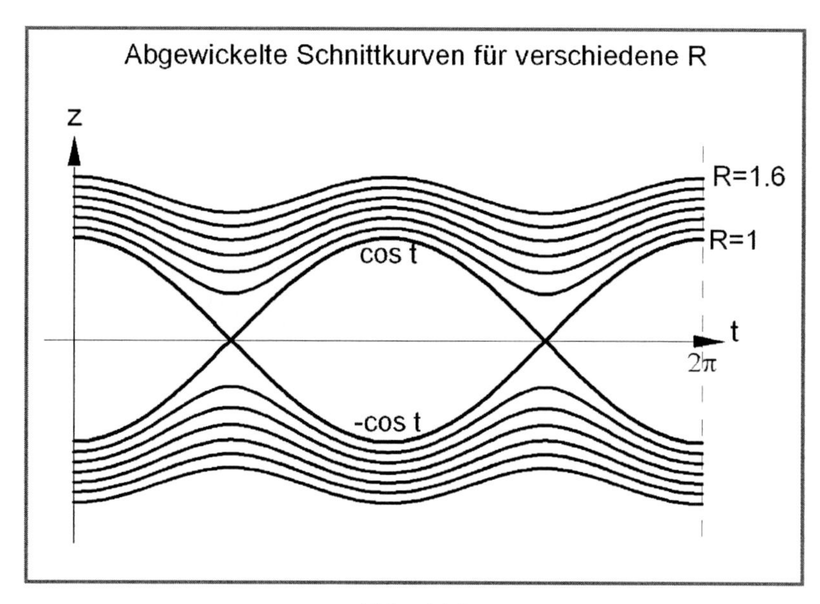

Abb. 14 b

der Periode π, die mit größer werdendem R immer weniger ausgeprägt sind. Den extremen Fall stellt offenbar $R = 1$ dar, bei dem Teile der unteren Wellenlinie in Teile der oberen übergehen.

Aufgaben zu 2.2.1

1. Das Fallrohr einer Dachentwässerung soll zuerst schräg an einer Wand hinunter führen und dann in ein senkrechtes Fallrohr übergehen. Man erläutere, wie das Blech zuzuschneiden ist, wenn beide Rohre den gleichen Durchmesser haben und an der Übergangsstelle einen Winkel von 120° miteinander bilden sollen.

2. Man bestimme die Schnittkurve der beiden Zylinder $x^2 + z^2 = 1$ und $x^2 + y^2 = x$ und stelle die Flächen mit ihrer Schnittkurve in einer Graphik dar.

3. In das waagerecht liegende Hauptrohr eines Kanalsystems mündet senkrecht ein kleineres Rohr so, dass seine untere Mantellinie, wenn man sie verlängern würde, die Achse des Hauptrohres trifft. Man bestimme die Öffnung, wenn der Durchmesser des kleineren Rohres halb so groß wie der Radius des Sammelrohres ist.

Arbeitsaufträge zu 2.2.1

1. (*Panoramafotografie*)
   Panoramafotos entstehen, wenn eine Kamera einen Schwenk von 360° vollführt und dabei viele Einzelbilder macht. Man untersuche mit Hilfe des *Internet* (z. B. www.panoshot.de), wie markante Linien dabei abgebildet werden.

2. Der Zylinder $x^2 + y^2 = 1$ werde vom Zylinder $(x - b)^2 + z^2 = a^2$ geschnitten. Untersuchen Sie, welche Schnittkurventypen auftreten können.

3. (*Kegelschnitte*)
   Man bestimme die ebenen Schnitte des Kegels $x^2 + y^2 = z^2$ analog ebenen Zylinderschnitten.

2.2.2 Parabolische Schnitte

Das Kreuzgewölbe entsteht durch den Schnitt zweier halbkreisförmiger „Tonnen“. Daneben gibt es, wenn auch seltener, Gewölbe, deren Querschnitte Parabeln sind. Wenn ein solches Gewölbe etwa mit einem runden Turm verbunden werden soll, stößt man auf das Problem, die Schnittkurve beider Flächen zu bestimmen. Abbildung 15 zeigt bereits ihre

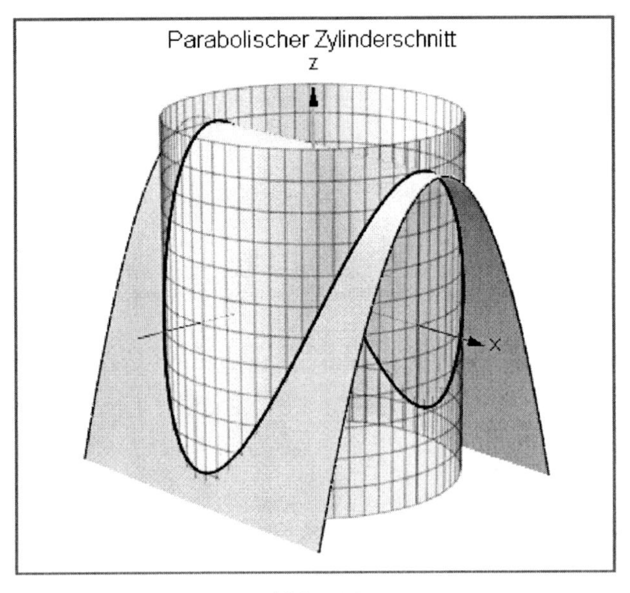

Abb. 15

Gestalt. Überraschenderweise entsteht dabei wie schon beim Schnitt zweier verschieden großer Kreiszylinder eine Wellenlinie, allerdings nur eine. Sie ist in sich geschlossen, und ihre „Ausschläge“ (*Amplituden*) nach oben und unten werden je nach der Größe der Parabelöffnung variieren. Man kann sich das Zustandekommen dieser Kurve so vorstellen, dass die Ellipse, die bei einem ebenen Schnitt entsteht, ebenfalls verbogen wird, wenn man die Schnittebene zu einem parabolischen Zylinder verbiegt.

Die Gleichung der Schnittkurve ist leicht zu bestimmen. Dabei genügt es, ein Beispiel zu betrachten. Wir normieren den Radius des Kreiszylinders wieder zu 1. Dann lautet seine Gleichung $x^2 + y^2 = 1$. Die Mantellinien des parabolischen Zylinders seien senkrecht zu denen des Kreiszylinders. Wir wählen den Fall, dass seine Querschnittsebenen zur yz-Ebene parallel sind und die Profilkurve nach unten geöffnet ist. Dann lautet ihre Gleichung

$z = a - by^2$, $b > 0$. Dem Folgenden legen wir die Daten von Abbildung 15 zu Grunde, $a = 1$, $b = 2$.

Wie bisher gehen wir von der Parameterdarstellung $x = \cos t$, $y = \sin t$, (z beliebig) des Kreiszylinders aus und erhalten durch Einsetzen in die andere Flächengleichung z als Funktion von t, hier also $z = 1 - 2\sin^2 t$. Damit haben wir bereits die gesuchte Darstellung der Schnittkurve gefunden. Wir untersuchen sie nun, indem wir ihre Abwicklung im tz-System betrachten (Abb. 16). Wie auf Grund der Flächensymmetrien zu erwarten, ist

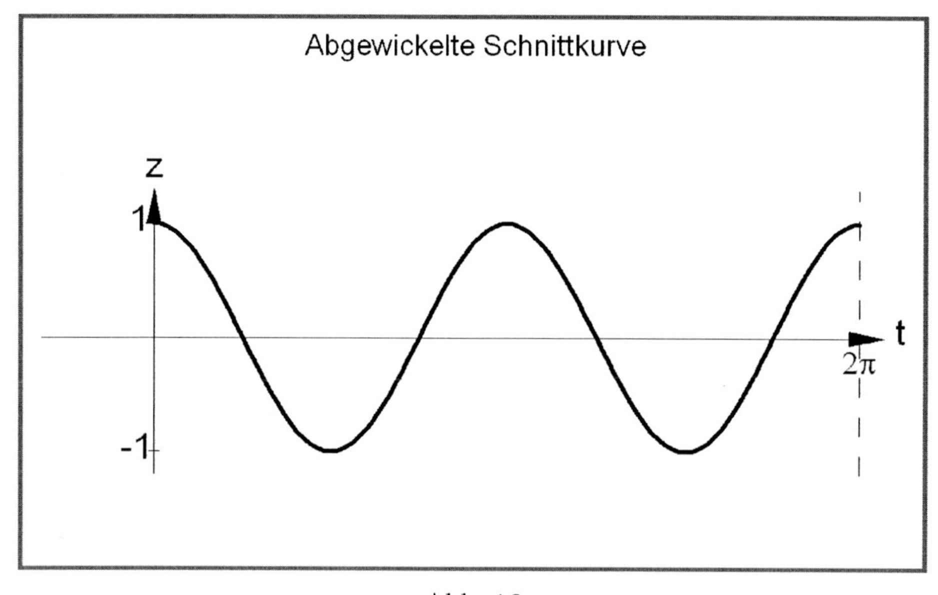

Abb. 16

sie zu $t = \pi$ achsensymmetrisch, hat also die Periode π, wenn wir uns den Mantel des Kreiszylinders als unendlich oftmalige Überdeckung vorstellen. Damit liegt die Vermutung nahe, dass es sich um die gestauchte Kosinusfunktion $\cos(2t)$ handelt. Auch in diesem Sinne verallgemeinert also der parabolische Schnitt den ebenen, sofern die Vermutung zutrifft.

Der Nachweis lässt sich leicht mit Hilfe der Schnittwinkelformel $\cos\delta = \vec{a}\cdot\vec{b}$ für $|\vec{a}| = |\vec{b}| = 1$ führen. Dazu legen wir (vgl. Abb. 17) die Vektoren $\vec{a}$ und $\vec{b}$ durch

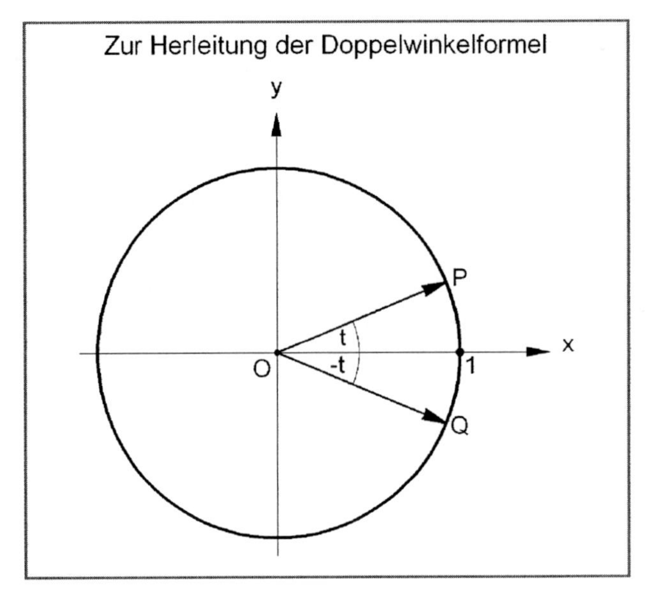

Abb. 17

$$\vec{a} = \overrightarrow{OP} = \begin{pmatrix} \cos t \\ \sin t \end{pmatrix}, \quad \vec{b} = \overrightarrow{OQ} = \begin{pmatrix} \cos t \\ -\sin t \end{pmatrix}$$

fest und erhalten so unmittelbar

$$\begin{aligned} \cos 2t &= \cos^2 t - \sin^2 t = 1 - \sin^2 t - \sin^2 t \\ &= 1 - 2\sin^2 t = 1 - 2(1 - \cos^2 t) = 2\cos^2 t - 1. \end{aligned}$$

Variiert man nun den parabolischen Zylinder so, dass der Kreiszylinder nicht mehr zu seiner Symmetrieebene symmetrisch ist, so geht diese Verdopplung der Periode wieder verloren. Die Hoch- und Tiefpunkte liegen nun nicht mehr alle auf gleicher Höhe, ja können bis auf zwei ganz zum Verschwinden gebracht werden. Größere Änderungen ergeben sich erst, wenn sich die beiden Zylinder in einer Mantellinie berühren. Man vergleiche dazu den folgenden Arbeitsauftrag 2.

Aufgaben zu 2.2.2

1. Man untersuche das „parabolische Kreuzgewölbe“, erzeugt durch Schnitt der Paraboloide $z = 1 - 2x^2$, $z = 1 - 2y^2$.
2. Die Ebene $z = 1 + x$ schneidet den parabolischen Zylinder $z = 1 - 2y^2$. Bestimmen Sie die Schnittkurve sowohl als Raumkurve als auch als ebene Kurve.
3. Leiten Sie nach demselben Verfahren wie im Text die sogenannten *Additionstheoreme*

   a) des Kosinus

$$\cos(\alpha \pm \beta) = \cos\alpha\cos\beta \mp \sin\alpha\sin\beta,$$

b*) des Sinus

$$\sin(\alpha \pm \beta) = \sin\alpha\cos\beta \pm \cos\alpha\sin\beta,$$

her.

Arbeitsaufträge zu 2.2.2

1. Untersuchen Sie die verschiedenen Schnittkurven, die entstehen, wenn der Zylinder $x^2 + y^2 = 1$ vom parabolischen Zylinder $z = 1 + ay - bx^2$, $a, b > 0$, geschnitten wird.
2. (*Berührende Schnitte*)
   Der parabolische Zylinder $x = 1 - cz^2$, $c > 0$, berührt und schneidet den Kreiszylinder $x^2 + y^2 = 1$. Bestimmen Sie die Schnittkurven für verschiedene c.

2.2.3 Exkurs: Pfannkuchenkurve und Sattelfläche

Die in 2.2.2 auftretende Schnittkurve gibt Anlass zu verschiedenen Flächenkonstruktionen. Verbindet man nämlich „gleich hohe“ Punkte, also die Punkte $P(\cos t\,|\,\sin t\,|\,\cos 2t)$ und $Q(\cos t\,|\,-\sin t\,|\,\cos 2t)$, geradlinig miteinander, so erhält man den parabolisch ausgeschnittenen Zylinder der Abbildung 18. Die

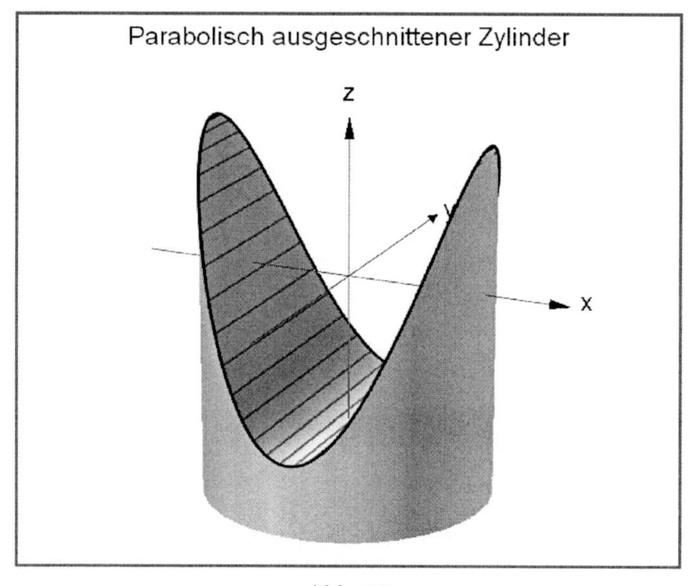

Abb. 18

Fläche ist natürlich ein Teil des parabolischen Zylinders $z = 1 - 2y^2$, aber der Parameter y wird hier durch die Schnittkurve beschränkt. Will man *nur* diese Fläche darstellen, dann muss man $y = \sin t$ so variieren, dass die zugehörigen Parameterlinien die Grenzkurve nicht überschreiten. Das geschieht am einfachsten so, dass man die Fläche als Menge aller Strecken PQ darstellt, also

$$\begin{pmatrix} x \\ y \\ z \end{pmatrix} = \begin{pmatrix} \cos t \\ \sin t \\ \cos 2t \end{pmatrix} + s \begin{pmatrix} 0 \\ 2\sin t \\ 0 \end{pmatrix}, \quad 0 \le s \le 1 \text{ und } 0 \le t \le 2\pi.$$

Entsprechend verfahren wir, um den Zylinder $x^2 + y^2 = 1$ nach oben durch die Kurve zu begrenzen. Hierbei sind die Punkte $P(\cos t \,|\, \sin t \,|\, -1.2)$ mit $Q(\cos t \,|\, \sin t \,|\, \cos 2t)$ geradlinig zu verbinden. Die so nach unten durch einen einen Kreis und nach oben durch die Kurve begrenzte Mantelfläche hat dann die Darstellung

$$\begin{pmatrix} x \\ y \\ z \end{pmatrix} = \begin{pmatrix} \cos t \\ \sin t \\ -1.2 \end{pmatrix} + s \begin{pmatrix} 0 \\ 0 \\ \cos 2t + 1.2 \end{pmatrix}, \quad 0 \leq s \leq 1, \; 0 \leq t \leq 2\pi.$$

Überraschenderweise kann man in die Kurve mittels Geraden noch andere Flächen einspannen. Abbildung 19 a zeigt, wie eine solche Fläche konstruiert wird. Man verbindet jene Punkte miteinander, die punkt-

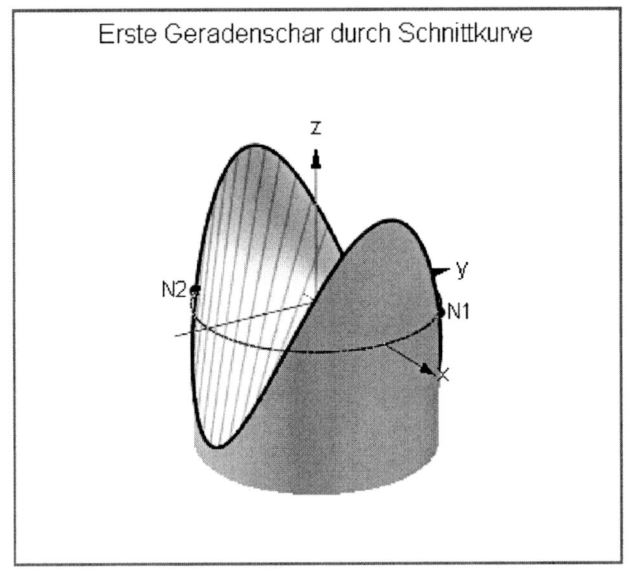

Abb. 19 a

symmmetrisch bezüglich einer der beiden „Nullstellen“ $N_1 \left(\cos \frac{\pi}{4} \,|\, \sin \frac{\pi}{4} \,|\, 0\right)$, $N_2 \left(-\cos \frac{\pi}{4} \,|\, -\sin \frac{\pi}{4} \,|\, 0\right)$ liegen. Nehmen wir N_1, dann werden die beiden Punkte P und Q durch die Ortsvektoren

$$\vec{p} = \begin{pmatrix} \cos t \\ \sin t \\ \cos 2t \end{pmatrix} \quad \text{und} \quad \vec{q} = \begin{pmatrix} \cos(\frac{\pi}{2} - t) \\ \sin(\frac{\pi}{2} - t) \\ \cos\left(2(\frac{\pi}{2} - t)\right) \end{pmatrix} = \begin{pmatrix} \sin t \\ \cos t \\ -\cos 2t \end{pmatrix}$$

dargestellt, und die Fläche ergibt sich als Menge der Strecken PQ:

$$(*) \qquad \begin{pmatrix} x \\ y \\ z \end{pmatrix} = \begin{pmatrix} \cos t \\ \sin t \\ \cos 2t \end{pmatrix} + s \begin{pmatrix} \sin t - \cos t \\ \cos t - \sin t \\ -2\cos 2t \end{pmatrix}, \quad 0 \leq s \leq 1, \; 0 \leq t \leq \pi.$$

Bevor wir uns diese sehr interessante Fläche genauer anschauen, gehen wir noch auf die Frage ein, die durch die willkürliche Auswahl der beiden Nullstellen N_1, N_2 nahe gelegt wird. Tatsächlich hätten wir auch $N_3 \left(\cos(\frac{3}{4}\pi) \,|\, \sin(\frac{3}{4}\pi) \,|0\right)$ und $N_4 \left(-\cos(\frac{3}{4}\pi) \,|\, -\sin(\frac{3}{4}\pi) \,|0\right)$ nehmen können. Abbildung 19 b zeigt die

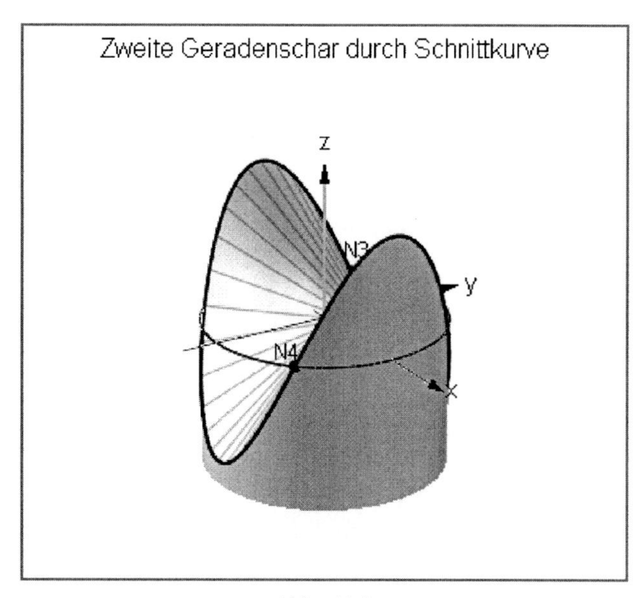

Abb. 19 b

entsprechende Graphik, und mit der gleichen Methode wie oben erhalten wir die Gleichung

$$(**)\qquad \begin{pmatrix} x \\ y \\ z \end{pmatrix} = \begin{pmatrix} \cos t \\ \sin t \\ \cos 2t \end{pmatrix} + s \begin{pmatrix} -\sin t - \cos t \\ -\cos t - \sin t \\ -2\cos 2t \end{pmatrix}, \quad 0 \le s \le 1,\ 0 \le t \le \pi$$

als Parameterdarstellung der Fläche. Wir haben es also anscheinend mit zwei Flächen zu tun, die sich in die Kurve einspannen lassen, und die beide doppelt gekrümmt sind.

Unser nächstes Ziel ist es, eine möglichst einfache Gleichung dieser Flächen aufzustellen. Im Fall der ersten gilt nach $(*)$

$$x = \cos t + s(\sin t - \cos t),\ y = \sin t + s(\cos t - \sin t)$$

sowie

$$z = \cos 2t - 2s\cos 2t = (1-2s)\cos 2t = (1-2s)(\cos^2 t - \sin^2 t).$$

Auf Grund des symmetrischen Baus der ersten beiden Gleichungen liegt es nahe, beide zu addieren und zu subtrahieren. Wir erhalten $x + y = \cos t + \sin t$ und

$$x - y = \cos t - \sin t + 2s(\sin t - \cos t) = (1-2s)(\cos t - \sin t).$$

Mit Blick auf die dritte Gleichung multiplizieren wir beide miteinander und gelangen so zu der sehr einfachen Gleichung

$$x^2 - y^2 = (1-2s)(\cos^2 t - \sin^2 t) = z.$$

Die Fläche ist also vom zweiten Grad, das heißt eine ***Quadrik***.

Bemerkung: Das Ergebnis zeigt, wie man auch einfacher zu der Gleichung hätte gelangen können. Die Schnittkurve liegt ja auf den Zylindern $x^2 + y^2 = 1$ und $z = 1 - 2y^2$, folglich auch auf den Flächen, die sich durch Linearkombination aus ihnen ergeben (vgl. hierzu S. 12 ff), und die einfachste wäre ihre Summe:

$$x^2 + y^2 + 1 - 2y^2 = 1 + z \iff z = x^2 - y^2.$$

Damit ist natürlich noch nicht gesagt, dass es sich um dieselbe Fläche handelt. Aber die Vermutung lässt sich durch Einsetzen unter Zuhilfenahme eines CAS dann leicht bestätigen.

Die zweite Geradenschar (∗∗) sorgt auch für die zweite Überraschung. Sie erzeugt keine neue Fläche, sondern genau *dieselbe*. „Auf" unserer Fläche liegen also zwei Geradenscharen. Abbildung 19 c zeigt sie mit

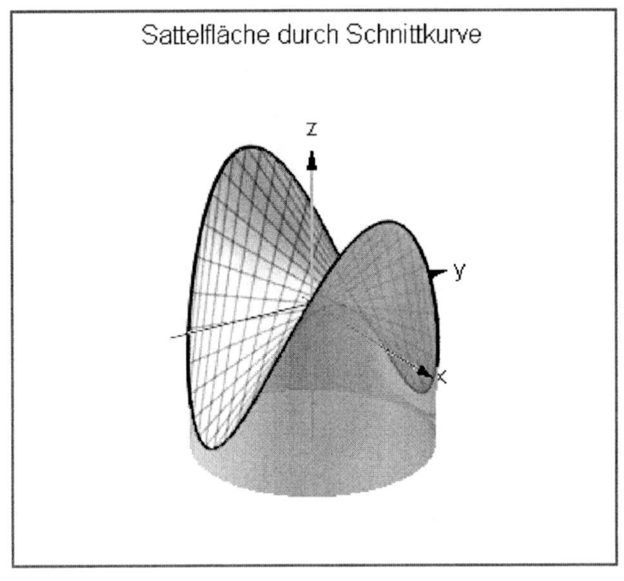

Abb. 19 c

den beiden Scharen und demonstriert zugleich, dass erst in ihrem Zusammenwirken die Gestalt plastisch hervortritt. Man nennt sie auf Grund ihrer Form „Sattelfläche". Warum, das wird noch deutlicher, wenn man sie wie in Abbildung 19 d stärker einfärbt und die Symmetrie durch die Schnittlinien mit der xz- und

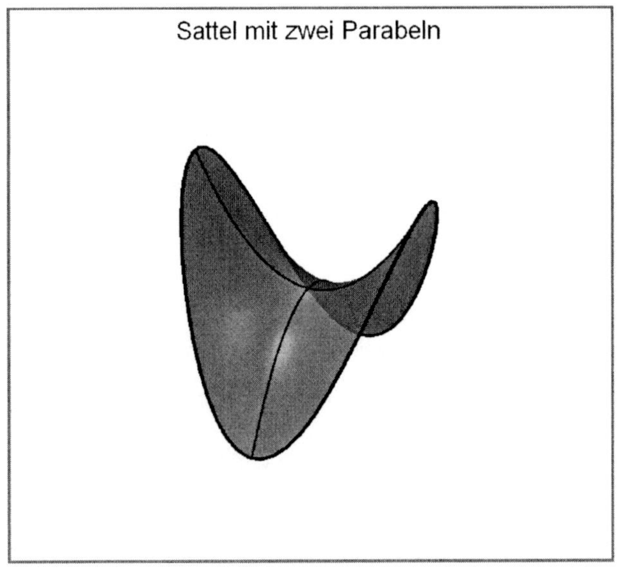

Abb. 19 d

der yz-Ebene hervorhebt. Offenbar gleicht sie einem Pferdesattel. Zugleich wird der Name der Randkurve verständlich. Wenn man einen Mehlpfannkuchen an den Enden eines Durchmessers hochhebt, dann hängen die dazwischen liegenden Teile nach unten herab ähnlich wie bei einem Sattel. Wir nennen sie deshalb „Pfannkuchenkurve".

Mit den bisherigen Feststellungen haben wir noch keineswegs alle wichtigen Eigenschaften der Fläche beschrieben. Für die weitere Untersuchung aber ist es zweckmäßiger, die Gleichungen der beiden erzeugenden Geradenscharen $(*)$ und $(**)$ zu vereinfachen. Wir *symmetrisieren* sie, indem wir den Aufpunktvektor durch den zu $s = \frac{1}{2}$ gehörigen Vektor ersetzen, und klammern den gemeinsamen Faktor im Richtungsvektor aus. Dadurch geht $(*)$ in

$$\begin{pmatrix} x \\ y \\ z \end{pmatrix} = \begin{pmatrix} \frac{1}{2}(\cos t + \sin t) \\ \frac{1}{2}(\cos t + \sin t) \\ 0 \end{pmatrix} + \frac{s}{\sin t - \cos t} \begin{pmatrix} 1 \\ -1 \\ \frac{-2\cos 2t}{\sin t - \cos t} \end{pmatrix}$$

über. Nun ist, wie wir gesehen haben,

$$\cos 2t = \cos^2 t - \sin^2 t = (\cos t + \sin t)(\cos t - \sin t),$$

das heißt

$$-\frac{2\cos 2t}{\sin t - \cos t} = 2(\cos t + \sin t).$$

Beachten wir ferner, dass t konstant ist, also auch $\cos t + \sin t$, so können wir jede Gerade der ersten Schar durch

$$(*') \qquad \begin{pmatrix} x \\ y \\ z \end{pmatrix} = \begin{pmatrix} \frac{1}{2}k' \\ \frac{1}{2}k' \\ 0 \end{pmatrix} + m' \begin{pmatrix} 1 \\ -1 \\ 2k' \end{pmatrix},$$

darstellen mit einer Konstanten $k' = \cos t + \sin t$ und einem Geradenparameter $m' = \frac{s}{\sin t - \cos t}$. Entsprechend erhält man für die zweite Geradenschar

$$(**') \qquad \begin{pmatrix} x \\ y \\ z \end{pmatrix} = \begin{pmatrix} \frac{1}{2}k'' \\ -\frac{1}{2}k'' \\ 0 \end{pmatrix} + m'' \begin{pmatrix} 1 \\ 1 \\ 2k'' \end{pmatrix},$$

mit $k'' = \cos t - \sin t$ und $m'' = \frac{s}{-(\cos t + \sin t)}$.

Wir haben diese *Umparametrisierung* zunächst rein formal vorgenommen, uns also nicht um die *zugehörigen Variabilitätsbereiche* gekümmert. Eine graphische Darstellung der Funktion $k' = \cos t + \sin t$ für $\frac{\pi}{4} \leq t \leq 5\frac{\pi}{4}$ zeigt, dass der Wertbereich das Intervall $[-\sqrt{2}, \sqrt{2}]$ ist und jeder Wert dort genau einmal angenommen wird. Also gibt es zu jedem k' aus diesem Intervall auch genau ein zugehöriges t. Im Fall von m' zeigt die Umformung $m' = s(\sin t - \cos t)$, dass es zu jedem s und zu jedem t mit $\frac{\pi}{4} \leq t \leq \frac{5\pi}{4}$ außer in den Nullstellen $t_1 = \frac{\pi}{4}$ und $t_2 = \frac{5\pi}{4}$ einen Wert für m' gibt und umgekehrt zu jedem m' im Intervall $[0, \sin t - \cos t]$ ein s zwischen 0 und 1. Da aber in den Nullstellen N_1 und N_2 die zu verbindenden Punkte zusammenfallen, gibt es dort auch keine Strecke, die zur Erzeugung der Fläche beiträgt. Die beiden Ausnahmen spielen damit keine Rolle.

Die vorstehenden Erörterungen haben gezeigt, dass und wie die Bereiche für k' und m' von den Bereichen für t und s abhängen, wenn die Darstellungen $(*)$ und $(*')$ äquivalent sein sollen. Für die weiteren Untersuchungen ist das aber gar nicht nötig. Lassen wir die Beschränkungen für k' und m' fallen, dann erhalten wir eine Menge von *Geraden*, nicht mehr *Strecken*, und die von ihnen gebildete Fläche enthält unsere Sattelfläche als Teilfläche. Wir behalten aber die Bezeichnung bei. In der gleichen Weise dehnen wir den Geltungsbereich von $(**')$ aus und stellen in Abbildung 20 a den Ausschnitt dar, der zu

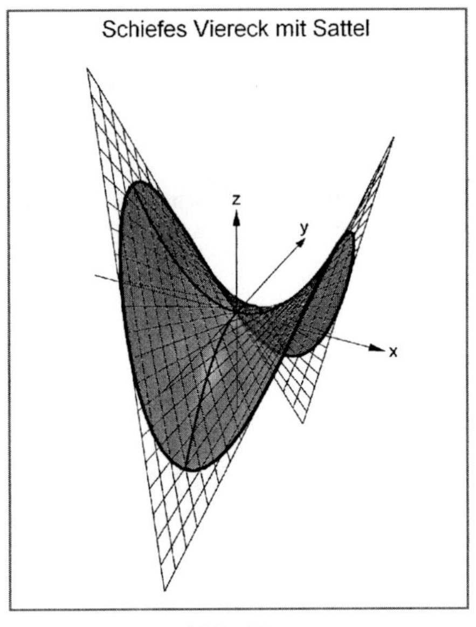

Abb. 20 a

$-\sqrt{2} \leq k' \leq \sqrt{2}$, $-\frac{1}{2}\sqrt{2} \leq m' \leq \frac{1}{2}\sqrt{2}$, $-\sqrt{2} \leq k'' \leq \sqrt{2}$, $-\frac{1}{2}\sqrt{2} \leq m'' \leq \frac{1}{2}\sqrt{2}$ gehört. Sie zeigt, dass die Tangenten in den Nullstellen N_1, N_2, N_3, N_4 in der Tat auch zur erweiterten Erzeugendenschar gehören, mehr noch, dass sie ein *windschiefes Viereck* bilden und durch jeden Punkt der Sattelfläche offenbar genau eine Gerade jeder der beiden Scharen geht.

Der Nachweis für die letzte Aussage ist leicht geführt, wobei wir in den Darstellungen $(*')$ und $(**')$ den Strich weglassen, da keine Verwechslungen mehr zu befürchten sind. Sei nun $(x|y|z)$ ein beliebiger Punkt der Fläche. Dann ist gemäß $(*')$

$$x = \frac{1}{2}k + m,\ y = \frac{1}{2}k - m,\ z = 2mk,$$

also

$$k = x + y,\ m = \frac{1}{2}(x - y),\ (z = x^2 - y^2),$$

das heißt: durch x und y sind k und m *eindeutig* bestimmt. Analog ergibt sich bei der zweiten Geradenschar $k = x - y$ und $m = \frac{1}{2}(x + y)$. Daraus folgt weiter, dass die Geraden jeder Schar zueinander *windschief* sind, denn wenn sich zwei Geraden einer Schar in einem Punkt schneiden würden, wäre die Eindeutigkeitsaussage falsch. Ferner bemerken wir noch, dass alle Geraden der ersten Schar zur Ebene $x + y = 0$ parallel verlaufen, da ihr Richtungsvektor zur Normalen der Ebene $\begin{pmatrix}1\\1\\0\end{pmatrix}$ orthogonal ist. Entsprechend gilt, dass alle Geraden der zweiten Schar zur Ebene $x - y = 0$ parallel sind.

Abbildung 20 a legt aber noch eine neue Erzeugungsart der Sattelfläche nahe. Offenbar verbinden die Geraden einer Schar die zwei windschiefen Seiten des Tangentenvierecks. Wenn einer der beiden Seitenpunkte dabei verschoben wird, so verschiebt sich der andere anscheinend *im gleichen Verhältnis.* Man könnte also etwa einen quadratischen Rahmen nehmen und mittels elastischer Fäden gegenüber liegende Seiten so miteinander verbinden, dass ein Karogitter entsteht. Wenn man nun den Rahmen verbiegt, entsteht ein windschiefes Viereck, wobei die elastischen Fäden zwar immer noch ein Gitter – aber kein quadratisches! – bilden und zugleich das „Gerüst" einer Sattelfläche darstellen.

Wie wir $(*')$ bzw. $(**')$ entnehmen können, ist Letzteres tatsächlich richtig. Nehmen wir z. B. in $(*')$ die Tangente für $k = \sqrt{2}$ als die eine Vierecksseite und für $k = -\sqrt{2}$ als die dazu windschiefe, so wird durch

$$\begin{pmatrix} \frac{1}{2}\sqrt{2} \\ \frac{1}{2}\sqrt{2} \\ 0 \end{pmatrix} + s \begin{pmatrix} 1 \\ -1 \\ 2\sqrt{2} \end{pmatrix}$$

ein Punkt P der ersten Seite und durch

$$\begin{pmatrix} -\frac{1}{2}\sqrt{2} \\ -\frac{1}{2}\sqrt{2} \\ 0 \end{pmatrix} + s \begin{pmatrix} 1 \\ -1 \\ -2\sqrt{2} \end{pmatrix}$$

ein Punkt Q der zweiten Seite beschrieben, wobei das *gleiche* s besagt, dass zwischen den „Verschiebestrecken" ein konstantes Verhältnis besteht. Nun bestimmen wir zu festem s die Verbindungsgerade durch P und Q, nehmen aber aus Symmetriegründen den Mittelpunkt von PQ als Aufpunkt. So erhalten wir

$$s \begin{pmatrix} 1 \\ -1 \\ 0 \end{pmatrix} + r \left(\begin{pmatrix} \frac{1}{2}\sqrt{2} \\ \frac{1}{2}\sqrt{2} \\ 0 \end{pmatrix} + s \begin{pmatrix} 0 \\ 0 \\ 2\sqrt{2} \end{pmatrix} \right) = \begin{pmatrix} s \\ -s \\ 0 \end{pmatrix} + r \begin{pmatrix} \frac{1}{2}\sqrt{2} \\ \frac{1}{2}\sqrt{2} \\ 2s\sqrt{2} \end{pmatrix} = \begin{pmatrix} s \\ -s \\ 0 \end{pmatrix} + r \frac{1}{2}\sqrt{2} \begin{pmatrix} 1 \\ 1 \\ 4s \end{pmatrix}.$$

Hierin könnten wir den Geradenparameter r noch mittels $m = r \cdot \frac{1}{2}\sqrt{2}$ ersetzen. So sieht man unmittelbar, dass es sich um eine Gerade der Schar $(**')$ handelt, nämlich die zu $k = 2s$.

Wir verlassen jetzt den Aspekt der Sattelfläche als *Regelfläche*, das heißt als eine Fläche, die durch Geraden (lat. *regula*) erzeugt wird, und wenden uns der expliziten Gleichung $z = f(x, y) = x^2 - y^2$ zu, da deren geometrische Interpretation noch aussteht. Stellt man sie dar (vgl. Abb. 20 b), so erkennt man,

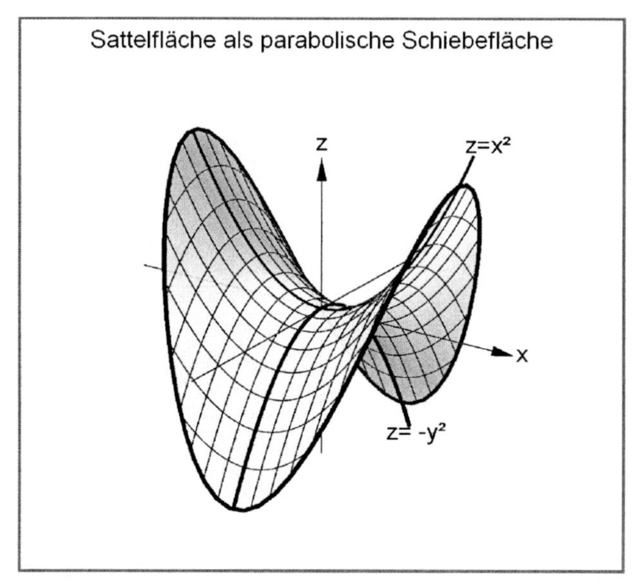

Abb. 20 b

dass die Parameterlinien für $x = \text{const.}$ nach unten geöffnete Parabeln darstellen, die gemäß der Gleichung $z = -y^2 + x^2$ um x^2 nach oben verschoben sind. Ihr Scheitel liegt also auf der Parabel $z = x^2$, $y = 0$. Daher kann man sich die Sattelfläche auch so entstanden denken, dass man die nach unten geöffnete Normalparabel parallel zur yz-Ebene längs der „Leitlinie“ $z = x^2$, $y = 0$, verschiebt. Die Sattelfläche ist also eine „Schiebefläche“. Entsprechendes gilt, wenn man die Parameterlinien $y = \text{const.}$ betrachtet. Tatsächlich sind auch alle Schnittkurven, die man mittels der Ebenen $ax+by = 0$ erzeugen kann, ebenfalls Parabeln und können als Parameterlinien dienen. Abbildung 20 c zeigt eine solche Darstellung, wobei die zweite Schar aus Pfannkuchenkurven besteht.

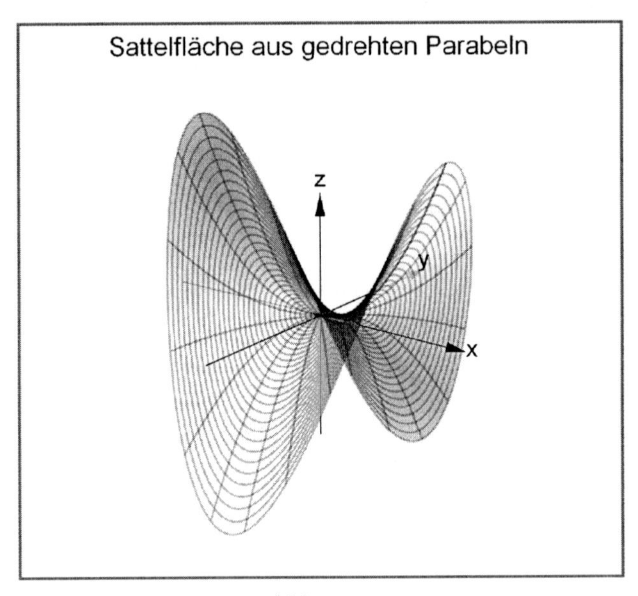

Abb. 20 c

Zum Schluss betrachten wir noch die Parameterlinie, die durch den Schnitt der Ebenen $z = \text{const.}$ mit der Sattelfläche erzeugt werden. Je nachdem, ob $z > 0$ oder $z < 0$ ist, erhalten wir dabei *Hyperbeln*, die sich in verschiedene Richtungen hin öffnen (vgl. Abb. 20 d), mit dem Grenzfall $x^2 - y^2 = 0$. Er liefert

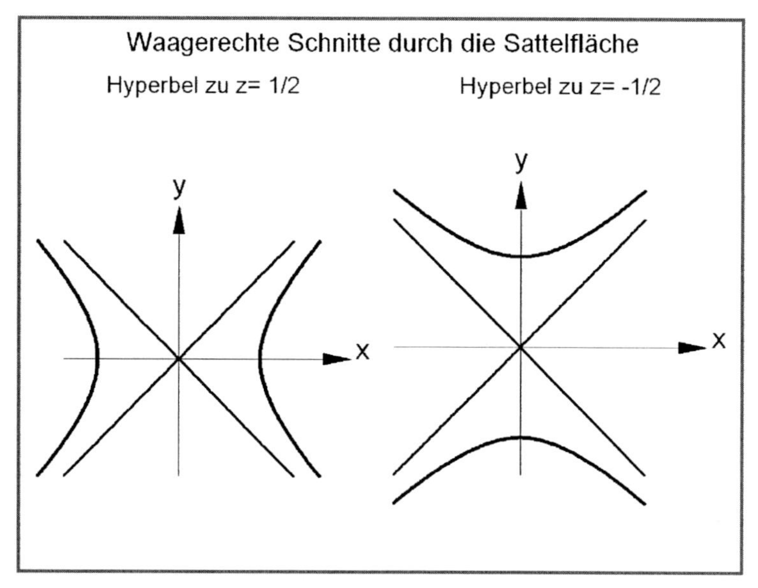

Abb. 20 d

die *Asymptoten* $y = \pm x$, die beiden Typen gemeinsam sind. In Abbildung 20 e sind diese Schnitthyperbeln

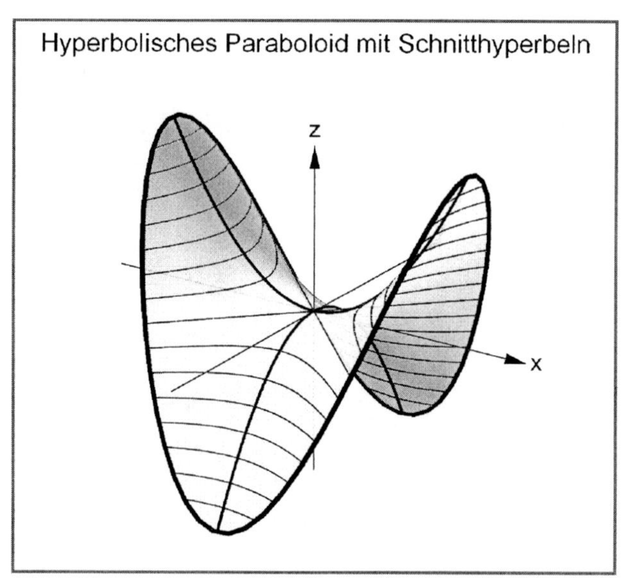

Abb. 20 e

auf der Fläche zu sehen. Auf Grund der Tatsache, dass die Schnitte einerseits, nämlich für konstantes x und für konstantes y, Parabeln, andererseits für konstantes z Hyperbeln sind, trägt die Sattelfläche den mathematischen Namen ***hyperbolisches Paraboloid***. In der Architektur, die sie häufig zur Konstruktion von Dachflächen verwendet,[21] spricht man kurz von „Hypar-Flächen“.

[21] Vgl. hierzu [Kroll 2000]

Die im Vorstehenden untersuchte Fläche stellt den *Prototyp aller Sattelflächen* dar, deren Gleichung

$$z = ax^2 - by^2 + 2cxy + 2dx + 2ey + f, \ ab > 0,$$

lautet. Denn wie wir jetzt noch abschließend zeigen wollen, kann jede von ihnen auf die Normalform $z = \bar{a}x^2 - \bar{b}y^2$ mit $\bar{a}\bar{b} > 0$ gebracht werden, d. h. sie ist eine Schiebefläche, die von i. a. nicht kongruenten Parabeln erzeugt wird. An den übrigen Eigenschaften ändert das nichts.

Zunächst wollen wir die Fläche so verschieben, dass der (vermutete) Sattelpunkt in den Nullpunkt fällt. Da in diesem Punkt die Tangentialebene parallel zur xy-Ebene verlaufen muss, müssen die Ableitungen nach x und y dort gleichzeitig verschwinden, also

(1) $2ax + 2cy + 2d = 0$

(2) $-2by + 2cx + 2e = 0$

sein. Dieses lineare Gleichungssystem hat die beiden Lösungen

$$x_s = -\frac{bd + ce}{ab + c^2}, \quad y_s = \frac{ae - cd}{ab + c^2},$$

die wegen $ab > 0$ sicher existieren. Mit diesen Werten lautet die Gleichung der verschobenen Fläche

$$z = a(x + x_s)^2 - b(y + y_s)^2 + 2c(x + x_s)(y + y_s) + 2d(x + x_s) + 2e(y + y_s) + f,$$

und durch Ausmultiplizieren und Zusammenfassen folgt

$$z = ax^2 - by^2 + 2cxy + 2x(ax_s + cy_s + d) + 2y(-by_s + cx_s + e) + K,$$

wobei wir in K alle weder x noch y enthaltenden Glieder zusammengefasst haben. Da nun x_s und y_s die beiden Gleichungen (1) und (2) erfüllen, verschwinden die Klammern, und das Ergebnis lautet

$$z = ax^2 - by^2 + 2cxy,$$

wenn wir noch K fortlassen, um den betreffenden Punkt in den Nullpunkt zu verlegen.

Nun schneiden wir die Fläche mit einem Zylinder $(r\cos t, r\sin t, z)$, indem wir für x und y einsetzen:

$$z = ar^2\cos^2 t - br^2\sin^2 t + 2cr^2\cos t\sin t.$$

Hierauf können wir die Formeln

$$\cos 2t = 2\cos^2 t - 1, \ \sin 2t = 2\cos t\sin t, \ \sin^2 t = 1 - \cos^2 t$$

anwenden und erhalten nach kurzer Rechnung

$$z = \frac{a+b}{2}r^2\cos 2t + cr^2\sin 2t + \frac{a-b}{2}r^2.$$

Die Fläche schneidet also auf jedem der Zylinder eine Kurve heraus, deren Gleichung im abgewickelten tz-System diese Gestalt hat. Die graphische Darstellung zeigt, dass es sich dabei um eine gestreckte oder gestauchte sowie verschobene Kosinuskurve mit der Periode π handelt. Dementsprechend wollen wir ihre Gleichung vereinfachen. Wir bestimmen zunächst die Stellen t_m, an denen die Extrema liegen mittels der Ableitungsbedingung

$$-r^2(a+b)\sin 2t + 2r^2c\cos 2t = 0.$$

Also gilt $\tan 2t_m = \frac{2c}{a+b}$, wegen $ab > 0$ kann dabei der Nenner nie verschwinden. Nun sei t_m so festgelegt, dass es die Maximumstelle der Funktion bezeichnet. Wir verschieben die Funktion jetzt so, dass dieses auf die z-Achse fällt. Da t_m nicht von r abhängt, bedeutet dies im Raum eine *Drehung aller Zylinder um den gleichen Winkel* t_m, d. h. eine Drehung der Fläche um t_m. Die resultierende Gleichung lautet dann

$$z = \frac{a+b}{2} r^2 \cos(2t + 2t_m) + cr^2 \sin(2t + 2t_m) + \frac{a-b}{2} r^2$$

und durch Auflösen der Klammern nach den Additionstheoremen[22] folgt weiter

$$z = r^2 \cos 2t \left(\frac{a+b}{2} \cos 2t_m + c \sin 2t_m \right) + r^2 \sin 2t \left(-\frac{a+b}{2} \sin 2t_m + c \cos 2t_m \right) + \frac{a-b}{2} r^2.$$

Auf Grund der für t_m geltenden Ableitungsbedingung fällt die zweite Klammer fort, und die erste ergibt mit

$$\cos 2t_m = \frac{1}{\sqrt{1 + \tan^2 2t_m}}, \quad \sin 2t_m = \frac{\tan 2t_m}{\sqrt{1 + \tan^2 2t_m}}$$

nach kurzer Rechnung $\frac{1}{2}\sqrt{(a+b)^2 + 4c^2}$, einen Wert, den wir mit W abkürzen. Somit resultiert das Ergebnis

$$z = r^2 W \cos 2t + \frac{a-b}{2} r^2 = W(r^2 \cos^2 t - r^2 \sin^2 t) + \frac{a-b}{2} r^2,$$

in dem wir nur noch r mittels $x = r \cos t$, $y = r \sin t$ eliminieren müssen. Als Gleichung der so verschobenen und gedrehten Fläche erhalten wir dann schließlich

$$z = W(x^2 - y^2) + \frac{a-b}{2}(x^2 + y^2)$$

oder

$$z = \left(W + \frac{a-b}{2} \right) x^2 - \left(W - \frac{a-b}{2} \right) y^2,$$

d. h. eine Gleichung vom behaupteten Typus. Wir müssen jetzt nur noch zeigen, dass das Produkt der Faktoren von x^2 und y^2 größer 0 ist. Einfaches Ausrechnen ergibt

$$\left(W + \frac{a-b}{2} \right) \left(W - \frac{a-b}{2} \right) = \frac{1}{4}(a+b)^2 + c^2 - \frac{1}{4}(a-b)^2 = ab + c^2,$$

also wegen $ab > 0$ stets einen positiven Wert. Zugleich erkennen wir, dass auch der Faktor von x^2 und deshalb auch der von y^2 positiv ist.

Wir fassen unsere Untersuchungen der Sattelfläche wie folgt zusammen:

---

[22] Vgl. hierzu S. 88, Aufgabe 3.

Das hyperbolische Paraboloid oder die Sattelfläche

Die allgemeine Gleichung einer Sattelfläche lautet

$$z = ax^2 - by^2 + 2cxy + 2dx + 2ey + f \quad \text{mit} \quad a, b > 0.$$

Sie lässt sich durch eine Verschiebung und Drehung auf die Normalform

$$z = \bar{a}x^2 - \bar{b}y^2 \quad \text{mit} \quad \bar{a}, \bar{b} > 0$$

bringen.

Eigenschaften:

(1) Jede Sattelfläche ist eine *Regelfläche* mit zwei erzeugenden Geradenscharen. Die Geraden jeder der Scharen sind untereinander windschief, aber zu einer Orthogonalebene der xy-Ebene parallel. Durch jeden Punkt der Fläche geht genau eine Gerade der beiden Scharen.

(2) Die Sattelfläche ist eine *Schiebefläche.* Sie kann durch Parallelverschiebung einer nach oben geöffneten Parabel längs einer nach unten geöffneten und um 90° gedrehten Parabel erzeugt werden.

(3) Sie besitzt einen *Sattelpunkt,* in dem ihre Tangentialebene parallel zur xy-Ebene verläuft, und eine Achse, die auf dieser Tangentialebene im Sattelpunkt senkrecht steht.

(4) Alle Schnitte parallel zur Achse sind Parabeln; alle Schnitte senkrecht zur Achse Hyperbeln, es sei denn, die Schnittebene geht durch den Sattelpunkt. Dann besteht die Schnittkurve aus zwei Geraden.

Bemerkung: Wenn die Achse einer Sattelfläche nicht mehr senkrecht zur xy-Ebene ist, dann kann die Gleichung noch ganz andere Formen annehmen, bleibt aber in x, y, z quadratisch. So stellt dieGleichung $zx - y = 0$ eine Sattelfläche dar, was man leicht an der expliziten Form $y = zx$ erkennt. Hier sind y- und z-Achse lediglich vertauscht. Aus ihrer *funktionalen* Form $z = \frac{y}{x} = f(x, y)$ kann man das nicht unmittelbar erkennen.

Aufgaben zu 2.2.3

1. Die Punkte $A(2|0|1), B(0|-2|-1), C(-2|0|1), D(0|2|-1)$ bilden ein windschiefes Viereck. AB und CD werden durch Punkte P und Q im gleichen Verhältnis geteilt.

   a) Bestimmen Sie die Fläche, die von den Geraden PQ erzeugt wird und zeigen Sie, dass es sich um eine Sattelfläche handelt.

   b) Wie kann man mit Hilfe des Vierecks $ABCD$ die zweite Geradenschar erzeugen, die auf dieser Sattelfläche liegt?

2. Gegeben sei die Sattelfläche $z = \frac{1}{6}x^2 - \frac{3}{2}y^2$.

   a) Zeigen Sie, dass die Gleichung der Tangentialebene im Punkt $(x_0|y_0|z_0)$

$$z = \frac{1}{3}x_0x - 3y_0y - z_0$$

   lautet.

   b) Berechnen Sie die Schnittpunkte der Tangentialebene mit der Sattelfläche für $x_0 = 2$, $y_0 = \frac{1}{3}$.

Interpretieren Sie das Ergebnis.

c*) Lösen Sie dieselbe Aufgabe wie in b) für beliebiges x_0 und y_0.

3. Schneiden Sie die Sattelfläche $z = \frac{1}{6}x^2 - \frac{3}{2}y^2$ mit einer beliebigen Geraden der Gestalt

$$g: \begin{pmatrix} x \\ y \\ z \end{pmatrix} = \begin{pmatrix} a \\ b \\ c \end{pmatrix} + s \begin{pmatrix} d \\ e \\ f \end{pmatrix}$$

und geben Sie die Bedingungen dafür an, dass kein, ein, zwei, mehr als zwei Schnittpunkte auftreten. Geben Sie jedes Mal ein Zahlenbeispiel an.

4.* Man zeige: Durch den Punkt $(x_0|y_0|z_0)$ der Sattelfläche $z = ax^2 - by^2$, $ab > 0$, gehen die beiden Erzeugenden

$$\begin{pmatrix} x \\ y \\ z \end{pmatrix} = \begin{pmatrix} x_0 \\ y_0 \\ z_0 \end{pmatrix} + s \begin{pmatrix} 1 \\ 0 \\ 2ax_0 \end{pmatrix} \pm \sqrt{\frac{a}{b}}s \begin{pmatrix} 0 \\ 1 \\ -2by_0 \end{pmatrix}.$$

Wie lässt sich das Zustandekommen dieser Formel erklären?

5. Bestimmen Sie die beiden Erzeugendenscharen für die Sattelfläche $z = cxy$, $c \neq 0$.

6. Gegeben sind zwei Geraden

$$g_1: \begin{pmatrix} x \\ y \\ z \end{pmatrix} = \begin{pmatrix} 0 \\ 0 \\ -1 \end{pmatrix} + s \begin{pmatrix} 1 \\ 0 \\ 0 \end{pmatrix}, \quad g_2: \begin{pmatrix} x \\ y \\ z \end{pmatrix} = \begin{pmatrix} 0 \\ 0 \\ 1 \end{pmatrix} + s \begin{pmatrix} 0 \\ 1 \\ 0 \end{pmatrix}.$$

a) Welche Bedingung müssen alle Punkte $(x|y|z)$ erfüllen, die von g_1 und g_2 den gleichen Abstand haben? Interpretieren Sie das Ergebnis.

b*) Geben sie zwei andere Geraden h_1 und h_2 an, die orthogonal die z-Achse schneiden und die zu der gleichen Abstandsbedingung wie in a) führen.

Arbeitsaufträge zu 2.2.3

1. *Der Affensattel*
Man wickle die Kurve $z = \cos 3t$ auf den Einheitszylinder auf und erzeuge die Graphik der Fläche, die durch

$$\vec{p}(t) = \begin{pmatrix} s\cos t \\ s\sin t \\ s^3\cos 3t \end{pmatrix}, \quad 0 \leq t \leq 2\pi, \ 0 \leq s \leq 1$$

definiert wird. Erklären Sie das Zustandekommen ihrer Gestalt und den Namen der Fläche. Ermitteln Sie die Gleichung der Fläche in der Form $z = f(x, y)$. Wie könnte man wohl einen „Paar"-Sattel definieren?

2. *Die Raumparabel*
Die Kurve mit der Gleichung

$$\vec{p}(t) = \begin{pmatrix} t \\ t^2 \\ t^3 \end{pmatrix}$$

wird als (räumliche) kubische Parabel bezeichnet oder besser, um Verwechslungen mit der gewöhnlichen kubischen Parabel zu vermeiden, wie oben als „Raumparabel“.

a) Untersuchen Sie diese Kurve unter dem Aspekt möglicher Trägerflächen und zeigen Sie insbesondere, dass sie als „Parabel“ einer Sattelfläche gedeutet werden kann, wenn man erzeugende Geraden zu einem Koordinatensystem der Fläche macht.

b) Projizieren Sie diese Kurve auf die Ebenen $z = mx$ und untersuchen Sie die Gestalt der Projektionen. (Hinweis: Es empfiehlt sich, die Kurve in dem durch

$$\begin{pmatrix} u \\ v \\ w \end{pmatrix} = \frac{x}{\sqrt{1+m^2}} \begin{pmatrix} 1 \\ 0 \\ m \end{pmatrix} + y \begin{pmatrix} 0 \\ 1 \\ 0 \end{pmatrix} + \frac{z}{\sqrt{1+m^2}} \begin{pmatrix} -m \\ 0 \\ 1 \end{pmatrix}$$

gegebenen Koordinatensystem zu betrachten.)

3. *Das Plückersche Konoid*
In die Pfannkuchenkurve kann außer dem parabolischen Zylinder und der Sattelfläche noch eine dritte Fläche mittels Geraden eingespannt werden, indem man ihre *diametral gegenüber liegenden Punkte* verbindet. Die so entstehende Fläche heißt das „Plückersche Konoid“.[23]

a) Untersuchen Sie diese Fläche (Parameterdarstellung, explizite Kurvengleichung, Schnitte mit den Ebenen $x = \text{const.}, y = \text{const.}$).

b) Zeigen Sie, dass die Schnittkurven des Konoids mit den Ebenen $z = a(x + y)$, $a \neq 0$, alle auf einem Zylinder liegen.

c*) Zu jeder Erzeugenden des Konoids gibt es eine zugehörige Erzeugende so, dass alle Punkte der Sattelfläche $z = x^2 - y^2$ von diesen beiden Erzeugenden den gleichen Abstand haben.[24] Beweisen Sie diese Aussage.

2.3 Schraubflächen

Wir haben bereits mehrere Beispiele für *Regelflächen* kennengelernt. Alle Zylinder und Kegel gehören dazu, die Tangentenflächen, Konoide und nicht zuletzt die Sattelflächen. Alle diese Flächen werden in bestimmter Weise durch Bewegung einer Geraden erzeugt. Analog erzeugt eine beliebige Kurve, wenn man sie einer Schraubbewegung unterwirft, eine Schraubfläche. So entsteht zum Beispiel der Sockel einer Glühlampe oder das Gewinde eines Schraubverschlusses durch Verschraubung eines Kreisbogens, dessen Ebene durch die Schraubachse geht. Bewegt man aber einen Kreis so, dass sein Mittelpunkt eine Schraubenlinie beschreibt und seine Ebene dabei immer senkrecht zur Schraubenlinie bleibt, so entsteht eine „Schraubrohrfläche“. Die meisten materiell ausgebildeten „Schraubenlinien“, wie zum Beispiel Drahtwicklungen, sind solche Schraubrohrflächen, aber auch Kühlschlangen werden häufig nach diesem Prinzip konstruiert. Die beiden im Folgenden behandelten Flächen sind jedoch Regelflächen. Sie werden von Geraden erzeugt, die durch

[23] Zu diesem Begriff vgl. man S. 12, Arbeitsauftrag 3.

[24] Vgl. hierzu die obige Aufgabe 6.

die Schraubachse gehen, und unterscheiden sich nur durch den Winkel, unter dem sie diese schneiden.

2.3.1 Die Wendelfläche

Man kann die Wendelfläche als eine schiefe Ebene charakterisieren, die sich nicht geradeaus erstreckt, sondern sich um eine senkrechte Achse windet. Daran ist soviel richtig, dass die „Höhenlinien" in beiden Fällen Geraden sind, die orthogonal zur z-Achse verlaufen, im Fall der Ebene aber parallel zueinander (vgl. Abb. 21 a), im Fall der Wendelfläche

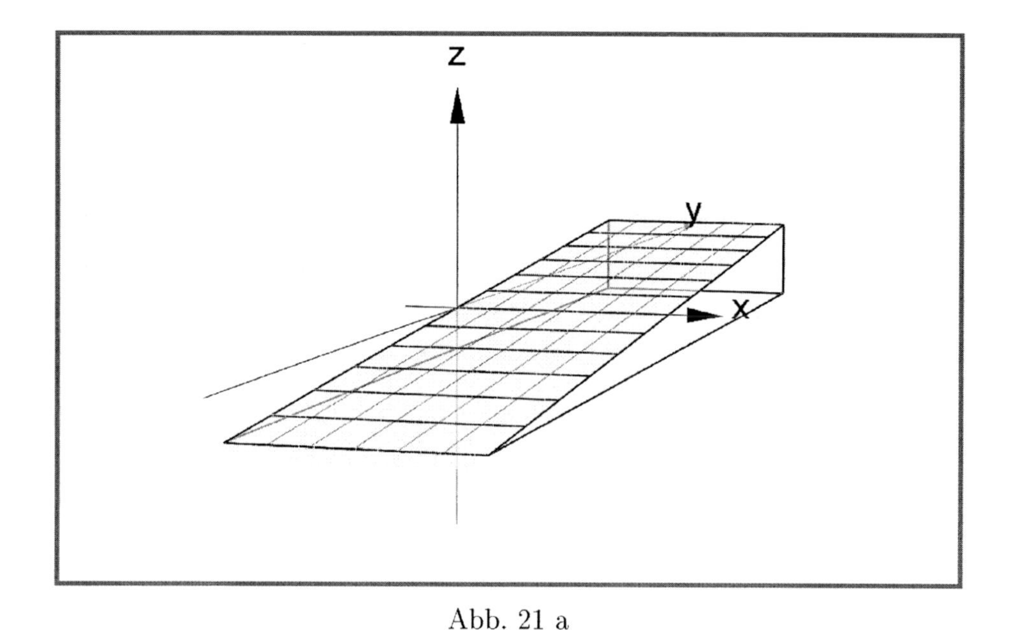

Abb. 21 a

(vgl. Abb. 21 b) aber radial zur z-Achse. Auch wer längs einer der zu den Höhenlinien

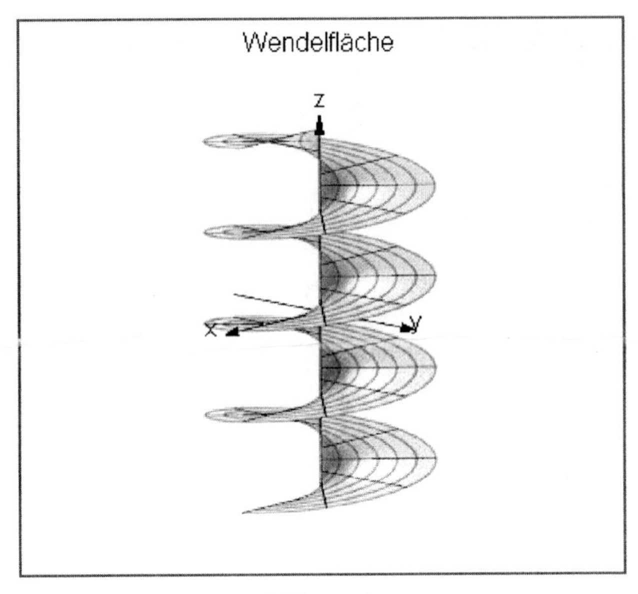

Abb. 21 b

orthogonalen Parameterlinien entlang geht, wird einen gleichmäßigen Anstieg bzw. Abstieg empfinden. Dieser ist aber nur bei der Ebene auf allen Parameterlinien derselbe, bei den Wendelflächen dagegen abhängig vom Abstand zur z-Achse.

Von der Richtigkeit der vorstehenden Aussagen kann sich jeder leicht überzeugen, wenn er auf einer Wendeltreppe den Aufstieg auf einem Weg mit größtmöglichem Radius mit dem Aufstieg ganz nahe an der Achse vergleicht. Im Folgenden sollen sie aber auch rechnerisch bestätigt werden.

Die Wendefläche ist eine Regelfläche, bei der jeder Punkt einer Schraubenlinie $\begin{pmatrix} r\cos t \\ r\sin t \\ ct \end{pmatrix}$ mit dem gleich hohen Punkt $\begin{pmatrix} 0 \\ 0 \\ ct \end{pmatrix}$ ihrer Achse geradlinig verbunden wird. Hieraus ergibt sich unmittelbar die

Gleichung der Wendelfläche mit äußerem Radius r

$$\vec{p}(t,s) = \begin{pmatrix} 0 \\ 0 \\ ct \end{pmatrix} + s \begin{pmatrix} r\cos t \\ r\sin t \\ 0 \end{pmatrix}, \quad 0 \le s \le r,\ 0 \le t \le 2n\pi.$$

Ist n die Zahl ihrer Windungen und h die Höhe, so gilt $c \cdot n \cdot 2\pi = h$, also $c = \frac{h}{2n\pi}$.

Wir berechnen nun die Steigung der zu s gehörigen Parameterlinie gegenüber der xy-Ebene, indem wir nach t ableiten und dann den Tangentenvektor mit der Normalen $\begin{pmatrix} 0 \\ 0 \\ 1 \end{pmatrix}$ multiplizieren. Nennen wir den Winkel zwischen Normale und Tangente α, so folgt mit

$$\vec{p}_t(t,s) = \begin{pmatrix} -sr\sin t \\ sr\cos t \\ c \end{pmatrix}$$

$$\cos\alpha = \frac{c}{|\vec{p}_t(t,s)|} = \frac{c}{\sqrt{s^2r^2+c^2}}.$$

Der Winkel ist also konstant, d. h. jede Parameterlinie ist eine Schraubenlinie. Je größer aber das zugehörige s ist, umso größer wird auch α. Der konstante Anstieg der Schraubenlinien wird also nach außen hin immer kleiner und nach innen größer. An der Achse ist $\alpha = 0$. Die Länge einer Parameterlinie berechnen wir entweder durch Abwicklung oder direkt mit der Formel für die Bogenlänge

$$b = \int_0^{2n\pi} |\vec{p}_t(t,s)|dt = \int_0^{2n\pi} \sqrt{s^2r^2+c^2}dt = \sqrt{s^2r^2+c^2}\cdot 2n\pi = \sqrt{(2n\pi r\cdot s)^2+h^2}.$$

Sie nimmt also mit wachsendem s zu.

Die Tatsache, dass der Tangentenvektor der s-Parameterlinie von s abhängt, hat noch eine andere eigentümliche Konsequenz. Dazu wollen wir die Tangentialebenen in den Punkten eines Radius' betrachten. Das Phänomen wird bereits deutlich, wenn wir als diesen den zu $t = 0$ gehörigen Radius nehmen. Wie wir wissen (vgl. S. 28) wird die Tangentialebene von den Vektoren $\vec{p}_t(t,s)$ und $\vec{p}_s(t,s) = \begin{pmatrix} r\cos t \\ r\sin t \\ 0 \end{pmatrix}$ aufgespannt. Mit

$$\vec{p}_t(0,s) = \begin{pmatrix} 0 \\ rs \\ c \end{pmatrix}, \quad \vec{p}_s(0,s) = \begin{pmatrix} r \\ 0 \\ 0 \end{pmatrix}$$

erhalten wir so die Gleichung

$$\vec{q} = \begin{pmatrix} sr \\ 0 \\ 0 \end{pmatrix} + m_1 \begin{pmatrix} 0 \\ sr \\ c \end{pmatrix} + m_2 \begin{pmatrix} r \\ 0 \\ 0 \end{pmatrix},$$

worin m_1, m_2 die Ebenenparameter sind. Der zweite Spannvektor ist also konstant und hat die Richtung der x-Achse. Die Tangentialebene enthält also wie zu erwarten, den erzeugenden Radius. Daran ändert sich nichts, wenn wir von einem Berührpunkt $(s_1 r|0|0)$ zu einem zweiten $(s_2 r|0|0)$ mit $s_2 > s_1$ übergehen. Dabei neigt sich aber der zweite Spannvektor immer mehr gegen die xy-Ebene, so dass wir die Tangentialebene im ersten Punkt nur nach unten um die x-Achse drehen müssen, wenn sie im zweiten Punkt die Wendelfläche berühren soll. Entgegen dem Anschein bleibt sie also in den Punkten des Radius nicht dieselbe. Der Sachverhalt ist vielmehr der: Dreht man die durch den Radius und die z-Achse gehende Ebene langsam um den Radius nach unten, dann berührt die Ebene nacheinander in den Punkten des Radius von innen nach außen die Wendelfläche. Anschaulich gesprochen, sie ist *krummer* als sie scheint.

Eine weitere überraschende Eigenschaft ergibt sich, wenn wir die Wendelfläche mit einem Zylinder schneiden, dessen Mantel durch ihre Achse geht. Auch hier genügt es wieder, ein Beispiel zu betrachten. Die Wendelfläche sei durch $\vec{p}(t,s) = \begin{pmatrix} 2s\cos t \\ 2s\sin t \\ \frac{1}{4}t \end{pmatrix}$ gegeben und der Zylinder durch die Gleichung $x^2 + y^2 = 2x$. Durch Einsetzen ergibt sich hieraus die Beziehung zwischen den Parametern $4s^2 = 4s\cos t$, die zu $s = 0$ oder $s = \cos t$ äquivalent ist. Die Schnittpunkte zu $s = 0$ bilden die z-Achse. Interessanter sind die Punkte, die zu $s = \cos t$ gehören. Sie ergeben eine Kurve mit der Gleichung

$$\vec{p}(t,\cos t) = \begin{pmatrix} 2\cos^2 t \\ 2\cos t\sin t \\ \frac{1}{4}t \end{pmatrix} = \begin{pmatrix} \cos 2t + 1 \\ \sin 2t \\ \frac{1}{4}t \end{pmatrix} = \begin{pmatrix} 1 \\ 0 \\ 0 \end{pmatrix} + \begin{pmatrix} \cos 2t \\ \sin 2t \\ \frac{1}{8}2t \end{pmatrix}.$$

Die letzte Umformung macht kenntlich, dass es sich um eine Schraubenlinie handelt, deren Ganghöhe halb so groß wie die der Wendelfläche ist. Abbildung 22 zeigt das entsprechende

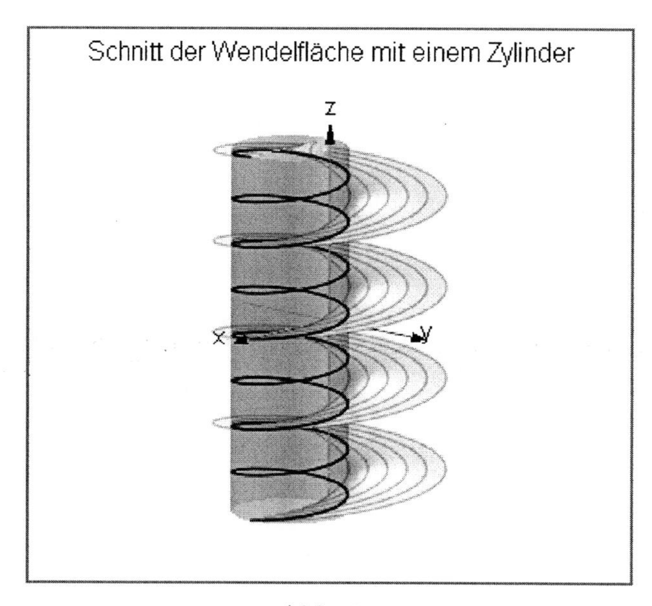

Abb. 22

Bild und demonstriert zugleich, dass hier etwas nicht stimmt. Denn jede Windung in der „Zwischenlage“ gehört sicher nicht zur Schnittmenge.

Der Fehler ist verhältnismäßig versteckt. Bei der Bedingung $s = \cos t$ muss laut Definition der Wendelfläche berücksichtigt werrden, dass s nur positiv sein darf. Mithin müssen die Werte von t im Intervall $\left[\frac{\pi}{2}, \frac{3\pi}{2}\right]$ ausgeschlossen werden. Das Beispiel zeigt, dass man bei der Berechnung von Flächenschnitten die Gültigkeitsbereiche der Parameter nicht außer acht lassen darf. Mittels einer Graphik wird man aber im allgemeinen solche Fehler schnell entdecken.

Aufgaben zu 2.3.1

1. Bestimmen Sie die Schnittkurve der im Text auf Seite 104 angegebenen Wendelfläche mit
   a) der Kugel $x^2 + y^2 + z^2 = 4$;
   b) dem Rotationsparaboloid $z = x^2 + y^2$ und untersuchen Sie diese.
2. Untersuchen Sie die Kurve auf der Wendelfläche der Aufgabe 1, die durch die Beziehung $s = \frac{1}{2}t$ der beiden Flächenparameter definiert ist.

Arbeitsauftrag zu 2.3.1

Informieren Sie sich über Bauprinzipien und Abmessungen einer als Wendelfläche ausgeführten Parkdeckzu- und abfahrt. Auf welche Weise vermeidet man dabei einen Begegnungsverkehr?

2.3.2 Die Korkenzieherfläche

Die Korkenzieherfläche entsteht, indem man eine Gerade g, die die z-Achse unter einem Winkel $\alpha \neq 90°$ schneidet, verschraubt. Dabei tritt ein besonderes Phänomen auf: die Fläche schneidet sich selbst. Sei nämlich g_1 (vgl. Abb. 23 a) die Position der Geraden zu

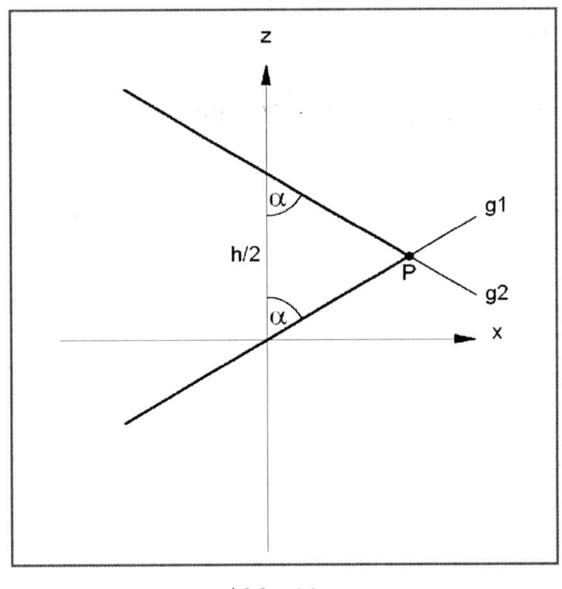

Abb. 23 a

Beginn der Schraubung. Nach einer Drehung zum 180° und gleichzeitigen Verschiebung um die halbe Ganghöhe $h/2$ nimmt sie die Position g_2 ein und schneidet g_1 in einem Punkt P, weil sie genau in diesem Moment in der gleichen Ebene wie g_1 liegt, aber anders als bei einer Wendelfläche nicht parallel zu g_1 verläuft. Verfolgt man die Schraubung von g weiter, so tritt dasselbe eine *volle* Windung später wieder ein und so fort. Die von g erzeugte Fläche weist also unendlich viele Selbstschneidungen auf, und die dabei entstehenden Schnittkurven werden die *Doppelschraublinien* der zugehörigen *schiefen Schraubenfläche* genannt.

Von einer solchen Fläche ist die Korkenzieherfläche der Teil der von dem Stück der Geraden g bis zu ihrer *ersten* Selbstschneidung im Punkt P erzeugt wird. Eine bessere Vorstellung erhält man, wenn man das Dreieck betrachtet, das von g_1, g_2 und der z-Achse gebildet wird. Dieses bildet gewissermaßen das „Profil" der Fläche, und seine Verschraubung liefert die Korkenzieherfläche.

Wir leiten nun die Gleichung der Korkenzieherfläche ab. Dazu berechnen wir zunächst die Koordinaten von P in der Ausgangsposition. Der x-Wert ist das Lot von P auf die z-Achse, also gleich $\frac{1}{4}h \tan\alpha$, der z-Wert die Höhe des Lotfußpunktes, also gleich $\frac{1}{4}h$. Somit hat g_1 die Darstellung

$$g_1 : \begin{pmatrix} x \\ y \\ z \end{pmatrix} = s \begin{pmatrix} \frac{1}{4}h \tan\alpha \\ 0 \\ \frac{1}{4}h \end{pmatrix}, \ 0 \leq s \leq 1.$$

Entsprechend folgt

$$g_2 : \begin{pmatrix} x \\ y \\ z \end{pmatrix} = \begin{pmatrix} 0 \\ 0 \\ \frac{1}{2}h \end{pmatrix} + s \begin{pmatrix} \frac{1}{4}h \tan\alpha \\ 0 \\ -\frac{1}{4}h \end{pmatrix}, \ 0 \leq s \leq 1.$$

Nun wird jeder der Punkte von g_1 und g_2 einer Verschraubung unterworfen, bei der sich die Punkte proportional zum Drehwinkel parallel zur z-Achse verschieben, und zwar so, dass nach einer vollen Umdrehung die Verschiebung gleich der Ganghöhe h ist. Demgemäß ist der Proportionalitätsfaktor c gleich $\frac{1}{2\pi}h$, und die Koordinaten eines Punktes von g_1 lauten

$$s \begin{pmatrix} \frac{1}{4}h \tan\alpha \cos t \\ \frac{1}{4}h \tan\alpha \sin t \\ \frac{1}{4}h \end{pmatrix} + \begin{pmatrix} 0 \\ 0 \\ \frac{1}{2\pi}ht \end{pmatrix}.$$

Dies ist bereits die Parameterdarstellung der unteren Korkenzieherfläche. Entsprechend lautet die Darstellung der oberen Fläche

$$s \begin{pmatrix} \frac{1}{4}h \tan\alpha \cos t \\ \frac{1}{4}h \tan\alpha \sin t \\ -\frac{1}{4}h \end{pmatrix} + \begin{pmatrix} 0 \\ 0 \\ \frac{1}{2}h + \frac{1}{2\pi}ht \end{pmatrix}.$$

Abbildung 23 b zeigt sie beide nebeneinander für $\alpha = \frac{1}{3}\pi$, $h = \frac{1}{2}\pi$, wobei t von -4π bis 4π läuft. In Abbildung 23 c sind sie zur Korkenzieherfläche zusammengefügt

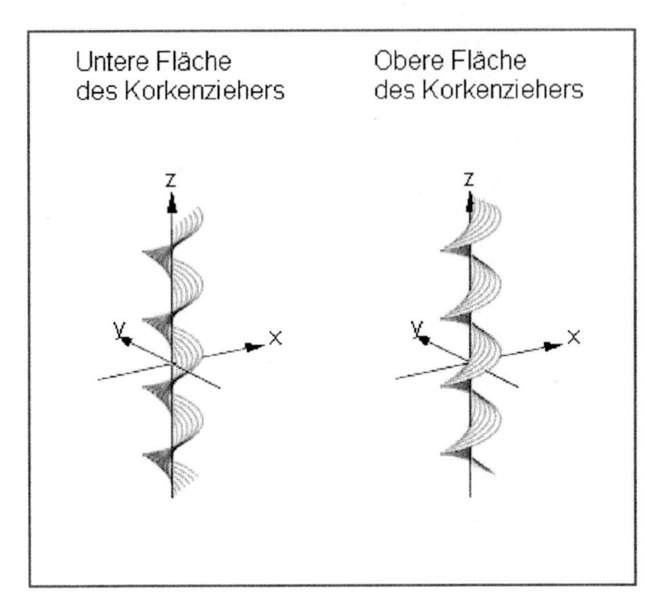

Abb. 23 b

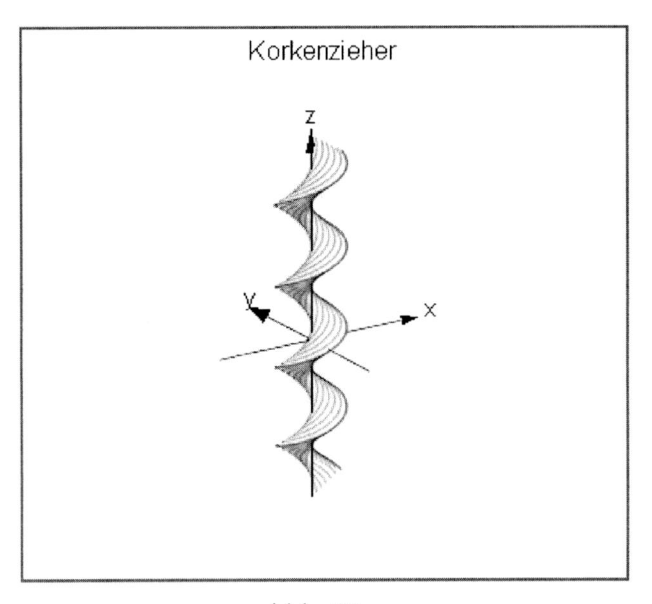

Abb. 23 c

Arbeitsaufträge zu 2.3.2

1. Man entwickle die Formeln für die Verschraubung eines ***beliebigen*** Dreiecks ABC, wobei die Ecken A und B auf der z-Achse liegen und die Ganghöhe so gewählt werden soll, dass keine Selbstüberschneidungen auftreten. Stellen Sie charakteristische Beispiele graphisch dar.

2. Lösen Sie die gleiche Aufgabe wie im ersten Arbeitsauftrag für eine von einem Dreieck verschiedene Profilkurve.

3 Flächen- und Volumenberechnungen

Schon seit alters her gehört die Frage nach dem *Umfang* und dem *Inhalt* einer ebenen Figur sowie die Frage nach dem *Volumen* eines Körpers und der Größe seiner Oberfläche zu den wichtigsten Problemen, die sich dem mathematischen Denken gestellt haben. Für geradlinig begrenzte ebene Figuren und für einfache von Ebenen begrenzte Körper konnten sie schon in vorklassischer Zeit gelöst werden. Erst ARCHIMEDES (287 ? – 212 v. Chr.) aber gelang es, die Parabel zu „quadrieren", das heißt hier: ein Rechteck so zu bestimmen, dass sein Inhalt exakt mit dem eines Parabelsegments übereinstimmt.[25] Es gelingt ihm auch, das Volumen und die Oberfläche der Kugel sowie weiterer Kugelteile zu bestimmen, jedoch nicht im Sinne einer „Quadratur", sondern durch die Angabe von Vergleichskörpern und -flächen. So sagt er zum Beispiel:

> „Die Oberfläche einer Kugel ist vier Mal so groß wie die Fläche ihres größten Kugelkreises." [26]

und

> „Der Inhalt der Kugel ist vier Mal so groß wie der eines Kegels, dessen Grundfläche gleich der Fläche des größten Kugelkreises und dessen Höhe gleich dem Radius der Kugel ist."[27]

Hieraus resultieren die beiden bekannten Formeln $O = 4\pi r^2$ und $V = \frac{4}{3}\pi r^3$. Bemerkenswert an diesen Ergebnissen ist, dass das Problem der Kreisquadratur dabei völlig ausgeklammert bleibt, das in der Antike viele Geister bewegte.

ARCHIMEDES ist der erste, dem die Berechnung von krummlinig begrenzten Flächen und Körpern gelingt. Die nachfolgende Mathematik kommt bis zum Beginn der Neuzeit nicht wesentlich über ihn hinaus. Erst die wissenschaftliche Revolution des 17. Jahrhunderts bringt mit dem Studium der *Abhängigkeiten veränderlicher Größen* ein grundsätzlich neues Element in die Mathematik ein, das in der Schöpfung der *Infinitesimalrechnung* durch LEIBNIZ und NEWTON gipfelt. Mit ihrer Hilfe wird es möglich, zahlreiche Probleme, die bisher unüberwindliche Schwierigkeiten machten, fast „mechanisch" zu lösen, so Aufgaben über *Tangenten, Maxima und Minima, Geschwindigkeiten, Kurvenlängen, Flächeninhalte krummlinig begrenzter ebener Figuren,* sowie *Volumen und Oberfläche von Rotationskörpern.* Sie bilden heute den Inhalt eines „Analysiskurses" der Schule.

Die Berechnung von Teilen einer gekrümmten Fläche oder des Inhaltes von Körpern, die von gekrümmten Flächen begrenzt werden, stellt demgegenber ein schwieriges Problem dar, denn räumliche Figuren sind weniger leicht in ihrem Aufbau zu durchschauen.

[25] Im Sinne der griechischen Mathematik galt ein Flächeninhalt als bekannt, wenn ein *flächengleiches Quadrat* mit Zirkel und Lineal konstruiert werden konnte. Dazu zählte auch das Rechteck, was die Formulierung rechtfertigt.

[26] Vgl.: [Archimedes 1972, S. 114]

[27] Ebenda S. 115

Gleichwohl kann man in vielen Fällen zum Ziel kommen, unterstützt von Computer-Algebra-Systemen, die die erforderlichen Graphiken erzeugen und schwierige Rechnungen übernehmen. Im Prinzip ist es bei jedem neuen Problem aber erforderlich, auf die Grundidee der Integralrechnung, die Aufsummierung „infinitesimaler Größen", zurückzugreifen. Wie bisher benutzen wir sie in naiver Weise, ohne auf die Präzisierung mit Hilfe von Grenzprozessen näher einzugehen. Eine solche Vorgehensweise wäre auch formal viel zu aufwändig und brächte wenig Erkenntnisgewinn. Damit nehmen wir den gleichen Standpunkt wie die Mathematiker des 17. und 18. Jahrhunderts ein, die ihre großartigen Erfolge auf dieselbe Weise erzielten. Die von ihnen eingeschlagenen Wege sind aber nicht nur historisch primär, sondern auch *genetisch.* Anders wäre ihre Fruchtbarkeit nicht zu erklären, und deshalb gehören sie auch in einen Unterricht, der allgemeinbildend sein will.

Der erste Abschnitt ist allein den Teilflächen auf der Kugel gewidmet und sein Ergebnis bemerkenswert einfach: Jede solche Fläche kann auf die Berechnung von Integralen zurückgeführt werden, die nur von *einer* Variablen abhängen. Damit sind sie im konkreten Fall zumindest *nummerisch* bestimmbar. Nicht ganz so günstig sind die Verhältnisse, wenn es um Volumina geht. Für die im Zusammenhang mit den gleichen sphärischen Flächen auftretenden Körper kann man jedoch mittels der „Scheibchenmethode" meist ebenfalls zum Ziel kommen. Das gilt im übrigen auch, wenn es um andere als sphärische Flächen geht, die im zweiten Abschnitt behandelt werden. Dort wird u. a. eine auf beliebige Flächen anwendbare allgemeine Flächenberechnungsformel hergeleitet und gezeigt, wie man mit ihr in konkreten Fällen umgehen kann, und eine entsprechende Formel für die Volumenberechnung begründet.

3.1 Sphärische Flächen und sphärisch begrenzte Körper

Ein „Rätsel" steht am Anfang aller Anwendungen der Analysis auf räumliche Probleme. Es steht daher auch hier an erster Stelle (3.1.1), führt aber dann auf die archimedischen Ergebnisse zurück, mit deren Hilfe eine besondere Abbildung der Kugel konstruiert wird (3.1.2). Sie erlaubt die Berechnung beliebig geformter Flächen, deren Rand von Kurven der bisher betrachteten Art gebildet wird. Beispiele zur Volumenberechnung (3.1.3) runden den Abschnitt über die Kugel ab.

3.1.1 Das florentinische Rätsel

Am 4. April 1692 wird in Florenz ein Flugblatt verbreitet unter der Überschrift[28]

> „Aenigma geometricum de miro opificio Testitudinis Quadrabilis Hemisphaericae"
> (Geometrisches Rätsel, die bemerkenswerte Herstellung eines quadrierbaren halbkugelförmigen Gewölbes betreffend).

Verfasser des *Aenigmas* ist Vincenzo VIVIANI,[29] ein enthusiastischer Verehrer von ARCHIMEDES und der klassischen griechischen Mathematik, der – auf welche Weise weiß man nicht – herausgefunden hatte, wie man ein quadrierbares Stück der Kugeloberfläche konstruieren kann. Seine erklärte Absicht ist, mit dem Rätsel die transalpinen „Analysten" seiner Zeit herauszufordern. Denn VIVIANI glaubte, dass man mit dem leibnizschen Calculus nur „innere" Probleme lösen könnte, solche nämlich, für die die Theorie gemacht worden war, nicht aber solche, die sich ihr gewissermaßen von außen stellten.

Das „Rätsel" wurde gleich nach seiner Veröffentlichung von Florenz an die berühmtesten europäischen Mathematiker geschickt und erschien auch in den bedeutendsten wissenschaftlichen Organen der Zeit, den Leipziger *Acta Eruditorum* und den Londoner *Philosophical Transactions*. Es wurde sehr schnell als das „florentinische Rätsel" bekannt und von den „Analysten" sofort als willkommene Gelegenheit betrachtet, die Leistungsfähigkeit des Integralkalküls zu demonstrieren und so zu zeigen, dass die Infinitesimalrechnung weit über die griechische Mathematik hinausführte.

Worin bestand nun dieses „Rätsel"? Der Titel sagt es schon fast vollständig. Es sollen vier „gleiche" (kongruente) Fenster aus einer Halbkugel so herausgeschnitten werden, dass die Restfläche *quadrierbar* ist, d. h. genauso groß ist wie ein Quadrat, das sich mit Zirkel und Lineal konstruieren lässt. HIPPOKRATES von Chios (um 440 v. Chr.) hatte bereits gezeigt, dass es von Kreisbögen begrenzte Flächen gibt (vgl. Abb. 1), die sich in ein

[28] Dem folgenden Text liegt [Roero 1998] zu Grunde.

[29] Vgl. S. 5.

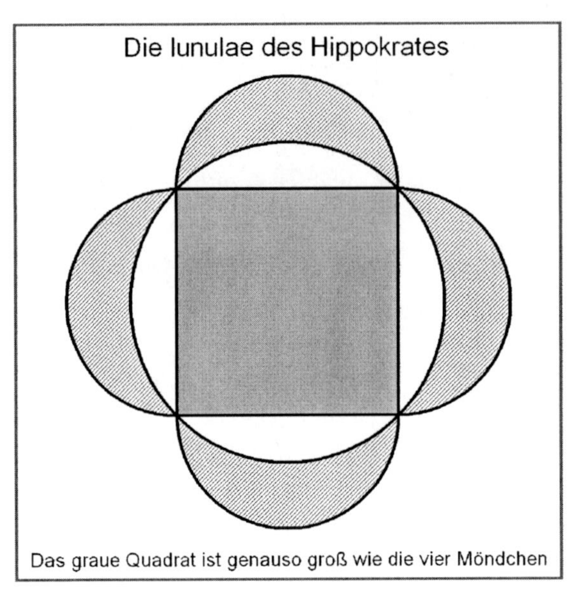

Abb. 1

flächengleiches Quadrat „verwandeln“ lassen. Nun sollte ein räumliches Analogon dazu gefunden werden, und tatsächlich spricht LEIBNIZ im Zusammenhang mit seiner ersten Lösung von „lunulae“ oder „sphärischen Segeln“.

Was VIVIANI nicht erwartet hatte, trat ein. Aus allen Ecken Europas wurden Lösungen nach Florenz gesandt, von LEIBNIZ, JACOB BERNOULLI, J. WALLIS und manchen anderen. Am interessantesten und einfachsten ist die leibnizsche, und wenn wir sie im Folgenden nicht wörtlich wiedergeben, so nur deshalb, weil die damalige Ausdrucksweise zu viele Erklärungen erforderlich machen würde. Unsere Darstellung stimmt jedoch in allen entscheidenden Punkten mit der von LEIBNIZ überein.

Wir demonstrieren das Vorgehen an der vivianischen Kurve im ersten Oktanten, werden aber von ihr keine speziellen Eigenschaften benutzen, damit die Überlegungen allgemeine Gültigkeit haben. Wir zerlegen die Fläche zwischen Nullmeridian und Kurve mittels Breitenkreisen (vgl. Abb. 2) in „infinitesimale“ Streifen der Dicke dz. Der Inhalt eines solchen

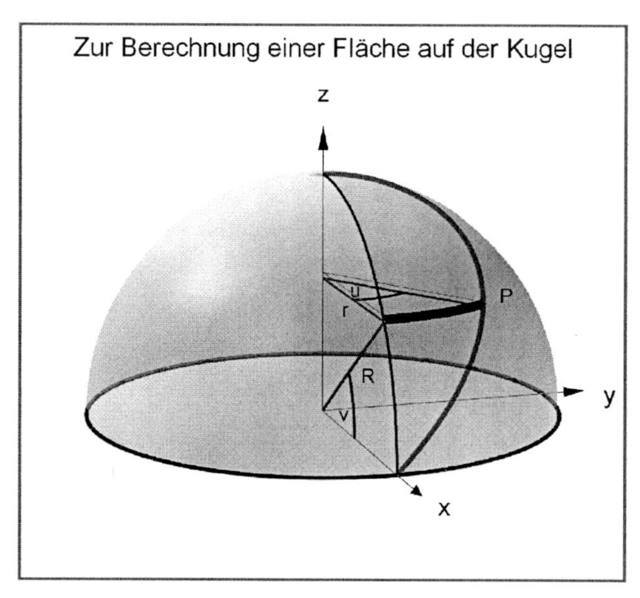

Abb. 2

Streifens hängt natürlich von der Lage von $P(x|y|z)$ auf der Kurve ab. Gemäß der Formel $z = R\sin v$ erhalten wir für sie durch Ableiten $dz = R\cos v dv$. Hierin ist $R\cos v = r$ der Radius des Breitenkreises, und sein Produkt mit dem Mittelpunktswinkel u ergibt die *Länge des Streifens* $ru = R\cos vu$.

Die Breite des Streifens muss ebenfalls auf der Kugel gemessen werden, und zwar *senkrecht* zu den Breitenkreisen. Sie ist gleich der Länge des Bogens zum Mittelpunktswinkel dv, also gleich Rdv. Nun kann für sehr „kleines" (infinitesimales) dz ein solcher Streifen als ein *Rechteck* betrachtet werden, da dann die Krümmung und die Begrenzung durch die Kurve keine Rolle spielen. Daher gilt:

Infinitesimale Flächenformel für die Kugel
Gegeben sei eine Kurve auf der Kugel, die im ersten Oktanten verläuft. P sei ein Punkt der Kurve mit der geographischen Breite v und der geographischen Länge u, A die Fläche vom Äquator bis zu diesem Breitenkreis, die links vom Nullmeridian, rechts von der Kurve begrenzt wird. Dann gilt

$$dA = R^2 u \cos v dv = Rudz.$$

Wir könnten nun die Fläche zwischen Nullmeridian und vivianischer Kurve, für die $v = u$ ist, leicht durch „Aufsummieren", also als Integral von $R^2 v \cos v dv$ erhalten. Stattdessen beschreiten wir aber zunächst den *leibnizschen Weg*, der zwar die vivianische Kurve nicht kannte, wohl aber seinen ARCHIMEDES. Die Formel $dA = Rudz$ lässt nämlich noch eine andere Deutung zu. Sie besagt, dass auf einem *Zylinder*, der die Kugel im Äquator berührt, d. h. in einem uz-Koordinatensystem des Zylindermantels, die Fläche auf der Kugel genauso groß sein muss wie die zwischen einer Kurve $z = f(u)$ und der z-Achse[30] (vgl. Abb. 3). Die Wahl der Kurve steht LEIBNIZ noch frei, und er wählt natürlich eine solche, von

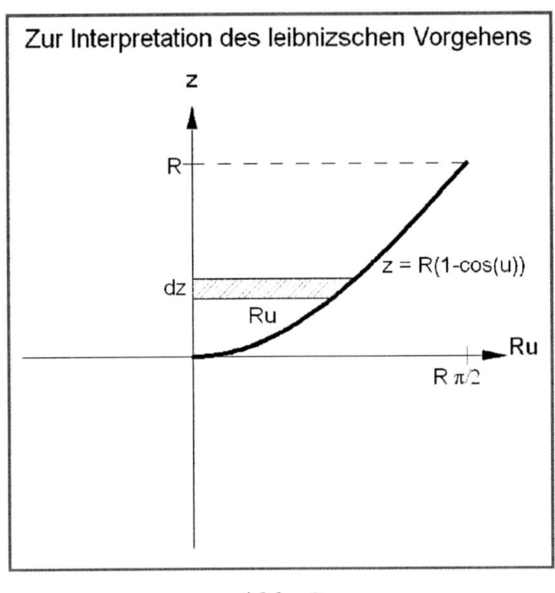

Abb. 3

der er weiß, dass die resultierende Fläche quadrierbar ist. Eine Funktion, die das leistet, wäre z. B. $z = u \cdot R$. Aber eine solche Funktion würde rückübertragen auf die Kugel schwierig zu konstruieren sein, weil dann ein Kreisbogen uR als z-Wert zu einer geraden Linie gestreckt werden müsste, was mit Zirkel und Lineal unmöglich ist. LEIBNIZ wählt deshalb $z = R(1 - \cos u)$, denn seit den Arbeiten von Blaise PASCAL (1623–1662) ist die Fläche unter der Sinuskurve wohlbekannt. Wie Abbildung 3 zeigt, ist die von den waagerechten Streifen gebildete Fläche genauso groß wie die Fläche zwischen der Parallelen im Abstand R und der Kurve. Hieraus folgt

$$A = \int_0^R uRdz = \int_0^{\frac{\pi}{2}} R - R(1 - \cos u)d(Ru) = \int_0^{\frac{\pi}{2}} R^2 \cos u du = \left[R^2 \sin u\right]_0^{\frac{\pi}{2}} = R^2.$$

Dieses Vorgehen macht verständlich, warum LEIBNIZ keine Mühe hatte, noch weitere, sogar unendlich viele, mögliche „Quadaturen“ anzugeben. Und er kostet seinen Triumph voll aus, indem er in seiner Veröffentlichung schreibt:

> „Es kan wohl seyn, dass man bey ihnen geglaubet, es lauffe bey meiner gerühmten Analysi ein wenig aufschneiderey mitunter, und hat sie damit auf die Probe

[30] Die genauere Begründung folgt in 3.1.2, S. 118 f.

stellen sollen. Ich möchte wündschen, dass man mir nie schwerere problemata proponirte, denn dieses erfordert keine weitläuffigkeit in calculiren oder construiren, sondern nur eine adresse in applicatione Methodi, und das sind eben die problemata die mir wohl gefallen.“[31]

VIVIANI musste sich geschlagen geben und die Überlegenheit der neuen Methoden anerkennen. Verstehen kann er sie nicht, wie er selbst eingesteht.[32] So hält er weiter an den klassischen Methoden fest, obwohl ihm trotz großer Anstrengungen alle Beweisversuche misslingen.[33]

Wie oben schon angedeutet, müssen wir nicht auf die archimedischen Ergebnisse zurückgreifen, wenn wir die Größe einer Schleife der vivianischen Kurve berechnen wollen. In ihrem Fall ist $v = u$ und folglich die halbe Fläche

$$A = \int_0^{\frac{\pi}{2}} R^2 v \cos v dv = R^2 v \sin v \Big|_0^{\frac{\pi}{2}} - R^2 \int_0^{\frac{\pi}{2}} \sin v dv = \frac{\pi}{2} R^2 + R^2 \cos v \Big|_0^{\frac{\pi}{2}} = \frac{\pi}{2} R^2 - R^2.$$

Nimmt man sie als eines der vier „Fenster“ in der Halbkugel, so beträgt die Restfläche der Kuppel

$$A^* = 2\pi R^2 - 4 \cdot \left(\frac{\pi}{2} R^2 - R^2\right) = 4R^2$$

und ist daher exakt gleich dem Quadrat über dem Durchmesser eines Großkreises.

Die Halbkugel mit den vier vivianischen Fenstern ist in Abbildung 4 dargestellt. Sie

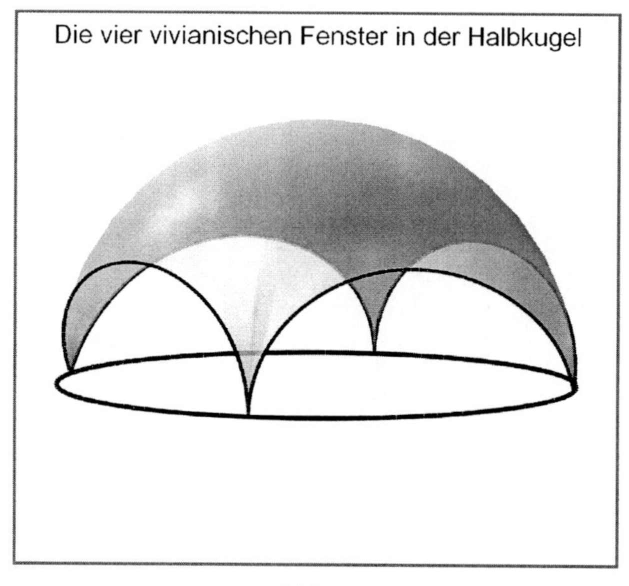

Abb. 4

[31] [G. W. Leibniz 1971, S. 365]

[32] Vgl. [Roero 1998, S. 808].

[33] Ebda.

werden nach oben jeweils von einem Viertel der vivianischen Kurve begrenzt, das gegenüber der üblichen Position (vgl. Abb. 5, S. 7) jedoch um 90° gedreht worden ist. Die vier Fenster schneiden also aus der Halbkugel die Fläche von der gleichen Größe aus, wie sie von der Achterschleife auf der Kugel in Abbildung 5, S. 7, begrenzt wird. Die obige Rechnung zeigt darüber hinaus, wie man noch viele weitere „quadrierbare" Flächen auf der Kugel finden kann. Dazu braucht man nur $v = nu$ ($n \in \mathbb{N}$) zu setzen und erhält dann für jedes n

$$A = \int_0^{\frac{\pi}{2n}} R^2 n \cos(nu) n du = \frac{1}{n}\left(\frac{\pi}{2} - 1\right) R^2.$$

Nimmt man $4n$ solcher „Fenster" aus der Halbkugel heraus – was durch $4n$-fache Rotation der Fläche um die z-Achse ohne Überschneidung möglich ist – so bleibt eine Restfläche der Größe $A^* = \frac{4}{n}R^2$. Sie ist offensichtlich quadrierbar.

Unabhängig von dieser Fragestellung besagt die Formel $dA = R^2 u \cos v dv$, dass man die zugehörige Fläche stets ermitteln kann, wenn v als Funktion von u bekannt ist. Im Fall der „Parabel auf der Kugel"[34] ist beispielsweise $v = \frac{2}{\pi}u^2$, dementsprechend $dv = \frac{4}{\pi}udu$ und daher die gesuchte Fläche

$$A = \int_0^{\frac{\pi}{2n}} R^2 u \cos\left(\frac{2}{\pi}u^2\right) \cdot \frac{4}{\pi} udu$$

durch das Integral nur einer Variablen ausdrückbar. Es lässt sich allerdings nur nummerisch lösen. Mittels eines CAS erhalten wir $A = \frac{4}{\pi}R^2 \cdot 0.693$.

Aufgaben zu 3.1.1

1. Man berechne die Fläche der „vivianischen Rosette" (vgl. Aufgabe 1, S. 15) und zeige, dass die Restfläche quadrierbar ist.
2. Man bestimme die Fläche, die ein Längenkreis $u = \text{const.}$ mit $u \leq \frac{\pi}{2}$ mit dem Nullmeridian bildet. Inwiefern ist das Ergebnis plausibel?
3. Die Flächenformel ist auch dann anwendbar, wenn $v = \text{const.} \geq 0$ ist. Man begründe diese Aussage und berechne auf diesem Wege die Größe einer „Kugelkappe" (*Kalotte*) über einem Breitenkreis.

3.1.2 Flächentreue Abbildung der Kugel nach Archimedes

Ein wichtiges Ergebnis in der Arbeit „Kugel und Zylinder" von ARCHIMEDES lautet:

> „Die Mantelfläche eines Kugelsegments, das kleiner ist als die Halbkugel, ist gleich der Fläche eines Kreises, dessen Radius gleich ist der Verbindungslinie

[34] Vgl. hierzu Aufgabe 5, S. 16.

des Scheitelpunktes des Segments mit einem Punkt der Peripherie des Grundkreises.“[35]

Das heißt (vgl. Abb. 5): Beschreibt man dem durch einen ebenen Schnitt erzeugten *Kugel-*

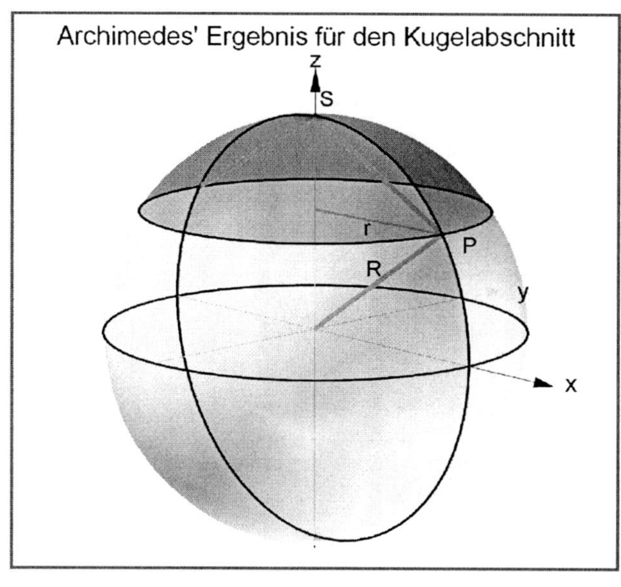

Abb. 5

abschnitt (= *Segment*) einen geraden Kegel ein, dessen Grundkreis gleich dem Schnittkreis ist, so ist die Fläche A des Kugelabschnittes genauso groß wie ein Kreis, dessen Radius eine Mantellinie des Kegels ist. Mit den Bezeichnungen der Figur ausgedrückt, gilt danach

$$A = \pi|SP|^2 = \pi(r^2 + h^2).$$

Nun ist aber nach dem Satz von Pythagoras $r^2 = R^2 - (R - h)^2 = 2Rh - h^2$. Eingesetzt erhalten wir so die wichtige Formel

$$(*) \qquad A = 2\pi Rh.$$

Sie lässt sich leicht auf den Fall der *Kugelzone* verallgemeinern. Darunter versteht man den Teil der Kugeloberfläche, der zwischen zwei parallelen Schnittebenen liegt. Nennt man den Abstand des Scheitels S von der näher gelegenen Schnittebene h_1 und den Abstand von der anderen Schnittebene h_2, so gilt offensichtlich für die Fläche A der Kugelzone

$$(**) \qquad A = 2\pi Rh_2 - 2\pi Rh_1 = 2\pi R\Delta h = 2\pi Rh,$$

wenn wir die Differenz Δh, also die „Dicke“ der Kugelzone, wieder mit h bezeichnen. Das Ergebnis besagt, dass die Fläche nur von h abhängt, also unabhängig von der speziellen Lage der Ebenen ist. Es schließt $(*)$ für den Fall $h_1 = 0$ mit ein.

[35] [Archimedes 1972, S. 126]

ARCHIMEDES erhält sein Ergebnis durch sorgfältige Abschätzung mittels ein- und umgeschriebener Figuren. Wir haben es demgegenüber viel leichter. Tatsächlich gilt ja die Formel $dA = Rudz$, wie die Herleitung zeigt, unabhängig von irgendeiner Kurve auf der Kugel. Im Fall einer Kugelzone der Dicke dz gilt somit $dA = 2\pi Rdz$, und das Integral von h_1 bis h_2 ergibt unmittelbar

$$A = \int_{h_1}^{h_2} 2\pi Rdz = 2\pi R(h_2 - h_1) = 2\pi Rh.$$

ARCHIMEDES deutet dieses Ergebnis nicht, LEIBNIZ aber überträgt es sofort auf den Zylinder, der die Kugel im Äquator berührt. Schneidet man ihn nämlich *mittels derselben Schnittebenen*, so ist die herausgeschnittene Mantelfläche genau gleich groß, nämlich $2\pi R \cdot h$. Das gilt aber nicht nur für die ganze Kugelzone, sondern auch für jedes infinitesimale Teilstück $dA = Rdudz$ der Kugeloberfläche (vgl. Abb. 6); denn Rdu ist gerade die

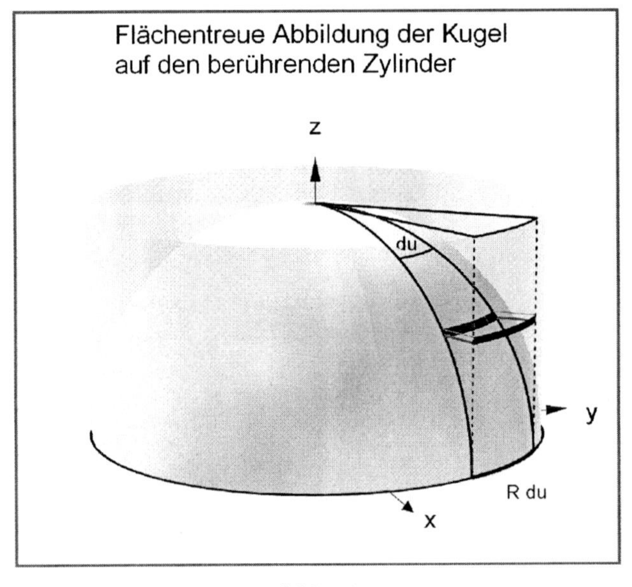

Abb. 6

Bogenlänge des zylindrischen Flächenstückes, und dz bleibt gleich. Die Graphik suggeriert allerdings, dass das auf der Kugel liegende Flächenstück kleiner sein müsste. Die Täuschung beruht jedoch auf der Projektion. Die Fläche auf der Kugel liegt nämlich schräg und ist doppelt gekrümmt, während die gleich große Fläche auf dem Zylinder senkrecht zur xy-Ebene steht und als eben betrachtet werden kann. Dadurch werden die durch die Verlängerung bedingten Effekte kompensiert.

Der eben beschriebene Sachverhalt hat eine wichtige Konsequenz. Jedes Flächenstück auf der Kugel kann man nämlich mittels infinitesimal benachbarter Breiten- und Längenkreise in solche kleinen Flächenstücke zerlegen und diese dann auf den berührenden Zylinder, wie in Abbildung 6 dargestellt, übertragen. Die resultierende Gesamtheit ist dann ein Bild des Flächenstücks der Kugel auf dem Zylindermantel und besitzt die gleiche Größe. Die „Übertragung" wird man dabei natürlich *punktweise* vornehmen. Ein Kugelpunkt P mit den Koordinaten x, y und z, $|z| \neq R$, geht dann in einen Zylinderpunkt Q über, der in gleicher Höhe wie P liegt. Die zugehörigen x- und y-Werte entnimmt man am einfachsten der Orthogonalprojektion auf die xy-Ebene (vgl. Abb. 7). Danach sind x' und y' am

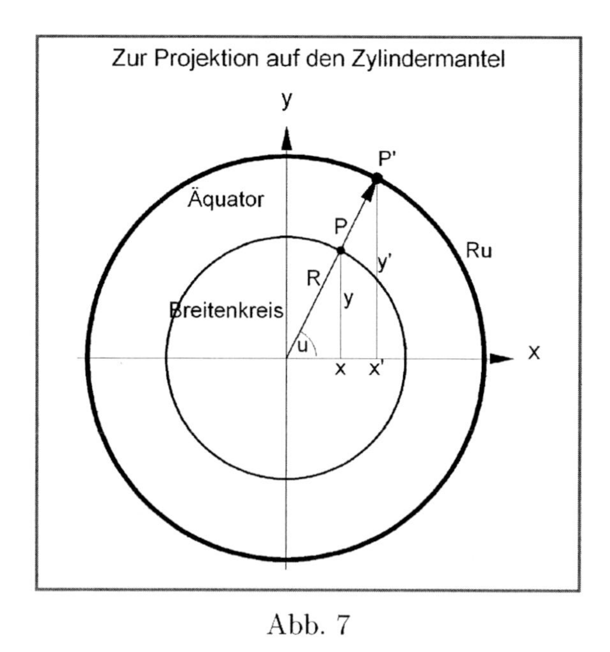

Abb. 7

einfachsten zu berechnen, wenn man zuerst den Mittelpunktswinkel u bestimmt. Auf diesem Weg erhält man die

> Abbildungsgleichungen der Zylinderprojektion
> $$u = \arctan \frac{y}{x}, \ x' = R \cos u, \ y' = R \sin u, \ z' = z.$$

Bei dieser Übertragung haben wir die beiden Pole ausgenommen. Da deren Grundriss der Nullpunkt ist, können sie in jeder Richtung u projiziert werden. Ihr Bild ist daher ein zum Äquator kongruenter Kreis auf dem Zylindermantel.

Die durch die obige Zylinderprojektion bewirkte Abbildung der Kugeloberfläche auf den im Äquator berührenden Zylindermantel kann letztlich als Abbildung in die Ebene aufgefasst werden, da man den Mantel abwickeln kann. In dieser Ebene verwenden wir ein kartesisches tz-System und setzen $t = Ru$, während wir wegen $z' = z$ die z-Achse beibehalten. Der Punkt $P(x|y|z)$ der Kugel hat dann ein Bild mit den ebenen Koordinaten

$t = R\arctan\frac{y}{x}, z$. Auf diese Weise könnte man beispielsweise von der Erde eine *Karte* erstellen, die auf Grund der Eigenschaften der Abbildung beliebige Gebiete der Erde in *gleicher* Größe wiedergeben würde. Die Karte wäre *flächentreu*, würde aber in Nähe der Pole starke Verzerrungen aufweisen. Daher wird sie in der Kartographie praktisch nicht benutzt.

Für die Flächenberechnung auf der Kugel ist aber, wie wir nun zeigen wollen, diese Abbildung außerordentlich nützlich. Im Folgenden nehmen wir dabei stets den Kugelradius R als Einheit an, da er letztlich nur einen Maßstabsfaktor darstellt. Als Parameter für die Randkurve wählen wir jetzt durchgehend den Buchstaben w, um Verwechslungen zu vermeiden. Als erstes behandeln wir noch einmal unser Ausgangsproblem.

Beispiel (1): Das vivianische Fenster

Das Fenster wird von der vivianischen Kurve

$$x = \cos^2 w, \ y = \cos w \sin w, \ z = \sin w$$

und dem Nullmeridian im ersten Oktanten begrenzt. Wir bestimmen zunächst u gemäß der Formel

$$u = \arctan\frac{\cos w \sin w}{\cos^2 w} = \arctan(\tan w) = w$$

und erhalten $u = w$, ein Ergebnis, das sich auch ohne diese Rechnung unmittelbar aus der Tatsache ergibt, dass w die (geographische) Länge der Kurvenpunkte bedeutet. Hieraus folgt unmittelbar $t = Ru = w$ und $z = \sin t$. Das Bild der vivianischen Kurve im tz-System ist also einfach die Sinuskurve, hier auf das Intervall $0 \leq t \leq \frac{\pi}{2}$ beschränkt. Da ferner der Nullmeridian auf die z-Achse abgebildet wird, liegt das Bild des Fensters oberhalb der Kurve und unterhalb der Geraden $z = 1$, die den Nordpol repräsentiert (vgl. die schraffierte Fläche in Abb. 8). Demnach beträgt ihre Größe des Fensters

$$A = \int_0^{\frac{\pi}{2}} (1 - \sin t)dt = [t + \cos t]_0^{\frac{\pi}{2}} = \frac{\pi}{2} - 1 \ \text{ Flächeneinheiten } (R^2).$$

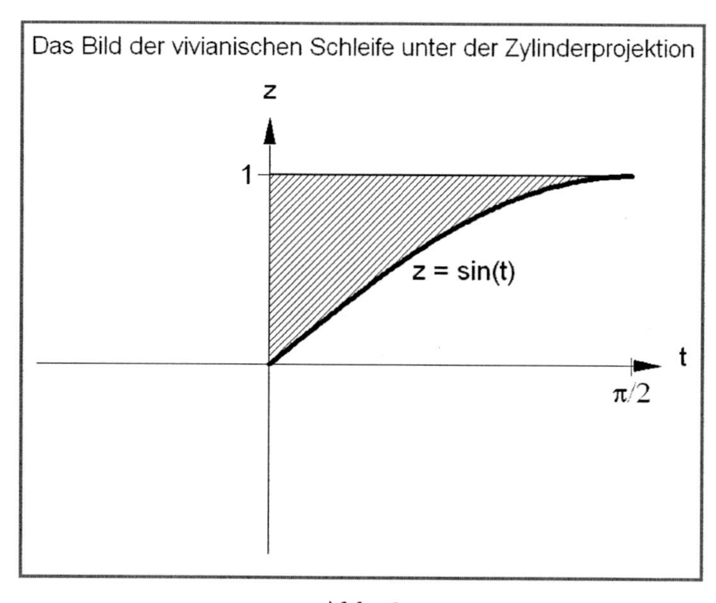

Abb. 8

Der Vergleich dieses Vorgehens mit dem leibnizschen zeigt, dass in allen wesentlichen Punkten Übereinstimmung besteht, nur dass LEIBNIZ von vornherein auf die quadrierbare Restfläche aus ist.

Beispiel (2): Sphärische Lemniskate

Eine Fläche auf der Kugel kann man mittels des Grundrisses ihrer Randkurve definieren. Nimmt man als solchen die dem Äquator einbeschriebene sogenannte *Lemniskate*[36] mit der (impliziten) Gleichung $(x^2 + y^2) = x^2 - y^2$ (vgl. Abb. 9), dann haben wir es mit einem

[36] Von griechisch lemnos *Schleife*. Zu weiteren Einzelheiten: vgl. [Schupp, Dabrock 1995, S. 34 ff].

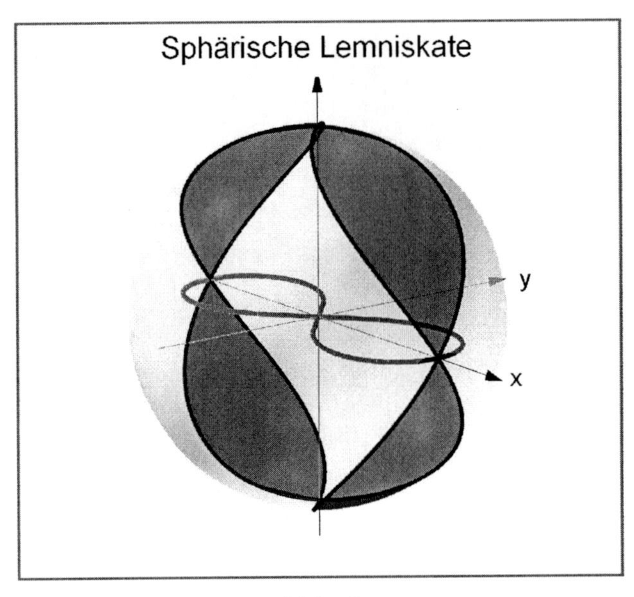

Abb. 9

typischen Problem zu tun: Wie findet man eine geeignete Parameterdarstellung, sofern der Grundriss durch seine implizite oder explizite Gleichung gegeben ist? Wie wir am vivianischen Fenster gesehen haben, wäre es sicher am günstigsten, von vornherein die geographische Länge $u(=t)$ als Parameter zu wählen. Dann wäre $x = r(t)\cos t$ und $y = r(t)\sin t$ mit einer noch zu bestimmenden Funktion $r(t)$, die den variierenden Radius von 0 aus beschreibt, und $z = \sqrt{1 - r^2(t)}$. Um $r(t)$ zu erhalten, setzt man einfach in die Gleichung ein und löst nach $r(t)$ auf. Dementsprechend folgt hier

$$r^4(t) = r^2(t)(\cos^2 t - \sin^2 t),$$

d. h. $r^2(t) = 0$ oder $r^2(t) = \cos^2 t - \sin^2 t$. Offenbar kommt die erste Lösung nicht in Frage, und die zweite ergibt, da $r(t) \geq 0$ sein muss, $r(t) = \sqrt{\cos^2 t - \sin^2 t}$. Somit lautet die Parameterdarstellung der sphärischen Lemniskate

$$x = \sqrt{\cos^2 t - \sin^2 t}\cos t, \; y = \sqrt{\cos^2 t - \sin^2 t}\sin t,$$

$$z = \sqrt{1 - r^2(t)} = \sqrt{1 - \cos^2 t + \sin^2 t} = \sqrt{2}\sin t.$$

Mit ihrer Hilfe lässt sich die Kurve einfach zeichnen. Für die Flächenberechnung benötigen wir jedoch nur die Funktion für z.

Wie bisher beschränken wir uns auf den ersten Oktanten. Da $z \leq 1$ sein muss, ist $0 \leq t \leq \frac{\pi}{4}$, und Abbildung 10 zeigt schraffiert das Bild der von der sphärischen Lemniskate und

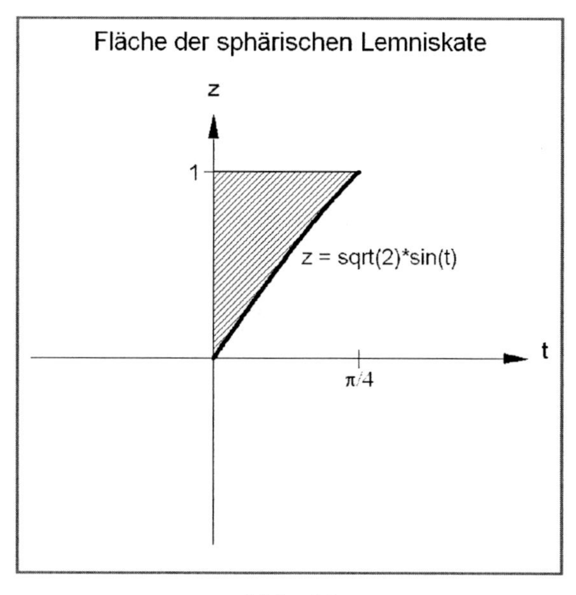

Abb. 10

dem Nullmeridian berandeten Fläche. Ihre Größe beträgt

$$\int_0^{\frac{\pi}{4}} \left(1 - \sqrt{2}\sin t\right) dt = \left[t + \sqrt{2}\cos t\right]_0^{\frac{\pi}{4}} = \frac{\pi}{4} + 1 - \sqrt{2}.$$

Somit beträgt die Gesamtfläche $A = 8(\frac{\pi}{4} + 1 - \sqrt{2}) = 2\pi + 8 - 8\sqrt{2}$ Flächeneinheiten, das sind knapp 25% der Kugeloberfläche.

Unserem Beispiel können wir noch eine wichtige Erkenntnis entnehmen. Hat nämlich die Parameterdarstellung des Grundrisses bereits die Form $x = r(w)\cos w$ und $y = r(w)\sin w$ mit irgendeiner Funktion $r(w)$, dann ist $t = w$ und $z = \sqrt{1 - r^2(t)}$ bereits die Funktion, durch deren Integral sich die gesuchte Fläche in einfacher Weise bestimmen lässt. Das folgende Beispiel zeigt jedoch, wie man auch dann zum Ziel kommen kann, wenn ein solches Vorgehen nicht möglich oder sinnvoll ist.

Beispiel (3): Flächeninhalt einer Kugelellipse

Die Kurve, die entsteht, wenn ein beliebiger Kreiszylinder die Kugel schneidet, nennt man aus bestimmten Gründen eine Kugelellipse.[37] Sei etwa der Grundriss durch die Gleichungen

$$x = \frac{1}{4} + \frac{1}{2}\cos w, \quad y = \frac{1}{2}\sin w$$

gegeben. Dann folgt

$$z = \pm\sqrt{1 - x^2 - y^2} = \pm\frac{1}{4}\sqrt{11 - 4\cos w},$$

[37] Vgl. hierzu [Kroll 2005, S. 26 ff].

und wir können mit Hilfe der drei Gleichungen leicht die von der zugehörigen Kurve

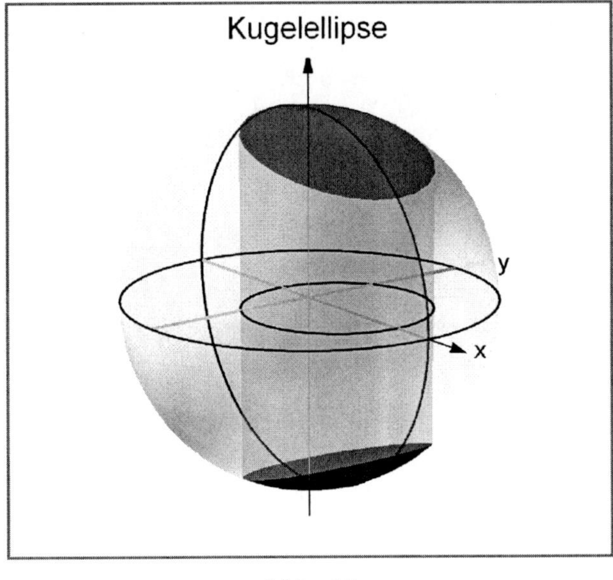

Abb. 11

berandete Fläche zeichnen (vgl. Abb. 11). Sie zerfällt hier in zwei kongruente Teilstücke. Wollten wir jetzt nach dem alten Schema vorgehen, also die Gleichung

$$(1) \qquad u = t = \arctan \frac{\frac{1}{2}\sin w}{\frac{1}{4} + \frac{1}{2}\cos w}$$

nach $\cos w$ auflösen und den gefundenen Ausdruck in

$$(2) \qquad z = \pm\tfrac{1}{4}\sqrt{11 - 4\cos w}$$

einsetzen, dann ergäben sich nicht nur sehr unübersichtliche Ausdrücke, sondern man müsste auch eine Fallunterscheidung machen, da $\cos w$ nicht eindeutig durch (1) bestimmt ist. Dementsprechend empfiehlt es sich, im Integral $\int z du$ die Variable u gemäß (1) durch w zu ersetzen. Durch Ableiten folgt

$$du = \frac{2(2 + \cos w)}{5 + 4\cos w} dw,$$

und für die zwischen Kurve und u-Achse liegende Fläche liefert ein CAS

$$A = \int_0^{\pi} \frac{1}{2}\sqrt{11 - 4\cos w} \cdot \frac{2 + \cos w}{5 + 4\cos w} dw = 2.6999.$$

Die Fläche zwischen der Geraden $z = 1$ und der Kurve beträgt daher $\pi - 2.6999 = 0.4417$ und ist gleich einem Viertel der gesamten Kugelellipsenfläche $A^* = 1.767$ Flächeneinheiten.

Abschließend stellen wir anhand dieses Beispiels fest, dass man jedes sphärische Flächenstück auf die gleiche Weise berechnen kann, soweit ihre Randkurven keine künstlich konstruierten „Monster" sind. Bei den normalerweise in der Geometrie auftretenden Kurven muss man das nicht befürchten.

Aufgaben zu 3.1.2

1. Der Zylinder mit der Gleichung
$$(x^2 + y^2)^2 = x^2 - 3y^2$$
schneidet aus der Einheitskugel eine sechsblättrige Fläche aus. Berechnen Sie die Größe dieser Flächen analog Beispiel (2) und stellen Sie die Schnittkurve auf der Kugel einschließlich Grundriss graphisch dar.

2. Die Kurve mit der Darstellung
$$x = \cos 2t \cos t,\ y = \cos 2t \sin t,\ z = \sin 2t$$
liegt auf der Einheitskugel. Man zeige, dass sie die obere Halbkugel in vier Teilflächen zerlegt und zwei von ihnen *quadrierbar* sind. Stellen Sie die Kugel mit der Kurve und ihrem Grundriss dar.

3. Die Kurve mit der Darstellung
$$x = \cos^3 t,\ y = \sin^3 t,\ z = \frac{1}{2}\sqrt{3}\sin 2t$$
liegt ebenfalls auf der Einheitskugel und zerlegt die obere Halbkugel in drei Teilflächen. Zeigen Sie, dass zwei von ihnen *quadrierbar* sind und stellen Sie die Situation einschließlich des Grundrisses der Kurve graphisch dar. Wie zerlegt die gesamte Kurve die Kugeloberfläche?

4. Der Zylinder $(x-a)^2 + y^2 = a^2, 0 < a < 1$, schneidet aus der Einheitskugel zwei Teilflächen heraus. Man berechne für verschiedene Werte von a die Größe der ausgestanzten Flächen.

5. Die Kurve mit der Darstellung
$$x = \frac{1}{3}(2\cos t - \cos 2t),\ y = \frac{1}{3}(2\sin t - \sin 2t),\ z = \frac{2}{3}\sqrt{2}\cos\frac{t}{2}$$
zerlegt die Kugeloberfläche in drei Teilstücke. Man zeige, dass sich deren Größen exakt angeben lassen und erzeuge eine graphische Darstellung einschließlich Grundriss.

6. Der elliptische Zylinder $(2x - 1)^2 + 2y^2 = 1$ schneidet aus der Einheitskugel zwei Flächen heraus. Man zeige, dass sich ihre Größen ermitteln lassen und analysiere die Situation.

7. Die Einheitskugel wird durch die Ebene $z = \frac{1}{3}$ geschnitten. Die dabei entstandenen Kugelabschnitte werden ihrerseits durch die Ebene $y = \frac{1}{2}$ in je zwei Teile zerlegt. Man berechne die Größe der vier Teilflächen.

Arbeitsaufträge zu 3.1.2

1. (*Umkehrung der Zylinderabbildung*) Man wähle eine trigonometrische Funktion vom Typ $z = a\sin(kt)$ bzw. $z = a\cos(kt)$ mit $k \in \mathbb{Q}$ und bestimme zu dieser passende Kurven auf der Einheitskugel. Stellen Sie diese graphisch dar und berechnen Sie charakteristische Teilflächen, die von der Kurve und Meridianen begrenzt werden. Gibt es unter diesen Kurven solche, die auch Radlinien[38] sind?

2. Die elliptischen Zylinder $x^2 + \frac{y^2}{b^2} = 1$, $b < 1$, schneiden aus der Einheitskugel zwei Flächen heraus. Untersuchen Sie die Gestalt der Flächen und berechnen Sie deren Größe auf verschiedene Weisen.

3.1.3 Beispiele zur Volumenberechnung

VIVIANI hatte eine „handwerkliche" Lösung seines Rätsels gegeben mittels „Drehbank, Bohrer und Säge".[39] Er bohrte zwei Zylinder durch eine Kugel, deren Radius halb so groß war wie der Kugelradius und die sich in einer durch den Mittelpunkt der Kugel gehenden Mantellinie berührten. Dann zersägte er die Kugel in zwei Halbkugeln so, dass auch jeder der Zylinder dabei halbiert wurde. Wir wollen nun anhand dieses Beispiels zeigen, wie man in vielen Fällen das Volumen eines Körpers berechnen kann.

Abbildung 12 a zeigt die Kugel mit einem der ausgebohrten Zylinder. Zur Veranschau-

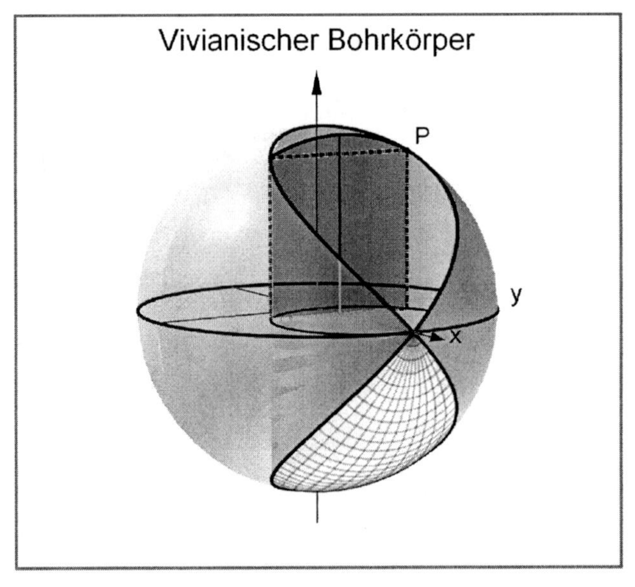

Abb. 12 a

lichung ist dabei die untere Schleife auf der Kugel mit einem Netz aus Parameterlinien dargestellt, während die obere *offen* geblieben ist, damit man in den Zylinder hineinse-

[38] Vgl. hierzu 1.5, S. 48 ff.

[39] [Roero 1998, S. 803]

hen kann. Zur Berechnung verwenden wir nun die bekannte „Scheibchenmethode“.[40] Dazu zerlegt man den Körper in „infinitesimal dünne“ Scheiben senkrecht zu einer Achse, die danach ausgewählt wird, dass die *Querschnitte* leicht berechenbare Flächen sind. Hier bietet sich dafür auch aus Symmetriegründen die x-Achse an. Ein Querschnitt ist also ein Rechteck, dem oben und unten ein Kreisabschnitt aufgesetzt ist. In Abbildung 12 b ist ein Viertel

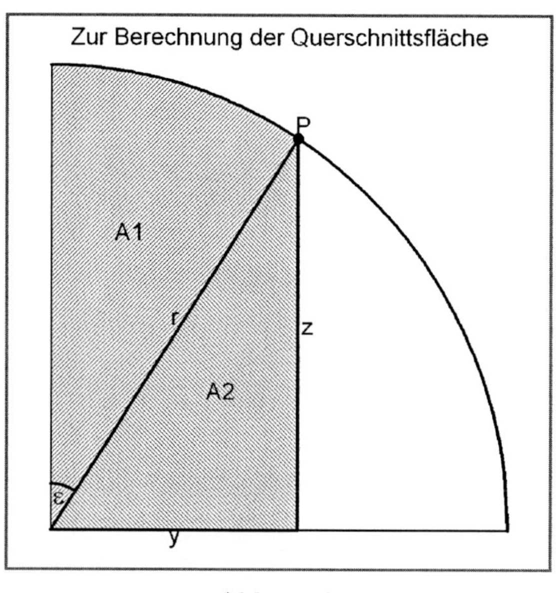

Abb. 12 b

eines solchen Querschnittes schraffiert dargestellt. Seine Größe ist offenbar *unabhängig von der betrachteten Kurve* durch

$$A = A_1 + A_2 = \frac{1}{2}yz + \frac{1}{2}r^2\varepsilon$$

gegeben, wenn P die Koordinaten x, y, z hat. Dabei ist $r = \sqrt{1 - x^2}$ und $\tan\varepsilon = \frac{y}{z}$. Für das Volumen des infinitesimalen Scheibchens mit der Dicke dx gilt daher die folgende allgemeine

Infinitesimale Formel für das Volumen eines Scheibchens

$$dV = \frac{1}{2}\left(yz + (1 - x^2)\arctan\frac{y}{z}\right)dx.$$

Das Problem besteht jetzt nur noch darin, alle Größen als Funktion von x (oder einer anderen Variablen) auszudrücken.

[40] Vgl. [Kroll, Vaupel 1986, S. 54 ff].

Im Fall der Kurve von VIVIANI mit $x = \cos^2 t$, $y = \cos t \sin t$, $z = \sin t$ gelingt dies leicht. Es ist

$$yz = \sin^2 t \cos t = (1 - \cos^2 t) \cos t$$

und

$$\frac{y}{z} = \cos t,$$

also wegen $x = \cos^2 t$

$$yz = (1 - x)\sqrt{x}, \quad \frac{y}{z} = \sqrt{x},$$

und wir haben

$$dV = \frac{1}{2}\big((1 - x)\sqrt{x} + (1 - x^2) \arctan \sqrt{x}\big)dx.$$

Ein CAS liefert für das zugehörige Integral von 0 bis 1 den Wert $V = \frac{1}{6}\pi - \frac{2}{9}$ Volumeneinheiten, also $V = \left(\frac{1}{6}\pi - \frac{2}{9}\right) R^3$. Nun wird der „Bohrkern“ von acht solchen Körpern gebildet, vier in jeder Halbkugel. Das Volumen des von VIVIANI hergestellten Körpers beträgt daher

$$V^* = \frac{2}{3}\pi R^3 - 4\left(\frac{1}{6}\pi - \frac{2}{9}\right) R^3 = \frac{8}{9} R^3.$$

Überraschenderweise erhalten wir wie schon bei der Schleifenberechnung einen rationalen, π nicht enthaltenden Ausdruck, also eine mit Zirkel und Lineal herstellbare Größe. Ein Würfel mit diesem Volumen ist jedoch nicht konstruierbar, da $\sqrt[3]{3}$ nicht konstruierbar ist.

Zur Auswertung der Formel fügen wir noch eine Bemerkung an. Grundsätzlich könnte man stets so vorgehen, dass man x, y, z mittels der Parameterdarstellung der Kurve ersetzt. Das Integral wird aber dann von einem CAS meist nur nummerisch ausgewertet werden können, so dass Aussagen wie die obige nicht möglich wären. Man sollte daher in jedem Fall prüfen, welcher Weg der günstigere ist.

Wir wenden nun die obige Formel auf einige weitere Probleme an und werden dabei auch einige Modifikationen vornehmen.

Beispiel (1): Elliptischer Bohrzylinder

Ein Zylinder mit der Gleichung $x^2 + \frac{y^2}{b^2} = 1$, $b < 1$, zerlegt die Einheitskugel in mehrere Teile. Wie verhalten sich deren Volumina zueinander?

Bevor wir rechnen, schauen wir uns die Graphik für ein spezielles b – hier $b = \frac{1}{2}$ – an (Abb. 13). Danach scheint der Zylinder die Kugel in zwei Großkreisen zu schneiden,

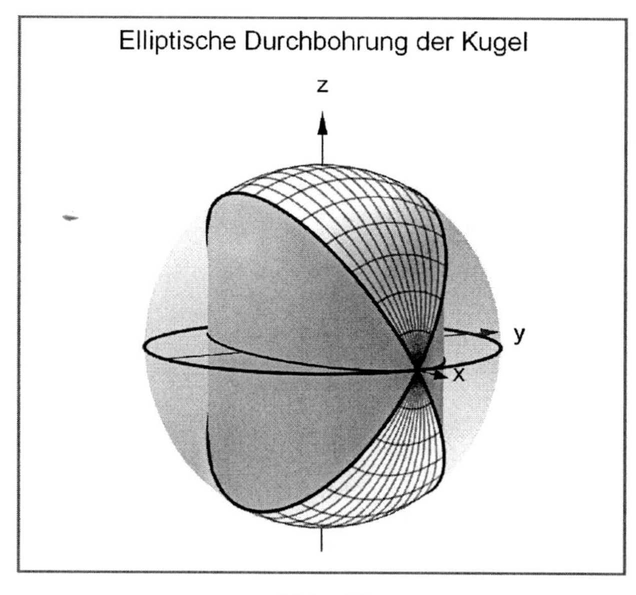

Abb. 13

die zwei „Orangestückchen“ bilden. Der Restzylinder zerfällt in weitere vier kongruente Teile, die ebenfalls zwischen den Schnittkurven liegen, aber ganz im Innern der Kugel. Diese insgesamt sechs Teilstücke bilden den „Bohrkern“. Von der Kugel bleiben dann noch zwei Reststücke übrig, die ebenfalls kongruent sind.

Wir gehen nun zur Rechnung über, indem wir die Grundrissellipse wie üblich parametrisieren: $x = \cos t$, $y = b \sin t$. Dann ist

$$z = \pm\sqrt{1 - \cos^2 t - b^2 \sin^2 t} = \pm \sin t \sqrt{1 - b^2}\,.$$

Daher gilt $z = \pm\frac{\sqrt{1-b^2}}{b} y$, und da es sich hierbei um die Gleichungen von Ebenen durch die Kugelmitte handelt, besteht die Schnittkurve tatsächlich aus zwei Großkreisen. Setzen wir nun die Parameterdarstellung für $z \geq 0$ in unsere Formel ein, so erhalten wir mit $dx = -\sin t dt$

$$dV = -\frac{1}{2}\left(b\sqrt{1 - b^2} + \arcsin b\right) \sin^3 t\, dt,$$

ein überraschend einfaches Ergebnis. Der Teil des Zylinders, der im ersten Oktanten liegt, hat demnach das Volumen

$$V = \int_{\frac{\pi}{2}}^{0} -\frac{1}{2}\left(b\sqrt{1 - b^2} + \arcsin b\right) \sin^3 t\, dt = \frac{1}{3}\left(b\sqrt{1 - b^2} + \arcsin b\right)$$

und der gesamte Bohrkern

$$V^* = 8V = \frac{8}{3}\left(b\sqrt{1 - b^2} + \arcsin b\right).$$

Dem Ergebnis können wir entnehmen, dass $b\sqrt{1-b^2} + \arcsin b < \frac{\pi}{2}$ sein muss, da der Zylinder nicht mehr aus der Kugel ausbohren kann als vorhanden. In der Tat ist die Funktion von b, die hier auftritt, streng monoton steigend und nimmt für $b = 1$ den maximalen Wert $\frac{\pi}{2}$ an.

Um nun auch das Volumen der Teilstücke zu bestimmen, berechnen wir den Winkel α zwischen den Großkreisen. Er ergibt sich aus der Gleichung (Steigung) der Ebene

$$\tan\left(90^\circ - \frac{\alpha}{2}\right) = \frac{\sqrt{1-b^2}}{b} = \cot\frac{\alpha}{2} = \frac{1}{\tan\frac{\alpha}{2}}.$$

Danach ist $\cos\frac{\alpha}{2} = \sqrt{1-b^2}$, $\sin\frac{\alpha}{2} = b$ und

$$\sin\alpha = 2\sin\frac{\alpha}{2}\cos\frac{\alpha}{2} = b\sqrt{1-b^2}\,.$$

Dieses Ergebnis veranlasst uns, zunächst V^* mittels α statt b auszudrücken:

$$V^* = \frac{4}{3}(\sin\alpha + \alpha).$$

Das Volumen V_1 jedes der Orangestückchen ergibt sich aus dem Kugelvolumen $\frac{4}{3}\pi$, das im Verhältnis von $\alpha : 2\pi$ geteilt wird. Es beträgt daher

$$V_1 = \frac{4}{3}\pi \cdot \frac{\alpha}{2\pi} = \frac{2}{3}\alpha.$$

Der restliche Bohrkern hat dann das Volumen

$$V_2 = \frac{4}{3}(\sin\alpha + \alpha) - 2 \cdot \frac{2}{3}\alpha = \frac{4}{3}\sin\alpha,$$

und die beiden Reststücke der Kugel

$$V_3 = \frac{2}{3}\pi - \frac{2}{3}(\sin\alpha + \alpha) = \frac{2}{3}(\pi - \alpha - \sin\alpha).$$

Das gesuchte Verhältnis beträgt somit

$$2V_1 : V_2 : 2V_3 = \alpha : \sin\alpha : (\pi - \alpha - \sin\alpha).$$

Beispiel (2): Parabolischer Kugelschnitt

Der parabolische Zylinder $x = \frac{4}{3}y^2 - \frac{1}{2}$ zerlegt die Einheitskugel in zwei Teile. Um deren Volumen zu ermitteln, machen wir uns die Situation anhand einer Graphik klar (vgl. Abb. 14 a). Danach variiert x vom Scheitel der Parabel bis zum x-Wert ihrer Schnittpunkte

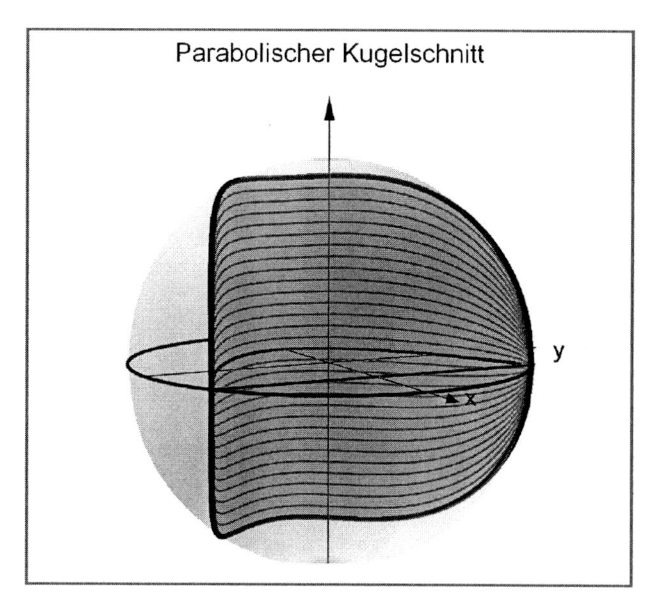

Abb. 14 a

mit dem Äquator. Die fraglichen Werte sind $-\frac{1}{2}$ und $\frac{1}{2}$. Da aber hier x durch y ausgedrückt ist, machen wir y zum Parameter. Dann ist $dx = \frac{8}{3}dy$, und y variiert von 0 bis $\frac{1}{2}\sqrt{3}$, wenn wir nur den Teil der Kugel berechnen, der im ersten und zweiten Oktanten liegt. Durch Einsetzen in unsere Formel und Integrieren, alles ausgeführt von einem CAS, erhalten wir so 0.50215 als Wert für das Volumen. Demnach beträgt das gesamte Volumen, das der parabolische Zylinder *links von der Ebene* $x = \frac{1}{2}$ abschneidet, $V_1 = 4 \cdot 0.50215 = 2.0086$ Einheiten.

Das ist keineswegs alles, denn rechts von der Ebene $x = \frac{1}{2}$ befindet sich ja ebenfalls noch ein Stück der Kugel, das mitabgeschnitten wird. Abbildung 14 b verdeutlicht die

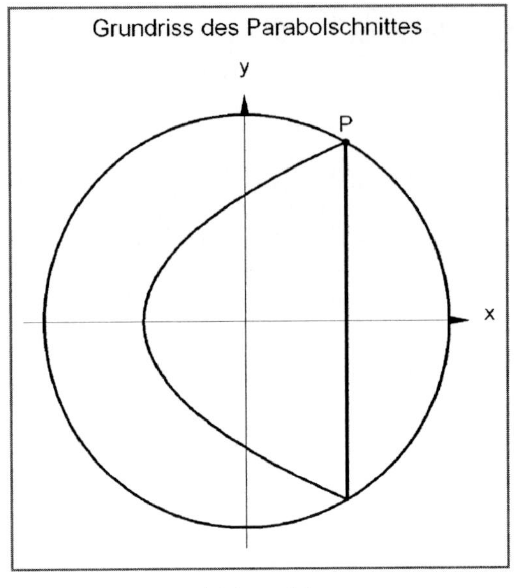

Abb. 14 b

Situation: Integriert wird nur vom Parabelscheitel bis zur gestrichelten Linie. Das ergibt das Volumen des Körpers, der zugleich vom parabolischen Zylinder, der Kugel und der Ebene $x = \frac{1}{2}$ begrenzt wird. Zu diesem muss noch das Volumen des Kugelabschnittes hinzugefügt werden. Es beträgt gemäß der bekannten Formel für Rotationskörper

$$V_2 = \pi \int_{\frac{1}{2}}^{1} (1 - x^2)dx = \frac{5}{24}\pi = 0.6545.$$

Also ist $V = 2.0086 + 0.6545 = 2.6631$ das Volumen des von dem parabolischen Zylinder abgetrennten Kugelstücks und $V^* = \frac{4}{3}\pi - 2.6631 = 1.52569$ das Volumen des verbleibenden Kugelstücks.

Beispiel (3): Vivianisches Konoid

Unter einem *Konoid* – das Wort bedeutet „kegelartiger Körper“ – versteht man eine *Regelfläche*, deren Geraden

(1) parallel zu einer Ebene verlaufen;

(2) eine zu dieser Ebene senkrechte Gerade sowie

(3) eine *Leitkurve* treffen.

Nimmt man als Ebene die xy-Ebene, als Treffgerade die z-Achse und als Leitkurve die vivianische Kurve, so erhalten wir ein „vivianisches Konoid“ (Abb. 15 links). Natürlich

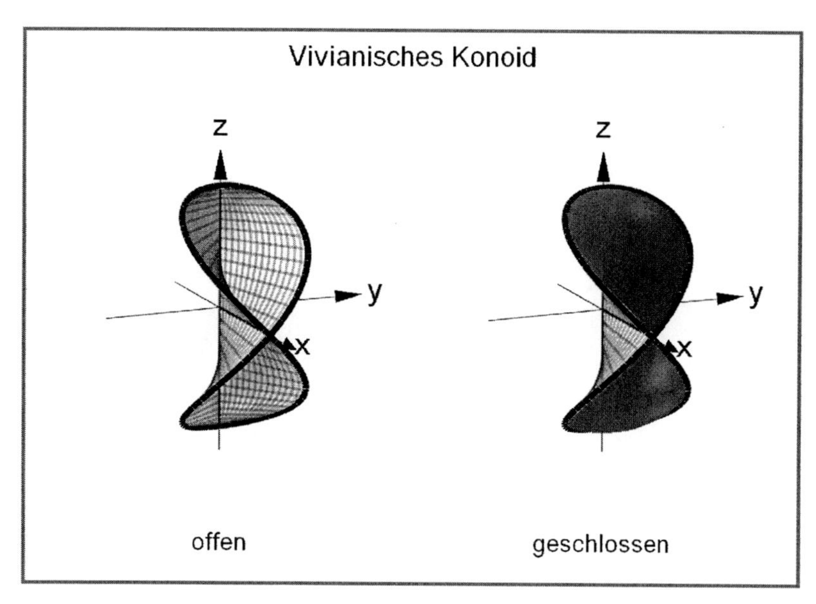

Abb. 15

könnte man zu derselben Leitkurve aber noch andere Konoide definieren. Die Bezeichnung ist also nicht eindeutig.

Unser Konoid erscheint als Hohlkörper. Wir könnten ihn dadurch schließen, dass wir die Endpunkte gleich hoher Punkte der vivianischen Kurve geradlinig verbinden. Die beiden „Deckel" wären dann Teilstücke des parabolischen Zylinders, auf der die Kurve liegt. Stattdessen könnte aber auch jede andere Trägerfläche der Kurve genommen werden, sofern dabei eine geschlossene Fläche entsteht, zum Beispiel der Kegel oder das Rotationsellipsoid.[41] In Abbildung 15 rechts ist es die Kugel.

Wir wollen nun das Volumen dieses Körpers berechnen. Offensichtlich können wir aber dazu nicht unsere Formel verwenden, da die Querschnitte senkrecht zur x-Achse keine Rechtecke mit aufgesetztem Kleinkreisbogen sind. Dagegen erhält man senkrecht zur z-Achse Querschnitte von sehr einfacher Form, da die erzeugenden Geraden des Konoids *Radien* von Breitenkreisen sind. Legen wir also durch einen Punkt P der vivianischen Kurve den Breitenkreis, so erhalten wir die in Abbildung 16 wiedergegebene Figur. Der

[41] Vgl. hierzu S. 15.

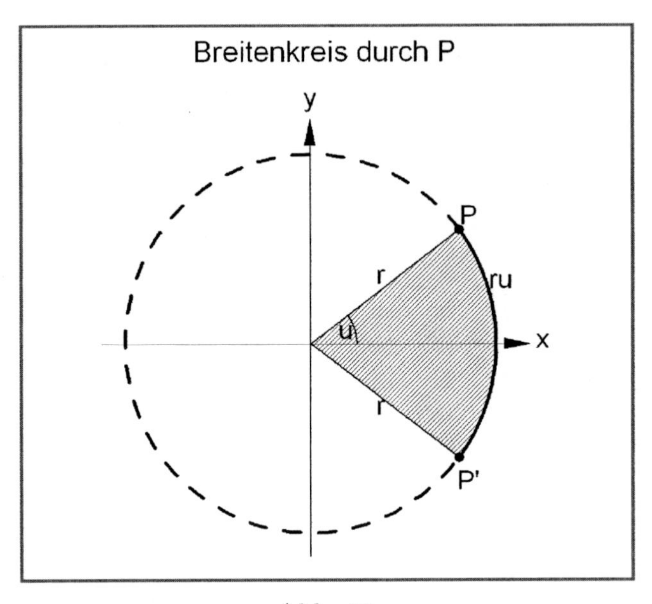

Abb. 16

Radius des Kreises beträgt dabei $r = \cos v$, die Länge des Bogens $|\overset{\frown}{PP'}| = 2u\cos v$ und die Sektorfläche $A = \frac{1}{2}r \cdot 2u\cos v = u\cos^2 v$. Da nun im Fall der Kurve von VIVIANI außerdem noch $v = u$ gilt, erhalten wir für dV die einfache Formel

$$dV = v\cos^2 v dz.$$

Hier bietet sich v als Integrationsvariable an. Demgemäß leiten wir $z = \sin v$ nach v ab und erhalten $dz = \cos v dv$, also schließlich

$$V = 2\int_0^{\frac{\pi}{2}} v\cos^3 v dv = \frac{2}{3}\pi - \frac{14}{9},$$

wenn wir die untere Hälfte gleich miteinbeziehen. Überraschenderweise ergibt sich auch hier: Bohren wir den vivianischen Körper aus der Halbkugel, in der er liegt, heraus, so hat der verbleibende Körper ein *rationales* Volumen von $\frac{14}{9}R^3$.

Aufgaben zu 3.1.3

1. Man berechne das Volumen des Körpers, den der Grundrisszylinder der „sphärischen Lemniskate" (vgl. Beispiel (2), S. 123) aus der Einheitskugel ausschneidet, sowie das Volumen des Restkörpers.
2. Wie Aufgabe 1 für die „Kugelellipse" (vgl. Beispiel (3), S. 125).
3. Der Zylinder $x^2 + y^2 = 2x$ zerlegt die Einheitskugel in zwei Teilkörper. Wie verhalten sich deren Volumina zueinander?
4. Wie Aufgabe 3 für
   a) $x^2 + y^2 = \frac{1}{4}$;   b) $2x^2 + 4y^2 = 1$;   c) $x^2 + y^2 = \frac{1}{2}x$;   d) $\left(x - \frac{1}{4}\right)^2 + y^2 = \frac{9}{4}$.

5. Der Zylinder, der die vivianische Schleife ausbohrt, werde durch *gerade* Linien, wie im Text S. 135 beschrieben, abgeschlossen. Berechnen Sie das Volumen dieses Körpers sowie das Volumen des Körpers, der zwischen dem „geradlinigen“ und dem sphärischen „Deckel“ liegt.
6. Das in Beispiel (3) definierte vivianische Konoid werde „geradlinig“ abgeschlossen (vgl. S. 135). Berechnen Sie das Volumen des zugehörigen Körpers.
7. Die erzeugenden Geraden eines Konoids seien parallel zur yz-Ebene und mögen die x-Achse sowie die vivianische Kurve treffen. Berechnen Sie das Volumen des Hohlkörpers analog zu Beispiel (3), S. 135, wenn er

   a) durch die Kugel; b) geradlinig

   abgeschlossen wird.

Arbeitsauftrag zu 3.1.3

Man entwickle eine Formel zur Volumenberechnung bei einem Rotationsparaboloid mit der Gleichung $z = a - b(x^2 + y^2)$ für $a, b > 0$ analog zu der im Text S. 130 f. Dabei möge der zu berechnende Teilkörper über der xy-Ebene liegen. Als Beispiel berechne man das Volumen des Zylinders $x^2 + y^2 = x$, der vom Paraboloid $z = 1 - x^2 - y^2$ nach oben abgeschlossen wird.

3.2 Zwei allgemeine Formeln

Die speziell für die Kugel erarbeiteten Methoden lassen sich nur bedingt übertragen. In jedem Falle müssten neue Überlegungen angestellt werden, die auch wenn sie analog sind, Mühe bereiten. Tatsächlich aber ist es möglich, sowohl für die Flächenberechnung als auch für die Volumenberechnung recht allgemeine Formeln aufzustellen, die mit Hilfe eines CAS leicht zu handhaben sind. Die Wirksamkeit dieser Formeln beruht ganz wesentlich auf der Tatsache, dass man die Parameterdarstellung der auftretenden Flächen geeignet wählt. Wir diskutieren das im ersten Paragraphen, in dem es um die Flächenberechnung geht, und übertragen die Erkenntnisse im zweiten Paragraphen auf die Volumenberechnung.

3.2.1 Die allgemeine Flächenformel und das Problem einer passenden Parameterdarstellung

Eine Fläche ist ein zweidimensionales Gebilde, zu deren Darstellung zwei voneinander unabhängige Parameter benötigt werden. Nennen wir diese s und t, so sind die Koordinaten $(x|y|z)$ eines Flächenpunktes durch s und t eindeutig bestimmt. Bei konstantem s erhält man eine Kurve auf der Fläche, die zu diesem s gehörige *Parameterlinie*. Entsprechendes gilt im Falle von t. Die s- und die t-Parameterlinien überdecken die Fläche. Mittels einer endlichen Anzahl von Parameterlinien beider Sorten erzeugt die Software ein perspektives

Bild der Fläche. Die gezeichneten Parameterlinien bilden ein „Netz" auf der Fläche nach Art eines Koordinatensystems, und das Auge füllt seine „Maschen" fast automatisch mit den zugehörigen Flächenstücken aus. Allerdings lassen sich bei vielen Programmen die Parameterlinien auch unterdrücken. Der Eindruck einer Fläche wird dann durch Umrisslinien, Färbung und Lichteffekte hervorgerufen.

Betrachtet man nun ein solches Netz, dann bilden die Maschen kleine Vierecke, die, je kleiner sie sind, umso mehr die Form eines Parallelogramms annehmen, im „infinitesimalen Fall" sogar exakt. Das lässt sich leicht anhand einer Abbildung erklären (vgl. Abb. 17).

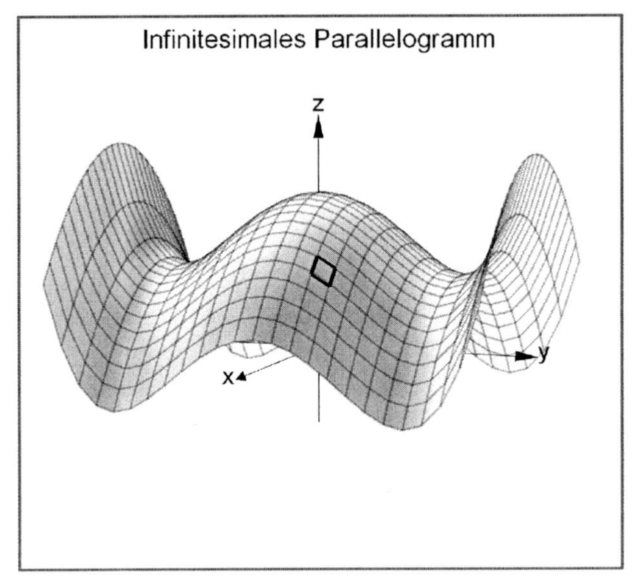

Abb. 17

Wenn nämlich zwei Parameterlinien sehr dicht aufeinander folgen, dann ändert sich ihre Gestalt nur sehr wenig, es sei denn, die Fläche wiese Unstetigkeiten oder Falten auf, was wir hier aber generell ausschließen wollen. Infolgedessen sind die Tangenten parallel, wenn man von einem Punkt $(s|t)$ zum Punkt $(s+ds|t)$ bzw. zum Punkt $(s|t+dt)$ übergeht. Die Fläche einer solchen „infinitesimalen Masche" kann als „Baustein" der zu berechnenden Fläche angesehen werden. Summiert man sie auf, so hat man sein Ziel erreicht.

In den Lehrbüchern der analytischen Geometrie[42] wird gezeigt, wie sich die Fläche eines von zwei Vektoren $\vec{a}$ und $\vec{b}$ aufgespannten Parallelogramms mit Hilfe des *Kreuz-* oder *Vektorproduktes* berechnen lässt. Es ist einfach $|\vec{a} \times \vec{b}|$. Um diesen Satz auf eine Masche anzuwenden, stellen wir zunächst fest, dass die beiden aufspannenden Vektoren Tangentenvektoren der entsprechenden Parameterlinien sind. Bezeichnen wir die Parameterdar-

[42] Vgl. z. B. [Kroll, Reiffert, Vaupel 1997, S. 68].

stellung der Fläche mit $\vec{p}(s,t)$ und die *partiellen Ableitungen* nach s bzw. t wie üblich mit $\vec{p}_s$ bzw. $\vec{p}_t$,[43] dann gilt für die infinitesimalen Differenzen

$$\vec{p}(s+ds,t) - \vec{p}(s,t) = \vec{p}_s ds$$

sowie

$$\vec{p}(s,t+dt) - \vec{p}(s,t) = \vec{p}_t dt,$$

und auf Grund der zitierten Eigenschaft des Kreuzproduktes erhalten wir hieraus die

Infinitesimale Flächenformel

$$dA = |\vec{p}_s ds \times \vec{p}_t dt| = |\vec{p}_s \times \vec{p}_t| ds dt.$$

Wir wollen nun diese Formel auf die in Abbildung 17 dargestellte Fläche anwenden. Bei dieser handelt es sich um den Graphen der Funktion $f(x,y) = a - bx^2 + c(y^2-d)^2$ mit $a = 5$, $b = \frac{1}{2}$, $c = \frac{1}{2000}$, $d = 100$. Die beiden Parameter sind hier also x und y, d. h. es ist $\vec{p}(x,y) = \begin{pmatrix} x \\ y \\ f(x,y) \end{pmatrix}$. Mit den partiellen Ableitungen

$$\vec{p}_x = \begin{pmatrix} 1 \\ 0 \\ -2bx \end{pmatrix}, \quad \vec{p}_y = \begin{pmatrix} 0 \\ 1 \\ 4cy(y^2-d) \end{pmatrix}$$

erhalten wir das Kreuzprodukt

$$\vec{p}_x \times \vec{p}_y = \begin{pmatrix} 2bx \\ -4cy(y^2-d) \\ 1 \end{pmatrix}$$

und hieraus schließlich

$$|\vec{p}_x \times \vec{p}_y| = \sqrt{4b^2x^2 + 16c^2y^6 - 32c^2dy^4 + 16c^2d^2y^2 + 1}\,.$$

Das Ergebnis zeigt, dass man mit umfangreichen Ausdrücken rechnen muss. Glücklicherweise ist es jedoch nicht nötig, alle Teilergebnisse aufzuschreiben. Es genügt, wenn sie im PC gespeichert und von dort für die weiteren Rechnungen abgerufen werden können.

[43] Um die Symbole nicht zu überladen, schreibt man nicht $\vec{p}_s(s,t)$ usw., sondern lässt hier die Funktionsvariablen in den Klammern fort.

Diese Rechnung besteht darin, dass wir nun nacheinander entlang einer festgehaltenen Parameterlinie, z. B. einer y-Linie, die infinitesimalen Parallelogramme aufsummieren. Das ergibt einen Flächenstreifen der Breite dy mit dem Inhalt

$$\int_{x_1}^{x_2} |\vec{p}_x \times \vec{p}_y| dx$$

Im zweiten Schritt werden dann auch diese Streifen aufsummiert, und man erhält schließlich

$$A = \int_{y_1}^{y_2} dy \left(\int_{x_1}^{x_2} |\vec{p}_x \times \vec{p}_y| dx \right) dx.$$

Es sind also zwei Integrationen nötig, um die Fläche zu erhalten, wobei es prinzipiell auf die Reihenfolge nicht ankommt. Solange man nur einen nummerischen Wert anstrebt, spielt das keine Rolle, weil das CAS die Arbeit übernimmt. Allerdings muss man in der Lage sein, die jeweiligen Integralgrenzen anzugeben, und da ist die Reihenfolge keineswegs gleichgültig. Wir erklären das am Beispiel der Abbildung 18 a, einem Schnitt unserer

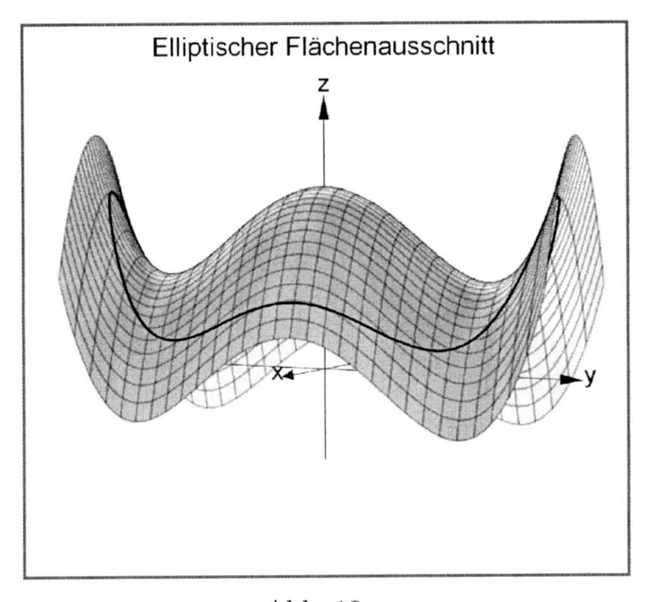

Abb. 18 a

Fläche mit dem elliptischen Zylinder $16x^2 + y^2 = 196$. In dieser sind die y-Parameterlinien diejenigen, die auf den Betrachter zulaufen, und die x-Parameterlinien, diejenigen die quer dazu verlaufen: Das Problem besteht nun darin, dass man bei *festem* (aber allgemeinem) y die Integralgrenzen als Schnittpunkte der Parameterlinie mit der Randkurve bestimmen müssen, um in diesem Intervall das Integral bezüglich y zu berechnen. Im vorliegenden Fall wäre das nicht zu schwierig, da man den elliptischen Zylinder nur mit Ebenen $y = \text{const.}$

bzw. $x = \text{const.}$ schneiden muss. Bei komplizierteren Randkurven könnte es aber sein, dass das Lösen der entsprechenden Gleichungen nur in einem Fall einfach, im anderen aber unmöglich ist. Es kann aber auch sein, dass sich die Grenzen im einen wie im anderen Fall nicht allgemein ausrechnen lassen, und dann kommt man auf diese Weise überhaupt nicht weiter. Hier hilft nur der Übergang zu einer besseren Parameterdarstellung.

Wann wäre eine Parameterdarstellung besser? Sicher dann, wenn die Parameterlinien zur Umrisskurve passen. Abbildung 18 b zeigt eine solche Parametrisierung. Sie beruht auf der

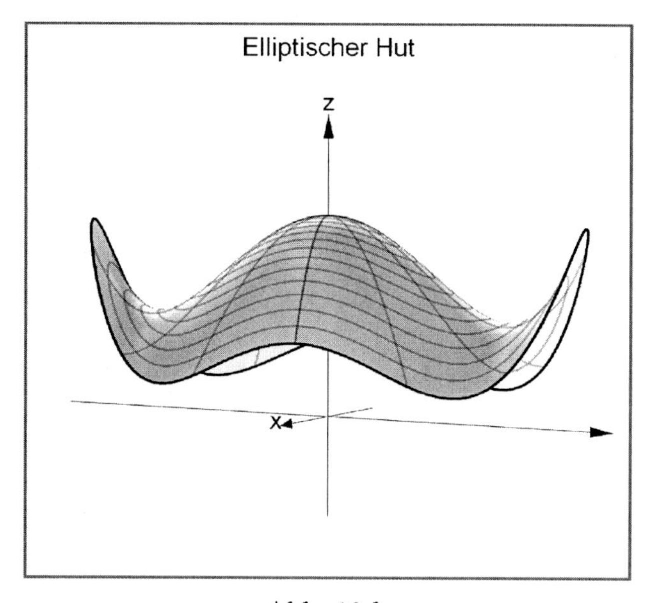

Abb. 18 b

folgenden Überlegung. Projiziert man die Randkurve auf die xy-Ebene, dann kann man sie z. B. durch zentrische Streckung von einem inneren Punkt aus auf eine ähnliche Kurve abbilden, *die ganz im Innern der Fläche verläuft.* Zu jedem Streckfaktor s zwischen 0 und 1 erhält man so eine ähnliche Kurve, und wenn man diese wieder auf die Fläche zurückprojiziert, bilden die s-Parameterlinien eine Schar in sich geschlossener Linien, die die zu berechnende Fläche gewissermaßen von innen heraus ausfüllen. Die t-Parameterlinien sind aber nichts anderes als die Schnitte der Ebenen, die senkrecht zur xy-Ebene durch die jeweilige Verbindungsstrecke von Randpunkt und Streckzentrum verlaufen.[44]

Wir führen nun dieses Verfahren an unserem Beispiel durch. Die Grundrissellipse des Zylinders parametrisieren wir wie üblich durch

$$x = 3,5s\cos t\,, \quad y = 14s\sin t\,.$$

[44]Wie Abb. 18 b zeigt, ist dieses Verfahren auch zur graphischen Darstellung nützlich. Zahlreiche Abbildungen in diesem Buch sind so erzeugt worden.

Durch Einsetzen in $f(x, y)$ erhalten wir die *neue* Parameterdarstellung, die wir deshalb mit $\vec{q}(s,t)$ bezeichnen:

$$\vec{q}(s,t) = \begin{pmatrix} 3,5s\cos t \\ 14s\sin t \\ f(3,5s\cos t, 14s\sin t) \end{pmatrix}.$$

Mittels eines CAS werden nun nacheinander $\vec{q}_s$, $\vec{q}_t$, $\vec{q}_s \times \vec{q}_t$, $|\vec{q}_s \times \vec{q}_t|$ bestimmt. Das letzte Ergebnis zeigt, dass der Integrand eine Wurzel ist, die sich im allgemeinen nicht exakt integrieren lässt. Aber die nummerische Auswertung ist durchaus möglich, indem man

$$\int_0^{\pi/2} dt \left(\int_0^1 |\vec{q}_s \times \vec{q}_t| ds \right)$$

eingibt. Dabei sollte man die Integrationsintervalle möglichst klein halten, damit die Rechenzeit nicht zu groß wird. Auf Grund der Symmetrie der Fläche haben wir daher den Parameter t nicht bis 2π, sondern nur bis $\frac{\pi}{2}$ laufen lassen. Das Ergebnis ist daher noch mit 4 zu multiplizieren, und wir erhalten $A = 310,3$ Flächeneinheiten für den „elliptischen Zylinderhut".

Aufgaben zu 3.2.1

1. Man wende die allgemeine Formel auf eine sphärische Fläche an, deren Randkurve durch

$$x = r(t)\cos t,\ y = r(t)\sin t,\ z = \sqrt{1 - r^2(t)},\ 0 \le t \le 2\pi$$

beschrieben wird, und zeige, dass sie auf die in 3.1.2 dargestellte Methode hinausläuft.

2. Die Fläche $z = x^2 + \frac{1}{4}y^2$ wird von der Ebene $z = 2x + 8$ geschnitten. Parametrisieren Sie deren Grundriss durch zentrische Streckung vom Nullpunkt aus und errechnen Sie mit Hilfe dieser Parametrisierung

   a) die auf der Ebene,

   b) die auf der Fläche $z = x^2 + \frac{1}{4}y^2$

   ausgeschnittene Fläche.

   c) Bestimmen Sie die Art der Schnittkurve und berechnen Sie die von ihr auf der Ebene berandete Fläche erneut. Kontrollieren Sie so das in a) erhaltene Ergebnis.

   d) Berechnen Sie das Volumen des von der Ebene und der gegebenen Fläche umschlossenen Körpers.

3.* Bearbeiten Sie dasselbe Problem wie in Aufgabe 2 a) bis c) für die Fläche $z^2 = x^2 + 4y^2$ und die Ebene $z = \frac{3}{5}x + 4$.

3.2.2 Die Säulenmethode der Volumenberechnung

Im Raum gibt es eine enge Analogie der Volumenberechnung zur Flächenberechnung in der Ebene. Wird eine ebene Fläche von den Graphen mehrerer Funktionen begrenzt, so kann man bekanntlich die Fläche stets mittels „Normflächen“ berechnen, die nur von der x-Achse, *einem* Funktionsgraph und zwei Ordinaten am Ende des Integrationsintervalls begrenzt werden. An die Stelle der x-Achse tritt nun im Raum die xy-Ebene, die begrenzenden Ordinaten werden zu zylindrischen Flächen und der Gegenstand ist ein Körper, der von Flächen begrenzt wird, die sich durch Funktionen von x und y beschreiben lassen. Gefragt ist das Volumen des Körpers.

Der anschauliche Kern der Berechnung einer Normfläche in der Ebene ist die Aufsummierung aller „Streifen“ mit infinitesimaler Breite, die das Integrationsintervall ausfüllen. Die Höhe des Streifens ist dabei durch die Funktion gegeben, und es kommt nicht darauf an, wie er oben durch den Funktionsgraphen abgeschnitten wird. Analog im Raum. Man addiert die Rauminhalte aller „Säulen“ mit infinitesimaler Grundfläche, die auf der xy-Ebene fußen und insgesamt den Grundriss der den Körper nach oben begrenzenden Fläche ausfüllen. Die Höhe der Säule ist dabei durch den Funktionswert $f(x, y)$ gegeben, wobei es wie im ebenen Fall nicht darauf ankommt, an welcher Stelle ihrer infinitesimalen Grundfläche der Wert bestimmt wird.

Im Unterschied zum zweidimensionalen Fall stellt die infinitesimale Grundfläche im Raum ein Problem dar. Im Prinzip haben wir dieses aber bereits in 3.2.1 besprochen. Eine Parametrisierung, die für die Berechnung einer räumlichen Fläche geeignet ist, dürfte grundsätzlich auch eine geeignete Parametrisierung ihres Grundrisses sein. Ja, wir können sogar mit der *gleichen* Formel arbeiten, da der Grundriss einfach eine räumliche Fläche ist mit der dritten Komponente 0. Schreiben wir, um diese Ersetzung anzudeuten, $\vec{q}_0(s, t)$ statt $\vec{q}(s, t)$, dann gilt mit entsprechender Bezeichnung $dA_0 = |\vec{q}_{0s} \times \vec{q}_{0t}|\, dsdt$ und mit ihr die

> Infinitesimale Volumenformel für zylindrische Körper
> Eine Fläche sei durch die Funktion $z = f(x, y)$ und eine Randkurve gegeben, deren Grundriss mittels der Parameterdarstellung $\vec{q}_0(s, t)$ beschrieben werde. Für alle Punkte dieses Grundrisses gelte ferner $f(x, y) \geq 0$. Dann beträgt das Volumen einer infinitesimalen Säule
> $$dV = |\vec{q}_{0s} \times \vec{q}_{0t}| \cdot f(x, y) dsdt.$$

Wir wenden nun diese Formel an, um im Anschluss an unser Beispiel aus 3.2.1 das Volumen des „elliptischen Zylinderhuts“ (vgl. Abb. 18 c) zu berechnen. Die Flächenfunktion $f(x, y)$

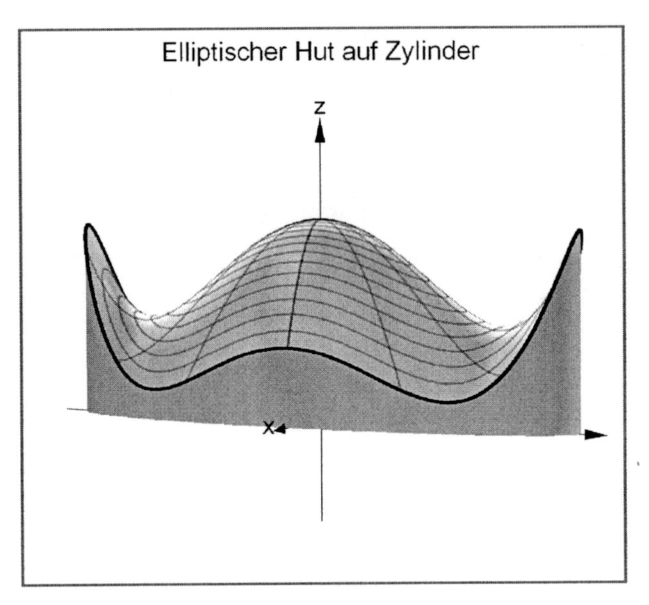

Abb. 18 c

lautet

$$f(x,y) = a - bx^2 + c(y^2 - d)^2 = 10 - \frac{1}{2}x^2 - \frac{1}{10}y^2 + \frac{1}{2000}y^4,$$

und die berandende Ellipse hatte den Grundriss

$$\vec{q}_0(s,t) = \begin{pmatrix} \frac{7}{2}s\cos t \\ 14s\sin t \\ 0 \end{pmatrix}, \quad 0 \le s \le 1, \ 0 \le t \le 2\pi.$$

Dann ist

$$\vec{q}_{0s} = \begin{pmatrix} \frac{7}{2}\cos t \\ 14\sin t \\ 0 \end{pmatrix}, \quad \vec{q}_{0t} = \begin{pmatrix} -\frac{7}{2}s\cos t \\ 14s\sin t \\ 0 \end{pmatrix}$$

und

$$\vec{q}_{0s} \times \vec{q}_{0t} = \begin{pmatrix} 0 \\ 0 \\ 49s \end{pmatrix},$$

ein Vektor, dessen erste beide Komponenten typischerweise verschwinden. Somit erhalten wir

$$\begin{aligned} dV &= 49sf(x,y)dsdt = 49sf(3.5s\cos t, 14s\sin t)dsdt \\ &= 49s(10 - s^2(6.125 + 13.475\sin^2 t) + 19.208s^4\sin^4 t)dsdt \end{aligned}$$

und als Doppelintegral von $s = 0$ bis $s = 1$, $t = 0$ bis $t = \frac{\pi}{2}$ exakt

$$\frac{V}{4} = \frac{1170071}{16000}\pi, \text{ also } V = \frac{1170071}{4000}\pi \approx 918.972$$

Volumeneinheiten.

Wir wollen im Folgenden ein noch etwas kompliziertes Beispiel betrachten, die *Hippopeden* des EUDOXOS.[45] An diesen lässt sich zeigen, dass die Wahl einer geeigneten Parameterdarstellung nicht trivial ist. Hippopeden sind die Achterkurven auf der Einheitskugel, die von einem Zylinder $(x-1+r)^2+y^2=r^2$ herausgeschnitten werden. Ihr Grundriss ist also ein Kreis mit dem Radius r, der von innen den Einheitskreis im Punkt $(1|0)$ berührt. Nun kann man diesen Kreis bereits auf zwei einfache Weisen parametrisieren (vgl. Abb. 19 a)

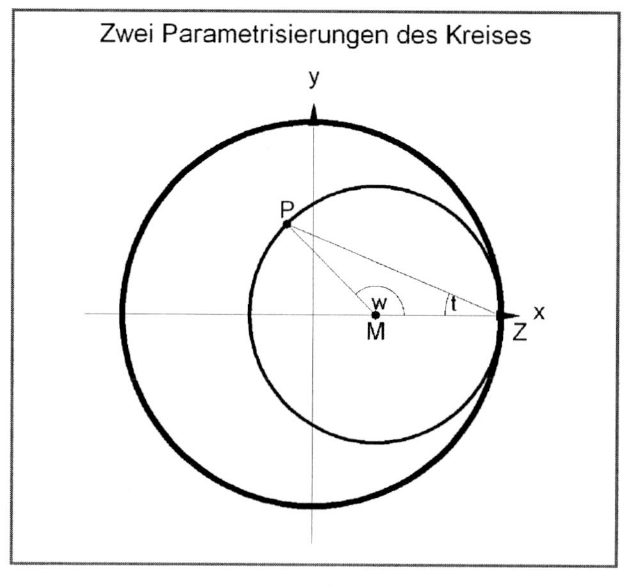

Abb. 19 a

vom Mittelpunkt aus:

$$(1) \quad x = 1 - r + r\cos w, \quad y = r\sin w, \quad 0 \leq w \leq 2\pi,$$

oder vom Umfang aus, wobei der gewählte Punkt noch freisteht. Wir wählen $(1|0)$ und damit

$$(2) \quad x = 1 - 2r\cos^2 t, \quad y = 2r\cos t \sin t, \quad 0 \leq t \leq \pi.$$

Wir wollen hier nicht vorrechnen, dass (1) mit zentrischer Streckung vom Mittelpunkt aus kein erfolgreicher Ansatz ist. Dagegen führt (2) wenigstens zu einfachen Formeln, wenn wir x und y in die Funktion für die obere Halbkugel $z = f(x,y) = \sqrt{1-x^2-y^2}$ einsetzen, nämlich zu $z = 2\sqrt{r(1-r)}\cos t$. Bei zentrischer Streckung von $(1|0)$ aus geht diese Formel in $z = 2\sqrt{rs(1-rs)}$ über, da der Radius sich dabei mit s multipliziert. Statt eines

[45] Vgl. hierzu S. 12, Arbeitsauftrag 1.

konstanten r könnten wir infolgedessen einfacher r als variabel betrachten, das dann von 0 bis zu einem festen Radius $r_0 \leq 1$ variiert. Die Gleichungen (2) können daher bereits als eine Parameterdarstellung der Kreis*fläche* angesehen werden, doch würden wir auch mit dieser Parametrisierung noch in Schwierigkeiten geraten und könnten nur nummerische Integralwerte erhalten. Das liegt daran, dass r in z unter der Wurzel vorkommt und Ableitungen dadurch kompliziert werden. Ein einfacher Kunstgriff aber kann dieses Problem beheben. Setzt man nämlich $r = \sin^2 a$, verschwindet die Wurzel, und damit gelangen wir schließlich zum Ziel. Abbildung 19 b zeigt zunächst das Netz der Parametrisierung, dessen

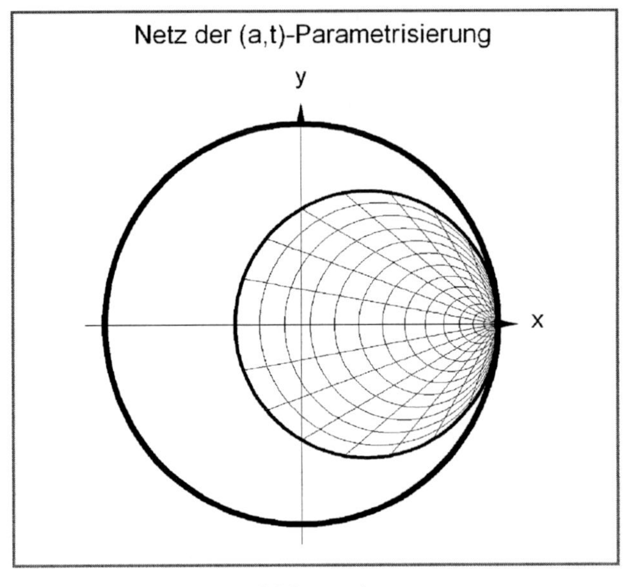

Abb. 19 b

Gleichungen

$$x = 1 - 2\sin^2 a \cos^2 t, \quad y = 2\sin^2 a \cos t \sin t, \quad z = 2\sin a \cos a \cos t$$

lauten. Mit diesen als $\vec{p}(a,t)$ folgt

$$|\vec{q}_{0a} \times \vec{q}_{0t}| = 8\sin^3 a \cos a \cos^2 t$$

und

$$\begin{aligned} V &= \int_0^{\frac{\pi}{2}} dt \left(\int_0^{\arcsin\sqrt{r_0}} 16\sin^4 a \cos^2 a \cos^3 t da \right) \\ &= \frac{2}{9}\sqrt{r_0(1-r_0)}(8r_0^2 - 2r_0 - 3) + \frac{2}{3}\arcsin\sqrt{r_0}. \end{aligned}$$

Multipliziert man dieses Ergebnis noch mit 4, so erhält man das Volumen des gesamten „Bohrkörpers“, den der Zylinder aus der Kugel ausbohrt. Speziell für $r_0 = \frac{1}{2}$, also dem vivianischen Bohrkörper, erhalten wir $V^* = \frac{2}{3}\pi - \frac{8}{9}$ in Übereinstimmung mit dem Ergebnis, das wir in 3.1.3 mittels der Scheibchenmethode hergeleitet haben.

Wir wollen hierbei nicht stehen bleiben, denn es ist nur noch eine Formel auszuwerten, um die Fläche, die vom Zylinder aus der Kugel ausgeschnitten wird, zu ermitteln. Für unser $\vec{q}(a,t)$ gilt nämlich, wie man mittels eines CAS schnell ermittelt,

$$\frac{1}{4}A = \int_0^{\frac{\pi}{2}} dt \left(\int_0^{\arcsin\sqrt{r_0}} 4\sin^2 a \cos t da \right) = 2\left(\arcsin\sqrt{r_0} - \sqrt{r_0(1-r_0)}\right).$$

Speziell für $r_0 = \frac{1}{2}$ folgt hieraus für die Größe der gesamten vivianischen Schleife $A = 2\pi - 4$, die wir damit erneut bestätigen.

Aufgaben zu 3.2.2

1. Auf der Sattelfläche $z = xy + 5$ wird eine Fläche ausgeschnitten, deren Grundriss
   a) das achsenparallele Quadrat mit dem Mittelpunkt O und der Seitenlänge 2 ist;
   b) der Kreis $x^2 + y^2 = 1$ ist;
   c) der Kreis $x^2 + y^2 = x$ ist.
   Man berechne das Volumen des von den zugehörigen Zylindern und der Sattelfläche begrenzten Körper. Welche Größe lässt sich jeweils als *mittlere Höhe* des Zylinders definieren?
2. In Aufgabe 1 sei der Grundriss das Dreieck
   a) OPQ mit $P(2|0|0), Q(2|3|0)$;
   b) OPQ mit $P(0|2|0), Q(2|3|0)$;
   c) OPQ mit $P(3|2|0), Q(2|3|0)$.
   Man bestimme die zugehörigen Volumina.
3. Lösen Sie dieselbe Aufgabe wie in Aufgabe 1 für die in Aufgabe 2 angegebenen Dreiecke, wenn statt der Sattelfläche die Kugel $x^2 + y^2 + z^2 = 9$ den oberen Abschluss des Zylinders bildet.
4. Das Paraboloid $z = 4 - \frac{1}{4}x^2 - y^2$ werde von der Ebene $z = x + 4$ geschnitten. Man bestätige die Formel $V = \frac{1}{2}Ah$ für das Volumen des zugehörigen Körpers, wobei A die Größe der Schnittfläche bedeutet und h den *maximalen* Abstand der über der Ebene liegenden Punkte des Paraboloids.

Arbeitsauftrag zu 3.2.2

Wenn man alle Punkte einer beliebig geformten Fläche mit einem festen Punkt verbindet, so entsteht ein kegelartiger Körper, sofern sich die Verbindungsstrecken dabei nicht schneiden und außerdem die Fläche von einer in sich geschlossenen Kurve begrenzt wird. Nun gilt für jede Pyramide mit einem Parallelogramm als Grundfläche die Volumenformel $V = \frac{1}{3}|(\vec{a} \times \vec{b})\vec{c}|$,[46] wenn die Grundfläche von $\vec{a}$ und $\vec{b}$ aufgespannt wird und $\vec{c}$ Ortsvektor der Spitze ist. Man übertrage diese Formel auf *infinitesimale kegelartige Körper* mit der Spitze O, deren Abschluss von einer Fläche mit der Parameterdarstellung $\vec{p}(s,t)$ gebildet wird, und zeige so, dass die Formel

$$dV = \frac{1}{3}|(\vec{p}_s \times \vec{p}_t)\,\vec{p}(s,t)|\,dsdt$$

[46] Vgl. hierzu [Kroll, Reiffert, Vaupel 1997, S. 69].

gilt. Berechnen Sie auf diese Weise das Volumen der kegelartigen Körper, deren Abschluss durch die in Aufgabe 1 angegebenen Flächen gegeben ist. Zeigen Sie, dass in dem Falle das Volumen gleich einem Drittel der dort berechneten Zylindervolumina beträgt.

4 Kurven und Flächen am Torus

Nach Kugel und Zylinder ist der *Torus* die in der Natur und Technik am häufigsten anzutreffende Fläche. Das Wort stammt aus dem Lateinischen und bezeichnet ursprünglich einen Knoten oder eine Schleife an einem Kranz, wird aber dann auf wulstähnliche Gebilde übertragen. So nennt man die wulstförmigen Zierglieder an der Basis einer griechischen Säule Torus, und diesen Namen hat die Mathematik übernommen. Sie definiert als Torus die Rotationsfläche eines Kreises, so dass man ihn auch als *Kreisringfläche* oder *Kreiswulst* bezeichnen könnte. Doch ist eigentlich nur der lateinische Terminus gebräuchlich.

Je nachdem, ob der erzeugende Kreis die Drehachse meidet, berührt oder schneidet, heißt er *Ringtorus*, *Grenztorus* oder *Spindeltorus* (Abb. 1). Genau genommen gibt es aber

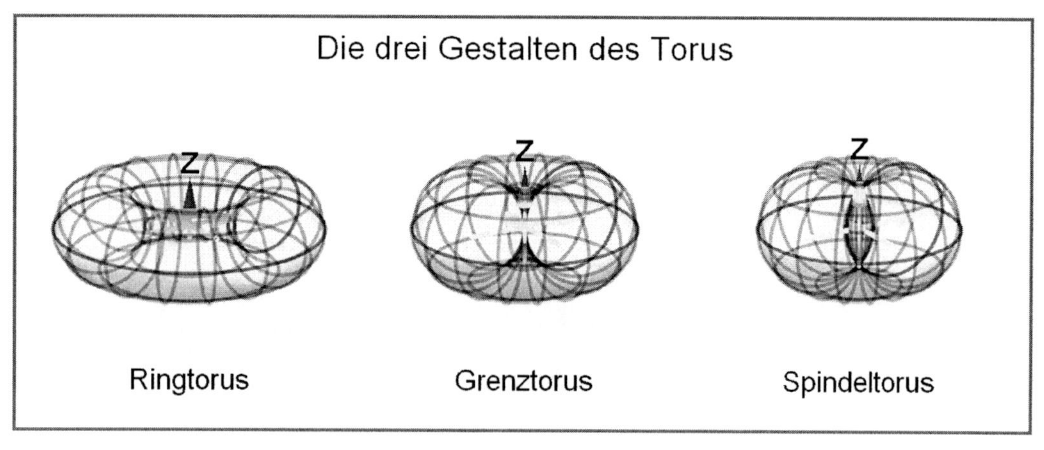

Abb. 1

noch eine vierte Gestalt, die Kugel, die auf die gleiche Weise entsteht. Der Mittelpunkt des erzeugenden Kreises liegt dann auf der Drehachse. Die Kugel kann also als ein *Grenzfall* des Torus angesehen werden. Ein anderer Grenzfall ist der (gerade Kreis-) Zylinder. Er entsteht, wenn der Radius des Kreisringes unendlich groß wird, die erzeugte Fläche aber im Endlichen liegt.

Der Torus ist ein Flächentyp, der verschiedener Erweiterungen fähig ist. Im ersten Abschnitt werden dafür Beispiele gegeben und vor allem im Hinblick auf ihre Maße (Oberflächen- und Rauminhalt) untersucht. Im zweiten Abschnitt geht es dann nur noch um den Torus selbst, jetzt unter dem Aspekt, dass Fäden um ihn geschlungen werden. Im dritten Abschnitt werden die *Loxodromen* des Torus untersucht und ein überaus merkwürdiges Ergebnis hergeleitet. Der vierte Abschnitt ist einem berühmten mathematischen Problem gewidmet, dessen geniale antike Lösung substantiellen Gebrauch vom Torus macht. Im letzten Abschnitt schließlich verallgemeinern wir den Torusbegriff erneut und gelangen zu einem Flächentyp, der nicht nur sehr interessante Eigenschaften hat, sondern auch ästhetisch besonders reizvoll ist.

4.1 Der Torus und von ihm abgeleitete Flächen

Wir leiten in 4.1.1 zunächst die Gleichung des Torus her und berechnen seinen Oberflächen- und Rauminhalt. In 4.1.2 variieren wir den Radius des erzeugenden Kreises und in 4.1.3 den Radius des Leitkreises. Dort gehen wir auch zu beliebigen Leitkurven über und thematisieren zwei verschiedene Verfahren der Flächenerzeugung. Die Ergebnisse sind in gewisser Hinsicht überraschend.

4.1.1 Gleichung und Maßgrößen des Torus

Gemäß Abbildung 2 läuft der Mittelpunkt M des erzeugenden Kreises auf einem Kreis,

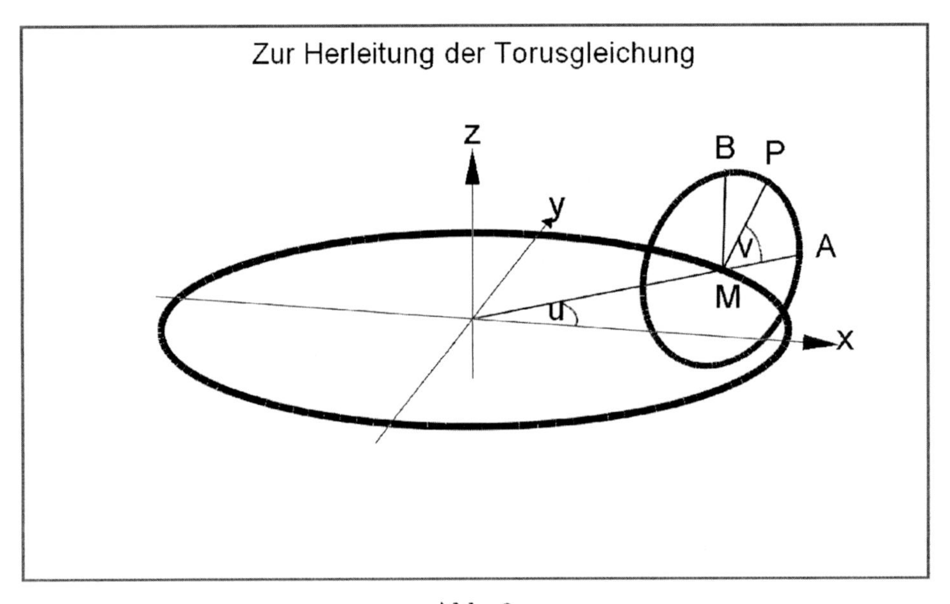

Abb. 2

wobei seine Ebene senkrecht zu der Leitkurve steht. Hat die Leitkurve den Radius a, so lautet ihre Gleichung

$$\vec{k}(u) = a \begin{pmatrix} \cos u \\ \sin u \\ 0 \end{pmatrix}.$$

Der erzeugende Kreis habe den Radius b. Nennen wir die Radien $\overrightarrow{MA} = \vec{r}_1$, $\overrightarrow{MB} = \vec{r}_2$, so gilt für einen beliebigen Punkt P seiner Peripherie wegen $\vec{r}_1 \perp \vec{r}_2$ offenbar

$$\overrightarrow{MP} = \vec{r}_1 \cos v + \vec{r}_2 \sin v = b \begin{pmatrix} \cos u \\ \sin u \\ 0 \end{pmatrix} \cos v + b \begin{pmatrix} 0 \\ 0 \\ 1 \end{pmatrix} \sin v\,.$$

Daher lautet die

Parameterdarstellung des Torus

$$\vec{p}(u,v) = \vec{p}(u) + b \begin{pmatrix} \cos v \cos u \\ \cos v \sin u \\ \sin v \end{pmatrix} = \begin{pmatrix} (a + b\cos v)\cos u \\ (a + b\cos v)\sin u \\ b \sin v \end{pmatrix}.$$

Hierin kann man den zweiten Term

$$b \begin{pmatrix} \cos v \cos u \\ \cos v \sin u \\ \sin v \end{pmatrix}$$

als Gleichung einer Kugel mit dem Radius b deuten, die zu jedem Punkt des Leitkreises „addiert“ wird. Der Torus ist also die Fläche, die alle diese Kugeln einhüllt.

Wir leiten nun noch die Koordinatengleichung des Torus her. Aus

$$x = (a + b\cos v)\cos u\,, \quad y = (a + b\cos v)\sin u\,, \quad z = b \sin v$$

folgt durch Quadrieren und Addieren

$$x^2 + y^2 + z^2 = (a + b\cos v)^2 + b^2 \sin^2 v = a^2 + b^2 + 2ab\cos v\,.$$

Andrerseits ist

$$\sqrt{x^2 + y^2} = a + b\cos v\,,$$

also

$$\cos v = \frac{1}{b}\left(\sqrt{x^2 + y^2} - a\right).$$

Setzen wir dies oben ein, so erhalten wir

$$x^2 + y^2 + z^2 = a^2 + b^2 + 2a\left(\sqrt{x^2 + y^2} - a\right)$$

oder

$$x^2 + y^2 + z^2 + a^2 - b^2 = 2a\sqrt{x^2 + y^2}\,.$$

Damit lautet die

Koordinatengleichung des Torus

$$(x^2 + y^2 + z^2 + a^2 - b^2)^2 = 4a^2(x^2 + y^2)\,.$$

Bemerkung: Man erhält die Gleichung des Torus auch als Rotationsfläche zum Meridian

$$(x - a)^2 + z^2 = b^2,$$

indem man x durch $\sqrt{x^2 + y^2}$ ersetzt und die Wurzel anschließend beseitigt.

Als erstes fragen wir nun nach dem Volumen und der Oberfläche des Torus. Da der Torus kein Funktionsgraph ist, betrachten wir nur den oberhalb der xy-Ebene liegenden „Halbtorus". Für die Anwendung der infinitesimalen Volumenformel[47] benötigen wir zunächst seine Projektion

$$\vec{p}_0(u, v) = \begin{pmatrix} (a + b\cos v)\cos u \\ (a + b\cos v)\sin u \\ 0 \end{pmatrix}$$

auf die xy-Ebene, wobei v von 0 bis π,[48] u von 0 bis 2π variiert. Bildet man dann das Kreuzprodukt der beiden partiellen Ableitungen nach u und v, erhält man leicht mit Hilfe eines CAS

$$\vec{p}_{0u} \times \vec{p}_{0v} = \begin{pmatrix} 0 \\ 0 \\ (a + b\cos v)\sin v \end{pmatrix}.$$

Also ist

$$dV = |(a + b\cos v)\sin v| \cdot b\sin v\, dvdu = (a + b\cos v) \cdot b\sin^2 v\, dvdu\,,$$

sofern $a \geq b$ und $0 \leq v \leq \pi$ ist, und wir erhalten als Torusvolumen

$$V = 2 \cdot 2\pi\frac{a \cdot b^2}{2}\pi = 2a\pi \cdot b^2\pi\,.$$

Dieses Ergebnis lässt sich folgendermaßen deuten. Das Volumen des Torus ist genauso groß wie das Volumen desjenigen *Zylinders*, den man durch Aufschneiden des Torus und Geradebiegen erhält. Bei diesem Vorgang werden offenbar seine innen liegenden Teile gedehnt und die außen liegenden gestaucht, so dass sich beide Effekte aufheben.

Wir gehen nun analog vor, um die Oberfläche gemäß der infinitesimalen Flächenformel

$$dA = |\vec{p}_u \times \vec{p}_v|\, dudv$$

[47] Vgl. S 143

[48] Würde man v von 0 bis 2π variieren lassen, erhielte man die doppelte Fläche und damit auch das doppelte Volumen.

zu bestimmen. Dabei brauchen wir keine Aufteilung der Fläche vorzunehmen. Setzen wir wieder $a > b$ voraus, so folgt

$$A = \int_0^{2\pi} du \int_0^{2\pi} b(a + b\cos v)dv = 4ab\pi^2 = 2a\pi \cdot 2b\pi\,.$$

Die Oberfläche des Torus ist daher genauso groß wie der Mantel des oben beschriebenen Zylinders.

Aufgaben zu 4.1.1

1. Der Kreiszylinder $x^2 + y^2 = a^2$ teilt den Torus $(x^2 + y^2 + z^2 + a^2 - b^2)^2 = 4a^2(x^2 + y^2)$. Berechnen Sie für $a \geq b$, in welchem Verhältnis sein Volumen und seine Oberfläche dabei geteilt werden, und deuten Sie das Ergebnis.

2. a) Leiten Sie die Parameterdarstellung eines elliptischen Torus her (Radius $r_2 = c$) und berechnen Sie dessen Volumen für $a \geq b$. Wie kann man das Ergebnis deuten?

   b) Berechnen Sie für selbstgewählte Werte von a, b, c den Oberflächeninhalt des elliptischen Torus der Aufgabe a). Vergleichen Sie das Ergebnis mit dem Oberflächeninhalt des „aufgebogenen" elliptischen Torus.

3.* Die Ebene mit der Gleichung $x = a$ zerlegt den Torus $(a \geq b)$. Berechnen Sie jeweils den Raum- und Oberflächeninhalt der Teilstücke.

Arbeitsauftrag zu 4.1.1

Erklären Sie, wie in Analysisbüchern das Volumen und der Oberflächeninhalt von Rotationskörpern berechnet wird, und bestimmen Sie so die beiden Größen für den Torus. Was haben die Ansätze gemeinsam und worin unterscheiden sie sich?

4.1.2 Variation des Radius des erzeugenden Kreises

Wenn man in der Parameterdarstellung den Radius b durch eine Funktion von u ersetzt, zum Beispiel $b = e^{-\frac{1}{5}u}$ oder $b = \frac{1}{8}\sin(8u)$, erhält man die folgenden Abbildungen, die mit

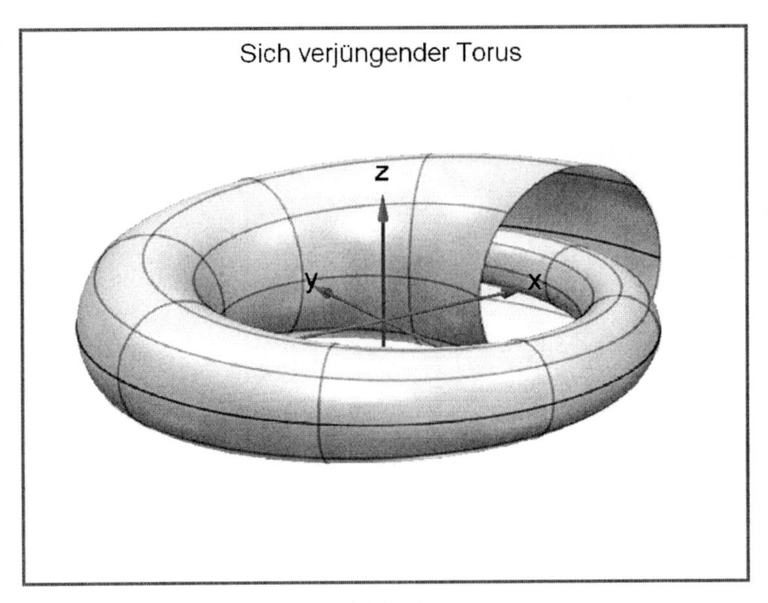

Abb. 3

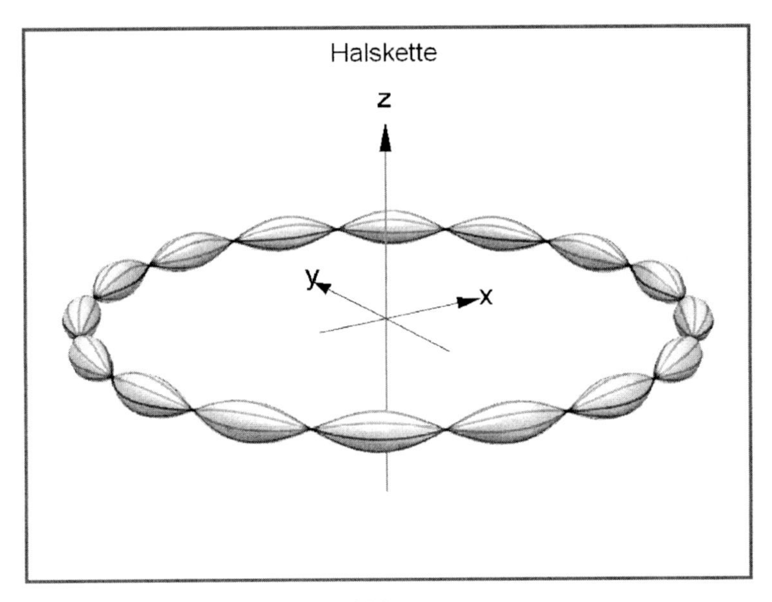

Abb. 4

$a = 2$ gezeichnet sind. Auch hier interessieren wieder Volumen und Oberfläche, wobei wir uns auf einen Umlauf beschränken. Nennen wir die Funktion, durch die wir b ersetzen, $f(u)$, so erhalten wir zunächst wie oben

$$dV = |(a + f(u)\cos v)f(u)\sin v| \cdot f(u)\sin v\, dudv\,.$$

Dabei soll $a \geq f(u) \geq 0$ sein. Für dV folgt dann

$$dV = (a + f(u)\cos v)f^2(u)\sin^2 v dudv$$

und hieraus

$$V = a\pi \int_0^{2\pi} f^2(u)du\,.$$

Das Ergebnis sieht der Formel für das Volumen eines Rotationskörpers ähnlich, die bekanntlich

$$V = \pi \int_c^d f^2(x)dx$$

lautet. Im hier vorliegenden Falle wird man natürlich die Peripherie des Leitkreises mit dem Radius a als „x-Achse" anzusehen haben, die geradeaus gestreckt worden ist. An der Stelle $x = au$ beträgt der Funktionswert dann $f(u) = f(\frac{x}{a})$, und für das Volumen folgt

$$V = \pi \int_0^{2a\pi} f^2\left(\frac{x}{a}\right) dx\,.$$

Durch die Substitution $x = au$, $dx = adu$, geht sie in

$$V = \pi \int_0^{2\pi} af^2(u)du = a\pi \int_0^{2\pi} f^2(u)du$$

über. Dieses Ergebnis besagt, dass sich das Volumen eines Rotationskörpers nicht ändert, wenn man ihn in einer oder mehreren Windungen zu einem torusförmigen verbiegt.Im Falle der Oberfläche geht diese Analogie mit dem Torus allerdings verloren, wie sich am Beispiel der „Halskette" zeigt. Für eine „Perle" erhält man mit $a = 2$, $b = \frac{1}{8}\sin(8u)$ die Oberfläche $A = 0.4085$ Flächeneinheiten. Lässt man aber die Funktion $f(x) = \frac{1}{8}\sin(8\frac{u}{a})$ im Intervall $[0, \frac{1}{8} \cdot 2a\pi]$ rotieren, so erhält man $A = 0.4507$ Flächeneinheiten. Beim „Aufbiegen" ändert sich also die Größe der Fläche. Eine „Kompensation" findet nicht statt. Doch könnte man den zweiten Wert durchaus als (groben) Näherungswert akzeptieren.

Aufgaben zu 4.1.2

1. Berechnen Sie den Inhalt der Oberfläche des sich verjüngenden Torus für die erste Windung und vergleichen Sie ihn mit der Oberfläche des „ausgestreckten" Torus.
2. Angenommen, man könnte den sich verjüngenden Torus *in voller Länge* mit einer Flüssigkeit füllen. Wieviel Kubikeinheiten gehen hinein, wenn $a = 1$ und $b = f(u) = e^{-\frac{1}{5}u}$ ist?

4.1.3 Variation des Leitkreisradius und bliebige Leitkurven

Ebenso wie b kann man a durch eine Funktion von u ersetzen. Die in Abbildung 5

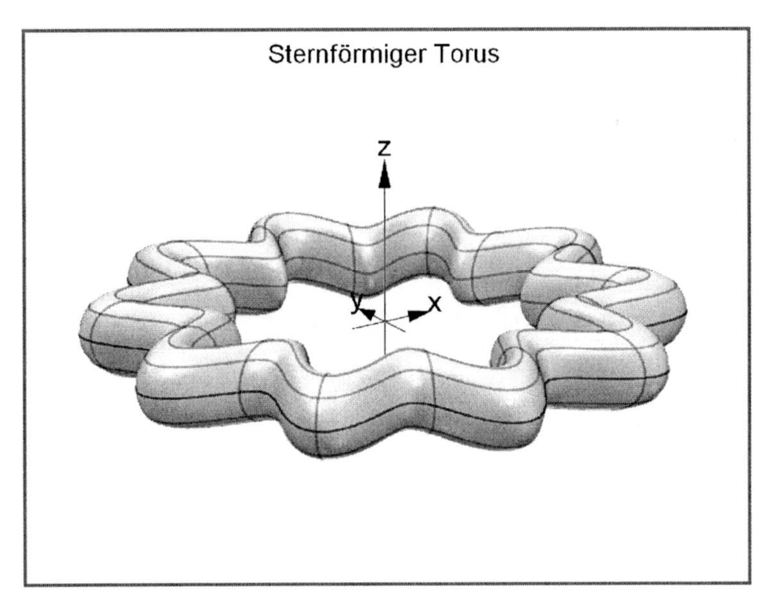

Abb. 5

dargestellte Fläche ist entsprechend mit $a = 6+\sin(10u)$, $b = 1$ entstanden. Jetzt ergibt die Volumenberechnung $V = 12\pi^2 = 2a\pi \cdot b^2\pi$, d. h. den Umfang des Leitkreises multipliziert mit der Fläche des erzeugenden Kreises. Führt man die Rechnung aber allgemein mit $a + f(u)$ an Stelle von a durch, so erhält man

$$V = \int_0^{2\pi} (a + f(u))b^2\pi du = 2a\pi \cdot b^2\pi + b^2\pi \int_0^{2\pi} f(u)du\,.$$

Das heißt, das einfache obige Ergebnis beruht darauf, dass das Integral von $f(u)$ verschwindet. Dann nämlich kompensieren sich die Schwankungen nach innen und außen. Dagegen wird man im Falle des Oberflächeninhalts jetzt keine einfache Vergleichsmöglichkeit mehr erwarten dürfen. Denn da die erzeugenden Kreise weiterhin in Ebenen durch die z-Achse liegen, ändert sich permanent die „Dicke“ des Körpers. Die Kreise sind ja nicht mehr senkrecht zur Kurve, auf der ihre Mittelpunkte liegen.

Grundsätzlich kann jede Kurve als Leitkurve dienen, sei sie nun eben oder dreidimensional. Statt eines torusähnlichen Gebildes entsteht dann, wenn man Überschneidungen vermeidet, eine Art Schlauch. Nehmen wir zum Beispiel die Schraubenlinie

$$\vec{k}(u) = \begin{pmatrix} a\cos u \\ a\sin u \\ cu \end{pmatrix},$$

dann können wir ihr einen Kreis mit Radius b so „aufstecken“, dass sein Mittelpunkt auf der Kurve liegt, und ihn längs der Kurve verschieben. Dabei müssen wir der Kreisebene noch eine Ausrichtung vorschreiben, um ein eindeutiges Ergebnis zu erhalten. Wir könnten zum Beispiel so vorgehen, dass wir den Kreis zunächst auf den Grundriss der Kurve senkrecht zur Grundrisstangente aufstecken und dann lediglich um den z-Wert, hier $z = cu$, parallel zu sich selbst verschieben. Im Fall der Schraubenlinie wäre das also eine *Verschraubung* des Kreises. Bei einer beliebigen Leitkurve aber wollen wir von „liften“ sprechen. Man geht von einer Fläche aus, die von den Ebenen durch die z-Achse in Kreisen (gleicher oder unterschiedlicher Größe) geschnitten werden, und hebt diese innerhalb ihrer Schnittebene an, bis ihr Mittelpunkt auf der Leitkurve liegt. Dies klingt kompliziert, ist aber einfacher, als wenn man den Kreis so auf die Leitkurve steckt, dass ihre Ebene senkrecht zur dortigen Tangente ist. Diese zweite Möglichkeit der Erzeugung einer Fläche behandeln wir am Schluss.

Im Fall der Schraubenlinie wird also ein Torus „geliftet“. Die Erzeugung führt damit unmittelbar auf die Gleichung

$$\begin{aligned}
\vec{p}(u,v) &= \vec{k}(u) + \vec{r}_1 \cos v + \vec{r}_2 \sin v^{49} \\
&= \begin{pmatrix} a\cos u \\ a\sin u \\ cu \end{pmatrix} + b \begin{pmatrix} \cos u \\ \sin u \\ 0 \end{pmatrix} \cos v + b \begin{pmatrix} 0 \\ 0 \\ 1 \end{pmatrix} \sin v \\
&= \begin{pmatrix} (a + b\cos v)\cos u \\ (a + b\cos v)\sin u \\ cu + b\sin v \end{pmatrix}.
\end{aligned}$$

Wie man sieht, ist gegenüber der Parameterdarstellung des Torus lediglich in der z-Komponente der „Liftungswert“ cu hinzugekommen. Abbildung 6 zeigt die zugehörige

[49] Vgl. S. 4

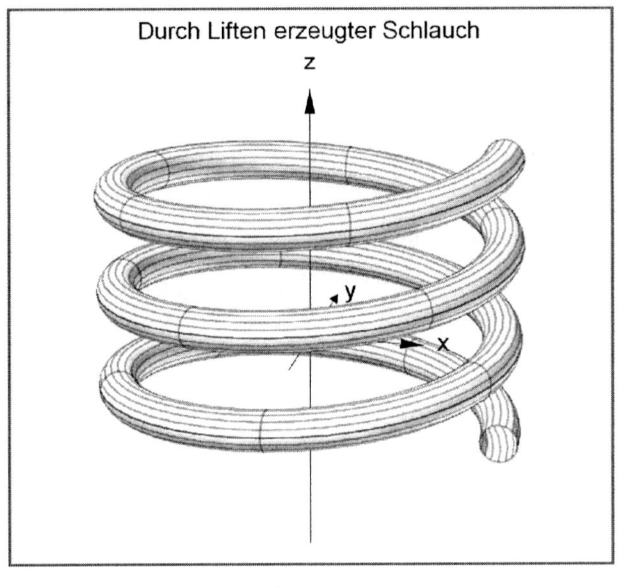

Abb. 6

Fläche, die mit $a = 1$, $b = \frac{1}{10}$, $c = \frac{1}{4\pi}$ gezeichnet ist.

Wir wollen nun das Volumen einer Windung des Schlauches berechnen. Da jetzt anders als beim Torus keine Symmetrieebene vorhanden ist, machen wir uns klar, dass das Volumen von einer Fläche umschlossen wird, deren oberer und unterer Teil je für sich als Funktion von x und y beschreibbar ist. Der Fall liegt ganz analog wie wenn man in einer Ebene die von einer Kurve umschlossene Fläche berechnen wollen. In unserem Fall wird der obere Teil vom oberen Halbkreis erzeugt, der untere vom unteren. Wir werden daher im Folgenden zwischen $0 \leq v \leq \pi$ und $\pi \leq v \leq 2\pi$ unterscheiden.

Wir bilden nun wie üblich $\vec{p}_0(u, v)$ und berechnen

$$|\vec{p}_{0u} \times \vec{p}_{0v}| = |(a + b\cos v)b\sin v|.$$

Für $a \geq b$, was wir hier und im Folgenden immer voraussetzen, ist der erste Faktor $(a + b\cos v)$ niemals negativ. Dasselbe gilt für $b\sin v$, wenn $0 \leq v \leq \pi$ ist. Also erhalten wir V_1 als Volumen zwischen xy-Ebene und oberer Fläche

$$V_1 = \int_0^{2\pi} du \int_0^{\pi} dv(a + b\cos v)b\sin v(cu + b\sin v) = ab(b + 4c)\pi^2.$$ [50]

Entsprechend wird

$$V_2 = \int_0^{2\pi} du \int_{\pi}^{2\pi} dv(a + b\cos v)(-b\sin v)(cu + b\sin v) = -ab(b - 4c)\pi^2.$$

[50] Sollte die obere Fläche die xy-Ebene schneiden, was hier wegen $cu + b\sin v \geq 0$ nicht der Fall ist, dann bedeutet V_1 natürlich die *Differenz* der Volumina – ganz analog zum ebenen Fall der Flächenberechnung.

In diesem Fall kann man allerdings nicht sicher sein, dass $cu + b\sin v \geq 0$ ist. Im allgemeinen ist daher V_2 die *Differenz* der Volumina, die über und unter der xy-Ebene liegen. Das spielt jedoch keine Rolle, denn wenn man $V_1 - V_2$ bildet, kompensiert sich diesr „Fehler“ wieder. Auch hier liegt der Fall ganz analog zur ebenen Flächenberechnung. Es genügt stets die *Differenz* der oberen und unteren Funktion zu integrieren. Dementsprechend ist

$$V = V_1 - V_2 = 2ab^2\pi^2 = 2\pi a \cdot \pi b^2.$$

Das Ergebnis überrascht, denn es stimmt mit dem Volumen des „gelifteten“ Torus genau überein.

Für dieses Phänomen gibt es eine anschauliche Erklärung. Dazu betrachten wir ein kurzes Stück des Schlauches, so kurz, dass es als „geradlinig“ angesehen werden kann, wobei auch das zugehörige Torusstück geradlinig ist. Nun zeigt man leicht: Wenn ein gerader Kreiszylinder geliftet wird, ändert sich sein Volumen nicht (vgl. hierzu die folgende Aufgabe 1)[51]. Was aber für die (infinitesimalen) geradlinigen Teilstücke gilt, muss dann auch für den gesamten Körper gelten, da man die gleichen Teilvolumina nur aufzusummieren braucht. Aus dieser Argumentation geht hervor, dass die zu liftende Fläche kein Torus sein muss. Der Satz gilt auch für jede andere geschlossene Fläche.

Für den Inhalt der Oberfläche gilt nichts Analoges. So erhält man als Flächenelement

$$dA = |\vec{p}_u \times \vec{p}_v|\, du\, dv = b\sqrt{a^2 + c^2 + 2ab\cos v + (b^2 - c^2)\cos^2 v}\, du\, dv\,,$$

und das lässt sich nur nummerisch integrieren. Für $a = 1$, $b = \frac{1}{10}$, $c = \frac{1}{4\pi}$ lautet beispielsweise das Ergebnis $A = 3.9541$ Flächeneinheiten. Vergleicht man dies mit der Oberfläche eines geraden Kreiszylinder, dessen Radius gleich b und dessen Länge gleich der Länge der Schraubenlinie $2\pi\sqrt{a^2 + c^2}$ ist, also mit

$$A^* = 2\pi b \cdot 2\pi\sqrt{a^2 + c^2}\,,$$

so zeigt das Ergebnis $A^* = 3.9603$, dass der Schlauch eine kleinere Oberfläche hat. Für Schraubenlinien mit großer Ganghöhe darf man eine noch bessere Übereinstimmung erwarten.

Wir gehen nun noch kurz auf die zweite Erzeugungsweise ein. Bei dieser steht die Kreisebene senkrecht zur Tangente, die hier den Richtungsvektor

$$\vec{k}\,'(u) = \begin{pmatrix} -\sin u \\ \cos u \\ c \end{pmatrix}$$

[51] In der Elementargeometrie spricht man von *Scherung* und beweist auch dort, dass das Volumen eine Scherungsinvariante ist.

hat. Hierzu wählen wir einen beliebigen orthogonalen Vektor, z. B. $\vec{r}_1 = b \begin{pmatrix} \cos u \\ \sin u \\ 0 \end{pmatrix}$, und bilden das Kreuzprodukt

$$\vec{r}_1 \times \vec{k}\,'(u) = b \begin{pmatrix} c \sin u \\ -c \cos u \\ a \end{pmatrix}.$$

Als zweiten den erzeugenden Kreis aufspannenden Vektor erhalten wir so

$$\vec{r}_2 = \frac{b}{\sqrt{a^2 + c^2}} \begin{pmatrix} c \sin u \\ -c \cos u \\ a \end{pmatrix},$$

da beide den Betrag b haben müssen. Somit lautet die Flächendarstellung

$$\vec{p}(u, v) = \vec{k}(u) + \vec{r}_1 \cos v + \vec{r}_2 \sin v\,,$$

mit deren Hilfe wir wie oben das Volumen einer Windung und den Inhalt ihrer Oberfläche berechnen können. Die Ergebnisse lauten

$$V = \frac{2a^2 b^2 \pi^2}{\sqrt{a^2 + c^2}}, \qquad A = 4\sqrt{a^2 + c^2}\, b\pi^2.$$

Überraschenderweise ist jetzt A genauso groß wie der Oberflächeninhalt des Torus, der geliftet worden ist, während sich die Werte für die Volumina unterscheiden. Stellt man die zugehörige Fläche ebenfalls für $a = 1$, $b = \frac{1}{10}$, $c = \frac{1}{4\pi}$ dar, so wird man jedoch im Vergleich zu Abbildung 6 kaum einen Unterschied wahrnehmen. Wie die Formel für V zeigt, müsste man große Werte für c wählen, wenn die Abweichungen hervortreten sollen.

Analoge Untersuchungen bieten sich an, wenn man auch noch den Radius b variiert. So erhält man (Abb. 7) durch Liften einen sich verjüngenden Schlauch mit $b = \frac{1}{10}e^{-\frac{1}{12}u}$ und

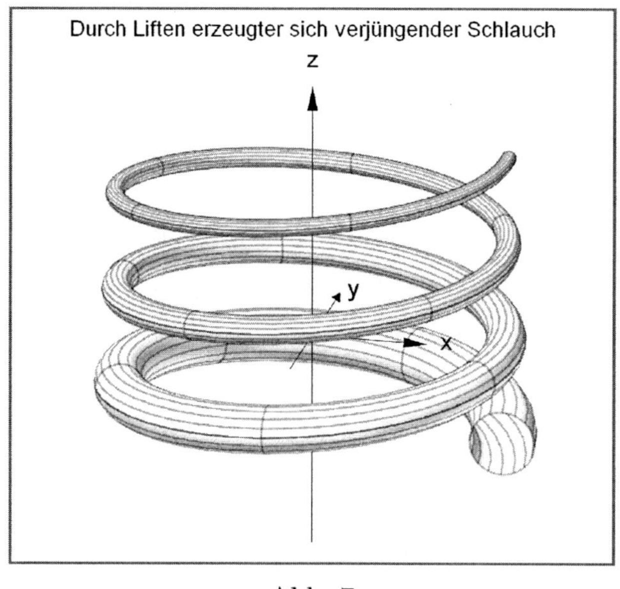

Abb. 7

der gleichen Mittellinie wie bisher. Man vergleiche dazu die folgende Aufgabe 2.

Aufgaben zu 4.1.3

1. Ein gerader Kreiszylinder habe die x-Achse von $a > 0$ bis $b > a$ zur Achse und den Radius r. Man „lifte" jeden Querschnitt so, dass sein Mittelpunkt auf die Gerade $z = cx + d$ ($c > 0$, $d > r$) fällt. Berechnen Sie das Volumen und die Oberfläche des gelifteten Zylinders und vergleichen Sie.

2. Berechnen Sie Volumen und Oberfläche des sich verjüngenden Schlauchs (s. o.) und zwar, wenn dieser

   a) nach der ersten Methode;

   b) nach der zweiten Methode

   erzeugt wird. Vergleichen Sie.

3. Gegeben ist eine *archimedische* Spirale durch $x = cu\cos u$, $y = cu\sin u$, $z = 0$ mit $c > 0$. Bestimmen Sie die Parameterdarstellung des „Schlauches" mit ihr als Leitkurve, wobei sich die Außenwände des Schlauches aneinander schmiegen sollen. Berechnen Sie sein Volumen und seine Oberfläche bei n Windungen. Stellen Sie Vergleiche an.

Arbeitsaufträge zu 4.1.3

1. Ein schraubenförmig gewickelter Schlauch soll sich exponentiell verjüngen und zugleich seine Ganghöhe *im selben Maße* verringern. Untersuchen Sie seine Gesamtlänge sowie sein Volumen und seine Oberfläche. Wofür könnte er ein Modell sein?

2. Liften Sie die „Halskette" des Textes (S. 154) so, dass sie längs einer Schraubenlinie mit der Ganghöhe $\frac{1}{2}$ aufgefädelt erscheint (Abbildung!). Bestimmen Sie Volumen und Oberfläche einer „Perle".

4.2 Schraubenlinien, Knoten und Bänder beim Torus

Der Torus lässt sich wie der Kreiszylinder auf verschiedene Weisen umwickeln. Im Gegensatz zu diesem aber wird man unterscheiden müssen, ob sich die Kurven dabei schließen oder unendlich weiterlaufen. Wir werden im Folgenden jedoch nur den interessanteren ersten Fall betrachten, wobei die Überschrift bereits die Unterteilung angibt.

4.2.1 Schraubenförmige Wicklungen

Wenn man auf dem Torus Kurven festlegen will, so kann man wie bei allen anderen Flächen sein System der Parameterlinien als Koordinatensystem benutzen. Nehmen wir das uv-System seiner Längen- und Breitenkreise, so liegt es wie bei der Kugel nahe, die Kurven zu betrachten, bei denen $v = cu$ ist. Anders als bei der Kugel hat aber die Kurve zu $v = u$ einen Verlauf, der nicht interessanter ist, als wenn man bei einem Kreiszylinder eine Schraubenlinie mit nur einer einzigen Windung betrachten würde. Wir nehmen deshalb gleich höhere Werte für c, z. B. $c = 12$, und erhalten mit $a = 6$, $b = 1$ die folgende Kurve:

$$\vec{p}(u) = \begin{pmatrix} (6 + \cos(12u)) \cos u \\ (6 + \cos(12u)) \sin u \\ \sin(12u) \end{pmatrix}.$$

Die zugehörige Abbildung 8 macht klar, warum wir von „Schraubenlinien“ sprechen.

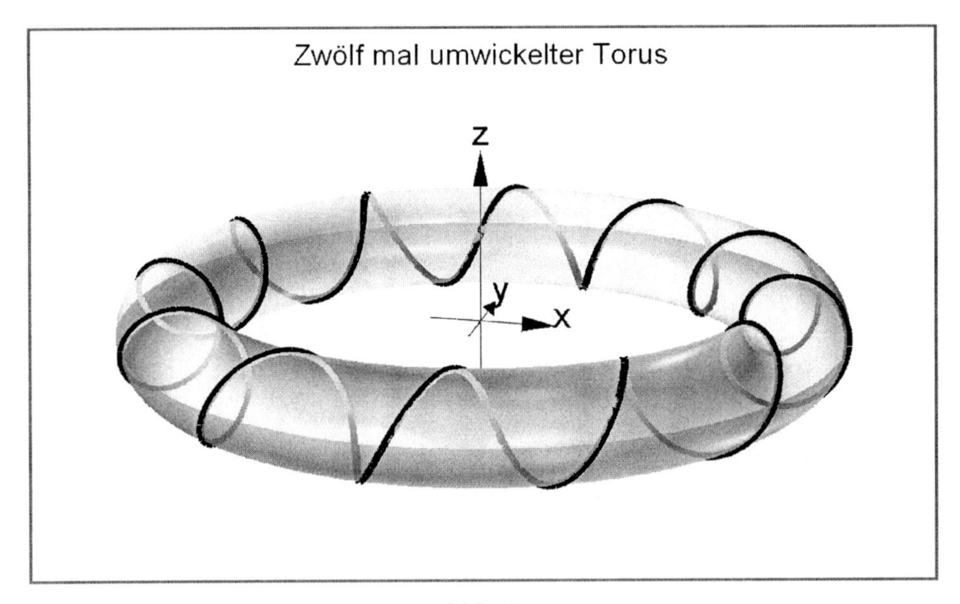

Abb. 8

Man hat den Eindruck, dass ein Kreiszylinder mit einer Schraubenlinie zu einem Torus gebogen worden ist.

Tatsächlich gilt wie bei der gewöhnlichen Schraubenlinie auch hier, dass der Abstand zweier Windungen, auf dem gleichen Breitenkreis gemessen, konstant ist. Denn zu einem konstanten z-Wert z_0 gehören als Lösungen der Gleichung $\sin(12u) = z_0$ die Werte

$$u_{1k} = \frac{1}{12}(\arcsin z_0 + 2\pi k)$$

und

$$u_{2k} = \frac{1}{12}(\pi - \arcsin z_0 + 2\pi k),$$

wobei k von 0 bis 11 läuft. Zwei aufeinander folgende Werte haben deshalb den Abstand

$$u_{1k+1} - u_{1k} = \frac{1}{6}\pi = u_{2k+1} - u_{2k}\,,$$

und die zugehörigen Längenkreisebenen bilden einen *konstanten* Winkel.

Dagegen handelt es sich bei den toroidalen Schraubenlinien aber nicht um *Kurven gleichen Anstiegs* gegenüber der xy-Ebene, wie man es von einer Schraubenlinie sonst verlangt. Das erkennt man sofort daran, dass die Tangenten in den Punkten mit $z = \pm b$ parallel zur xy-Ebene verlaufen. Und auch eine weitere Analogie trifft nicht zu: Die Länge einer Windung ist auf dem Torus nicht dieselbe wie auf einem entsprechenden Kreiszylinder. Denn die Ausrechnung der Bogenlänge gemäß der Formel

$$B = \int_c^d |\vec{p}\,'(u)| du$$

ergibt in unserem Beispiel

$$\int_0^{\frac{1}{6}\pi} \sqrt{\cos^2(12u) + 12\cos(12u) + 180}\, u = 7.033\,,$$

während sie auf einem Zylinder

$$B^* = \sqrt{\left(\frac{12\pi}{12}\right)^2 + (2\pi)^2} = 7.025$$

beträgt.

Wir wollen nun untersuchen, welchen Einfluss der Faktor c in der Gleichung $v = cu$ auf den Verlauf der Kurve hat. Soeben war $c = 12$, und wir haben gesehen, dass die Kurve sich gleichmäßig zwölf mal um den Torus windet. Nehmen wir stattdessen $c = \frac{1}{5}$, dann erreicht die Kurve nach einem Umlauf erst die Höhe $z = \sin\frac{2\pi}{5}$. Es bedarf also noch 4 weiterer Umläufe, bis sie wieder die Ausgangshöhe erreicht hat. Kombiniert man nun beide Werte, so wird die Kurve zu $v = \frac{12}{5}u$ aber erst dann zum Ausgangspunkt zurückgekehrt sein, wenn sowohl u als auch v ein Vielfaches von 2π sind. Das ist zum ersten mal für $u = 10\pi$ der Fall. Abbildung 9 zeigt beide Graphiken in der Zusammenschau.

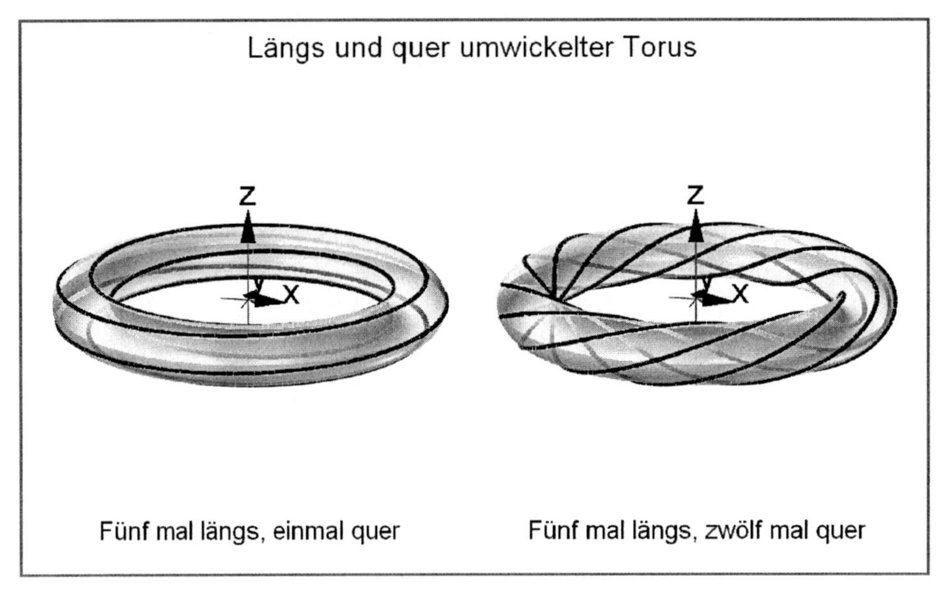

Abb. 9

Statt nun wie oben $v = cu$ anzusetzen, ist es auch möglich, die Kurve mittels einer Parameterdarstellung zu beschreiben. Im Fall $v = \frac{12}{5}u$ zum Beispiel liefert $u = 5t$, $v = 12t$ offenbar dasselbe Ergebnis. Hierdurch wird noch besser klar, dass sich für ganzzahliges m und n die Kurve zu $u = mt$, $v = nt$ schließt, wenn $t = 2\pi$ ist. Haben m und n dabei den gemeinsamen Teiler d, dann findet ein Schließen bereits für den Wert $t = \frac{2\pi}{d}$ statt, jedoch nicht vorher. Aus diesen Überlegungen geht weiter hervor, dass dann und nur dann eine geschlossene Kurve vorliegt, wenn m und n ein rationales Verhältnis haben. In allen anderen Fällen wickelt sich die Kurve unendlich oft um den Torus.

Aufgaben zu 4.2.1

1. Berechnen Sie die Gesamtlänge der in Abb. 8 dargestellten Toruswicklungen.
2. Untersuchen Sie die Frage, ob die Gesamtlänge zweier Wicklungen, bei denen m und n nur vertauscht sind, gleich sind.

4.2.2 Knoten

Eine geschlossene Schraubenlinie auf dem Torus weist häufig „Verschlingungen" auf. Diese entstehen dadurch, dass die Querwindungen durch die Torusöffnung hindurchgreifen und sich dabei um die Längswindungen schlingen. Das wohl einfachste Beispiel dafür liefert der Fall $m = 2$, $n = 3$. Abbildung 10 zeigt die Kurve, links auf dem Torus, rechts ohne Torus

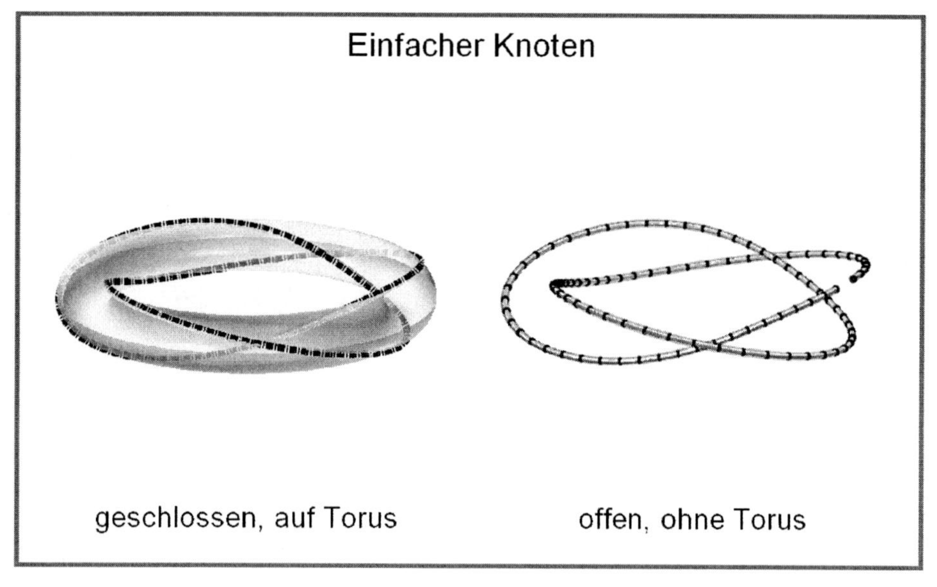

Abb. 10

gestaltet als „Schnur", aus der ein kleines Stück entfernt ist. Man erkennt, dass es sich bei dieser Kurve um einen „Knoten" handelt, den man durch einmaliges Umeinanderschlagen der offenen Enden der Schnur erhält. Sie spielt in der mathematischen Knotentheorie als „Kleeblattschlinge" eine wichtige Rolle. Abbildung 11 zeigt sie in der Draufsicht mit Torus.

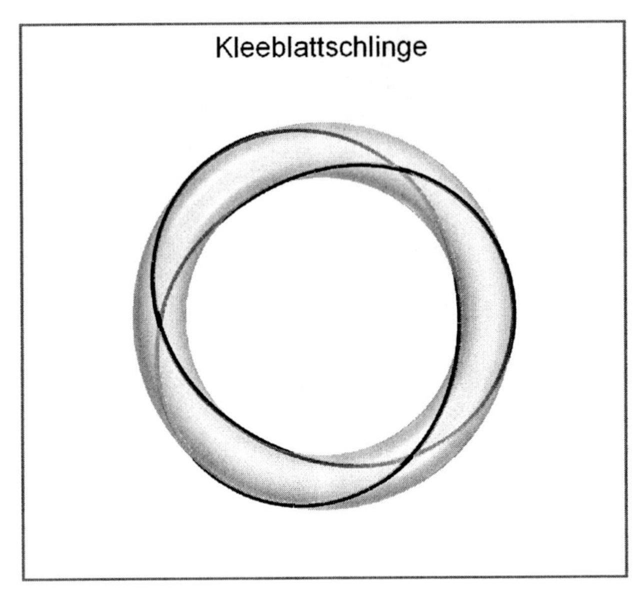

Abb. 11

Aufgaben zu 4.2.2

1. Untersuchen Sie die Kurve zu $v = u$ (graphische Darstellung, Länge, Risse), wenn $a = 2$, $b = 1$ ist. Handelt es sich um einen Knoten?

2. Vertauschen Sie im Falle des einfachen Knotens die Zahlen für m und n und untersuchen Sie die Art des entstehenden Knotens.

3.* Was für einen Knoten erhält man für $c = \frac{2}{5}$? Stellen Sie ihn und seinen Grundriss graphisch dar ($a = 6$, $b = 1$).

4.2.3 Bänder

Wollen wir ein Band um den Torus wickeln, so brauchen wir im mathematischen Modell nur eine Schraubenlinie um einen Winkel d weiter zu drehen. Die Gleichung der resultierenden Fläche lautet dann

$$\vec{p}(t,s) = \begin{pmatrix} (a + b\cos(nt))\cos(t + sd) \\ (a + b\cos(nt))\sin(t + sd) \\ b\sin(nt) \end{pmatrix},$$

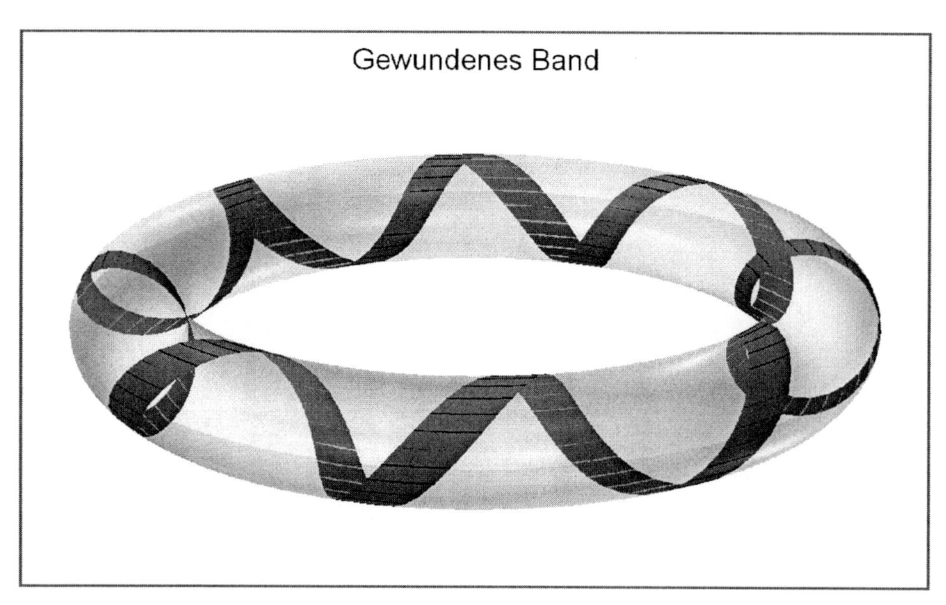

Abb. 12

und s läuft von 0 bis 1. Für die Abbildung haben wir $a = 6$, $b = 1$, $n = 8$ und $d = 0.15$ gewählt. Man beachte aber, dass man ein *reales* Band, zum Beispiel einen Papierstreifen konstanter Breite, nicht so um einen Torus wickeln kann, dass er überall glatt am Torus anliegt. Das gelingt nur mit Schmuckbändern oder Ähnlichem, die in sich elastisch sind und sich mehr oder weniger zusammenziehen können. Dem entspricht, dass die Breite unseres Bandes von Breitenkreis zu Breitenkreis variiert. Beim kleinsten Breitenkreis, dem Kehlkreis beträgt sie $D = (a - b)d$, beim größten $D = (a + b)d$. In der Graphik macht sich dieser kleine Unterschied (maximal $2bd$) aber praktisch nicht bemerkbar. Interessant ist es, die Fläche dieses Bandes mit der eines realen Bandes zu vergleichen. Man bearbeite dazu die folgende Aufgabe 1.

Hier soll noch ein weiteres „Band" betrachtet werden, das mit dem Torus in enger Verbindung steht, aber in ganz anderer Weise als bisher. Stellen wir uns einen bestimmten Durchmesser eines erzeugenden Kreises vor und fassen einen seiner Endpunkte ins Auge. Dieser soll auf dem Torus eine Schraubenlinie beschreiben, und zwar so, dass er nach einem Umlauf genau im *anderen* Endpunkt ankommt. Für seine Bewegung gilt also $v = \frac{1}{2}u$. Der ganze Durchmesser beschreibt dann eine Regelfläche, die wie ein um 180° verdrehtes Band aussieht. Es heißt nach dem Mathematiker August Ferdinand MÖBIUS (1790 – 1868) *Möbiusband*. Die Flächengleichung ergibt sich hiernach leicht, indem man zum Mittelpunkt des Durchmessers $(a\cos t, a\sin t, 0)$ den mit s multiplizierten Richtungsvektor $(b\cos\frac{t}{2}\cos t, b\cos\frac{t}{2}\sin t, b\sin\frac{t}{2})$ addiert und s von -1 bis 1 laufen lässt. Abbildung 13

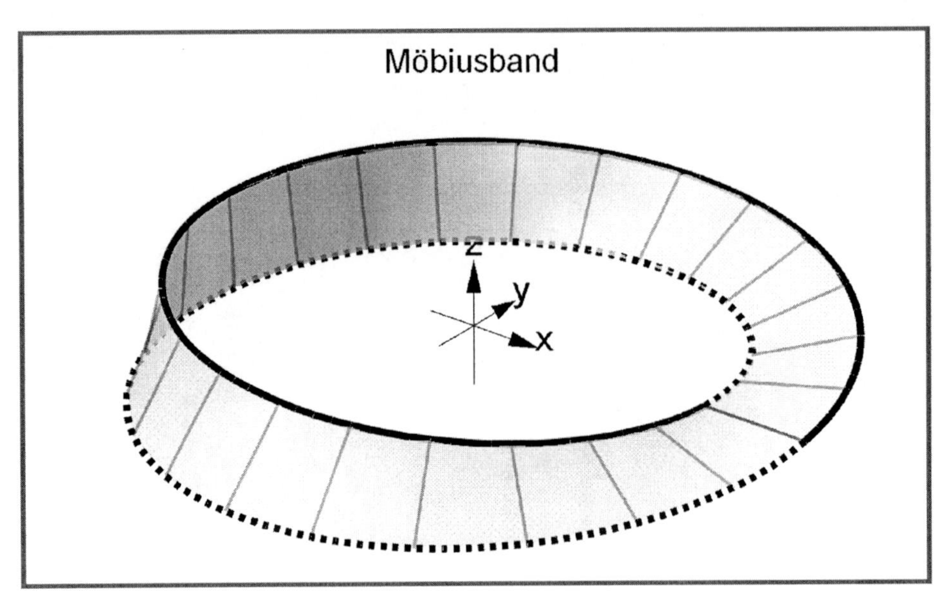

Abb. 13

zeigt das Band für $a = 6$, $b = 1$. Die durchzogene Linie ist die Bahn des einen Endpunktes, die gestrichelte die des gegenüberliegenden.

Das Möbiusband ist in der Mathematik berühmt, weil es das erste Beispiel einer *einseitigen* Fläche darstellt. Es hat nämlich nur einen Rand. Wenn man von einem seiner Punkte zu einem beliebigen anderen gelangen will, kann man ganz in der Fläche bleiben und braucht niemals dabei wie bei „normalen“ zweiseitigen Flächen den Rand zu überqueren. Davon kann man sich eine gute Vorstellung machen, wenn man einen nicht zu kurzen Papierstreifen nimmt, ihn um 180° verdrillt und dann an seinen Enden zusammenheftet. Dabei gehen die ursprünglich vorhandenen zwei Seiten in eine einzige über. Doch darf man sich nicht vorstellen, dass unser Möbiusband die genaue mathematische Beschreibung eines solchen Papierbandes darstellt. Das erkennt man schon daran, dass seine Fläche A (etwas) größer ist als die des verdrillten Papierbandes mit den gleichen Abmessungen. Für $a = 6$, $b = 1$ erhält man nämlich mit dem üblichen Verfahren $A = 75.49$, während ein Papierband mit der Länge $2a\pi$ und der Breite $2b$ den Flächeninhalt $A^* = 75.40$ hat. Tatsächlich ist unser Band nicht *in die Ebene abwickelbar* im Gegensatz zum Papierstreifen. Da es aber schwierig ist, den Begriff der Abwickelbarkeit zu definieren, müssen wir uns hier mit dieser Feststellung begnügen.

Aufgaben zu 4.2.3

1. Berechnen Sie die Fläche des im Text definierten Bandes S. 167 und vergleichen sie diese mit der entsprechenden Fläche auf einem Kreiszylinder.
2. Der im Text erwähnte Durchmesser, der das Möbiusband erzeugt, wird bei einem Umlauf um 180°

gedreht. Berechnen Sie die Größe der Bänder und die Länge ihres Randes, wenn er um 540° gedreht wird. Stellen Sie die Fläche graphisch dar, ebenso den Grundriss ihres Randes.

Arbeitsaufträge zu 4.2.3

1. Man untersuche die Fläche, die entsteht, wenn der erzeugende Durchmesser des Möbiusbandes sich erst nach zwei Umläufen um 180° gedreht hat.
2. Man erzeuge ein „Escherband“ (nach dem holländischen Maler Maurits ESCHER, von dem ein Holzstich einer solchen Fläche stammt). Dazu lasse man den Radius des Torus und die Breite des gewundenen Bandes in Abb. 11 in gleichem Maße exponentiell abnehmen. Berechnen Sie die Größe der Fläche, die eine Windung des Bandes hat, und vergleichen Sie diese mit einer entsprechenden Fläche auf einem sich in gleicher Weise verjüngenden Kreiszylinder.

4.3 Loxodromen des Torus

Der Begriff der Loxodrome ist nicht auf die Kugel beschränkt, sondern auf beliebige Rotationsflächen anwendbar. Dabei geht man vom uv-System der Längen- und Breitenkreise aus und fragt nach den Kurven $v = f(u)$, die (z. B.) alle Breitenkreise unter einem vorgegebenen Winkel α schneiden. Ihre Gleichung im xyz-Koordinatensystem wird infolgedessen durch $\vec{k}(u) = \vec{p}(u, f(u))$ gegeben, wobei $\vec{p}(u, v)$ die Parameterdarstellung des Torus ist. Im ersten der folgenden Paragraphen behandeln wir das Problem zunächst allgemein und im zweiten Paragraphen dann einen hochinteressanten Spezialfall, der überraschende Eigenschaften des Torus offenbart.

4.3.1 Die Gleichung der geschlossenen Torusloxodromen

Um die Gleichung der Loxodrome zu bestimmen, gehen wir hier anders vor als bei der Kugel. Sei P ein Punkt des Torus mit den Toruskoordinaten $(u|v) = (u|f(u))$. Dann hat der Breitenkreis in diesem Punkt den Tangentenvektor $\begin{pmatrix} -\sin u \\ \cos u \\ 0 \end{pmatrix}$, da er parallel zur xy-Ebene verläuft. Da das auch für beliebige Rotationsflächen gilt, lautet die

Allgemeine Loxodromenbedingung

$$\cos\alpha = \frac{\vec{k}\,'(u)}{|\vec{k}\,'(u)|} \begin{pmatrix} -\sin u \\ \cos u \\ 0 \end{pmatrix}$$

Um sie für den Torus zu konkretisieren, bilden wir die Ableitung von $\vec{k}(u)$, schreiben dabei aber der Kürze halber weiter v für $f(u)$ und v' für $f'(u)$. Dann gilt nach der Produktregel

$$\begin{aligned}\vec{k}\,'(u) &= \begin{pmatrix} -b\sin v \cdot v' \cdot \cos u \\ -b\sin v \cdot v' \cdot \sin u \\ b\cos v \cdot v' \end{pmatrix} + \begin{pmatrix} -(a+b\cos v)\sin u \\ (a+b\cos v)\cos u \\ 0 \end{pmatrix} \\ &= bv' \begin{pmatrix} -\sin v \cos u \\ -\sin v \sin u \\ \cos v \end{pmatrix} + (a+b\cos v) \begin{pmatrix} -\sin u \\ \cos u \\ 0 \end{pmatrix},\end{aligned}$$

und wir erhalten als Skalarprodukt

$$\vec{k}\,'(u) \begin{pmatrix} -\sin u \\ \cos u \\ 0 \end{pmatrix} = a + b\cos v\,.$$

Zugleich stellen wir fest, dass $\vec{k}\,'(u)$ Linearkombination zweier orthogonaler Vektoren ist. Das erleichtert die Berechnung von $|\vec{k}\,'(u)|$ mittels der binomischen Formel:

$$\left(\vec{k}\,'(u)\right)^2 = b^2(v')^2 \cdot 1 + (a+b\cos v)^2 \cdot 1\,.$$

Als Ergebnis folgt die

Loxodromenbedingung für den Torus

$$\cos\alpha = \frac{a+b\cos v}{\sqrt{b^2(v')^2+(a+b\cos v)^2}}$$

Die Bedingung enthält neben v auch v', ist also eine Differentialgleichung der Kurve. Wir lösen sie durch Trennen der Variablen. Das geht am schnellsten, wenn wir uns klar machen, dass der Zähler die Ankathete und der Nenner die Hypotenuse eines rechtwinkligen Dreiecks sein müssen. Nach dem Satz des Pythagoras hat daher die Gegenkathete die Länge $|bv'|$, und es ist

$$\tan\alpha = \frac{|bv'|}{a+b\cos v} = \pm\frac{bv'}{a+b\cos v}\,.$$

Schreiben wir nun wie üblich $v' = \frac{dv}{du}$ und nehmen das Vorzeichen in α hinein, so ergibt durch Auflösen nach du die

Explizite Differentialgleichung der Torusloxodrome

$$du = \frac{b\,dv}{(a+b\cos v)\tan\alpha}$$

Wir beschränken uns zunächst auf die Lösungskurve, die durch $u = 0$, $v = 0$ geht. Alle übrigen gehen durch Drehung um die z-Achse aus dieser hervor. Durch Integration mit Hilfe eines CAS erhalten wir unmittelbar die Beziehung

$$(*) \qquad u = \frac{2b}{\sqrt{a^2 - b^2} \tan \alpha} \arctan\left(\sqrt{\frac{a-b}{a+b}} \tan \frac{v}{2}\right).$$

Sie sieht recht kompliziert aus, lässt sich aber recht gut vereinfachen. Zur Abkürzung setzen wir zunächst $c = \frac{\sqrt{a^2-b^2}}{b} \tan \alpha$ und erhalten durch Umstellen

$$c \cdot \frac{u}{2} = \arctan\left(\sqrt{\frac{a-b}{a+b}} \tan \frac{v}{2}\right),$$

also

$$(**) \qquad \tan \frac{u}{2} = \sqrt{\frac{a+b}{a-b}} \tan\left(c \frac{u}{2}\right).$$

Gemäß den Formeln

$$\sin \alpha = \frac{2 \tan \frac{\alpha}{2}}{1 + \tan^2 \frac{\alpha}{2}}, \qquad \cos \alpha = \frac{1 - \tan^2 \frac{\alpha}{2}}{1 + \tan^2 \frac{\alpha}{2}},$$

die leicht aus den „Halbwinkelformeln" folgen,[52] berechnen wir nun mittels $(**)$ $\sin v$ und $\cos v$. Nach leichter Rechnung erhalten wir

$$\cos v = \frac{a \cos(cu) - b}{a - b \cos(cu)}, \qquad \sin v = \frac{\sqrt{a^2 - b^2} \sin(cu)}{a - b \cos(cu)},$$

wobei wir erneut die Halbwinkelformeln anwenden. Daher ist

$$(* * *) \qquad a + b \cos v = \frac{a^2 - b^2}{a - b \cos(cu)}$$

und eingesetzt in die Torusgleichung ergibt sich schließlich die

Parameterdarstellung der Torusloxodrome durch $(0|0)$

$$x = \frac{(a^2 - b^2) \cos u}{a - b \cos(cu)}, \quad y = \frac{(a^2 - b^2) \sin u}{a - b \cos(cu)}, \quad z = \frac{b\sqrt{a^2 - b^2} \sin(cu)}{a - b \cos(cu)}$$

$$c = \frac{1}{b} \sqrt{a^2 - b^2} \tan \alpha$$

Wie bei den Schraubenlinien des Torus stellt sich nun auch für die Loxodromen die Frage, wann sie *geschlossene Kurven* bilden. Das ist offenbar genau dann der Fall, wenn c eine

[52] Vgl. hierzu S. 88 Aufgabe 3.

rationale Zahl ist, weil nur dann die beteiligten Funktionen $\sin u$, $\sin(cu)$, $\cos u$, $\cos(cu)$ eine gemeinsame Periode haben. Sei etwa $c = \frac{n}{m}$ und $\frac{n}{m}$ ein gekürzter Bruch, dann schließt sich die Loxodrome sicher, wenn $u = 2m\pi$ ist; sie schließt sich dann zum *ersten* Mal, wenn n ungerade ist. Ist aber n gerade, etwa $n = 2^k n'$, dann schließt sie sich bereits für $u = \frac{2m\pi}{2^k}$.

> Geschlossene Torusloxodromen durch $(0|0)$
>
> Die Kurven mit der Parameterdarstellung
>
> $$x = \frac{(a^2-b^2)\cos u}{a - b\cos(\frac{n}{m}u)}, \quad y = \frac{(a^2-b^2)\sin u}{a - b\cos(\frac{n}{m}u)}, \quad z = \frac{b\sqrt{a^2-b^2}\sin(\frac{n}{m}u)}{a - b\cos(\frac{n}{m}u)}$$
>
> schließen sich spätestens nach der Periode $2m\pi$. Sie schneiden die Breitenkreise des Torus unter dem konstanten Winkel α mit
>
> $$\tan\alpha = \frac{n}{m} \cdot \frac{b}{\sqrt{a^2-b^2}}$$

In Abbildung 14 sind auf dem Torus mit den Radien $a = 6$, $b = 1$ zum Vergleich die zu

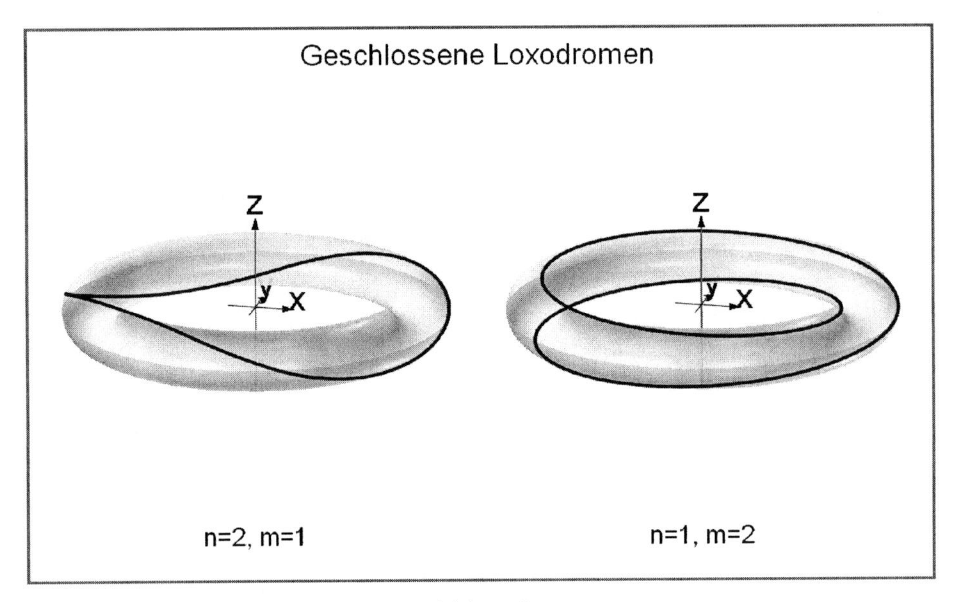

Abb. 14

$n = 2$, $m = 1$ und zu $n = 1$, $m = 2$ gehörigen Loxodromen gezeichnet. Im ersten Fall besitzt sie zwei Querwindungen und eine Längswindung, im zweiten Fall ist es umgekehrt. Der zugehörige Winkel α beträgt im ersten Fall $\alpha \approx 18.7°$, im zweiten $\alpha \approx 4.8°$. Allgemein kann man feststellen, dass sich die Loxodromen bei gleicher Quer- und Längswindungszahl von den entsprechenden Schraubenlinien nur wenig unterscheiden. Das bestätigt, dass man einen Torus als „zusammengebogenen Zylinder“ auffassen kann, wobei die Näherung umso besser ist, je größer das Verhältnis $a : b$ ist.

Aufgaben zu 4.3.1

1. Man leite die Differentialgleichung der Torusloxodrome analog zur Berechnung der Kugelloxodrome (vgl. S. 42) her. Man zeige, dass sich die Länge einer Torusloxodrome *exakt* ermitteln lässt, und gebe diese formelmäßig an. Schließlich vergleiche man die Längen der in Abbildung 13 dargestellten Kurven und verdeutliche so die Aussage am Schluss des Textes S. 172.
2. Man gebe einen Torus an, dessen 45°-Loxodrome (30°-Loxodrome, 60°-Loxodrome) eine geschlossene Kurve ist. Man stelle jeweils eine Möglichkeit graphisch dar.

4.3.2* Exkurs: Villarceaukreise

Im Folgenden betrachten wir jetzt nur noch die Loxodromen zu $n = m = 1$. Abbildung 15

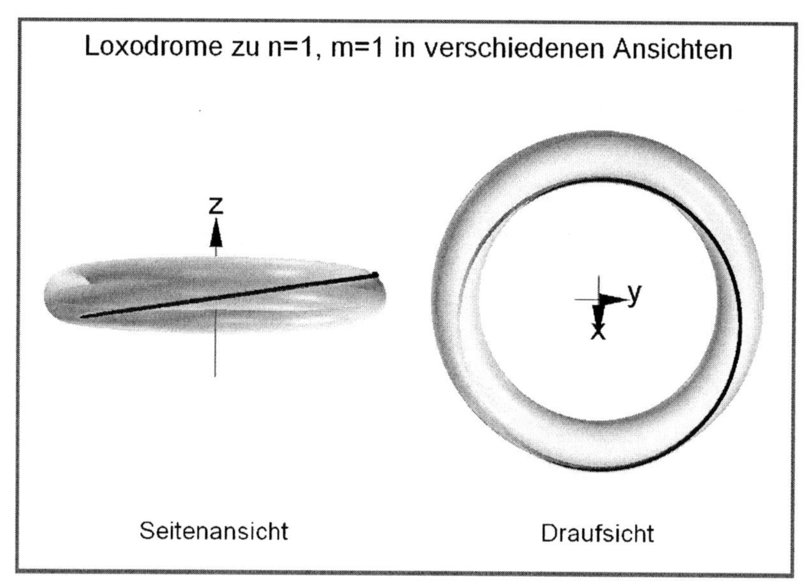

Abb. 15

zeigt die Loxodrome in verschiedenen Ansichten. Die Seitenansicht lässt vermuten, dass die Kurve eben oder fast eben ist, die Draufsicht, dass es sich um eine Ellipse oder gar einen Kreis handeln könnte. Wir untersuchen diese Fragen mit Hilfe ihrer Parameterdarstellung

$$x = \frac{(a^2 - b^2)\cos u}{a - b\cos u}, \quad y = \frac{(a^2 - b^2)\sin u}{a - b\cos u}, \quad z = \frac{b\sqrt{a^2 - b^2}\sin u}{a - b\cos u}.$$

Die erste Frage ist schnell geklärt. Offenbar sind y und z proportional zueinander, denn es gilt $z = \frac{b}{\sqrt{a^2-b^2}}y$. Die Loxodrome ist also tatsächlich eben.

Für die zweite Frage hilft uns der Grundriss weiter (Abb. 16). Er schneidet die x-Achse

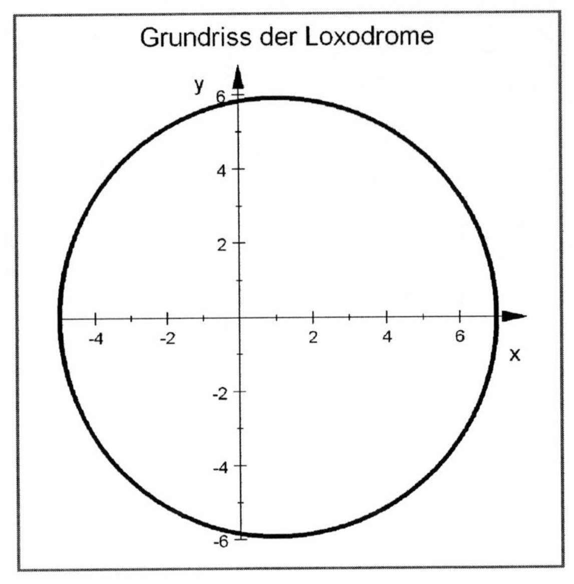

Abb. 16

für $u = 0$ und $u = \pi$, also in den Punkten mit den x-Werten $x_1 = a + b$, $x_2 = -a + b$. Der Mittelpunkt hat also die Koordinaten $M(b|0)$. Bei diesem x-Wert ist $\cos u = \frac{b}{a}$, $\sin u = \pm\frac{1}{b}\sqrt{a^2 - b^2}$, also

$$y = \frac{(a^2 - b^2)\sin u}{a - b\cos u} = \pm\sqrt{a^2 - b^2}\,.$$

Daher kann die Kurve kein Kreis sein. Wäre sie eine Ellipse, so hätte sie als große Halbachse a und als kleine Halbachse $\sqrt{a^2 - b^2}$, also die Gleichung

$$\frac{(x-b)^2}{a^2} + \frac{y^2}{a^2 - b^2} = 1\,.$$

Überraschenderweise wird dies von einem CAS tatsächlich bestätigt. Die Einsetzung zeigt, dass die Gleichung für alle u erfüllt wird. Damit aber können wir unserer Loxodrome eine viel einfachere Parameterdarstellung geben. Gemäß der Grundrissgleichung gilt

$$x = b + a\cos t\,, \quad y = \sqrt{a^2 - b^2}\sin t\,,$$

und dies eingesetzt in die obige Ebenengleichung ergibt

$$z = \frac{b}{\sqrt{a^2 - b^2}}y = b\sin t\,.$$

Jetzt bleibt nur noch ein letzter Schritt. Wir bestimmen die Gleichung der Kurve in der Ebene, indem wir, wie schon öfter, die Kurve in einem entsprechenden Koordinatensystem mit den Basisvektoren

$$\vec{e}_1 = \begin{pmatrix}1\\0\\0\end{pmatrix}, \quad \vec{e}_2 = \frac{1}{a}\begin{pmatrix}0\\\sqrt{a^2 - b^2}\\b\end{pmatrix}, \quad \vec{e}_3 = \frac{1}{a}\begin{pmatrix}0\\b\\-\sqrt{a^2 - b^2}\end{pmatrix}$$

darstellen. Dabei liegen $\vec{e}_1$ und $\vec{e}_2$ in der Ebene, und $\vec{e}_3$ ist Normale der Ebene. Nennen wir die neuen Koordinaten $\bar{x}, \bar{y}, \bar{z}$, so haben wir dann

$$\begin{pmatrix} \bar{x} \\ \bar{y} \\ \bar{z} \end{pmatrix} = x\vec{e}_1 + y\vec{e}_2 + z\vec{e}_3$$

und durch Einsetzen der Parameterdarstellung für x, y und z erhalten wir

$$\begin{pmatrix} \bar{x} \\ \bar{y} \\ \bar{z} \end{pmatrix} = \begin{pmatrix} b + a\cos t \\ a\sin t \\ 0 \end{pmatrix}.$$

Die Loxodrome ist also tatsächlich ein Kreis mit der Gleichung $(\bar{x} - b)^2 + \bar{y}^2 = a^2$. Sein Mittelpunkt im ursprünglichen System ist daher $(b|0|0)$, sein Radius a.

Damit aber nicht genug der Überraschungen! Der Kreis kommt offensichtlich zustande, indem die Ebene $z = \frac{b}{\sqrt{a^2-b^2}}y$ den Torus

$$(x^2 + y^2 + z^2 + a^2 - b^2)^2 = 4a^2(x^2 + y^2)$$

schneidet, da er sowohl in der Ebene liegt als auf dem Torus. Nun ist aber die Ebene sowohl wie der Torus symmetrisch zur yz-Koordinatenebene. (Vertauschung von x und $-x$ ändert ihre Gleichung nicht.) Daher muss die Ebene den Torus noch in einem zweiten Kreis schneiden, dem Spiegelbild des ersten an der yz-Ebene. Seine Parameterdarstellung lautet infolgedessen

$$x = -b - a\cos t\,, \quad y = \sqrt{a^2 - b^2}\sin t\,, \quad z = b\sin t\,,$$

und man zeigt leicht (vgl. die folgenden Aufgaben), dass die Schnittmenge aus genau diesen beiden Kreisen besteht.

Betrachten wir nun noch den Schnitt des Torus mit der yz-Ebene. Er zerfällt in die beiden Meridiankreise $(y \pm a)^2 + z^2 = b^2$, und die Tangenten vom Nullpunkt an die beiden Kreise haben, wie man leicht sieht, die Steigung $\pm\frac{b}{\sqrt{a^2-b^2}}$. Damit ergibt sich folgendes Bild (Abb. 17): Legt man durch die x-Achse eine Ebene, die

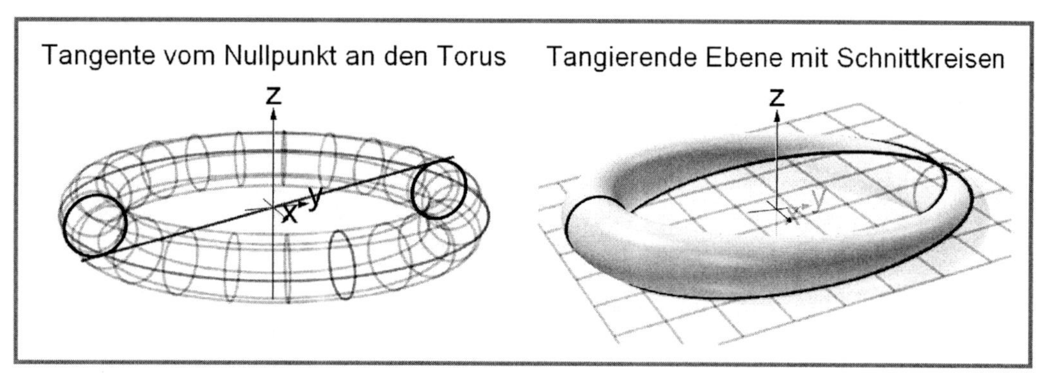

Abb. 17

den Torus berührt, so schneidet diese Tangentialebene aus dem Torus zwei kongruente Kreise mit dem Radius a und dem Mittelpunkt $(\pm b|0|0)$ heraus. Diese Kreise sind Loxodromen zu dem Schnittwinkel α mit $\tan\alpha = \pm\frac{b}{\sqrt{a^2-b^2}}$ und heißen nach dem französischen Geometer Antoine François Joseph VILLARCEAU

(1813 – 1889) *Villarceaukreise.* Offenbar waren sie aber schon vor VILLARCEAU den Steinmetzen und Baumeistern bekannt. Im Straßburger Notre-Dame-Museum befindet sich eine steinerne Wendeltreppe, die am oberen Ende durch einen mit Tangentialschnitt schräg halbierten Torus abgeschlossen wird.[53]

Ausblick: Die zwei Systeme von Villarceaukreisen eines Ringtorus

Dreht man den Schnittkreis

$$\begin{pmatrix} x \\ y \\ z \end{pmatrix} = \begin{pmatrix} b + a\cos t \\ \sqrt{a^2 - b^2}\sin t \\ b\sin t \end{pmatrix}$$

um die z-Achse um einen Winkel d, so erhält jeder Punkt die Koordinaten

$$x\begin{pmatrix} \cos d \\ \sin d \\ 0 \end{pmatrix} + y\begin{pmatrix} -\sin d \\ \cos d \\ 0 \end{pmatrix} + z\begin{pmatrix} 0 \\ 0 \\ 1 \end{pmatrix} = \begin{pmatrix} (b + a\cos t)\cos d - \sqrt{a^2 - b^2}\sin t \sin d \\ (b + a\cos t)\sin d + \sqrt{a^2 - b^2}\sin t \cos d \\ b\sin t \end{pmatrix}.$$

Dies ist also die Parameterdarstellung des gesuchten Kreises. Die Ebene, in der er liegt, wird von den Vektoren $\begin{pmatrix} \cos d \\ \sin d \\ 0 \end{pmatrix}$, $\begin{pmatrix} -\sin d \\ \cos d \\ \frac{b}{\sqrt{a^2-b^2}} \end{pmatrix}$ aufgespannt. Also lautet ihre Gleichung

$$\begin{pmatrix} x \\ y \\ z \end{pmatrix} = \begin{pmatrix} r\cos d - s\sin d \\ r\sin d + s\cos d \\ \frac{b}{\sqrt{a^2-b^2}}s \end{pmatrix}.$$

Durch Auflösen nach s und r folgt

$$s = -x\sin d + y\cos d\,, \quad r = x\cos d + y\sin d$$

und hiermit

$$z = \frac{b}{\sqrt{a^2 - b^2}}s = \frac{b}{\sqrt{a^2 - b^2}}(-x\sin d + a\cos d).$$

Auf diese Weise können wir jeden Villarecaukreis mit seiner Trägerebene darstellen.

Anhand einer Graphik (Abb. 18) untersuchen wir nun, wo ein beliebiger Villarceaukreis die Ebene des

[53]Vgl. die Abbildung in [Berger I 1994, S. 322].

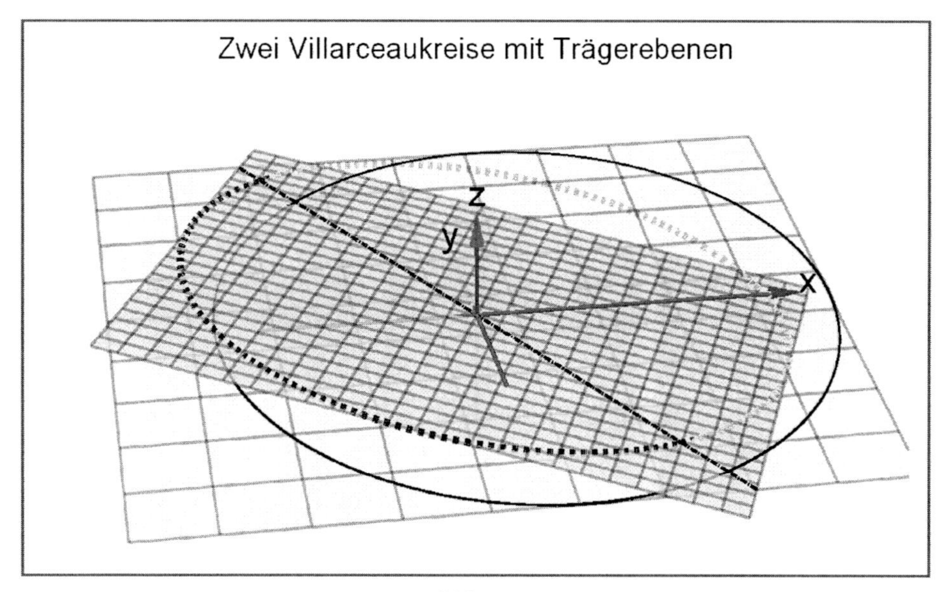

Abb. 18

zu Anfang betrachteten Villarceaukreises schneidet. Diese ist in der Graphik hell dargestellt, während der gedrehte Kreis gestrichelt erscheint und in der grauen Ebene liegt. Die Schnittgerade beider Ebenen ist strich-punktiert gezeichnet. Auf dieser müssen die beiden Schnittpunkte liegen, um die es uns geht. Im dargestellten Fall liegt einer im Innern und einer im Äußeren des Ausgangskreises. Stellen wir uns nun alle übrigen Villarceaukreise und ihre Schnittpunkte vor. Diese bilden eine Kurve in der Ebene es ursprünglichen Kreises. Um was für eine Kurve handelt es sich?

Um diese Frage zu beantworten, bestimmen wir zunächst die Schnittgerade. Durch Gleichsetzen folgt

$$\frac{b}{\sqrt{a^2-b^2}}y = \frac{b}{\sqrt{a^2-b^2}}(-x\sin d + y\cos d),$$

also

$$y(1-\cos d) = -x\sin d\,.$$

Mit Hilfe der Halbwinkelformeln

$$\cos d = 2\cos^2\frac{d}{2} - 1\,,\quad \sin d = 2\sin\frac{d}{2}\cos\frac{d}{2}$$

erhalten wir hieraus

$$y = -\frac{\cos\frac{d}{2}}{\sin\frac{d}{2}}x \quad\text{und}\quad z = \frac{-\cos\frac{d}{2}}{\sin\frac{d}{2}}\frac{b}{\sqrt{a^2-b^2}}x\,.$$

Dies ist eine Parameterdarstellung der Schnittgeraden mit dem Parameter x.

Um die beiden Schnittpunkte zu berechnen, gehen wir davon aus, dass der gedrehte Kreis den Punkt $(b\cos d|b\sin d|0)$ zum Mittelpunkt und a zum Radius hat. Er liegt also auf der Kugel

$$(x-b\cos d)^2 + (y-b\sin d)^2 + z^2 = a^2.$$

Durch Einsetzen erhalten wir x mit Hilfe eines CAS, wobei das Ergebnis unter Umständen aber noch vereinfacht werden muss. Zum Beispiel könnte es

$$x = \pm\frac{2(a \mp b\sin\frac{d}{2})(a^2-b^2)\sin\frac{d}{2}}{2a^2-b^2(1-\cos d)}$$

lauten. Mit $1 - \cos d = 2\sin^2 \frac{d}{2}$ folgt hieraus leicht

$$x_1 = \frac{(a^2 - b^2)\sin\frac{d}{2}}{a + b\sin\frac{d}{2}} \quad \text{bzw.} \quad x_2 = \frac{(a^2 - b^2)\sin\frac{d}{2}}{a - b\sin\frac{d}{2}}.$$

(Das Kürzen durch $a - b\sin\frac{d}{2}$ bzw. $a + b\sin\frac{d}{2}$ ist erlaubt, da für $b < a$ beide Terme stets größer null sind.)

Die Hauptarbeit ist hiermit erledigt. Durch Einsetzen von $x_{1,2}$ in die Parameterdarstellung der Geraden erhalten wir die zugehörigen $y_{1,2}$- und $z_{1,2}$-Werte und können sie nun zusammen mit den gedrehten Villarceaukreisen zeichnen (Abb. 19). Überraschenderweise scheinen alle mit dem Index 1 die Ebene des

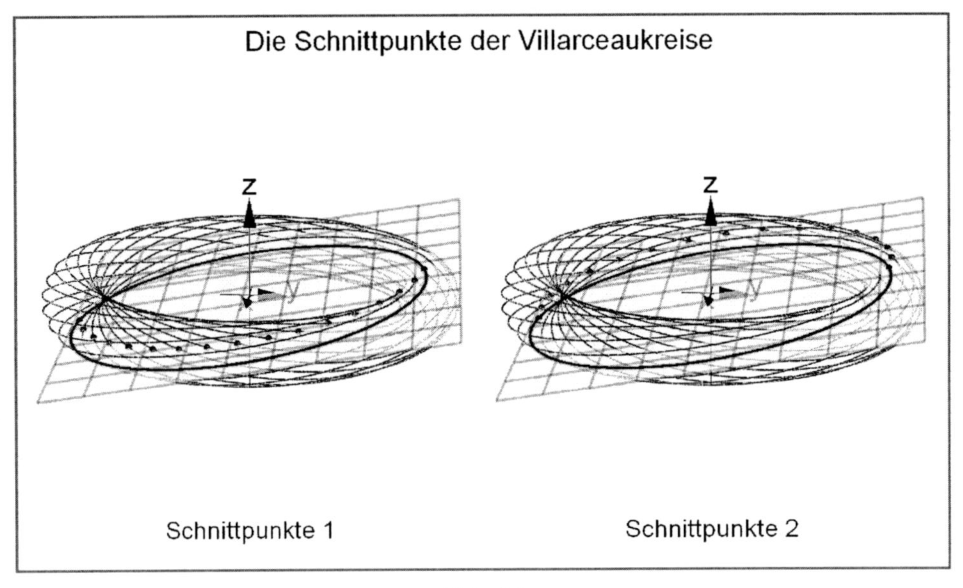

Abb. 19

Ausgangskreises in seinem Innern zu treffen, die mit dem Index 2 in seinem Äußeren. Darüber hinaus liegt die Vermutung nahe, dass sie gemeinsam gerade den zweiten Schnittkreis der Ebene mit dem Torus bilden.

Beide Aussagen lassen sich leicht bestätigen. Dazu berechnen wir zunächst das Abstandsquadrat der Punkte vom Mittelpunkt $(b|0|0)$ des Grundkreises und subtrahieren das Quadrat des Radius a^2. Ein CAS ergibt – unter Umständen wieder erst nach Vereinfachung mittels der Halbwinkelformeln

$$(x_1 - b)^2 + y_1^2 + z_1^2 - a^2 = -\frac{4(a^2 - b^2)b\sin\frac{d}{2}}{a + b\sin\frac{d}{2}}$$

bzw.

$$(x_2 - b)^2 + y_2^2 + z_2^2 - a^2 = \frac{4(a^2 - b^2)b\sin\frac{d}{2}}{a - b\sin\frac{d}{2}}.$$

Wie man sieht, ist die erste Differenz für $0 < d < \pi$ stets negativ, während die zweite positiv ist. Jeder aus dem Ausgangskreis durch Drehung hervorgehende Villarceaukreis ist also mit diesem „verschlungen“. Nun wäre es aber falsch zu glauben, dass sich dieses Verschlungensein nur auf den Ausgangskreis bezieht. Tatsächlich könnte ja jeder andere Villarceaukreis derselben Schar in eben diese Ausgangslage gedreht werden. Das aber heißt, dass *alle Villarceaukreise der einen Schar miteinander, jeder mit jedem, verschlungen sind.* Bei unendlich vielen Kreisen ist das kaum vorstellbar. Schon allein mit vier gleich großen Schlüsselringen wäre die Realisierung nicht ganz einfach. Abbildung 20 zeigt, wie sie im Falle von vier Villarceaukreisen einer Schar aussieht.

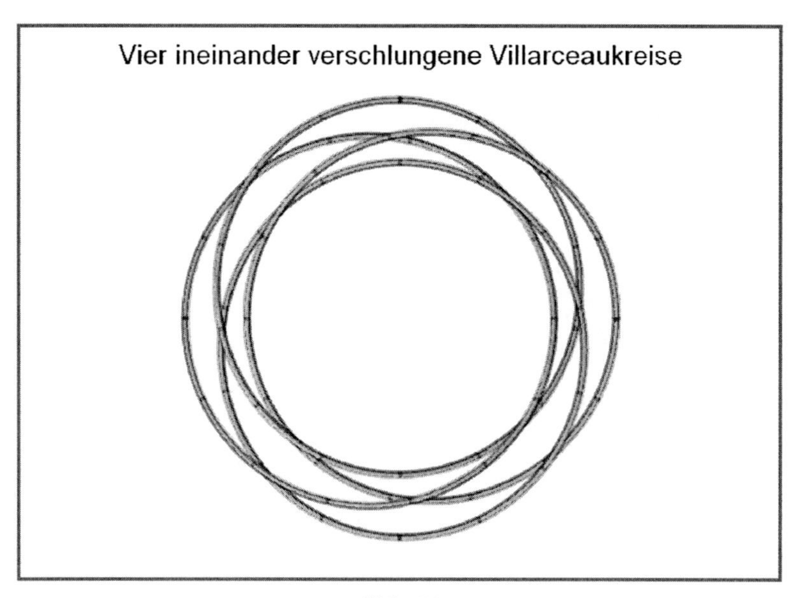

Abb. 20

Die zweite Aussage beweisen wir am einfachsten dadurch, dass wir zeigen, dass alle Schnittpunkte vom Punkt $(-b|0|0)$ den Abstand a haben, also die Gleichung

$$(x+b)^2 + y^2 + z^2 - a^2 = 0$$

erfüllen. In der Tat wird dies von einem CAS leicht bestätigt. Damit können wir aber auch sagen: Jeder Villarceaukreis der gleichen Art – d. h. der von einem einzigen durch Drehung erzeugt wird – schneidet den zum Ausgangskreis spiegelbildlichen Villarceaukreis in zwei Punkten. Wegen der Rotationssymmetrie des Torus können wir auch diese Feststellung verallgemeinern und erhalten so das folgende Ergebnis:

Satz über die Villarceaukreise

Die Schnittkurven eines Torus mit den Tangentialebenen, die durch seinen Mittelpunkt gehen, zerfallen in zwei Mengen von Kreisen, und zwar so, dass je zwei Kreise der gleichen Sorte miteinander verschlungen sind und je zwei Kreise verschiedener Sorte sich stets in zwei Punkten schneiden.

Aufgaben zu 4.3.2

1. Bei welchen Tori sind die Villarceaukreise 45°-Loxodromen (30°-Loxodromen, 60°-Loxodromen)? Wie sind die Zusammenhänge geometrisch zu deuten?

2. Man bestimme den Schnitt der Ebene $z = \frac{b}{\sqrt{a^2-b^2}} y$ mit dem Ringtorus und zeige, dass sich die beiden Villarceaukreise ergeben.

3. Man löse die gleiche Aufgabe wie in 4. für die beiden Kugeln

$$(x \pm b)^2 + y^2 + z^2 = a^2.$$

Arbeitsauftrag zu 4.3.2

Wir betrachten die Villarceaukreise, die aus dem Schnittkreis

$$\begin{pmatrix} b + a\cos t \\ \sqrt{a^2 - b^2}\sin t \\ b\sin t \end{pmatrix}$$

durch Drehung um den Winkel d um die z-Achse hervorgehen, sowie die Kugel

$$(x - b)^2 + y^2 + z^2 = a^2$$

und fragen nach den Schnittpunkten.

a) Leiten Sie die Schnittpunktsbedingung $a\sin\frac{d}{2}\cos t + \sqrt{a^2 - b^2}\cos\frac{d}{2}\sin t + b\sin\frac{d}{2} = 0$ her.

b) Zeigen Sie, dass für $a = 6$, $b = 1$ alle Schnittpunkte gegeben sind durch $x = \frac{35\cos\frac{d}{2}}{6-\cos\frac{d}{2}}$, $y = \frac{35\sin\frac{d}{2}}{6-\cos\frac{d}{2}}$, $z = \frac{-\sqrt{35}\sin\frac{d}{2}}{6-\cos\frac{d}{2}}$, $-\pi \leq d \leq \pi$.

c) Stellen Sie einige der Villarceaukreise, deren Schnittpunkte mit der Kugel sowie die Kugel selbst und die gesamte Schnittkurve graphisch dar. Deuten Sie die Ergebnisse geometrisch und verallgemeinern Sie diese.

4.4 Ein klassisches Problem

Von den drei berühmten mathematischen Problemen der Antike, der

- Quadratur des Kreises,
- Dreiteilung des Winkels,
- Verdopplung des Würfels

zeichnet sich das letzte vor den anderen aus, weil zum ersten Mal raumgeometrische Überlegungen zu seiner Lösung verwendet wurden. Es ist auch unter dem Namen „Delisches Problem" bekannt, weil der Sage nach die Bürger von Delos Apollo befragten, wie sie die auf ihrer Insel umgehende Pest loswerden könnten. Die Antwort aber ließ die Bürger ratlos. Erst wenn sie seinen würfelförmigen Altar verdoppeln würden (dem Volumen nach unter Wahrung seiner Form), lautete der Spruch, würde die Pest wieder von Delos verschwinden. Niemand aber kannte eine Zirkel- und Linealkonstruktion, die das leistete, und wir wissen heute, dass dieses Problem mit Zirkel und Lineal tatsächlich unlösbar ist, wie die beiden anderen oben angeführten Problem auch.

Die Bürger wandten sich an PLATON, der das Orakel folgendermaßen interpretierte:[54]

> „Wenn Gott diese Antwort gegeben hat, dann bedeutet sie nicht, dass es eines doppelten Altars bedarf, sondern dass er den Bürgern ihre Vernachlässigung der Mathematik zum Vorwurf machen und sie für ihre Versäumnisse in der Geometrie tadeln will.“

PLATON hatte guten Grund für diese Deutung. Von seinen Besuchen in Italien her kannte er den Herrscher von Tarent, ARCHYTAS (428 – 365 v. Chr.). Dieser war ein hochangesehener Staatsmann und wurde sein enger Freund, sogar sein Lebensretter, wie berichtet wird. Denn es soll ARCHYTAS gelungen sein, den Tyrannen von Syrakus DIONYSIOS, der PLATON gefangen hielt, umzustimmen und so dessen Freilassung zu erreichen.[55] ARCHYTAS war aber nicht nur Staatsmann, sondern ein außerordentlich vielseitiger Mann, der in vielen Bereichen tätig war. Als Mitglied der pythagoreischen Schule befasste er sich u. a. mit Musiktheorie und machte bedeutende Entdeckungen. Aber er konstruierte auch Maschinen, so eine fliegende Taube aus Holz, und nicht zuletzt hat er PLATON bei dessen Besuchen in die exakten Wissenschaften und die Philosophie der Pythagoreer eingeführt.

Diesem ARCHYTAS verdankt PLATON wohl auch die Kenntnis einer Lösung des Delischen Problems, die zu den erstaunlichsten Leistungen der Antike gerechnet werden muss. Allerdings handelt es sich dabei nicht um eine Zirkel- und Linealkonstruktion, sondern um eine außerordentlich fantasievoll ausgedachte *räumliche* Konstruktion, an der man besonders das Vorstellungsvermögen ihres Erfinders bewundern muss. Zugleich handelt es sich um das erste Auftreten einer räumlichen Kurve in der Mathematik, die zur Lösung eines substantiellen Problems eingesetzt wird. Wenn wir diese Lösung jetzt in der heutigen Sprache vorführen, wird sie uns allerdings nicht sehr schwierig vorkommen. Dabei möge man aber bedenken, dass ARCHYTAS eine Pioniertat hervorgebracht hat, für die es weder Vorbilder noch ein Instrumentarium gab, das wir heute selbstverständlich benutzen. ARCHYTAS musste ausschließlich (synthetisch-) geometrisch argumentieren und hat wohl auch kein körperliches Modell der Lösung für sich angefertigt.

ARCHYTAS greift auf eine Idee von HIPPOKRATES von Chios (um 440 v. Chr.) zurück. Dieser hatte herausgefunden, dass die Würfelverdopplung äquivalent zu der Aufgabe ist, zu zwei Strecken a und $2a$ *zwei mittlere Proportionalen* zu konstruieren. Als *Proportion*

[54]Nach: [History of Mathematics 1997, S. 100].
[55]Vgl: [van der Waerden 1966, S. 247 f].

verstand man seinerzeit eine Gleichung der Form

$$\frac{a}{b} = \frac{c}{d} \quad \text{oder} \quad a : b = c : d;$$

ihre Glieder heißen Proportionalen und werden von eins bis vier gezählt. Sind die zweite und die dritte Proportionale gleich, also $b = c$, so nennt man diese die *mittlere* Proportionale (der beiden äußeren). HIPPOKRATES erkannte nun, dass man eine Lösung des delischen Problems erhält, wenn man zwischen a und $2a$ zwei mittlere Proportionalen einschalten kann, d. h. wenn man x und y so konstruieren kann, dass gleichzeitig

$$a : x = x : y \quad \text{und} \quad x : y = y : 2a$$

gilt. Aus der ersten folgt nämlich $x^2 = ay$, aus der zweiten $y^2 = 2ax$ und damit

$$\left(\frac{x^2}{a}\right)^2 = 2ax \quad \text{oder} \quad x^3 = 2a^3,$$

genauso wie es die Würfelverdopplung fordert.

ARCHYTAS übersetzt die obige Bedingung ins Geometrische. Wenn in Abbildung 21 die

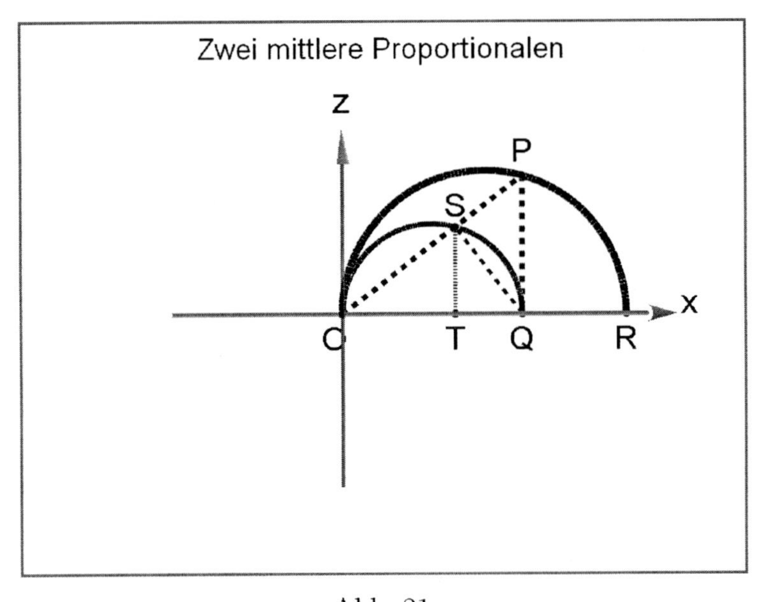

Abb. 21

Strecke $|OS| = a$ und die Strecke $|OR| = 2a$ ist sowie $\measuredangle OSQ = \measuredangle OQP = \measuredangle OPR = 90°$, dann gilt nämlich

$$|OS| : |OQ| = |OQ| : |OP| = |OP| : |OR|$$

oder

$$a : x = x : y = y : 2a\,,$$

da es sich jedes Mal um das Verhältnis von Ankathete zu Hypotenuse in Bezug auf den gleichen Winkel $\measuredangle POR$ handelt. ARCHYTAS muss also „nur“ diese Figur konstruieren, was aber – wie schon gesagt – mit Zirkel und Lineal nicht möglich ist. In der Tat greift er zu ganz anderen Hilfsmitteln, indem er die Situation einerseits *dynamisiert*, andrerseits *zwei verschiedene Bedingungen* einführt, die voneinander unabhängig sind.

Zuerst betrachtet er nur den Punkt P auf dem Halbkreis über OR. Theoretisch könnte dann P jede beliebige Lage annehmen. Er „konstruiert“ nun diese Lagen, indem er den Halbkreis um die z-Achse rotieren lässt (Abb. 22 a), dabei OR mit dem Kreis über OA in

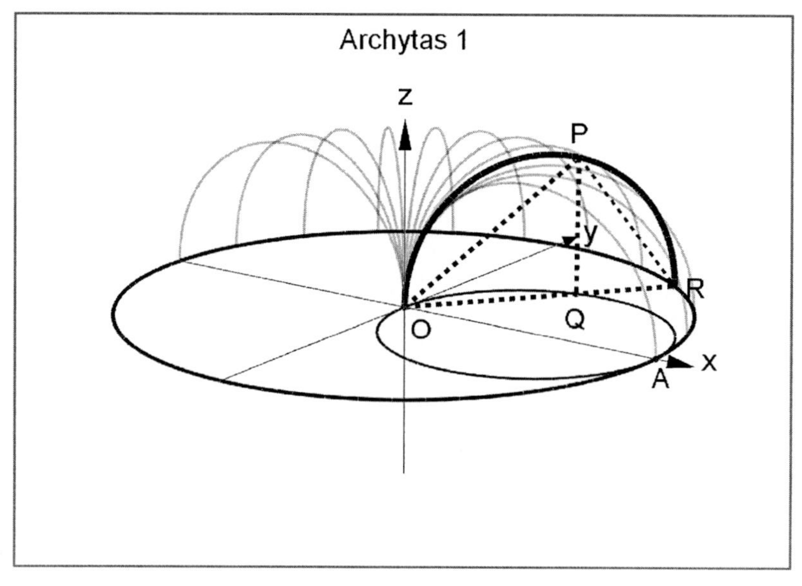

Abb. 22 a

Q zum Schnitt bringt und in Q die Senkrechte bis P errichtet. Die so konstruierten Punkte P liegen also gleichzeitig auf einem *Grenztorus* mit Radius a und auf dem Zylinder über dem Kreis $x^2 + y^2 = 2ax$. Unter ihnen muss der gesuchte Punkt P sein, bei dem also der Lotfußpunkt von Q auf OP gerade den geforderten Abstand a von O hat. Somit ist die Schnittkurve des Torus mit dem Zylinder eine *Ortslinie* für P.

Nun wendet sich ARCHYTAS dem Punkt S zu (Abb. 22 b) und damit dem Dreieck OQS.

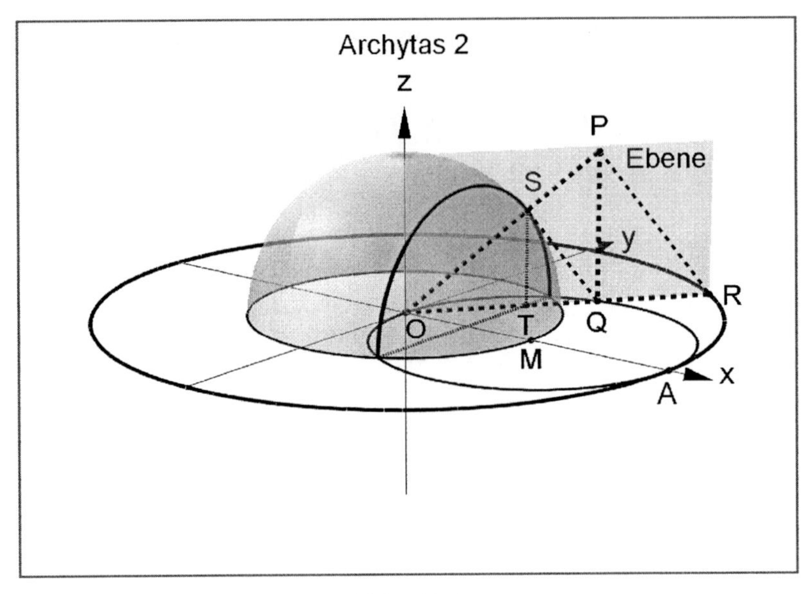

Abb. 22 b

In der Abbildung sind zwar P und R mit dargestellt, doch spielen sie keine Rolle. Es geht jetzt einzig um die Punkte S im Abstand a von O. Diese werden konstruiert, indem man vom Punkt Q aus die *Tangente* an die Kugel $x^2 + y^2 + z^2 = a^2$ legt, und zwar in der Ebene des Dreiecks OQS. Der Punkt S ist dadurch eindeutig bestimmt, denn er liegt auf dem Großkreis, den die Ebene OQS aus der Kugel herausschneidet. Da SQ Tangente an ihn ist, steht SQ auch auf dem zugehörigen Radius OS senkrecht. Welche Lagen kann S einnehmen? Dazu führen wir die folgende einfache Rechnung aus. Wir setzen $\measuredangle AOQ = t$. Dann ist $|OQ| = |OA| \cdot \cos t = 2a \cos t$, da $\measuredangle OQA = 90°$ ist. Nun wenden wir auf das Dreieck OQS den Kathetensatz an. Nach diesem ist

$$|OS|^2 = |OT| \cdot |OQ|, \quad \text{also} \quad |OT| = \frac{|OS|^2}{|OQ|} = \frac{a^2}{2a \cos t} = \frac{a}{2 \cos t}.$$

Für den x-Wert von T erhalten wir daher

$$x = |OT| \cdot \cos t = \frac{a}{2}.$$

Er ist von t und damit von der speziellen Lage des Punktes Q unabhängig! Für die Lage von S besagt das, dass S sowohl auf der Kugel $x^2 + y^2 + z^2 = a^2$ als auch auf der Ebene $x = \frac{a}{2}$ liegt. Somit ist ihr Schnitt, der in Abbildung 22 b dargestellte Halbkreis, Ortslinie für die Punkte S.

Um P endgültig zu fixieren, genügt diese Feststellung nicht. Wir brauchen noch eine zweite Ortslinie für P. Diese aber ergibt sich leicht aus der weiteren Bedingung, dass O, P, S auf einer Geraden liegen müssen. Die Geraden OS bilden einen (geraden Kreis-)

Kegel, da ihre Leitkurve ein Kreis ist, dessen Punkte von O den gleichen Abstand haben. Als zweite Ortslinie können wir daher die Schnittkurve dieses Kegels mit dem Torus nehmen oder auch seine Schnittkurve mit dem Zylinder. Damit ist P „konstruiert", das heißt durch eine Konstruktion definiert. Es sei aber noch einmal betont, dass es sich um eine rein „gedankliche" Konstruktion handelt, die man nur in der Vorstellung ausführen kann, nicht aber praktisch. ARCHYTAS und PLATON hat sie genügt.

Im Folgenden wollen wir aber die drei Ortslinien auch graphisch darstellen. Den Torus nennen wir ab jetzt „Archytastorus", seinen Schnitt mit dem Zylinder „Archytaskurve 1", mit dem Kegel „Archytaskurve 2" und den Schnitt von Zylinder und Kegel „Archytaskurve 3". Die zugehörigen Gleichungen sind, wenn wir a als Längeneinheit nehmen:

1. Archytastorus $(x^2 + y^2 + z^2)^2 = 4(x^2 + y^2)$;

2. Zylinder $x = 2\cos^2 t\,,\ \ y = 2\cos t \sin t$;

3. Kegel $x = \frac{1}{2}s\,,\ \ y = \frac{1}{2}\sqrt{3}s\cos u\,,\ \ z = \frac{1}{2}\sqrt{3}s\sin u\,.$

Dabei haben wir Zylinder und Kegel mittels der Parameter t und z bzw. u und s dargestellt, weil dies für die Bestimmung der Schnittkurven günstig ist. So erhalten wir sofort durch Einsetzen von 2. in 1.

$$(4\cos^2 t + z^2)^2 = 16\cos^2 t\,,$$

also

$$z^2 = \pm\, 4\cos t - 4\cos^2 t\,.$$

Da $z^2 \geq 0$ sein muss, gilt das gleiche für $\cos t$, folglich muss $-\frac{\pi}{2} \leq t \leq \frac{\pi}{2}$ sein. Damit werden aber bereits alle Punkte des Zylindergrundkreises erfasst, so dass durch $z = \pm\, 2\sqrt{\cos t(1 - \cos t)}$ die obere bzw. untere Hälfte der ersten Archytaskurve angegeben wird.

Setzen wir nun 3. in 1. ein, folgt analog

$$\left(\frac{1}{4}s^2 + \frac{3}{4}s^2\right)^2 = 4\left(\frac{1}{4}s^2 + \frac{3}{4}s^2\cos^2 u\right)$$

und hieraus

$$s = \pm\sqrt{1 + 3\cos^2 u}\,,$$

wenn wir durch s^2 kürzen. Anhand der entsprechenden Abbildung macht man sich leicht klar, dass die Kegelspitze, die sich für $s = 0$ ergibt, ein isolierter Punkt der Schnittkurve ist, der für das delische Problem keine Rolle spielt. Die Darstellung der zweiten Archytaskurve lautet infolgedessen einfach

$$x = \pm\frac{1}{2}\sqrt{1 + 3\cos^2 u}\,,\ \ y = \pm\frac{1}{2}\sqrt{3}\sqrt{1 + 3\cos^2 u}\cos u\,,\ \ z = \pm\frac{1}{2}\sqrt{3}\sqrt{1 + 3\cos^2 u}\sin u\,.$$

Zur dritten Kurve gelangen wir analog, wenn wir den Zylinder durch seine Gleichung $x^2 + y^2 = 2x$ beschreiben. Dann haben wir

$$\frac{1}{4}s^2 + \frac{3}{4}s^2\cos^2 u = s$$

oder für $s \neq 0$

$$s = \frac{4}{1 + 3\cos^2 u}\,.$$

Bezüglich $s = 0$ gilt dabei dasselbe wie oben. Als Parameterdarstellung der dritten Archytaskurve ergibt sich dementsprechend

$$x = \frac{2}{1 + 3\cos^2 u}\,, \quad y = \frac{2\sqrt{3}\cos u}{1 + 3\cos^2 u}\,, \quad z = \frac{2\sqrt{3}\sin u}{1 + 3\cos^2 u}\,.$$

Die Abbildungen 23 a bis c zeigen nun diese drei Kurven als Schnittkurven auf dem Torus und Abbildung 24 nur noch die drei Kurven auf dem Torus. Sie schneiden sich in P, und dieser Punkt ist natürlich mit dem Punkt P aus Abbildung 22 a, b identisch.

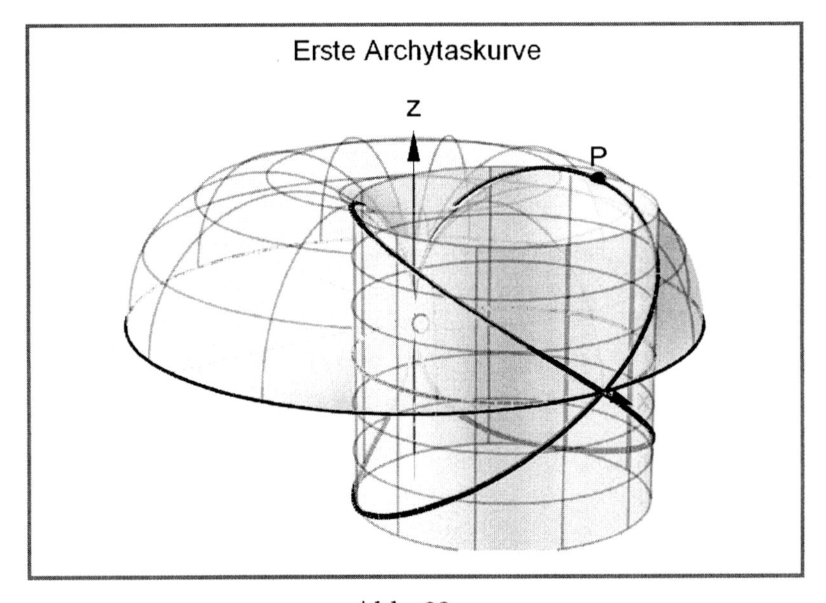

Abb. 23 a

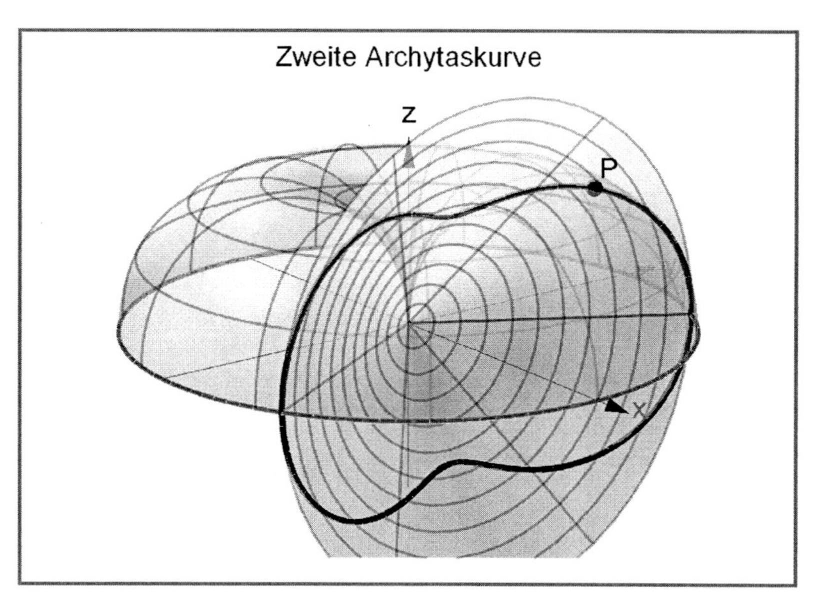

Abb. 23 b

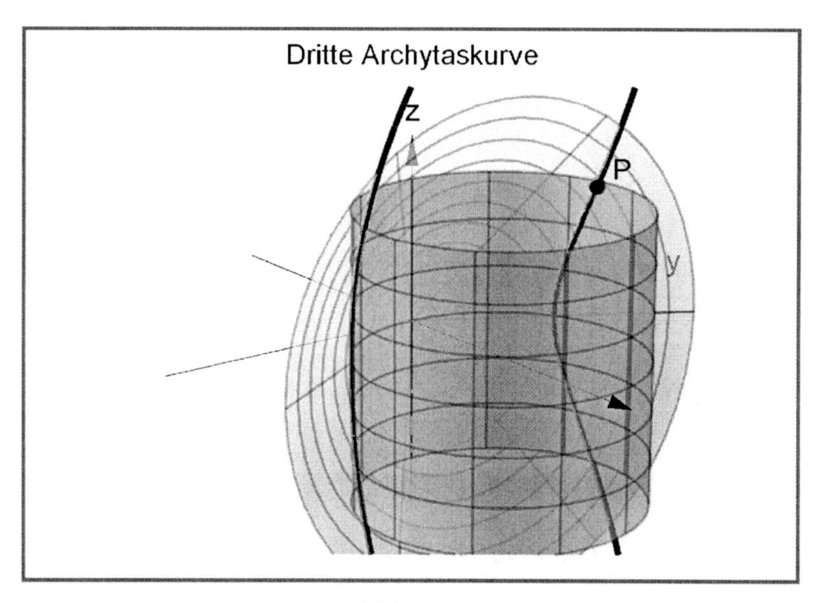

Abb. 23c

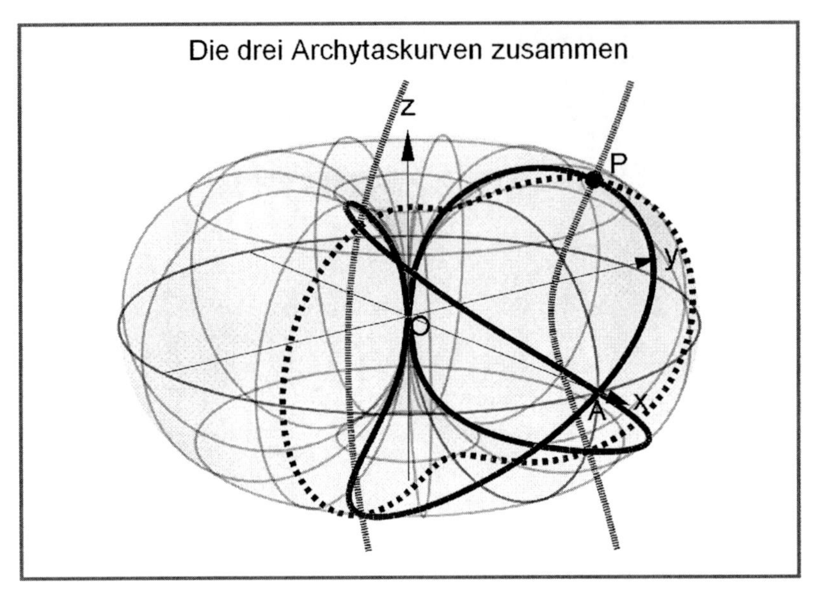

Abb. 24

Von den drei Kurven, die bei der Lösung des ARCHYTAS auftreten, braucht man genau genommen aber nur eine. Nimmt man die erste, so erhält man die Lösung unmittelbar als Schnittpunkt dieser Kurve mit dem Kegel. Nun hat diese Kurve aber nichts mit dem Verdopplungsproblem als solchem zu tun, sondern bleibt stets dieselbe, gleichgültig, ob man den Würfel verdoppeln oder sein Volumen in einem anderen Verhältnis vervielfachen will. Dieses geht nur in die Bestimmung des Kegels ein. Insofern kann man den Schnitt des Archytastorus mit dem Zylinder $x^2 + y^2 = 2x$ als *universelle* Lösungskurve ansehen. Wickelt man sie ab, so erhält man eine Achterkurve, die einer *Lemniskate*[56] recht nahe kommt. Schneidet man aber den Ringtorus $a = \frac{3}{2}$, $b = \frac{1}{2}$ mit dem Zylinder $x^2 + y^2 = 2x$ und wickelt die Schnittkurve ab, so lässt sich diese mit Hilfe von zwei Achsenstreckungen sogar sehr genau mit der Archytaskurve zur Deckung bringen. Untersuchungen dieser Art kennt die Antike nicht. Nur von einem Mathematiker namens PERSEUS (um 150 v. Chr.) wird berichtet, dass er den Ringtorus (griech.: *speira*) mit Ebenen geschnitten hat, die zur Rotationsachse parallel laufen. Man nennt daher die Schnittkurven die *spirischen Linien des Perseus*. Diese und andere Schnittkurven sollen in den Aufgaben untersucht werden.

Aufgaben zu 4.4

1. Der Zylinder $x^2 + y^2 = 2x$ schneidet aus dem Archytastorus einen Körper aus.
   a) Berechnen Sie sein Volumen, seine Oberfläche und die Länge der Schnittkurve.
   b) Wenn der Torus durch den Zylinder $x^2 + z^2 = 2x$ ersetzt wird, entsteht ein ähnlicher Körper.

[56] Vgl. [Schupp, Dabrock 1995, S. 34 ff].

Berechnen Sie zum Vergleich auch dessen Volumen und Oberfläche sowie die Länge der Schnittkurve.

2. a) Bestimmen Sie die Abwicklung der ersten Archytaskurve auf dem Zylindermantel und vergleichen Sie die Kurve mit der Lemniskate $(x^2 + y^2)^2 = \pi^2(x^2 - y^2)$.

   b*) Der Torus mit den Abmessungen $a = \frac{3}{2}$, $b = \frac{1}{2}$ wird mit dem Zylinder $x^2+y^2 = 2x$ geschnitten. Bestimmen Sie die Abwicklung der Kurve und zwei Achsstreckungen so, dass ein Vergleich dieser Kurve mit der ersten Archytaskurve möglich wird.

3. Man bringe den um die x-Achse gedrehten Archytastorus $(x^2 + y^2 + z^2)^2 = 4(x^2 + z^2)$ mit dem parabolischen Zylinder $z^2 = 4-2x$ zum Schnitt. Man zeige, dass es einen elliptischen Zylinder gibt, dessen Achse zur z-Achse parallel ist und der mit diesem Torus fast genau den gleichen Schnitt erzeugt.

Arbeitsaufträge zu 4.4

1. Untersuchen Sie die verschiedenen Typen der spirischen Linien. Welche bekannten Kurven lassen sich unter ihnen finden?

2. Verallgemeinern Sie das Problem der Würfelverdopplung auf beliebige Vielfache und entwickeln Sie seine Lösung nach dem Vorbild des ARCHYTAS.

4.5 Zykliden

Einen Torus kann man sich als einen „Rundtunnel" vorstellen, der folgendermaßen zustande kommt. Gegeben seien zwei konzentrische Kreise in einer Ebene. Zwei Punkte dieser Kreise sollen gegenüberliegend heißen, wenn sie vom gleichen Fahrstrahl herausgeschnitten werden. Überbrückt man nun je zwei solcher Punkte mittels eines Kreises, dessen Ebene senkrecht zur Ebene der beiden Kreise ist, so erhält man den Torus. Abbildung 25

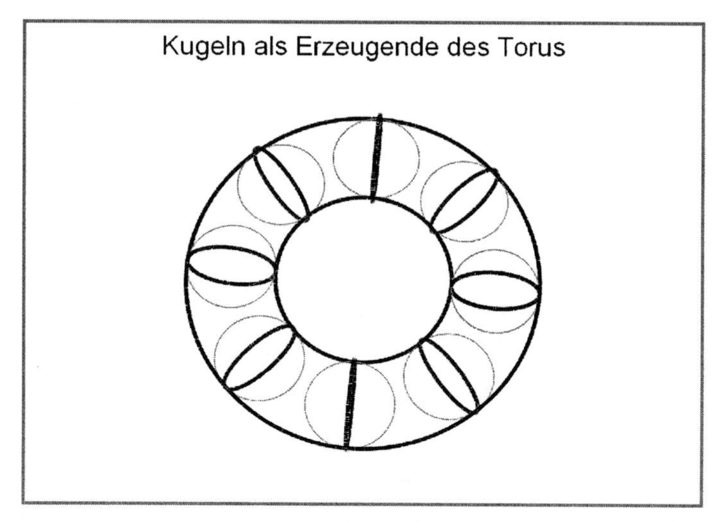

Abb. 25

zeigt einige dieser Kreisbögen (fett) zusammen mit gleich großen Kreisen (grau), die sich ergeben, wenn man die senkrechten Kreisbögen in die Ebene dreht. Dadurch wird deutlich, dass es zu jedem Kreisbogen eine Kugel mit dem gleichen Radius gibt, die ganz im Torus liegt. Der Torus ist „Einhüllende“ aller dieser Kugeln.

Überraschenderweise lassen sich grundlegende Elemente dieser Konstruktion verallgemeinern, wobei die Verwandtschaft der entstehenden Flächen mit dem Torus deutlich erkennbar bleibt. Dies führen wir im ersten Paragraphen durch, während wir im zweiten eine analoge Erzeugung derselben Flächen behandeln, die zwar etwas schwieriger ist, aber interessante Zusammenhänge sichtbar macht.

4.5.1 Erste Erzeugungsart

Wir übertragen die oben geschilderte Konstruktion auf den Fall zweier *exzentrischer* Kreise (Abb. 26 a), indem wir analog zu Abbildung 25 zwischen die gegebenen festen Kreise

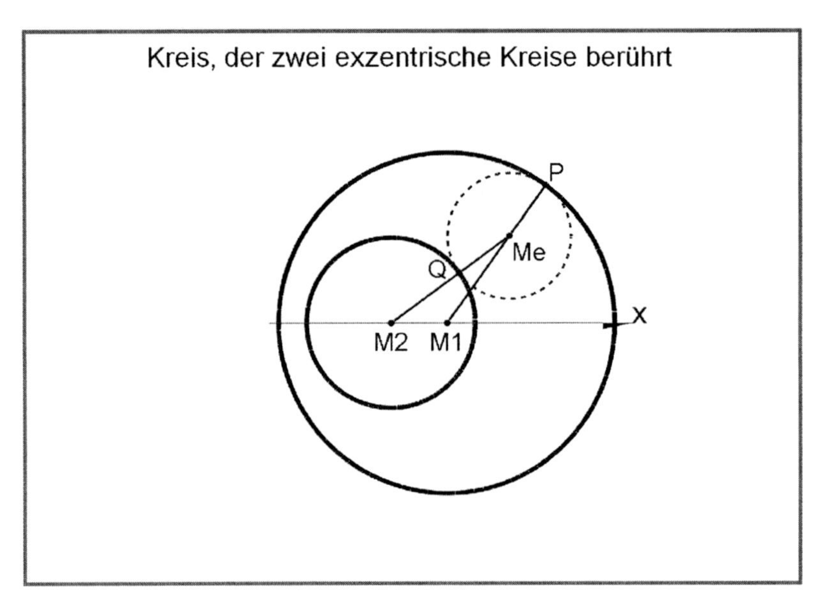

Abb. 26 a

ebenfalls berührende Kreise „einpassen“. Konstruieren wir über jeder Berührstrecke PQ nun den Kreis, der senkrecht zur Horizontalebene steht, so bilden diese „Überbrückungsbögen“ eine torusartige Fläche, die wir im Folgenden näher betrachten wollen.

Zunächst bemerken wir, dass der Überbrückungsbogen auch auf einer Kugel liegt, die die beiden Grundkreise in dem gestrichelt eingezeichneten Kreis berührt. Geben wir den beiden festen Kreisen analog zum Torus die Radien $r_1 = a+b$, $r_2 = a-b$ und nennen wir den

Abstand $|M_1M_2|$ der beiden Mittelpunkte d, dann gilt auf Grund der Berührbedingung von Kreisen

$$|M_1M_e| = r_1 - r \quad \text{und} \quad |M_2M_e| = r_2 + r\,,$$

also

$$|M_1M_e| + |M_2M_e| = r_1 + r_2 = 2a\,.$$

Gemäß dieser Beziehung lassen sich die Punkte M_e leicht konstruieren. Man wählt $|M_1M_e|$ und $|M_2M_e|$ so, dass ihre Summe $2a$ ist. Dann schneiden sich die Kreise um M_1 mit $|M_1M_e|$ und M_2 mit $|M_2M_e|$ in (vier Punkten) M_e.[57]

Wir versuchen nun, den Verlauf der Geraden durch die beiden Berührpunkte P und Q näher zu bestimmen, da wir über PQ die Kreisbögen senkrecht zur Grundebene errichten wollen. Dazu ergänzen wir die Abbildung, indem wir den Radius $r_1 = |M_1P|$ über P hinaus um den Radius $r_2 = |M_2Q|$ verlängern bis zu einem Punkt R und diesen Punkt noch mit M_2 verbinden (Abb. 26 b). Das Dreieck RM_eM_2 ist dann gleichschenklig

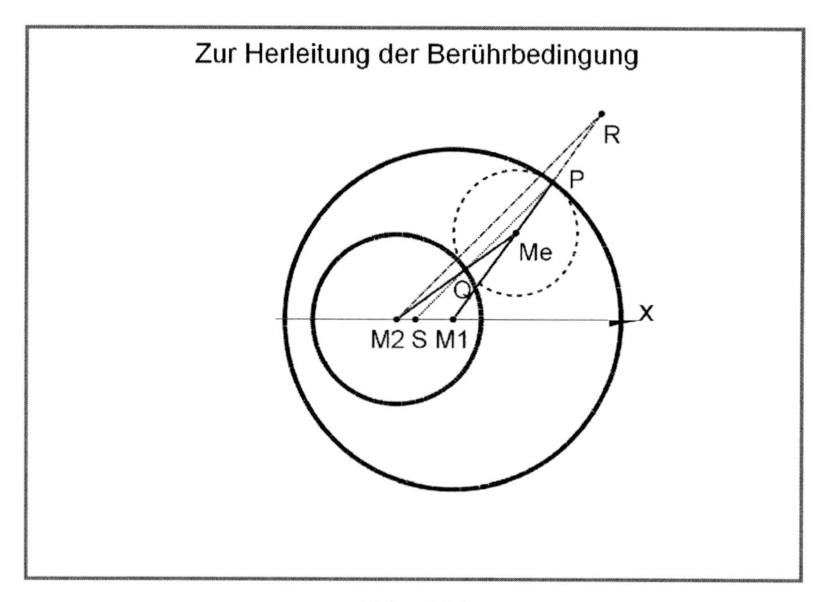

Abb. 26 b

mit den Schenkellängen $|M_eR| = r + r_2 = |M_eM_2|$ ebenso wie das Dreieck PM_eQ. Folglich ist $RM_2 || PQ$, und nach dem 1. Strahlensatz gilt

$$|M_1S| : |SM_2| = r_1 : r_2 = (a + b) : (a - b).$$

[57]Nach der Ortskurvendefinition einer Ellipse definiert die Bedingung $|M_1M_e| + |M_2M_e| = 2a$ eine *Ellipse* mit der großen Halbachse a und der Brennweite $e = \frac{1}{2}d$. Vgl. hierzu z. B. [Schupp 1988, S. 18 ff].

Der Punkt S teilt also die Strecke M_1M_2 in einem festen Verhältnis, ganz unabhängig davon, wo der gestrichelte Kreis gezeichnet ist. Somit braucht man nur eine beliebige Gerade durch den festen Punkt S mit den beiden Ausgangskreisen in P und Q zu schneiden und P mit M_1 sowie Q mit M_2 zu verbinden, um M_e als Schnittpunkt zu erhalten. Lässt man darüber hinaus diese Gerade kreisen und errichtet senkrecht über jeder Schnittstrecke PQ den Kreis, so erzeugen diese Kreise eine dem Torus verwandte Fläche, die nach Charles DUPIN (1784 – 1873) als *Zyklide*[58] oder als *Dupinsche Zyklide* bezeichnet wird.

Um Zykliden zeichnen zu können, braucht man ihre Gleichung. Auf Grund der geometrischen Vorüberlegungen legen wir das Koordinatensystem durch den Punkt S und die beiden Ausgangskreise in die xy-Ebene. Die beiden Mittelpunkte sind dann

$$M_1\left(\frac{(a+b)d}{2a}\middle|0\middle|0\right),\quad M_2\left(-\frac{(a-b)d}{2a}\middle|0\middle|0\right)$$

und die zugehörigen Radien $r_1 = a + b$, $r_2 = a - b$. Wir bringen die Kreise mit einer Ursprungsgeraden $\begin{pmatrix}\cos u\\ \sin u\\ 0\end{pmatrix} \cdot s$ zum Schnitt und erhalten im Fall des ersten Kreises

$$s_{1,2} = \frac{(a+b)\left(d\cos u \pm \sqrt{4a^2 - d^2\sin^2 u}\right)}{2a}$$

und des zweiten

$$s_{1,2} = \frac{(a-b)\left(-d\cos u \pm \sqrt{4a^2 - d^2\sin^2 u}\right)}{2a}.$$

Von diesen Werten brauchen wir jeweils nur die beiden ersten, da die anderen beiden Punkte automatisch dadurch erzeugt werden, dass u um π vergrößert wird. Kürzen wir noch $\sqrt{4a^2 - d^2\sin^2 u}$ mit w ab, so gilt für die zugehörigen Ortsvektoren

$$\vec{p} = \frac{(a+b)(d\cos u + w)}{2a}\begin{pmatrix}\cos u\\ \sin u\\ 0\end{pmatrix}$$

und

$$\vec{q} = \frac{(a-b)(-d\cos u + w)}{2a}\begin{pmatrix}\cos u\\ \sin u\\ 0\end{pmatrix}$$

sowie für den Mittelpunkt von PQ

$$\vec{m} = \frac{1}{2}(\vec{p} + \vec{q}) = \frac{1}{2a}(bd\cos u + aw)\begin{pmatrix}\cos u\\ \sin u\\ 0\end{pmatrix}.$$

[58]Dupin hat den Namen von griech. *kyklós* = Kreis abgeleitet.

Ferner ist

$$\frac{1}{2}(\vec{p}-\vec{q}) = \frac{1}{2a}(ad\cos u + bw)\begin{pmatrix}\cos u\\ \sin u\\ 0\end{pmatrix}$$

einer der beiden den Kreis aufspannenden Vektoren, während der andere durch

$$\frac{1}{2a}(ad\cos u + bw)\begin{pmatrix}0\\ 0\\ 1\end{pmatrix}$$

gegeben ist, da er die gleiche Länge wie $\frac{1}{2}(\vec{p}-\vec{q})$ haben muss. Mithin lautet die

Parameterdarstellung der Zyklide

$$\begin{pmatrix}x\\ y\\ z\end{pmatrix} = (c_1 + c_2\cos v)\begin{pmatrix}\cos u\\ \sin u\\ 0\end{pmatrix} + c_2\begin{pmatrix}0\\ 0\\ 1\end{pmatrix}\sin v\,,$$

$$c_1 = \frac{1}{2a}(bd\cos u + aw)\,,\quad c_2 = \frac{1}{2a}(ad\cos u + bw),\quad w = \sqrt{4a^2 - d^2\sin^2 u}\,.$$

Die Abbildungen 27 a bis d zeigen vier verschiedene Typen von Zykliden, die alle vom

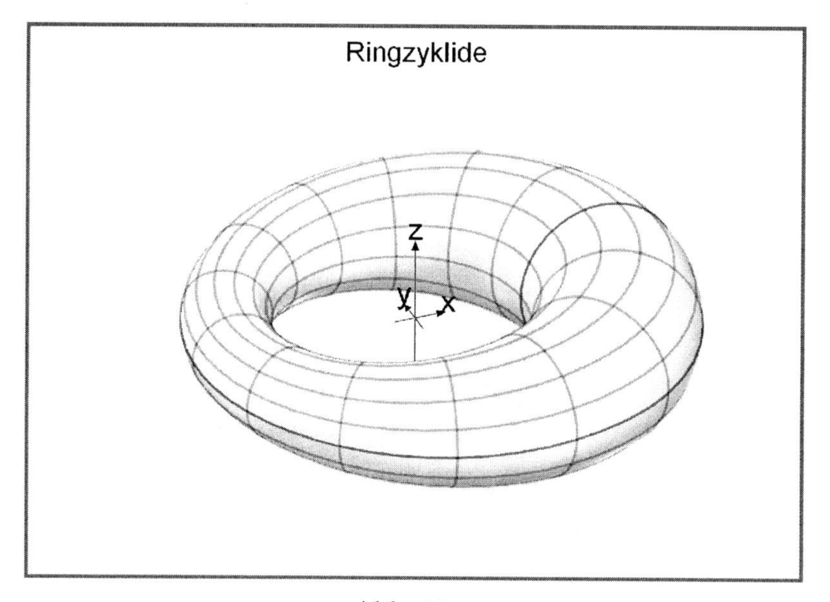

Abb. 27 a

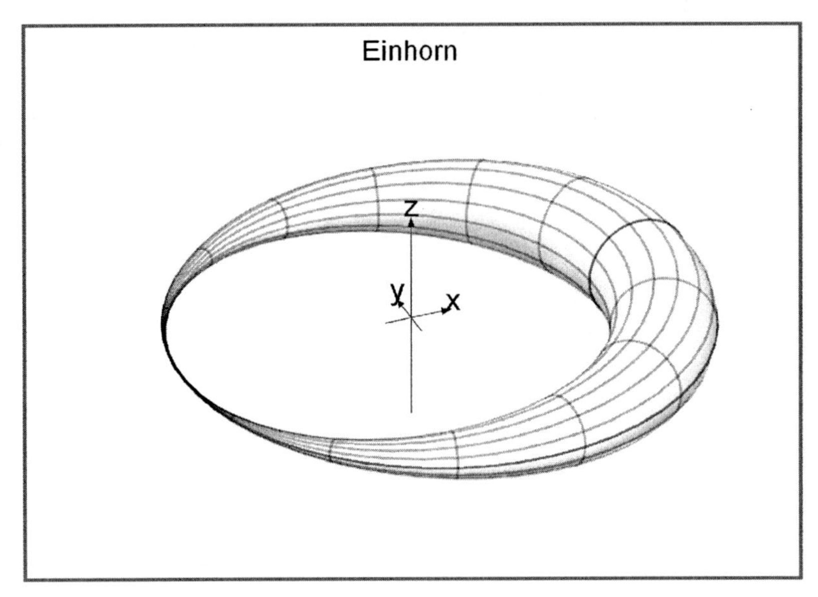

Abb. 27 b

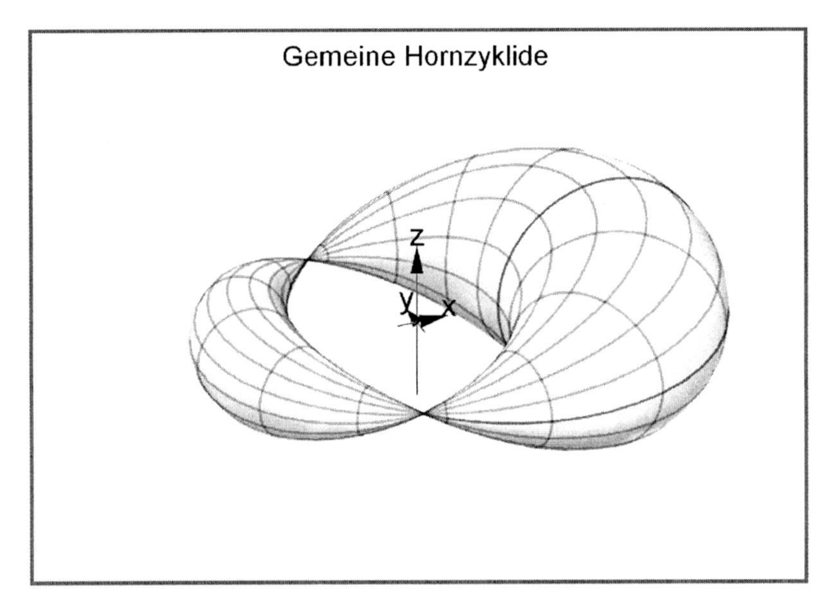

Abb. 27 c

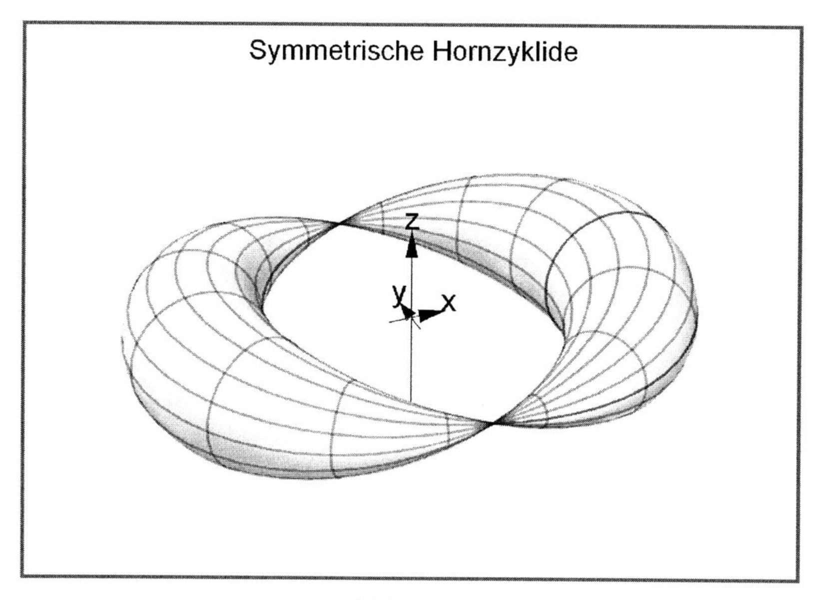

Abb. 27 d

üblichen Ringtorus mit $a > b$ abgeleitet sind. Die zugehörigen Daten sind

$$a = 9,\ b = 3,\ d = 2;\ a = 9,\ b = 1,\ d = 2;\ a = 9,\ b = 1.5,\ d = 8;\ a = 9,\ b = 0,\ d = 6.$$

Wir wollen nun noch die implizite Gleichung der Zyklide (mit Hilfe eines CAS) herleiten. Dazu schreiben wir sie in der Form

$$\begin{pmatrix} x \\ y \\ z \end{pmatrix} - c_1 \begin{pmatrix} \cos u \\ \sin u \\ 0 \end{pmatrix} = c_2 \cos v \begin{pmatrix} \cos u \\ \sin u \\ 0 \end{pmatrix} + c_2 \sin v \begin{pmatrix} 0 \\ 0 \\ 1 \end{pmatrix}.$$

Quadrieren wir diese Gleichung, so folgt

$$x^2 + y^2 + z^2 - 2c_1(x \cos u + y \sin u) + c_1^2 = c_2^2$$

oder

$$x^2 + y^2 + z^2 - 2c_1(x \cos u + y \sin u) = c_2^2 - c_1^2 = -\frac{1}{4a^2}(a^2 - b^2)(4a^2 - d^2).$$

Nun ist, wie man sich anhand der Projektion eines beliebigen Punktes der Zyklide auf die xy-Ebene leicht klar macht, $\tan u = \frac{y}{x}$, also auch

$$\cos u = \frac{x}{\sqrt{x^2 + y^2}}, \quad \sin u = \frac{y}{\sqrt{x^2 + y^2}}.$$

Setzen wir dies noch in die letzte Gleichung zusammen mit c_1 ein, erhalten wir

$$x^2 + y^2 + z^2 - \frac{2}{2a}\left(bd\frac{x}{\sqrt{x^2+y^2}} + a\sqrt{4a^2 - d^2\frac{y^2}{x^2+y^2}}\right)\cdot$$

$$\left(\frac{x^2}{\sqrt{x^2+y^2}} + \frac{y^2}{\sqrt{x^2+y^2}}\right) = -\frac{1}{4a^2}(a^2-b^2)(4a^2-d^2).$$

Durch Hereinmultiplizieren von $\sqrt{x^2+y^2}$ in die erste Klammer vereinfacht sich dies zu

$$x^2 + y^2 + z^2 - \frac{1}{a}\left(bdx + a\sqrt{4a^2(x^2+y^2) - d^2y^2}\right) = -\frac{1}{4a^2}(a^2-b^2)(4a^2-d^2)$$

oder, wenn wir noch umstellen und quadrieren,

$$\left(x^2 + y^2 + z^2 - \frac{bd}{a}x + (a^2-b^2)\left(1 - \frac{d^2}{4a^2}\right)\right)^2 = 4a^2(x^2+y^2) - d^2y^2.$$

Implizite Gleichung der Zyklide

$$\left(x^2 + y^2 + z^2 - \frac{bd}{a}x + (a^2-b^2)\left(1 - \frac{d^2}{4a^2}\right)\right)^2 = 4a^2(x^2+y^2) - d^2y^2$$

Aufgaben zu 4.5.1

1. Berechnen Sie für eine Ringzyklide mit konkretem a, b und d die Oberfläche und das Volumen. Vergleichen Sie die gefundenen Werte mit den entsprechenden für einen Torus bei gleichem a und b.

2. Stellen Sie die Graphik für eine „Archytaszyklide“ und für eine Spindelzyklide her.

3.* Man betrachte eine spezielle Ringzyklide und die beiden Kreise, in denen sie von der Ebene $y = 0$ geschnitten wird. Man lege an sie eine der beiden *inneren* Tangenten. Die Ebene, die durch Orthogonalprojektion parallel zur y-Achse auf die Tangente abgebildet wird, sei E. Untersuchen Sie die Schnittkurve von E mit der Ringzyklide.

Arbeitsaufträge zu 4.5.1

1. In der xy-Ebene sei ein Kreis $(x - x_0)^2 + y^2 = r^2$ gegeben. Wählen Sie einen speziellen Fall so, dass dieser Kreis ganz rechts von der y-Achse liegt. Bestimmen Sie nun die Kreise, die den gegebenen in einem Punkt P und die y-Achse in einem Punkt Q berühren, und errichten Sie senkrecht auf der xy-Ebene die Kreise über PQ. Sie bilden eine Fläche, die man *parabolische Zyklide* nennt. Stellen Sie die Gleichungen für diese Fläche auf und fertigen Sie eine Graphik von ihr an. Erklären Sie den Zusatz „parabolisch“.

2.* Führen Sie den in 1. beschriebenen Arbeitsauftrag allgemein durch und erzeugen Sie von jedem der möglichen Typen einer parabolischen Zyklide eine Graphik.

4.5.2* Zweite Erzeugungsart

Genauso wie bei einem Torus gibt es auch bei jeder Zyklide eine zweite Erzeugungsweise, die dem Aufbau des Torus mittels Breitenkreisen entspricht. Interessanterweise läuft sie ganz ähnlich ab wie die erste, wobei jetzt zwei *getrennt voneinander liegende* Ausgangskreise, die keine inneren Punkte gemeinsam haben, von einer Schar von Kreisen in der gleichen Ebene berührt werden. Diese beiden Ausgangskreise sind die Schnittkreise zum Beispiel einer Ringzyklide mit der Ebene $y = 0$. Aus der impliziten Gleichung erhält man sie, indem man $y = 0$ setzt:

$$x^2 + z^2 - \frac{bd}{a}x + (a^2 - b^2)\left(1 - \frac{d^2}{4a^2}\right) = \pm 2ax\,,$$

also

$$\left(x - \frac{bd}{2a} \mp a\right)^2 + z^2 = \left(b \pm \frac{d}{2}\right)^2.$$

In Abbildung 28 sind diese zugleich mit zwei Berührkreisen (gestrichelt) dargestellt.

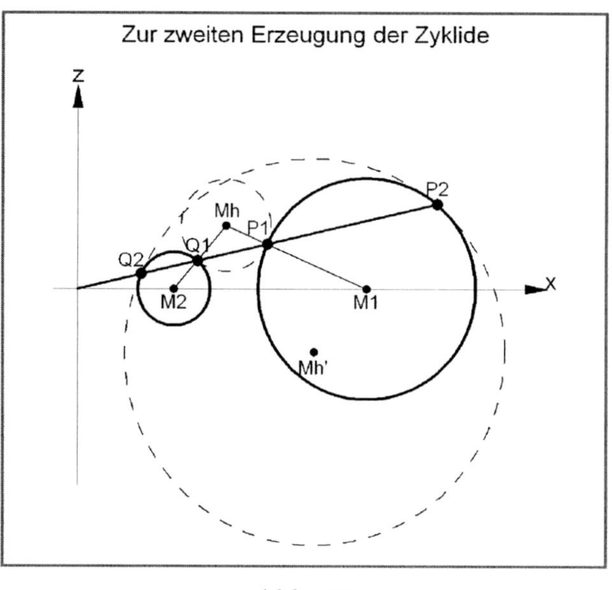

Abb. 28

Analog wie bei der ersten Erzeugung zeigt man nun, dass die Verbindungsgerade $P_1Q_1 = P_2Q_2$ der beiden Berührpunktpaare die Verbindungsstrecke der beiden Mittelpunkte außen im konstanten Verhältnis $r_1 : r_2$ teilt. Dies haben wir uns für die Abbildung zu Nutze gemacht, indem wir diesen Punkt gleich zum Ursprung genommen haben. Ferner gilt $|M_hM_1| - |M_hM_2| = r_1 - r_2 = \left(b + \frac{d}{2}\right) - \left(b - \frac{d}{2}\right) = d$. Punkte, deren Abstands*differenz* bezüglich zweier fester Punkte konstant ist, liegen auf einer *Hyperbel.*[59] Doch benötigen wir diese Kenntnis im Folgenden nicht.

Stellen wir uns vor, um M_h bzw. M_h' ist eine Kugel gelegt, die die beiden Ausgangskreise in P_1, Q_1 bzw. P_2, Q_2 berührt. Dann schneidet die Ebene, die von der Ursprungsgeraden und der y-Achse aufgespannt wird, aus diesen Kugeln Kreisbögen heraus. Wir behaupten, dass diese die Zyklide erzeugen.

Zum Beweis berechnen wir zuerst die Parameterdarstellung der so entstehenden Fläche. Wir schneiden die beiden Ausgangskreise

$$\left(x - \frac{bd}{2a} \mp a\right)^2 + z^2 = \left(b \pm \frac{d}{2}\right)^2$$

mit der Ursprungsgeraden $\begin{pmatrix} \cos u \\ 0 \\ \sin u \end{pmatrix} \cdot s$. Als Lösung für s erhalten wir im ersten Fall

$$s_{1,2} = \frac{(2b + d)\left(2a \cos u \pm \sqrt{d^2 - 4a^2 \sin^2 u}\right)}{2d}$$

und im zweiten

$$s_{3,4} = \frac{(2b - d)\left(2a \cos u \pm \sqrt{d^2 - 4a^2 \sin^2 u}\right)}{2d}.$$

Die Wurzel kürzen wir hier mit w' ab und erhalten so die Ortsvektoren

$$\vec{p}_1 = \frac{1}{2d}(2b + d)(2a \cos u - w') \begin{pmatrix} \cos u \\ 0 \\ \sin u \end{pmatrix},$$

$$\vec{p}_2 = \frac{1}{2d}(2b + d)(2a \cos u + w') \begin{pmatrix} \cos u \\ 0 \\ \sin u \end{pmatrix},$$

$$\vec{q}_1 = \frac{1}{2d}(2b - d)(2a \cos u + w') \begin{pmatrix} \cos u \\ 0 \\ \sin u \end{pmatrix},$$

$$\vec{p}_2 = \frac{1}{2d}(2b - d)(2a \cos u - w') \begin{pmatrix} \cos u \\ 0 \\ \sin u \end{pmatrix}.$$

[59] Vgl. hierzu [Schupp 1988, S. 28 ff].

Wir beschränken uns jetzt auf die Kreise über P_1Q_1. Für ihren Mittelpunkt gilt

$$\vec{m}_1 = \frac{1}{2}(\vec{p}_1 + \vec{q}_1) = \frac{1}{2d}(4ab\cos u - dw') \begin{pmatrix} \cos u \\ 0 \\ \sin u \end{pmatrix}.$$

Da einer der beiden den Kreis aufspannenden Vektoren den Richtungsvektor

$$\frac{1}{2}(\vec{p}_1 - \vec{q}_1) = \frac{1}{d}(ab\cos u - bw') \begin{pmatrix} \cos u \\ 0 \\ \sin u \end{pmatrix}$$

hat, lautet der andere

$$\frac{1}{d}(ad\cos u - bw') \begin{pmatrix} 0 \\ 1 \\ 0 \end{pmatrix}.$$

Hieraus folgt

Darstellung der „inneren“ Zyklide

$$\begin{pmatrix} x \\ y \\ z \end{pmatrix} = (c_1' + c_2'\cos v) \begin{pmatrix} \cos u \\ 0 \\ \sin u \end{pmatrix} + c_2' \begin{pmatrix} 0 \\ 1 \\ 0 \end{pmatrix} \sin v\,, \quad w' = \sqrt{d^2 - 4a^2\sin^2 u}\,,$$

$$c_1' = \frac{1}{2d}(4ab\cos u - dw')\,, \quad c_2' = \frac{1}{d}(ad\cos u - bw')$$

Sie beschreibt gewissermaßen die „Kehle“ der Zyklide. Entsprechend kann man mit Hilfe des Kreises über P_2Q_2 das „Äußere“ der Zyklide darstellen (Aufgabe).

Noch aber ist nicht bewiesen, dass es sich wirklich um die *gleiche* Fläche handelt. Dazu leiten wir die implizite Gleichung der Fläche ab. Das Vorgehen ist dasselbe wie oben. Durch Quadratur von

$$\begin{pmatrix} x \\ y \\ z \end{pmatrix} - c_1' \begin{pmatrix} \cos u \\ 0 \\ \sin u \end{pmatrix} = c_2'\cos v \begin{pmatrix} \cos u \\ 0 \\ \sin u \end{pmatrix} + c_2'\sin v \begin{pmatrix} 0 \\ 1 \\ 0 \end{pmatrix}$$

folgt

$$x^2 + y^2 + z^2 - 2c_1(x\cos u + z\sin u) = c_2'^2 - c_1'^2$$

und durch Einsetzen für c_1', c_2', w' sowie Ersetzen von $\cos u$ durch $\frac{x}{\sqrt{x^2+z^2}}$, $\sin u$ durch $\frac{z}{\sqrt{x^2+z^2}}$

$$x^2 + y^2 + z^2 - \frac{4ab}{d}x + \sqrt{d^2(x^2+z^2) - 4a^2z^2} = a^2 + b^2 - \frac{4a^2b^2}{d^2} - \frac{d^2}{4}.$$

Beseitigt man noch die Wurzel, so lautet die implizite Gleichung

$$\left(x^2+y^2+z^2-\frac{4ab}{d}x-a^2-b^2+\frac{4a^2b^2}{d^2}+\frac{d^2}{4}\right)^2=d^2(x^2+z^2)-4a^2z^2.$$

Die Gleichung sieht offenbar anders aus als die zuvor hergeleitete. Insbesondere tritt z^2 auf der rechten Seite auf, was nicht sein sollte. Nun kann man aber z^2 in die Klammer der linken Seite einbeziehen, indem man gemäß der binomischen Formel dort $\frac{1}{2}d^2$ subtrahiert und $2a^2$ addiert. Im Ergebnis erhält man so die neue implizite Darstellung

$$\left(x^2+y^2+z^2-\frac{4ab}{d}x+a^2-b^2+\frac{4a^2b^2}{d^2}-\frac{d^2}{4}\right)^2$$
$$=4a^2x^2-\frac{4abx}{d}(4a^2-d^2)+\frac{b^2(4a^2-d^2)}{d^2}+(4a^2-d^2)y^2,$$

deren Korrektheit man leicht mit einem CAS überprüft. Wir führen nun noch einen letzten Schritt durch, indem wir einige Glieder zusammenfassen:

$$\left(\left(x-\frac{2ab}{d}\right)^2+y^2+z^2+a^2-b^2-\frac{d^2}{4}\right)^2=4\left(a\left(x-\frac{2ab}{d}\right)^2+\frac{bd}{2}\right)^2+(4a^2-d^2)y^2.$$

Hiermit wird nun der Vergleich möglich, sofern wir in der impliziten Gleichung der Zyklide eine analoge Zusammenfassung vornehmen. Sie lautet

$$\left(x^2+y^2+z^2-\frac{bd}{a}x+(a^2-b^2)\left(1-\frac{d^2}{4a^2}\right)\right)^2=4a^2(x^2+y^2)-d^2y^2$$

und lässt sich offenbar auch folgendermaßen

$$\left(\left(x-\frac{bd}{2a}\right)^2+y^2+z^2+a^2-b^2-\frac{d^2}{4}\right)^2=4\left(a\left(x-\frac{bd}{2a}\right)+\frac{bd}{2}\right)^2+(4a^2-d^2)y^2.$$

schreiben. Man erkennt jetzt, dass beide Gleichungen identisch werden, wenn man die Terme $x-\frac{2ab}{d}$ bzw. $x-\frac{bd}{2a}$ jeweils durch x ersetzt. Das entspricht einer Verschiebung längs der x-Achse, bis die verschiedenen Ursprünge zur Deckung kommen. Damit ist gezeigt, dass die zweite Methode der Erzeugung zur gleichen Fläche führt. Die Abbildungen 29 a – c zeigen jedoch, dass der Aufwand größer ist.

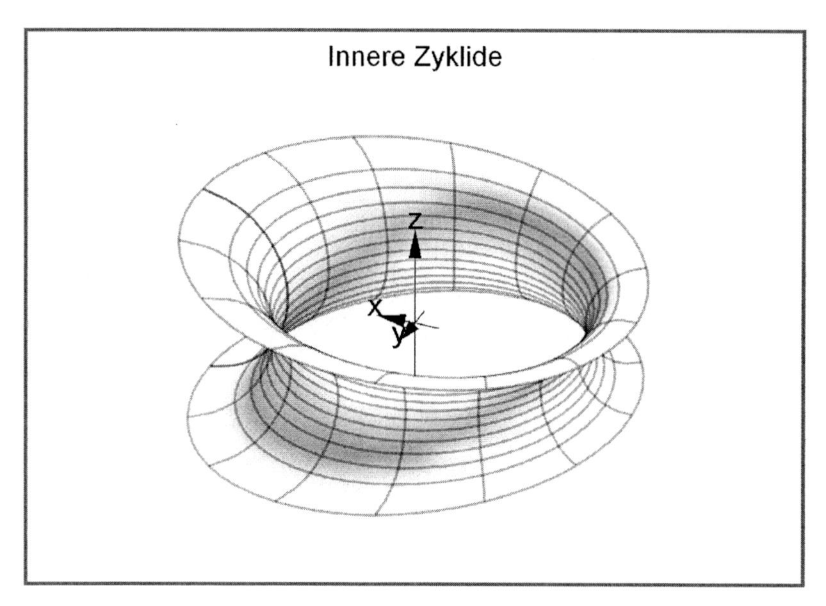

Abb. 29 a

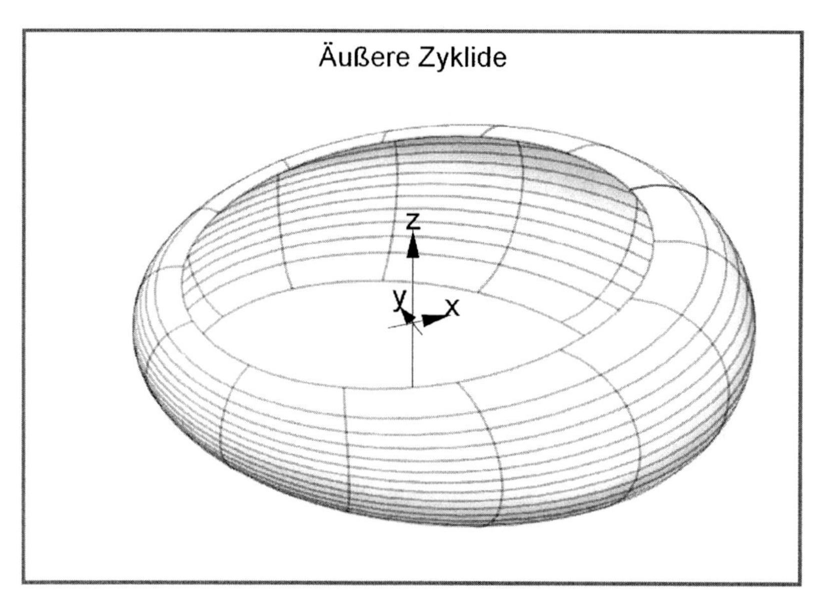

Abb. 29 b

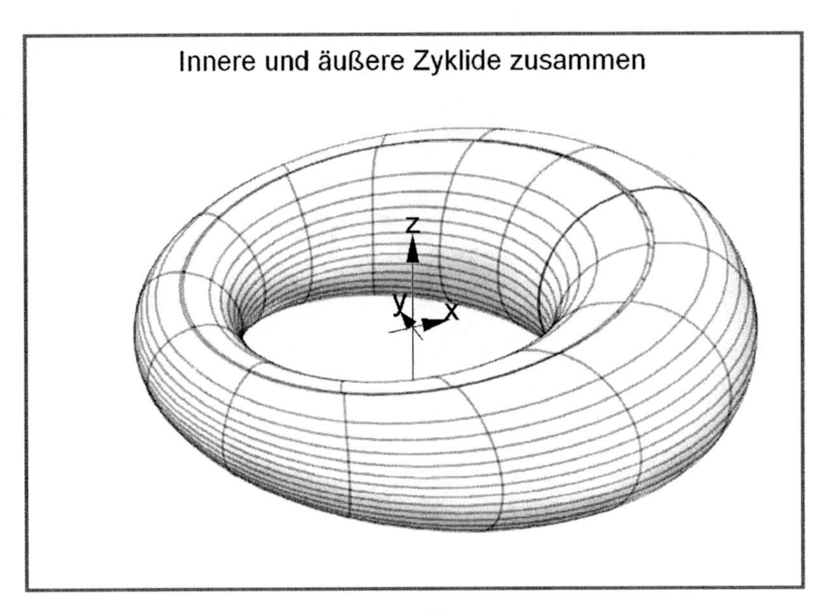

Abb. 29 c

5 Weitere Kurven und Flächen

Für die Funktionsuntersuchungen des Analysisunterrichts hat sich der Begriff der „Kurvendiskussion“ eingebürgert. Ihr liegt ein relativ starres, algorithmisch geprägtes Schema zu Grunde, das leicht programmierbar und mit heute gängigen Computer-Algebra-Systemen mühelos abzuarbeiten ist. Wie nun die vorausgegangenen Kapitel zeigen, kann es im Falle räumlicher Kurven und Flächen ein solches Schema nicht geben. Die zu untersuchenden Kurven und Flächen sind viel zu facettenreich und tragen einen viel individuelleren Charakter als die Graphen eindimensionaler Funktionen. Entscheidendes Hilfsmittel ist deshalb der PC, aber nicht um Rechnungen zu erledigen, sondern um Graphen zu erzeugen und sich ein Bild davon zu machen, was man sinnvollerweise untersuchen sollte. Die im Folgenden durchgeführten Kurven- und Flächenuntersuchungen können deshalb nur einen beispielhaften Charakter haben. Ziel dieses Kapitels ist es, das Spektrum der Möglichkeiten sichtbar zu machen und für gewisse Aufgabentypen auch ansatzweise eine Systematik zu entwickeln.

Im ersten Abschnitt gehen wir wie im Schulunterricht gewohnt von der algebraischen Darstellung der Kurve oder Fläche aus, um daraus Folgerungen für ihre Gestalt zu ziehen. Im Mittelpunkt steht dabei die einfachste echte Raumkurve, die sich mit algebraischen Mitteln definieren lässt. Gegenstand des zweiten Abschnitts ist ebenfalls eine aus dem Unterricht bekannte Fragestellung, die Bestimmung von Funktionen – hier von Kurven und Flächen – mit vorgegebenen geometrischen Eigenschaften. Dabei beschränken wir uns auf die wichtigste Fragestellung, mit der man es hier zu tun hat, nämlich der Frage, wie man durch eine vorgegebene Menge von Punkten eine Kurve oder eine Fläche legen kann.

5.1 Die Raumparabel und mit ihr in Zusammenhang stehende Flächen

Wir können eine Raumkurve als Tripel von drei Parameterfunktionen mit *einer* Variablen und eine Fläche als Tripel von drei Parameterfunktionen mit *zwei* Variablen beschreiben. Davon haben wir bereits oft Gebrauch gemacht. Sehr nützlich ist aber auch die Beschreibung mittels einer Gleichung, im Fall der Flächen als Gleichung zwischen x, y, z, im Fall der Kurven auf einer Fläche als Beziehung zwischen den Flächenparametern u und v oder wie die Parameter sonst noch heißen mögen. So haben wir auf der Kugel im uv-System der Längen- und Breitenkreise die Funktion zweiten Grades („Parabel“) $v = \frac{2}{\pi}u^2$ betrachtet oder die „linearen Funktionen“ $v = au + b$. Analog beim Zylinder und bei der Sattelfläche. Im Folgenden werden wir jedoch die erste Darstellungsform bevorzugen, wobei die

Funktionen i. a. ganzrational oder rational sind.

Im ersten Paragraphen untersuchen wir die elementaren Eigenschaften der Raumparabel; im zweiten und dritten erzeugen wir mit ihrer Hilfe Flächen, und im vierten ergänzen wir die Aspekte durch Volumen- und Flächenberechnungen. Eher nur am Rande gehen wir auch auf andere Kurventypen ein, soweit es die Zusammenhänge nahelegen. Das Beispiel der Raumparabel zeigt nämlich zur Genüge, wie man im Falle anderer Kurven vorgehen könnte. Dabei möchten wir noch besonders hervorheben, dass die Art der benutzten Parameterfunktionen im Raum keinen einfachen Rückschluss auf die „Natur" der Kurven oder Flächen erlaubt. Denn einerseits lassen sich polynomiale Kurven stets auch mittels nicht polynomialer rationaler Funktionen darstellen.[60] Andrerseits besitzen Kurven und Flächen, deren Standarddarstellung zum Beispiel die trigonometrischen Funktionen benutzt, häufig auch Darstellungen durch rationale Funktionen.

5.1.1 Elementare Eigenschaften der Raumparabel

Die gewöhnliche Parabel ist ein Kegelschnitt, der von einer Ebene in bestimmter Weise erzeugt wird. In der analytischen Geometrie werden aber auch gewisse *nicht ebene* Schnitte von Kegeln als „Kegelschnitte" bezeichnet und zur Unterscheidung mit dem Zusatz „kubisch" bzw. räumlich versehen. Wir werden stattdessen lieber von „Raumparabel", später auch „Raumellipse" und „Raumhyperbel", sprechen. Sorgfältig hiervon zu unterscheiden sind aber die Kurven, die wir in diesem Buch „sphärische Parabel" oder „zylindrische Parabel" usw. genannt haben. Bei ihnen handelt es sich um ad hoc-Bezeichnungen für die Graphen *quadratischer* Funktionen auf den betreffenen Flächen in deren Standardparametrisierung. Dagegen sind die Raumparabeln Kurven, deren Parameterdarstellung sich aus drei (linear unabhängigen) Funktionen maximal *dritten Grades* zusammensetzt, wobei eine von ihnen mindestens auch dritten Grades sein muss. Die durch

$$x = t\,, \quad y = t^2, \quad z = t^3$$

definierte Kurve gibt ein Beispiel. Offensichtlich handelt es sich um die einfachste Möglichkeit dieser Art, ganz analog zur *Normalparabel* in der Ebene. Um die Benennungen jedoch nicht zu überladen, verzichten wir auf einen entsprechenden Zusatz und gebrauchen im Folgenden den Begriff „Raumparabel" stets in diesem speziellen Sinn. Wenn wir andere Raumparabeln meinen, werden wir von *verallgemeinerten* Raumparabeln sprechen.

Abbildung 1 zeigt einen Ausschnitt der Raumparabel mit ihren drei Rissen. Bemerkens-

[60] die Raumparabel z. B. durch $x = \frac{s-1}{s}$, $y = 1 - \frac{2}{s} + \frac{1}{s^2}$, $z = \frac{s^3-1}{s^3} + \frac{3(1-s)}{s^2}$

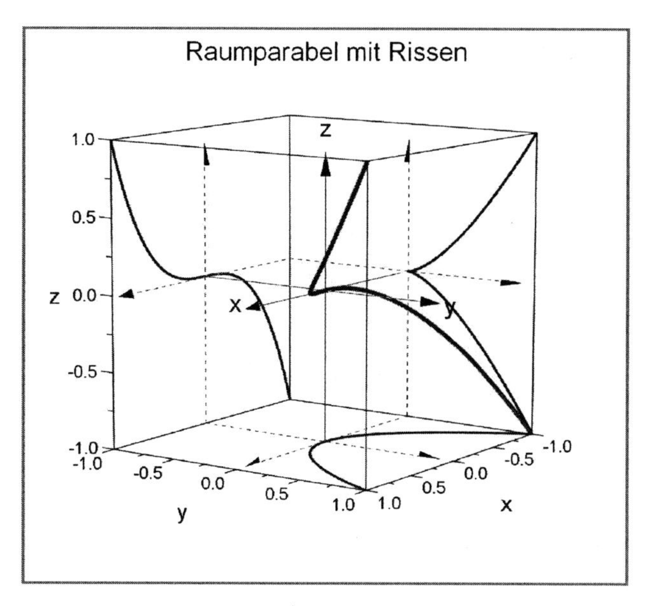

Abb. 1

wert ist, dass es sich dabei (in der üblichen Terminologie) um die *Normalparabel* $y = x^2$ (Grundriss), die *kubische Parabel* $z = x^3$ (Aufriss) und die sogenannte *„Neilsche" Parabel* $z = \pm\sqrt{y^3}$ bzw. $z^2 = y^3$ (Seitenriss) handelt. Da der Grund- und der Seitenriss achsensymmetrisch, der Aufriss aber punktsymmetrisch ist, kommt die Raumparabel bei Drehung um die y-Achse um den Winkel 180° mit sich selbst zur Deckung. Andere Symmetrien existieren nicht. Dass die Kurve außerdem nicht eben ist, schließen wir so. Die Gleichung $ax + by + cz = d$ hat für $x = t$, $y = t^2$, $z = t^3$ höchstens drei Lösungen für t bei gegebenen a, b, c, d. Jede Ebene schneidet also die Kurve in maximal drei Punkten. Man spricht deshalb auch von einer Raumkurve *dritter Ordnung*. Die Raumparabel ist das einfachste Beispiel einer solchen Kurve.

Zur Untersuchung weiterer Eigenschaften bieten sich noch vor den Tangenten die *Sehnen der Kurve* an. Die Gleichung der Sehne durch die zu $t = a$ und $t = b$ mit $a \neq b$ gehörigen Punkte lautet

$$\begin{pmatrix} x \\ y \\ z \end{pmatrix} = \begin{pmatrix} a \\ a^2 \\ a^3 \end{pmatrix} + s \begin{pmatrix} b-a \\ b^2-a^2 \\ b^3-a^3 \end{pmatrix}, \quad s \in \mathbb{R}.$$

Die Form ihres Richtungsvektors lässt vermuten, dass man $b - a$ ausklammern und damit eine Vereinfachung erzielen kann. In der Tat gilt auch für höhere Potenzen eine der üblichen entsprechende „3. binomische Formel", in unserem Fall hier $b^3 - a^3 = (b-a) \cdot (b^2 + ab + a^2)$. Mit dieser erhalten wir die endgültige Form der

Sehnengleichung der Raumparabel

$$\begin{pmatrix} x \\ y \\ z \end{pmatrix} = \begin{pmatrix} a \\ a^2 \\ a^3 \end{pmatrix} + r \begin{pmatrix} 1 \\ a+b \\ a^2+ab+b^2 \end{pmatrix}, \quad a \neq b,$$

wobei wir noch $r = s(b-a)$ gesetzt haben.

Bemerkung: Wir unterscheiden hier und im Folgenden nicht ausdrücklich zwischen *Sehne* als Strecke und *Sekante* als Gerade, da aus dem Zusammenhang jeweils klar wird, was gemeint ist.

Nun bieten sich verschiedene Fragestellungen an. Bei einer Kurve dritten Grades in der Ebene schneidet eine Sehne die Kurve noch ein drittes Mal, oder sie berührt die Kurve in einem ihrer Endpunkte. Wie steht es damit bei der Raumparabel? Stellen wir das zugehörige Gleichungssystem

(1) $t = a + r\,;$

(2) $t^2 = a^2 + r(a+b)\,;$

(3) $t^3 = a^3 + r(a^2+ab+b^2)$

auf, dann sehen wir, dass es nur die beiden Unbekannten r und t enthält. Daher kann man diese bereits aus den ersten beiden Gleichungen ermitteln, und die Rechnung führt auf eine *quadratische* Gleichung (für t bzw. r). Da aber eine quadratische Gleichung höchstens zwei Lösungen hat, müssen diese $t = a$ und $t = b$ lauten. Somit schneidet keine Sehne die Raumparabel ein drittes Mal.

Als nächstes fragen wir, ob es zu der gegebenen Sehne eine *parallele* Sehne oder *parallele* Tangente gibt. Am einfachsten überlegt man wohl so. Wenn zwei Geraden parallel und nicht gleich sind, gibt es eine Ebene, in der sie liegen. Im Fall der parallelen (und verschiedenen) Sehnen müsste eine solche Ebene die Kurve noch in zwei weiteren Punkten schneiden, was, wie wir schon gesehen haben, nicht sein kann. Eine parallele Tangente wäre damit aber nicht ausgeschlossen, und so gelangen wir zu der Frage nach dem dritten Schnittpunkt $S(t=c)$ einer Ebene, die bereits zwei Punkte $P(t=a)$ und $Q(t=b)$ der Raumparabel enthält.

Die Ebene kann man in der Form $z = mx + ny + k$ ansetzen, da eine Ebene, die zur z-Achse parallel ist, die Raumparabel höchstens in zwei Punkten schneidet. Die zugehörige Schnittpunktsbedingung lautet dann

$$t^3 = mt + nt^2 + k\,,$$

wobei wir bereits wissen, dass sie die Lösungen $t = a$, $t = b$, $t = c$ haben soll. Nach den *Vietaschen Wurzelsätzen* gilt dann

$$m = -(ab + bc + ca), \quad n = a + b + c, \quad k = abc\,.$$

Als Ergebnis folgt:

> Gleichung der Ebene durch drei paarweise verschiedene Punkte „a", „b", „c" der Raumparabel
>
> $$z = -(ab + bc + ca)x + (a + b + c)y + abc\,.$$

Bemerkung: Man kann die Gleichung der Ebene auch wie üblich herleiten, indem man das Kreuzprodukt der beiden Richtungsvektoren

$$\vec{v}_1 = \begin{pmatrix} 1 \\ a+b \\ a^2+ab+b^2 \end{pmatrix}, \quad \vec{v}_2 = \begin{pmatrix} 1 \\ b+c \\ b^2+bc+c^2 \end{pmatrix}$$

berechnet und dann einen der drei Punkte in die Normalform der Ebenengleichung einsetzt. Der Faktor $a - c$ kann dabei herausgekürzt werden, so dass man auch formal dasselbe Ergebnis erhält.

Wir kommen nun auf die Frage der parallelen Tangente zurück. Die Gleichung der Tangente für $t = c$ lautet

$$\vec{q}(t) = \begin{pmatrix} c \\ c^2 \\ c^3 \end{pmatrix} + s \begin{pmatrix} 1 \\ 2c \\ 3c^2 \end{pmatrix}.$$

Ihr Richtungsvektor steht senkrecht auf der Normalen der Ebene, d. h. es muss

$$-(ab + bc + ca) + 2c(a + b + c) - 3c^2 = 0$$

sein. Diese Gleichung hat aber, wie man mit einem CAS leicht feststellt, nur die Lösungen $c = a$ oder $c = b$, woraus folgt, dass die Tangente in einem der Sehnenendpunkte gezogen werden müsste. Als erstes Ergebnis können wir daher bereits feststellen: Geht eine Ebene durch zwei (verschiedene) Punkte der Raumparabel, so enthält sie keine Tangente der Raumparabel, sofern deren Berührpunkt von den Sehnenendpunkten verschieden ist.

Die Frage der parallelen Tangente ist jetzt ebenfalls rasch geklärt. Nach dem obigen Ergebnis muss sie mit der Sehne zusammenfallen, also beispielsweise

$$\begin{pmatrix} 1 \\ 2b \\ 3b^2 \end{pmatrix} = s \begin{pmatrix} 1 \\ a+b \\ a^2+ab+b^2 \end{pmatrix}$$

sein, und man sieht sofort, dass dies nur für $s = 1$ und $a = b$ möglich wäre, im Widerspruch zur Voraussetzung $a \neq b$.

Aus der Gleichung einer Ebene durch drei paarweise verschiedene Punkte ziehen wir noch eine interessante Folgerung. Lässt man die drei Punkte zusammenfallen, setzt also $c = b = a$, so erhält man offenbar eine Ebene, die sich an die Kurve im betreffenden Punkt besonders gut anschmiegt. In der Tat handelt es sich um die *Schmiegebene* der Raumparabel, wie man leicht mittels ihrer allgemeinen Definition nachweist.[61] Ihre Koordinatengleichung lautet $z = a^3 - 3a^2x + 3ay$. Sei nun $P(t|t^2|t^3)$ ein beliebiger Punkt der Raumparabel mit $t \neq a$, so erfüllt dieser die Ebenengleichung nicht, denn

$$t^3 = a^3 - 3a^2t + 3at^2$$

ist mit $(t-a)^3 = 0$ äquivalent. Anders ausgedrückt: Für den Punkt $Q(t|t^2|z_Q)$ auf der Schmiegebene gilt

$$z_Q - z_P = (a - t)^3.$$

P liegt also für $t < a$ oberhalb der Schmiegebene und für $t > a$ unterhalb. Die Raumparabel *durchdringt* also die Schmiegebene an der Berührstelle.

Aufgaben zu 5.1.1

1. Gegeben $x - 2y + z = 1$. Man bestimme die beiden Punkte der Raumparabel, die von dieser Ebene extremalen Abstand haben, und untersuche, in welcher Beziehung die Ebene zu den Tangenten in diesen Punkten steht. Wie kann man sich diese Beziehung erklären?

2. a) Es sei $A(1|1|1)$ und $B(-2|4|-8)$. Bestimmen Sie denjenigen Punkt der Raumparabel, der von der Sehne AB maximalen Abstand hat, und untersuchen Sie die Frage, ob das Lot vom ermittelten Punkt auf die Sehne auch auf der Tangente senkrecht steht, also *Gemeinlot* von Sehne und Tangente ist.

   b) Bearbeiten Sie die gleiche Aufgabe wie in a) für ein selbst gewähltes Punktepaar A, B. Welche Schlüsse ziehen Sie aus dem Ergebnis? Wie könnte man es ohne Rechnung begründen?

3. Untersuchen Sie die Raumparabel im Hinblick auf die folgenden Fragen:

   a) Gibt es eine Sehne, die eine Tangente nicht in ihrem Berührpunkt schneidet?

   b) Können zwei Tangenten parallel sein?

   c*) Kann die Schmiegebene in einem Punkt die Tangente in einem anderen Punkt enthalten oder zu einer Tangente parallel sein?

   d*) Sind zwei parallele (und verschiedene) Schmiegebenen möglich?

4. a) Durch den Punkt $(5|1|1)$ soll eine Ebene gelegt werden, die die Raumparabel berührt.

   b) Durch den Punkt $(6|6|-8)$ soll eine Ebene gelegt werden, die die Raumparabel rechtwinklig schneidet.

[61] Vgl. S. 37.

c) Durch die Gerade

$$g: \begin{pmatrix} x \\ y \\ z \end{pmatrix} = \begin{pmatrix} 0 \\ 6 \\ 6 \end{pmatrix} + s \begin{pmatrix} 1 \\ -1 \\ 1 \end{pmatrix}$$

soll eine Ebene so gelegt werden, dass sie die Raumparabel berührt.

d*) Unter welchen Bedingungen an $\vec{v}$ kann man durch die Gerade $\vec{p} = s\vec{v}$ eine Ebene legen, die die Raumparabel rechtwinklig schneidet?

5. Bestimmen Sie die Tangentenspurkurven in den drei Koordinatenebenen. Was fällt an ihnen auf?

6. Gesucht sind Sehnen der Raumparabel, die von der Geraden

$$g: \begin{pmatrix} x \\ y \\ z \end{pmatrix} = \begin{pmatrix} -2 \\ 2 \\ -2 \end{pmatrix} + s \begin{pmatrix} 1 \\ 1 \\ 1 \end{pmatrix}$$

geschnitten werden.

a) Zeigen Sie, dass es solche Sehnen mit dem Endpunkt $O(0|0|0)$ gibt.

b) Zeigen Sie, dass dies auch für den Endpunkt $A(2|4|8)$ zutrifft.

Arbeitsaufträge zu 5.1.1

1. Wählen Sie eine *verallgemeinerte* Raumparabel der Form $x = t$, $y = at + t^2$, $z = bt^2 + ct^3$ mit $a, b, c \neq 0$ und untersuchen Sie diese analog zum Text.

2*. Die Raumparabel soll auf eine Ebene mit der Gleichung $z = mx$, $m \neq 0$, senkrecht projiziert werden. Zur Lösung wählt man ein uvw-Koordinatensystem, dessen w-Achse auf der Ebene senkrecht steht und dessen v-Achse die Schnittgerade der Ebene mit der xy-Ebene ist. Dann lässt sich jeder Punkt darstellen durch

$$\begin{pmatrix} x \\ y \\ z \end{pmatrix} = \frac{u}{\sqrt{1+m^2}} \begin{pmatrix} 1 \\ 0 \\ m \end{pmatrix} + v \begin{pmatrix} 0 \\ 1 \\ 0 \end{pmatrix} + \frac{w}{\sqrt{1+m^2}} \begin{pmatrix} -m \\ 0 \\ 1 \end{pmatrix}$$

bzw.

$$\begin{pmatrix} u \\ v \\ w \end{pmatrix} = \frac{x}{\sqrt{1+m^2}} \begin{pmatrix} 1 \\ 0 \\ -m \end{pmatrix} + y \begin{pmatrix} 0 \\ 1 \\ 0 \end{pmatrix} + \frac{z}{\sqrt{1+m^2}} \begin{pmatrix} m \\ 0 \\ 1 \end{pmatrix}.$$

a) Erläutern Sie diesen Ansatz und das Zustandekommen der Gleichungen.

b) Setzen Sie $x = t$, $y = t^2$, $z = t^3$ und bestimmen Sie so den Grundriss der Raumparabel auf der uv-Ebene. Untersuchen Sie die resultierenden Kurven für verschiedene Werte von m.

c) Setzen Sie die Untersuchung von b) fort, indem Sie die Raumparabel auf verschiedene ihrer Schmiegebenen projizieren.

5.1.2 Flächenerzeugung

Durch eine Kurve lassen sich unendlich viele Flächen legen. Grundsätzlich kann man dazu unter zwei Möglichkeiten wählen, einer algebraischen oder einer geometrischen. Im ersten

Fall geht man von der Parameterdarstellung aus, hier

$$x = t\,, \quad y = t^2, \quad z = t^3,$$

und eliminiert aus zwei Gleichungen t. Das ergibt die Gleichungen $y = x^2$, $z = x^3$, $z^2 = y^3$. Da jedes Mal eine Koordinate fehlt, handelt es sich um Zylindergleichungen, nämlich der drei Zylinder, die die Kurve orthogonal auf die Koordinatenebenen projizieren. Abbildung 2 zeigt sie zusammen mit der Raumparabel, in der sie sich schneiden:

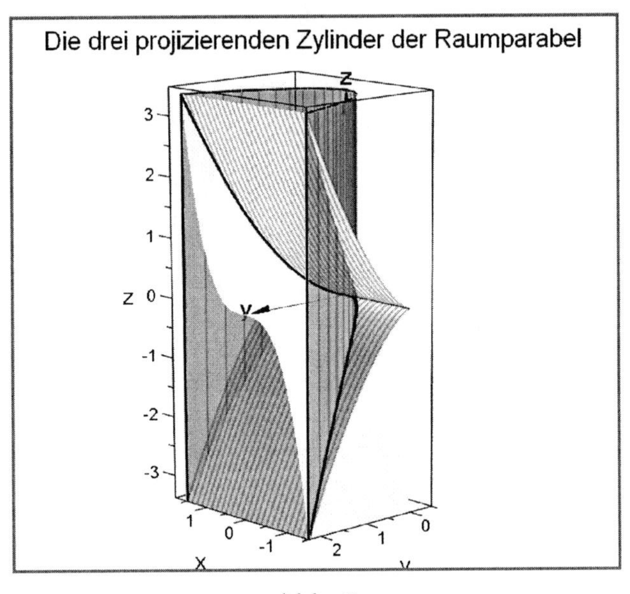

Abb. 2

grau der Grundrisszylinder $y = x^2$, weiß der Aufrisszylinder $z = x^3$ und längsgestreift der Seitenrisszylinder $z^2 = y^3$. Interessanterweise besteht die Schnittmenge der beiden letzteren aber nicht nur aus der Raumparabel, da auch die Kurve mit der Darstellung

$$x = t\,, \quad y = -t^2, \quad z = t^3,$$

also die an der xz-Ebene gespiegelte Raumparabel, beide Gleichungen erfüllt. Wenn also zwei Flächen durch dieselbe Kurve gehen, dann kann ihr Schnitt *mehr* Punkte als die der Kurve enthalten. Das ist nicht selten der Fall.

Damit ist die algebraische Methode noch nicht erschöpft. Zum Beispiel liest man aus der Parameterdarstellung der Raumparabel auch die beiden Gleichungen $y^2 = xz$ und $z = xy$ ab, die zwei Quadriken darstellen. Wir kommen später auf sie zurück. Unendlich viele Flächen durch eine Kurve aber erhält man, indem man zwei von ihnen linear kombiniert.[62] Nehmen wir z. B. $z = x^3$ und $z = xy$, dann wird auch die Gleichung

[62] Vgl. S. 12 ff.

$$(*) \qquad a(z - x^3) + b(z - xy) = 0$$

von den Punkten der Raumparabel erfüllt, gleichgültig welche Zahlen a und b sind, sofern beide nicht gleichzeitig verschwinden. Ja, wir könnten sogar für a und b Funktionen von x, y und z einsetzen (was dann allerdings keine *Linear*kombination der beiden Ausgangsflächen wäre) und erhielten wieder eine Fläche, die durch die Raumparabel geht.

Die geometrischen Methoden sind alle *dynamischer* Natur. Drei beruhen auf Abbildungen, nämlich der Parallelverschiebung, der Rotation und der Schraubung. Verschiebt man die gegebene Kurve längs einer *Leitkurve*, dann spricht man von einer *Schiebe-* oder *Schiebfläche.* Dreht man die Kurve um eine Achse, so erhält man eine *Rotationsfläche*, und wenn man sie dabei noch zusätzlich längs der Drehachse verschiebt, eine *Schraubenfläche.* Weitere Möglichkeiten bestehen darin, dass man Geraden in bestimmter Weise bewegt, also *Regelflächen* erzeugt, zum Beispiel indem man eine Sekante durch einen festen und einen beweglichen Kurvenpunkt legt. Man spricht dann von einem *Sehnenkegel.* Oder man zieht Geraden so, dass sie stets eine gegebene Gerade und die Kurve treffen und zugleich parallel zu einer ebenfalls gegebenen Ebene sind. Man spricht dann von *Konoiden* (Kegelartigen).

In diesem Paragraphen wollen wir nun ein erstes, und zwar algebraisches, Beispiel betrachten. Wir setzen in $(*)$ $a = 2$, $b = -1$ und erhalten nach z aufgelöst die Gleichung

Beispiel (1): $z = 2x^3 - xy$.

Die Fläche wird also durch eine Polynomfunktion dritten Grades beschrieben.[63] Abbildung 3 a gibt den Graph dieser Funktion wieder. Außer der Raumparabel, die auf der Fläche

[63] Eine Polynomfunktion in x, y ist die *Summe* von Produkten der Form $ax^n y^m$ mit $n, m \in \mathbb{N}_0$. Als ihren Grad bezeichnet man das *Maximum* der auftretenden Exponentensummen $n + m$.

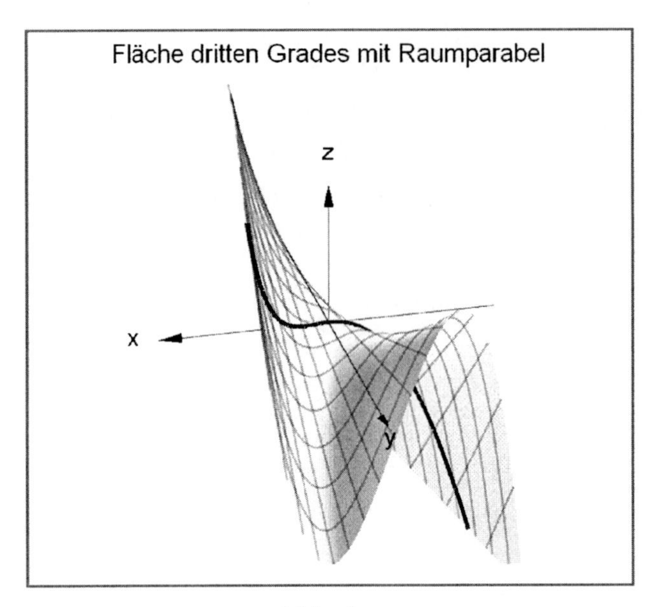

Abb. 3 a

liegt, erkennt man, dass eine Schar von Parameterlinien offenbar aus Geraden besteht. Das wird von der Flächengleichung $z = 2x^3 - xy$ bestätigt. Denn wenn x konstant ist, handelt es sich um eine *lineare* Gleichung vom Typ $z = my + n$. Umgekehrt sind die Parameterlinien für konstantes y offenbar kubische Parabeln $z = mx^3 + nx$, deren Wendepunkt in O liegt. Ihre Punktsymmetrie überträgt sich auf die Fläche als Drehsymmetrie bezüglich der y-Achse. Wenn man das Vorzeichen von x ändert, ändert sich auch das Vorzeichen von z (sonst nichts). Die Fläche geht durch Drehung um die y-Achse um 180° in sich selbst über.

Die Gestalt der kubischen Parabeln bringt es mit sich, dass die Fläche eine Art „Doppelfalte" bildet. Als Berg- und Talprofil gedeutet bilden deren Hochpunkte den „Grat" und deren Tiefpunkte die Talsohle. Wir berechnen wie üblich ihre Gleichungen, indem wir z nach x bei konstantem y ableiten, die Ableitung nullsetzen und die z-Werte der gefundenen Nullstellen bestimmen:

$$z' = 6x^2 - y\,, \quad 0 = 6x^2 - y\,, \quad x_{1,2} = \pm\sqrt{\frac{y}{6}}\,.$$

Das letzte Ergebnis zeigt, dass $y \geq 0$ sein muss. Für x_1 hat z' einen Vorzeichenwechsel von $-$ nach $+$, dort liegt also ein Minimum von z vor und entsprechend für x_2 ein Maximum. Die zugehörigen z-Werte sind

$$z_{1,2} = \pm\sqrt{\frac{y}{6}}\left(2\frac{y}{6} - y\right) = \mp\frac{2}{3}\sqrt{\frac{y}{6}}\,.$$

Demnach lautet die Parameterdarstellung des Grates

$$\begin{pmatrix} x \\ y \\ z \end{pmatrix} = \sqrt{\frac{y}{6}} \begin{pmatrix} -1 \\ \sqrt{6y} \\ \frac{2}{3}y \end{pmatrix}, \quad y \geq 0,$$

und der Talsohle

$$\begin{pmatrix} x \\ y \\ z \end{pmatrix} = \sqrt{\frac{y}{6}} \begin{pmatrix} 1 \\ \sqrt{6y} \\ -\frac{2}{3}y \end{pmatrix}, \quad y \geq 0.$$

In Abbildung 3 b sind beide Kurven gestrichelt eingezeichnet. Offenbar kann man sie

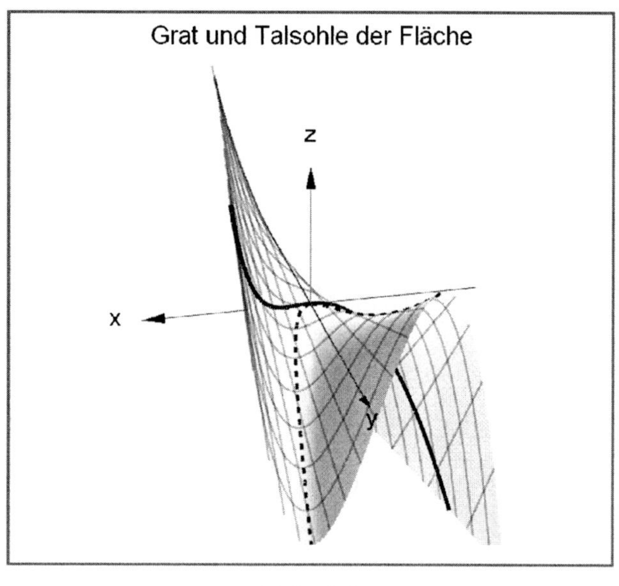

Abb. 3 b

zusammen auch als einheitliche Kurve verstehen. Dazu setzt man am einfachsten $\sqrt{\frac{y}{6}} = t$ und erhält $y = 6t^2 \geq 0$. Im Fall des Grates ist dann $x = -t$ und $z = -4t^3$, im Fall der Talsohle $x = t$ und $z = 4t^3$. Lässt man also für t auch negative Werte zu, so werden durch

$$x = t, \quad y = 6t^2, \quad z = 4t^3, \quad t \in \mathbb{R},$$

beide Kurven zusammen dargestellt. Es handelt sich also um eine (leicht) verallgemeinerte Raumparabel.

Die Tatsache, dass von den Ebenen $x =$ const. aus der Fläche Geraden herausgeschnitten werden, legt die Frage nahe, welche Schnittkurven bei ebenen Schnitten überhaupt auftreten. Betrachten wir zunächst diejenigen Ebenen, die ebenfalls parallel zur z-Achse verlaufen, aber nicht zur x-Achse senkrecht sind. Deren Gleichung lautet $y = mx + k$. Durch Einsetzen in die Flächengleichung folgt dann $z = 2x^3 - mx^2 - kx$, und man beweist leicht – vgl. die folgende Aufgabe 1 – dass die Schnittkurve eine kubische Parabel ist.

In dem noch verbleibenden Fall, in dem die Ebenen nicht zur z-Achse parallel sind, kann man ihre Gleichung auf die Form $z = mx + ny + k$ bringen. Zusammen mit der Flächengleichung $z = 2x^3 - xy$ führt das auf die Schnittpunktsbedingung

$$2x^3 - xy = mx + ny + k$$

oder äquivalent hierzu

$$2x^3 - mx - k = (x + n)y\,.$$

Hierin kann $x + n$ nicht für alle x verschwinden, weil x nicht konstant sein kann Somit wird durch

$$y = \frac{2x^3 - mx - k}{x + n}$$

und

$$z = \frac{2nx^3 + mx^2 + kx}{x + n}$$

die Schnittkurve mittels x als Parameter dargestellt. Im allgemeinen wird es sich daher um eine Kurve handeln, die für $x = -n$ einen Pol hat, sofern es sich nicht um eine *hebbare Unstetigkeit* handelt. In diesem Falle ist aber $x = -n$ auch Nullstelle der beiden Zähler, und beide Brüche lassen sich kürzen. Die resultierende Kurve wollen wir jetzt untersuchen.

Setzen wir $x = -n$ in den Zähler von y ein, so folgt aus der Nullstellenbedingung $k = 2n^3 - mn$ und hiermit

$$y = \frac{2(x^3 + n^3) - m(x + n)}{x + n} = 2(x^2 - nx + n^2) - m$$

sowie

$$z = \frac{2nx(x^2 - n^2) + mx(x + n)}{x + n} = 2nx(x - n) + mx\,.$$

Die Schnittkurve hat daher die Gleichung

$$\begin{pmatrix} x \\ y \\ z \end{pmatrix} = \begin{pmatrix} x \\ 2x^2 - 2nx + 2n^2 - m \\ 2nx^2 - (2n^2 - m)x \end{pmatrix},$$

und wir können vermuten, dass es sich um eine quadratische Parabel handelt. Bevor wir dies beweisen, soll aber ein Beispiel das Ergebnis veranschaulichen. In Abbildung 3 c ist

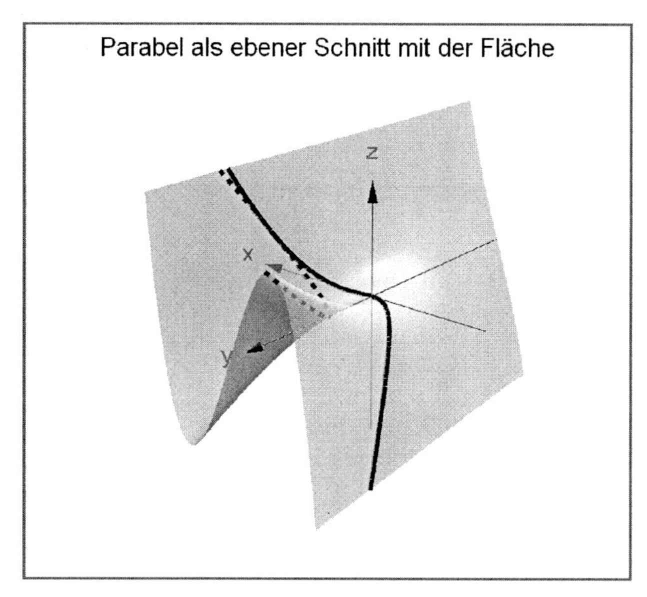

Abb. 3 c

$m = n = 1$. Die Schnittkurve (gestrichelt) weist in der Tat die typische Parabelform auf und scheint die Raumparabel zu berühren. Letzteres möge der Leser selbst untersuchen, wir behandeln hier nur die erste Aussage.[64]

Den Beweis führen wir ebenfalls nur für unser Beispiel durch. Das genügt, um zu erkennen, wie man allgemein vorgehen muss und welches Ergebnis man dabei erhält. Zunächst schreiben wir t statt x, um Verwechslungen zu vermeiden. Dann lautet die Parameterdarstellung der Schnittkurve

$$\vec{p}(t) = \begin{pmatrix} t \\ 2t^2 - 2t + 1 \\ 2t^2 - t \end{pmatrix} = \begin{pmatrix} 0 \\ 1 \\ 0 \end{pmatrix} + \begin{pmatrix} 1 \\ -2 \\ -1 \end{pmatrix} t + 2 \begin{pmatrix} 0 \\ 1 \\ 1 \end{pmatrix} t^2.$$

Wie man sieht, wird die Ebene von den Vektoren $\begin{pmatrix} 1 \\ -2 \\ -1 \end{pmatrix}$ und $\begin{pmatrix} 0 \\ 1 \\ 1 \end{pmatrix}$ aufgespannt. Wir nennen sie $\vec{a}$ bzw. $\vec{b}$. Wäre nun $\vec{a}$ zu $\vec{b}$ orthogonal und beide Vektoren normiert, dann hätten wir bereits zwei Einheitsvektoren als Basis für ein Koordinatensystem in der Ebene und mit der normierten Normale der Ebene eine Basis für den gesamten Raum. Dabei sollte $\vec{b}$ die Richtung der v-Achse angeben, da dieser Vektor wegen des quadratischen Faktors gewissermaßen für die Funktion, die wir noch suchen, steht.

Gemäß dieser Vorüberlegung bestimmen wir einen Vektor $\vec{c} = \vec{a} + s\vec{b}$ so, dass er zu $\vec{b}$ orthogonal ist. Als Linearkombination von $\vec{a}$ und $\vec{b}$ liegt er bereits in der Ebene drin. Der

[64] Vgl. die folgende Aufgabe 2.

Skalar s ergibt sich dann aus der Bedingung

$$0 = \vec{b}\vec{c} = \vec{a}\vec{b} + s\vec{b}^2 = -3 + s \cdot 2$$

zu $s = \frac{3}{2}$. Somit ist

$$\vec{c} = \vec{a} + \frac{3}{2}\vec{b} = \frac{1}{2}\begin{pmatrix} 2 \\ -1 \\ 1 \end{pmatrix}.$$

Mit Hilfe dieser Gleichung ergibt sich ferner $\vec{a} = \vec{c} - \frac{3}{2}\vec{b}$, und wenn wir die in $\vec{p}(t)$ einführen, erhalten wir die neue Darstellung

$$\begin{aligned}
\vec{p}(t) &= \begin{pmatrix} 0 \\ 1 \\ 0 \end{pmatrix} + \left(\vec{c} - \frac{3}{2}\vec{b}\right) t + 2\vec{b}t^2 \\
&= \begin{pmatrix} 0 \\ 1 \\ 0 \end{pmatrix} + \vec{c}t + \left(2t^2 - \frac{3}{2}t\right)\vec{b} \\
&= \begin{pmatrix} 0 \\ 1 \\ 0 \end{pmatrix} + \frac{1}{2}t\begin{pmatrix} 2 \\ -1 \\ 1 \end{pmatrix} + \left(2t^2 - \frac{3}{2}t\right)\begin{pmatrix} 0 \\ 1 \\ 1 \end{pmatrix},
\end{aligned}$$

wobei die Spannvektoren der Ebene jetzt orthogonal zueinander sind.

Wir führen nun wie geplant die Einheitsvektoren

$$\vec{e}_1 = \frac{1}{\sqrt{6}}\begin{pmatrix} 2 \\ -1 \\ 1 \end{pmatrix}, \quad \vec{e}_2 = \frac{1}{\sqrt{2}}\begin{pmatrix} 0 \\ 1 \\ 1 \end{pmatrix}, \quad \vec{e}_3 = \vec{e}_1 \times \vec{e}_2 = \frac{1}{\sqrt{3}}\begin{pmatrix} -1 \\ -1 \\ 1 \end{pmatrix}$$

als Basis des Raumes ein und erhalten mit ihnen die Transformationsgleichung

$$(**) \qquad \begin{pmatrix} x \\ y \\ z \end{pmatrix} = \frac{u}{\sqrt{6}}\begin{pmatrix} 2 \\ -1 \\ 1 \end{pmatrix} + \frac{v}{\sqrt{2}}\begin{pmatrix} 0 \\ 1 \\ 1 \end{pmatrix} + \frac{w}{\sqrt{3}}\begin{pmatrix} -1 \\ -1 \\ 1 \end{pmatrix}.$$

Diese lösen wir nach x, y, z auf, da wir die Funktionen für x, y, z kennen und für u, v, w erhalten wollen. Das Ergebnis lautet

$$u = -\frac{1}{\sqrt{6}}(2x - y + z), \quad v = \frac{1}{\sqrt{2}}(y + z), \quad w = -\frac{1}{\sqrt{3}}(x + y - z),$$

und hieraus resultiert zusammen mit

$$x = t, \quad y = 2t^2 - 2t + 1, \quad z = 2t^2 - t$$

die Darstellung der Schnittkurve im uvw-System

$$u = -\frac{3t-1}{\sqrt{6}}, \quad v = \frac{4t^2-3t+1}{\sqrt{2}}, \quad w = -\frac{1}{\sqrt{3}}.$$

Wie zu erwarten ist w konstant, während u eine lineare und v eine quadratische Funktion von t ist. Das Verfahren zeigt zugleich, dass es immer so sein muss. Also ist t stets eine *lineare* Funktion von u, hier $t = \frac{1}{3}(-\sqrt{6}\,u+1)$, und v eine *quadratische* Funktion, wie wir es vermutet haben. Sie lautet in unserem Beispiel

$$v = \frac{4}{3}\sqrt{2}\,u^2 + \frac{\sqrt{3}}{9}u + 2\sqrt{2}\,.$$

Aufgaben zu 5.1.2

1. Die Schnittkurve von $y = mx + k$ und $z = 2x^3 - xy$ ist gegeben durch

$$\vec{p}t = x\begin{pmatrix}1\\m\\-k\end{pmatrix} - mx^2\begin{pmatrix}0\\0\\1\end{pmatrix} + 2x^2\begin{pmatrix}0\\0\\1\end{pmatrix}.$$

Man wähle als u-Achse in der Ebene die Spurgerade von $y = mx + k$ in der xy-Ebene und als v-Achse die z-Achse, führe demgemäß eine Basistransformation durch und zeige so, dass die Schnittkurve eine kubische Parabel ist.

2. a) Man zeige, dass die Schnittkurve im Fall $m = n = 1$ die Raumparabel berührt.

   b) Untersuchen Sie diese Frage allgemein für beliebige Werte von m und n.

3. Erzeugen Sie eine Graphik der Fläche mit Raumparabel und der Schnittkurve für $n = 1$, $m = 4$. Zeigen Sie wie im Text, dass es sich dabei um eine quadratische Parabel handelt.

Arbeitsaufträge zu 5.1.2

1. Man untersuche analog zum Text weitere Linearkombinationen der Flächen $z = x^3$, $z = xy$.
2. Wie Arbeitsauftrag 1 für die beiden Flächen $z = x^3$, $y = x^2$.

5.1.3 Fortsetzung der Beispiele

Beispiel (2): Eine Schiebefläche

Wir untersuchen die Fläche, die entsteht, wenn man als Leitkurve die Raumparabel nimmt und die Raumparabel an ihr parallel zu sich selbst verschiebt. Leitkurve und verschobene Kurve stimmen also überein. Infolgedessen wird die Fläche durch

$$\vec{p}(t,s) = \begin{pmatrix}t+s\\t^2+s^2\\t^3+s^3\end{pmatrix}$$

dargestellt. Abbildung 4 a zeigt, wie die Graphik aussieht. Doch selbst wenn man sie dreht

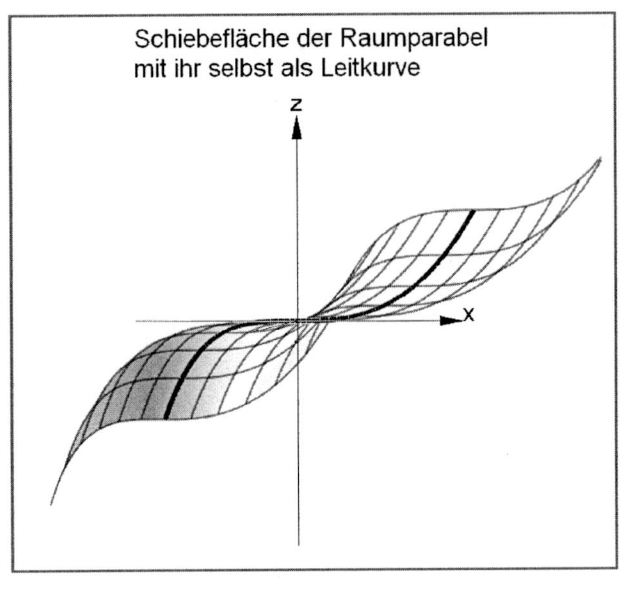

Abb. 4 a

und sozusagen von allen Seiten betrachtet, dürfte es schwierig sein, sich ein Bild von der Fläche zu machen. Jedenfalls erscheint es vernünftig, sie auch auf andere Weisen darzustellen. Am wichtigsten ist die als Graph einer Funktion $z = f(x, y)$ oder implizit mittels einer Gleichung $F(x, y, z) = 0$.

Im vorliegenden Fall wird die Aufgabe, aus der Parameterdarstellung der Fläche

$$x = t + s\,, \quad y = t^2 + s^2, \quad z = t^3 + s^3$$

eine Gleichung zwischen x, y und z herzuleiten, leicht von einem CAS gelöst. Man bestimmt etwa die Lösungen der ersten beiden Gleichungen für s und t und setzt diese in die dritte ein. Die Ergebnisse lauten

$$(*) \qquad t = \frac{1}{2}x \pm \frac{1}{2}\sqrt{2y - x^2}\,, \quad s = \frac{1}{2}x \mp \sqrt{2y - x^2}$$

sowie

$$z = \frac{1}{2}x(3y - x^2).$$

Abbildung 4 b zeigt den Graph dieser Funktion. Die Parameterlinien $x =$ const. sind

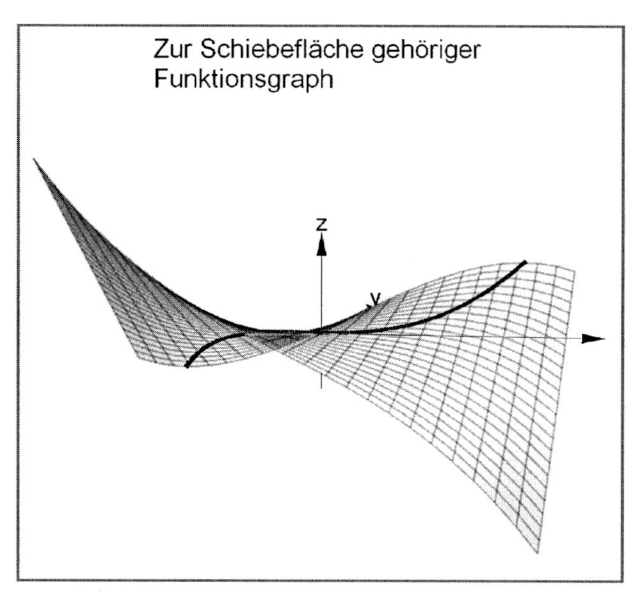

Abb. 4 b

Geraden, die Parameterlinien y = const. dagegen (ebene) kubische Parabeln. Der Vergleich der Abbildungen 4 a und 4 b sorgt jedoch für Irritation. Die Flächen sehen doch recht verschieden aus. In der Tat, legt man sie übereinander, wie es Abbildung 4 c zeigt, so

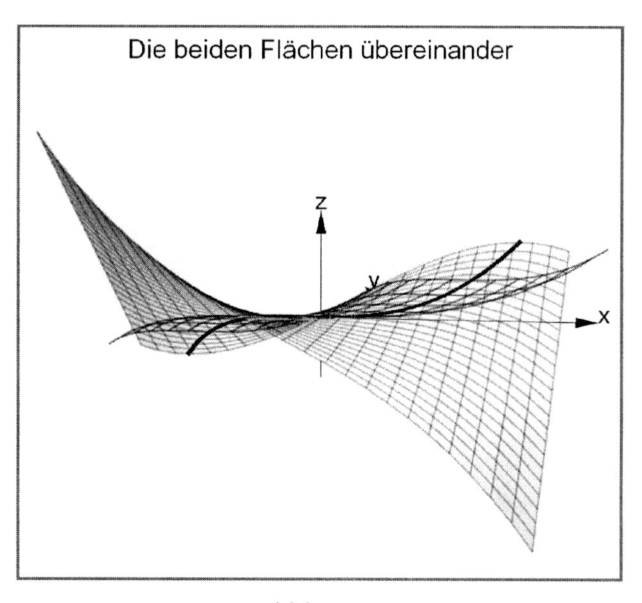

Abb. 4 c

scheinen sie sich nur partiell zu decken. Die Schiebefläche kann höchstens *ein Teil des Funktionsgraphen* sein.

Untersucht man dieses Problem genauer, dann wird klar, dass die obige Rechnung nur Folgendes besagt:

Wenn $x = t + s$ und $y = t^2 + s^2$ und $z = t^3 + s^3$ ist, dann ist $(x|y|z)$ ein Punkt der Fläche $z = \frac{1}{2}x(3y - x^2)$,

(was sich durch Einsetzen leicht bestätigen lässt). Sie besagt aber nicht, dass auch *umgekehrt* zu *jedem Punkt* $(x|y|z)$ des Funktionsgraphen t und s existieren, die der Parameterdarstellung genügen. In der Tat zeigen die Gleichungen $(*)$, dass $x^2 \leq 2y$ sein muss. Für $x^2 > 2y$ sind die Quadratwurzeln nicht definiert. Um die Schiebefläche als Funktionsgraph zu beschreiben, müssen wir also deren *Definitionsbereich* einschränken, und zwar auf den Teil der xy-Ebene, der im „Innern" der Parabel $y = \frac{1}{2}x^2$ und auf deren Rand liegt. Mit einem Parameter r lassen sich diese Punkte darstellen durch $(ra|\frac{1}{2}a^2)$, $-1 \leq r \leq 1$,[65] wobei a eine beliebige reelle Zahl ist. Für die dritte Koordinate gilt dann

$$z = \frac{1}{2}ra\left(\frac{3}{2}a^2 - r^2a^2\right) = \frac{1}{2}ra^3\left(\frac{3}{2} - r^2\right),$$

und insgesamt erhalten wir für diesen Teil des Funktionsgraphen die Darstellung

$$x = ra\,, \quad y = \frac{1}{2}a^2, \quad z = \frac{1}{2}ra^2\left(\frac{3}{2} - r^2\right), \quad a \in \mathbb{R}\,, \quad |r| \leq 1\,.$$

Ihre Parameterlinien für $a = \text{const.}$ sind kubische Parabeln, für $r = \text{const.}$ Kurven dritter Ordnung, jedoch nicht „unsere" Raumparabel. Abbildung 4 d zeigt die zugehörige Graphik

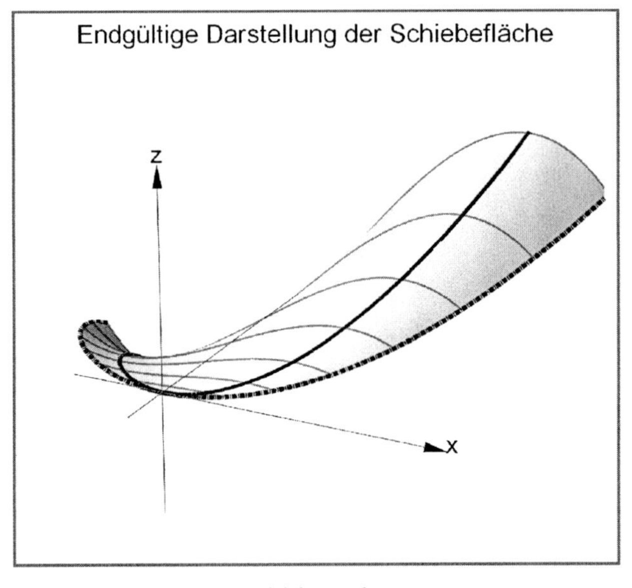

Abb. 4 d

mit der Randkurve

$$x = a\,, \quad y = \frac{1}{2}a^2, \quad z = \frac{1}{4}a^3.$$

[65] Wir verfahren hier gemäß der Methode, die wir bereits in 3.2.1 S. 103 besprochen haben, wenden aber hier eine *Achsen*streckung an.

Sie erscheint anschaulicher als Abbildung 4 a.

Dieses Beispiel abschließend wollen wir aber noch zeigen, welche Wirkungen kleine Änderungen haben können. Die Leitkurve sei jetzt gegeben durch

$$x = s\,, \quad y = -s^2, \quad z = s^3,$$

also die an der xz-Ebene gespiegelte Raumparabel. Die Graphik der zugehörigen Schiebefläche in Abbildung 5 a zeigt nicht nur, dass die verschobenen Raumparabeln jetzt alle

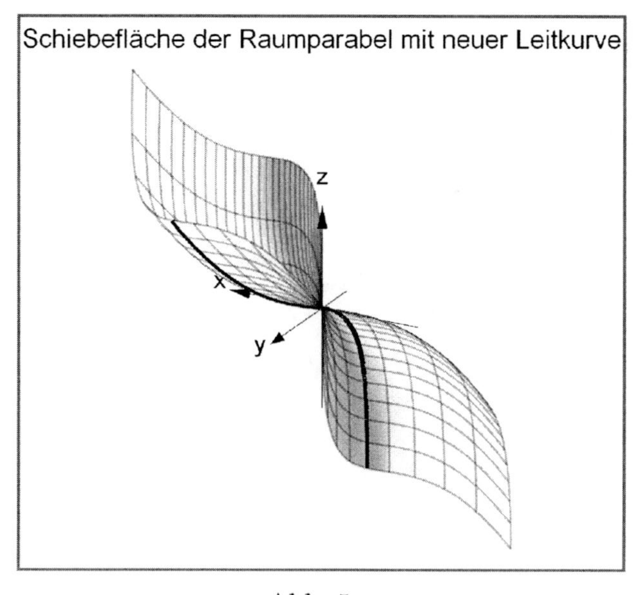

Abb. 5 a

durch den Ursprung gehen, sondern lässt auch vermuten, dass sich die Fläche schließt, wenn man nur die Raumparabel weit genug verschiebt. Berechnen wir nun die zugehörige Funktion, so erhalten wir

$$s = \frac{x^2 - y}{2x}\,, \quad t = \frac{x^2 + y}{2x} \quad \text{und} \quad z = \frac{x^4 + 3y^2}{4x}\,.$$

Demnach müsste $x = 0$ ausgeschlossen werden, es sei denn, dass man die implizite Gleichung $4xz = x^4 + 3y^2$ zu Grunde legt. Aus $x = 0$ folgt dann auch $y = 0$, während z jeden beliebigen Wert annehmen könnte. Gemäß der Parameterdarstellung gehört jedoch kein Punkt der z-Achse außer dem Nullpunkt zur Fläche, denn aus $x = a + b = 0$ und $y = a^2 - b^2 = 0$ folgt $b = -a$, also $z = a^3 + b^3 = 0$. Somit kann die Fläche auch nicht ganz geschlossen sein.

Wenn wir nun versuchen, uns mit Hilfe der Funktion $z = \frac{1}{4}x^3 + \frac{3y^2}{4x}$ ein neues Bild von der Fläche zu verschaffen, so ergeben sich Schwierigkeiten. Da nämlich die Funktionswerte in der Nähe von $x = 0$, $y \neq 0$ über alle Grenzen wachsen, besitzt der Graph eine asymptotische Ebene, die das Bild stört. Trotzdem ist die Gleichung $4zx = x^4 + 3y^2$ sehr nützlich, weil wir mit ihrer Hilfe eine neue Parameterdarstellung herleiten können. Mit z als einem der Parameter erhalten wir $y = \pm\sqrt{\frac{1}{3}(4xz - x^4)}$. Die Ebenen $z = \text{const.} \neq 0$ schneiden also die Fläche in einer „geschlossenen" Kurve, die durch die z-Achse geht. Man überzeugt sich leicht davon, zum Beispiel mittels einer „Kurvendiskussion" wie üblich. Die zugehörige Graphik mit x als zweitem Parameter (vgl. Abb. 5 b) zeigt, dass die Fläche

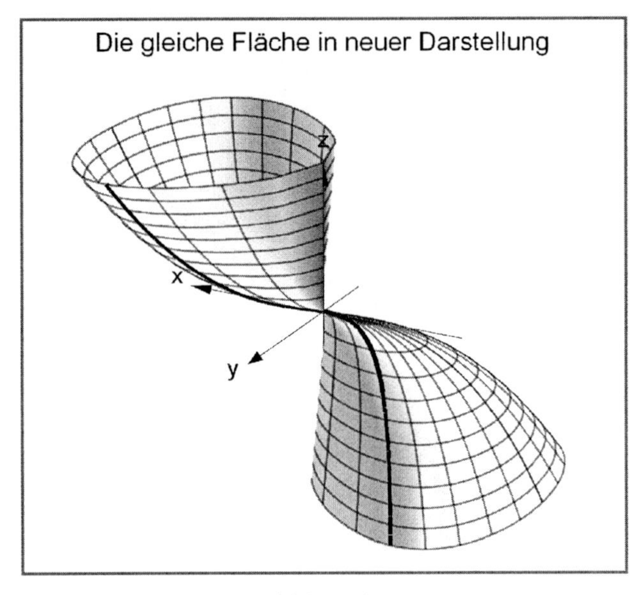

Abb. 5 b

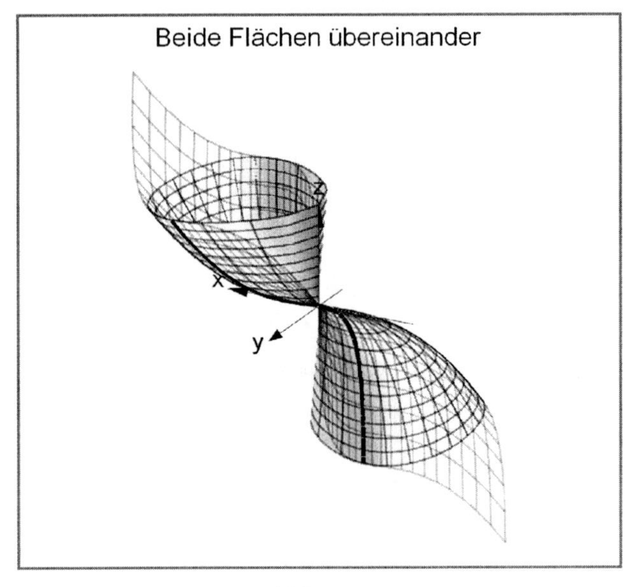

Abb. 5 c

aus zwei kegelartigen Gebilden besteht. Legt man beide Flächen übereinander (Abb. 5 c), so wird die Übereinstimmung auch bildlich sichtbar.[66]

Beispiel (3): Die Raumparabel als Erzeugende einer Rotationsfläche

Als Rotationsachsen bieten sich hier die Koordinatenachsen oder eine Tangente oder eine Sehne an. Wenn die Ebenen, die senkrecht zur Achse sind, die Kurve nur einmal schneiden, liegt der Fall besonders einfach. Wählt man etwa $\vec{c} = \begin{pmatrix}1\\1\\1\end{pmatrix}$ als Richtungsvektor der Achse, dann hätten die dazu orthogonalen Ebenen die Form $x + y + z = \text{const.}$, und diese haben, wie man sich leicht anhand der Schnittpunktsbedingung $t + t^2 + t^3 = \text{const.}$ überlegt (z. B. mittels einer „Kurvendiskussion"), genau einen Punkt mit der Raumparabel gemeinsam. Legen wir sie außerdem durch den Nullpunkt, dann können wir schon aus Symmetriegründen ein befriedigendes Ergebnis erwarten.

Die Graphik einer Rotationsfläche wirkt am anschaulichsten, wenn die Drehachse parallel zu einer der drei Koordinatenachsen verläuft. Aus diesem Grunde wollen wir die Fläche in einem uvw-System darstellen, dessen w-Achse die Richtung von $\vec{c}$ hat. Für die Richtung der u-Achse können wir einen beliebigen, dazu orthogonalen Vektor, zum Beispiel $\vec{a} = \begin{pmatrix}1\\-1\\0\end{pmatrix}$, nehmen, und die Richtung der v-Achse ergibt sich daraus zu $\vec{b} = \begin{pmatrix}1\\1\\-2\end{pmatrix}$, da $\vec{b}$ zu $\vec{a}$ und $\vec{c}$ orthogonal sein muss. *Normiert* man noch diese drei Vektoren, so können wir jeden Punkt $(x|y|z)$ mit der neuen Basis folgendermaßen darstellen:

$$\begin{pmatrix}x\\y\\z\end{pmatrix} = \frac{u}{\sqrt{2}}\begin{pmatrix}1\\-1\\0\end{pmatrix} + \frac{v}{\sqrt{6}}\begin{pmatrix}1\\1\\-2\end{pmatrix} + \frac{w}{\sqrt{3}}\begin{pmatrix}1\\1\\1\end{pmatrix}.$$

Da wir im Folgenden auch umgekehrt u, v, w in der alten Basis brauchen, lösen wir das obige Gleichungssystem mit Hilfe eines CAS auf und erhalten

$$u = \frac{x - y}{\sqrt{2}}, \quad v = \frac{x + y - 2z}{\sqrt{6}}, \quad w = \frac{x + y + z}{\sqrt{3}}.$$

Setzen wir hier $x = t$, $y = t^2$, $z = t^3$ ein, ergibt sich die Darstellung der Raumparabel:

$$u = \frac{t - t^2}{\sqrt{2}}, \quad v = \frac{t + t^2 - 2t^3}{\sqrt{6}}, \quad w = \frac{t + t^2 + t^3}{\sqrt{3}}.$$

[66]Natürlich stellt dies keinen Beweis dar, da es sich ja um Projektionen handelt. Durch Drehen der Graphik würde man aber erkennen können, ob die Übereinstimmung in *jeder Position* weiterbesteht oder nicht.

Danach hat ein beliebiger Parabelpunkt von der w-Achse den Abstand

$$r = \sqrt{u^2 + v^2} = \frac{1}{3}\sqrt{6(1 + t + t^2)}\,|t(t-1)|,$$

und die Rotationsfläche wird einfach durch die drei Gleichungen

$$u = r\cos\alpha\,, \quad v = r\sin\alpha\,, \quad w = \frac{t + t^2 + t^3}{\sqrt{3}}$$

beschrieben. Dabei variiert α von 0 bis 2π, und für Abbildung 6 haben wir $-1,2 \leq t \leq 2,1$

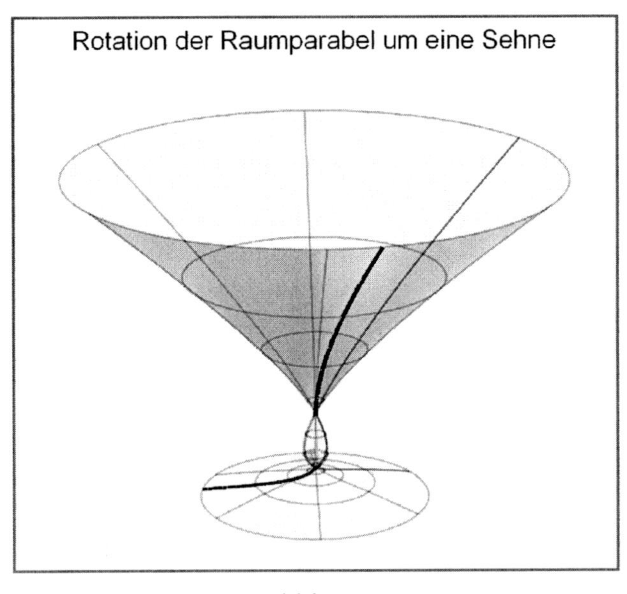

Abb. 6

gewählt. Man sieht die Raumparabel in ihrer neuen Position sowie die von ihr erzeugte Fläche, die man als kurzstieliges Kelchglas mit Fuß interpretieren könnte. Würde man die Drehachse nur ein wenig verschieben, so dass sie die Kurve in keinem Punkt mehr schneidet, dann bliebe die Form sehr ähnlich, aber der Stiel liefe nicht mehr Gefahr abzubrechen.

Es gibt noch weitere Beispiele, mit Hilfe einer Kurve ihr zugeordnete Flächen zu definieren, wobei die Kurve aber nicht mehr im eigentlichen Sinne als „Erzeugende" fungiert. Wir erwähnen die Definition von *Konoiden*[67] und, im Falle der Raumparabel wichtiger, die *Sehnenkegel*. Dazu wählt man einen ihrer Punkte aus und verbindet diesen mit allen übrigen Punkten der Kurve. Es handelt sich also um einen „Projektionskegel" der Kurve

[67] Vgl. S. 134.

aus einem ihrer Punkte. Im Fall der Raumparabel und des Punktes $(0|0|0)$ lautet dessen Darstellung infolgedessen

$$\begin{pmatrix} x \\ y \\ z \end{pmatrix} = s \begin{pmatrix} t \\ t^2 \\ t^3 \end{pmatrix}.$$

Durch Elimination von s und t erhält man daraus leicht die Gleichung des Sehnenkegels $y^2 = xz$. Wir kommen in den Aufgaben darauf zurück. Hier beenden wir den Paragraphen mit einem

Exkurs: Bestimmung des einschaligen Rotationshyperboloids, das durch die Raumparabel geht

Die Raumparabel liegt auf zwei Flächen zweiten Grades – *Quadriken* – nämlich dem Grundrisszylinder $y = x^2$ und dem Sehnenkegel $y^2 = xz$. Demgemäß sind auch alle durch Linearkombination aus ihnen hervorgehenden Flächen

$$a(y - x^2) + b(y^2 - xz) = 0$$

höchstens zweiten Grades, also im allgemeinen ebenfalls Quadriken. Im Folgenden wollen wir zeigen, dass diese Fläche für $a = -3$ und $b = 4$ ein *einschaliges Rotationshyperboloid* ist, und mittels des Weges, den wir beschreiten, deutlich machen, wie man generell in ähnlich gelagerten Fällen vorgehen kann.

Zunächst ergänzen wir die beiden Glieder mit y quadratisch:

$$3x^2 - 4xz + 4\left(y - \frac{3}{8}\right)^2 = \frac{9}{16}.$$

Alsdann führen wir die Kugel

$$4x^2 + 4\left(y - \frac{3}{8}\right)^2 + 4z^2 = 4r^2$$

ein. Diese bringen wir mit der Fläche zum Schnitt, indem wir die Differenz bilden:

$$x^2 + 4xz + 4z^2 = 4r^2 - \frac{9}{16}.$$

Dabei zeigt sich, dass wir die linke Seite in der Form $(x + 2z)^2$ schreiben können. Aus dieser ergibt sich sofort

$$x + 2z = \pm\sqrt{4r^2 - \frac{9}{16}}.$$

Da diese Gleichungen linear sind, also je eine Ebene darstellen, zerfällt der Schnitt der Kugel mit der Fläche in zwei parallele Kreise, weil *jede* Ebene eine Kugel in Kreisen schneidet. Somit dürfen wir annehmen, dass die Fläche eine Rotationsfläche darstellt. Die Rotationsachse müsste dann, da sie durch den Mittelpunkt der Kugel gehen muss, die Gleichung

$$\begin{pmatrix} x \\ y \\ z \end{pmatrix} = \begin{pmatrix} 0 \\ 3/8 \\ 0 \end{pmatrix} + s \begin{pmatrix} 1 \\ 0 \\ 2 \end{pmatrix}$$

haben.

Bevor wir diese Aussagen endgültig rechtfertigen, werfen wir den Blick zurück und analysieren das Verfahren. Die Zahlen a und b müssen offenbar so gewählt werden, dass am Ende das parallele Ebenenpaar herauskommt. Führt man die obige Rechnung allgemein mit a und b durch, so gelangt man zu

$$-ax^2 - bxz + b\left(y + \frac{a}{2b}\right)^2 = \frac{a^2}{4b}\,.$$

Die Kugelgleichung muss dementsprechend in der Form

$$bx^2 + b\left(y + \frac{a}{2b}\right)^2 + bz^2 = br^2$$

angesetzt werden. Dann ergibt die Differenz

$$(a+b)x^2 + bxz + bz^2 = br^2 - \frac{a^2}{4b}\,.$$

Da ihre linke Seite ein vollständiges Quadrat sein muss, führt das auf die Bedingung

$$2\sqrt{a+b}\,\sqrt{b} = b\,,$$

also $4a = -3b$, die wir oben verwendet haben.

Um nun die Fläche zu identifizieren, verfahren wir wie im Beispiel (3), indem wir

$$\begin{pmatrix} x \\ y \\ z \end{pmatrix} = \begin{pmatrix} 0 \\ 3/8 \\ 0 \end{pmatrix} + \frac{u}{\sqrt{5}} \begin{pmatrix} 2 \\ 0 \\ -1 \end{pmatrix} + v \begin{pmatrix} 0 \\ 1 \\ 0 \end{pmatrix} + \frac{w}{\sqrt{5}} \begin{pmatrix} 1 \\ 0 \\ 2 \end{pmatrix}$$

setzen und die Terme für x, y, z in unsere Flächengleichung

$$3x^2 - 4xz + 4y^2 - 3y = 0$$

einsetzen. Das Ergebnis

$$4u^2 + 4v^2 - w^2 - \frac{9}{16} = 0 \quad \text{bzw.} \quad u^2 + v^2 = \frac{w^2}{4} + \frac{9}{64}$$

zeigt, dass es sich tatsächlich um eine Rotationsfläche handelt mit der w-Achse als Drehachse. Ihr Schnitt mit der uw-Ebene ist dabei die Hyperbel

$$\frac{u^2}{\frac{9}{64}} - \frac{w^2}{\frac{9}{16}} = 1$$

mit den Halbachsen $a = \frac{3}{8}$, $b = \frac{3}{4}$.[68]

Mittels der Hyperboloidgleichung können wir leicht eine einfache Parameterdarstellung herleiten, nämlich

$$u = \sqrt{\frac{9}{64} + \frac{w^2}{4}}\cos\alpha\,, \quad v = \sqrt{\frac{9}{64} + \frac{w^2}{4}}\sin\alpha\,,$$

in der α und w die Parameter sind. Abbildung 7 ist mit ihrer Hilfe erstellt, wobei die sich

[68] Vgl. hierzu S. 15.

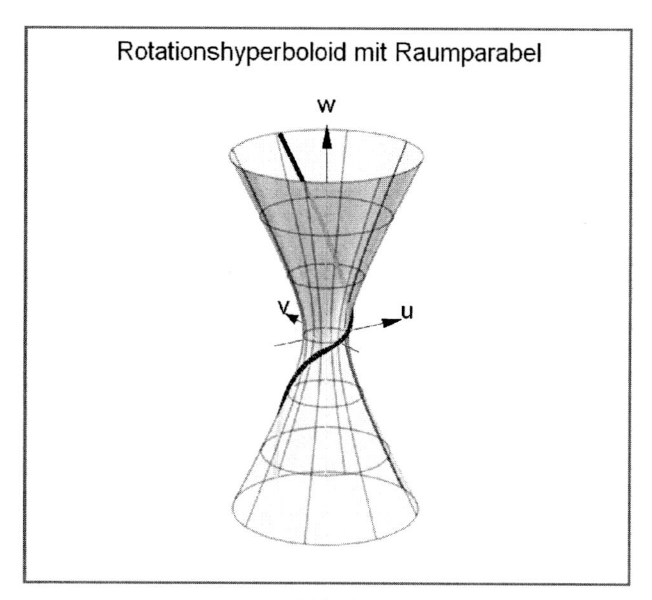

Abb. 7

aus der Basistransformation ergebenden Gleichungen

$$u = \frac{2x - z}{\sqrt{5}} = \frac{2t - t^3}{\sqrt{5}}, \quad v = y - \frac{3}{8} = t^2 - \frac{3}{8}, \quad w = \frac{x + 2z}{\sqrt{5}} = \frac{t + 2t^3}{\sqrt{5}}$$

benutzt wurden.

Zum Schluss dieses Beispiels wollen wir hervorheben, dass die dargestellte Methode nicht bei allen Kurven 3. Ordnung angewandt werden kann. Sie funktioniert aber sicher dann, wenn die Kurve durch

$$x = at\,, \quad y = bt^2, \quad z = ct^3 + dt\,, \quad a, b, c \neq 0\,,$$

gegeben ist, also bei einer recht großen Klasse von Kurven. Man vergleiche hierzu die folgenden Aufgaben und Arbeitsaufträge.

Aufgaben zu 5.1.3

1. Man bestimme die Schiebefläche der Raumparabel längs der Leitkurve $x^2 + 2x + y^2 = 0$, $z = 0$ und stelle sie graphisch dar. Welche besondere Eigenschaft weist die Fläche auf? Vergleichen Sie die Schiebefläche mit der Rotationsfläche der Raumparabel bezüglich der Achse, die durch den Mittelpunkt des Kreises geht und parallel zur z-Achse verläuft.

2. Die Raumparabel werde um die z-Achse um 180° gedreht und jeder ihrer Punkte P mit seinem Bildpunkt Q durch eine Gerade verbunden. Bestimmen Sie die Fläche aller Geraden PQ und stellen Sie diese graphisch dar. Ist es möglich, diese Fläche auch als Schiebefläche der Raumparabel zu erzeugen?

3*. Man bearbeite die gleiche Fragestellung wie in Aufgabe 2 für den Fall, dass die Raumparabel an der Ebene $z = x$ gespiegelt wird.

4. A und B seien Punkte der Raumparabel zu den Parameterwerten $t = a$ bzw. $t = b$. Ihnen wird der Punkt $P(a + b|2ab|a^3 + b^3)$ zugeordnet. Bestimmen Sie die Menge aller Punkte P für $a, b \in \mathbb{R}$. Wie hängt sie mit der Schiebefläche des Beispiels (1) zusammen?

5. Der zum Parameter $t = c$ gehörige Punkt der Raumparabel sei fest gewählt. Die Punkte zu den Parameterwerten $t = c - a$ und $t = c + a$, $a \in \mathbb{R}$, nennen wir A bzw. B, und der Mittelpunkt von AB sei M.

   a) Zeigen Sie, dass zu festem c alle Punkte M auf einer Geraden liegen. Interpretieren Sie insbesondere den Richtungsvektor der Geraden.

   b) Bestimmen Sie die Menge der Mittelpunkte *aller* Sehnen der Raumprabel und setzen Sie das Ergebnis zu den Geraden aus a) in Beziehung.

6. Wir untersuchen den auf Seite 224 eingeführten Sehnenkegel $y^2 = xz$. Dazu wählen wir eine neue Basis gemäß

$$\begin{pmatrix} x \\ y \\ z \end{pmatrix} = \frac{u}{\sqrt{1+m^2}} \begin{pmatrix} 1 \\ 0 \\ m \end{pmatrix} + v \begin{pmatrix} 0 \\ 1 \\ 0 \end{pmatrix} + \frac{w}{\sqrt{1+m^2}} \begin{pmatrix} m \\ 0 \\ -1 \end{pmatrix}$$

   und bestimmen m so, dass die Gleichung des Sehnenkegels im uvw-System kein gemischtes uw-Glied besitzt.

   a) Begründen Sie den obigen Ansatz von der Gleichung des Sehnenkegels her und führen Sie das Verfahren durch. Interpretieren Sie das Ergebnis und stellen Sie den Kegel mit einer adäquaten Parametrisierung im uvw-System dar.

   b) Benutzen Sie die in a) hergeleitete Parametrisierung, um den Sehnenkegel im xyz-System angemessen darzustellen. Vergleichen Sie das Bild mit der Darstellung, die aus seiner Erzeugung resultiert, sowie mit dem Graph der Funktion $z = \frac{y^2}{x}$.

7. Bestimmen Sie den Schnitt der Schiebefläche aus Beispiel (2) und dem Sehnenkegel $y^2 = xz$. Interpretieren Sie das Ergebnis.

8.* Den Schnitt des Sehnenkegels mit irgendeiner Fläche kann man als *Projektion der Kurve von O aus auf die Fläche* ansehen. Erläutern Sie diese Aussage und projizieren Sie auf diese Weise die Raumparabel auf die Kugel $x^2 + y^2 + z^2 = y$. Stellen Sie sie graphisch dar und erklären Sie, warum sich eine „Schleifenkurve" ergibt. Handelt es sich um eine „Hippopede"? (Vgl. S. 16, Arbeitsauftrag 1.)

Arbeitsaufträge zu 5.1.3

1. Durch

$$x = \frac{t - t^3}{\sqrt{2}}, \quad y = \sqrt{2}t^2, \quad z = \frac{t + t^3}{\sqrt{2}}$$

   ist eine Kurve dritter Ordnung gegeben.

   a) Untersuchen Sie den Sehnenkegel für den Punkt zu $t = 0$ und geben Sie eine Koordinatengleichung an.

   b) Bestimmen Sie die Schnittkurve des Sehnenkegels aus a) mit der Kugel $x^2 + y^2 + z^2 = 2x$.

   c*) Durch geeignete Wahl einer neuen Basis lässt sich die Parameterdarstellung der Kurve sehr vereinfachen.

2.* Die allgemeinste Form einer Raumparabel erhält man, wenn die Gleichungen für x, y und z beliebige Polynome höchstens dritten Grades sind und mindestens eins auch dritten Grades ist.

Infolgedessen kann man sie folgendermaßen schreiben:

$$\vec{p}(t) = \begin{pmatrix} x \\ y \\ z \end{pmatrix} = \vec{a} + \vec{b}t + \vec{c}t^2 + \vec{d}t^3.$$

Hierin müssen die Vektoren $\vec{b}, \vec{c}, \vec{d}$ linear unabhängig sein. Durch Wahl einer neuen Basis gemäß

$$\vec{p} = u\vec{e}_1 + v\vec{e}_2 + w\vec{e}_3$$

kann man es dann stets erreichen, dass die Raumparabel im uvw-System eine Parameterdarstellung der Form

$$u = f_1(t), \quad v = f_2(t), \quad w = f_3(t)$$

erhält, wobei f_1 ersten Grades, f_2 zweiten Grades und f_3 dritten Grades ist.

Verdeutlichen Sie die vorstehenden Aussagen an einem selbst gewählten, nichttrivialen Beispiel, indem Sie das Verfahren durchführen, und erklären Sie insbesondere de Bedeutung der linearen Unabhängigkeit.

5.1.4 Flächen- und Volumenberechnungen

Eine Raumkurve wird man wohl nicht spontan mit Flächen- oder gar Volumenberechnungen in Verbindung bringen, sofern sie eine offene, nicht in sich geschlossene Kurve ist. Gleichwohl gibt es Fragestellungen, die von jeder Kurve auf natürliche Weise zu Längen- und Flächeninhaltsproblemen sowie zu Volumenberechnungen führt. Wenn nämlich ein beschränktes Stück einer Raumkurve zur Erzeugung einer Fläche dient, dann ist neben seiner Länge ihr Flächeninhalt durchaus interessant, ebenso aber auch das Volumen des Zylinders oder Kegels, der von dieser Fläche nach einer Seite hin begrenzt wird. Ein anderer Zugang zu Flächenberechnungen ergibt sich dadurch, dass auf einer Fläche durch irgendwie gegebene Kurven ein Teilstück abgegrenzt ist – es könnte sich dabei um ein ausgestanztes Stück Blech handeln – und man dessen Flächeninhalt wissen möchte. Abbildung 8 zeigt ein

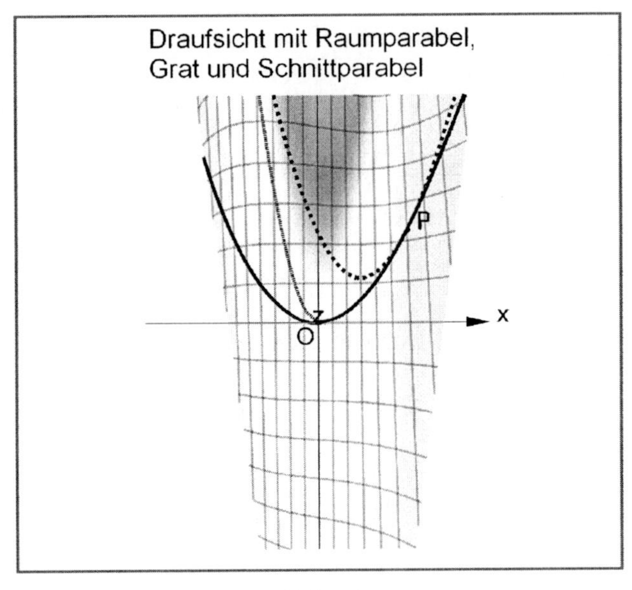

Abb. 8

solches, allerdings etwas künstliches Beispiel. Es handelt sich um die Fläche des Beispiels (1) in 5.1.2 mit der Gleichung $z = 2x^3 - xy$. Die dick ausgezogene Kurve ist die Raumparabel

$$\vec{f}(t) = \begin{pmatrix} t \\ t^2 \\ t^3 \end{pmatrix},$$

die dünne der „Grat“

$$\vec{g}(t) = \begin{pmatrix} -s \\ 6s^2 \\ 4s^3 \end{pmatrix} \quad \text{für} \quad s \geq 0\,,$$

und die gestrichelte die Schnittkurve der Fläche mit der Ebene $z = x + y - 1$

$$\vec{h}(t) = \begin{pmatrix} r \\ 2r^2 - 2r + 1 \\ 2r^2 - r \end{pmatrix}.$$

Dieses Problem soll uns als erstes beschäftigen.

Beispiel (1): Berechnung eines von Kurven abgegrenzten Flächenstücks

Zunächst bestimmen wir die Schnittpunkte der Kurven. Wo sie sich schneiden, müssen sich auch ihre Grundrisse schneiden. Bei Grat und Raumparabel ist das offensichtlich O. Im Fall von Schnitt- und Raumparabel folgt aus $t = r$ und $t^2 = 2r^2 - 2r + 1$, dass $t = r = 1$ sein muss. Also ist (Abb. 8) $P = (1|1|1)$. Schließlich ergibt sich Q aus $-s = r$

und $6s^2 = 2r^2 - 2r + 1$ mit $s = \frac{1}{4}(1+\sqrt{5}) = -r$ (der zweite Wert kommt wegen $s \geq 0$ nicht in Frage) zu $Q = (-0.809|3.927|2.118)$, wenn wir auf drei Nachkommastellen runden.

Um nun die Fläche zu berechnen, verfahren wir, wie in 3.2.1 ausführlich beschrieben. Wir gehen von ihrem Grundriss aus. Das Stück von O bis P wird nach unten und oben durch die Parabeln

$$\vec{f}_0(t) = \begin{pmatrix} t \\ t^2 \end{pmatrix}, \quad \vec{h}_0(t) = \begin{pmatrix} t \\ 2t^2 - 2t + 1 \end{pmatrix}$$

begrenzt.[69] Daher ist es als Menge der *Strecken*

$$\vec{p}_0(t,s) = \begin{pmatrix} t \\ t^2 \end{pmatrix} + s \begin{pmatrix} 0 \\ t^2 - 2t + 1 \end{pmatrix}, \quad 0 \leq s \leq 1,$$

darstellbar. Wollen wir nun das Stück zwischen O und Q entsprechend beschreiben, so setzen wir zweckmäßiger Weise $r = -s$ und benennen alsdann r in t um. So erhalten wir

$$\vec{q}_0(t,s) = \begin{pmatrix} t \\ 6t^2 \end{pmatrix} + s \begin{pmatrix} 0 \\ -4t^2 - 2t + 1 \end{pmatrix},$$

wobei s der neue Streckenparameter ist und mit dem Parameter s des Grates nichts zu tun hat.

Wir sind jetzt fast am Ziel. Durch Hinzufügen der z-Koordinate, die wir durch Einsetzen von x und y in $z = 2x^3 - xy$ erhalten, resultiert aus $\vec{p}_0(t,s)$ die Darstellung

$$\vec{p}(t,s) = \begin{pmatrix} t \\ t^2 + s(t^2 - 2t + 1) \\ t^3 + s(-t^3 + 2t^2 - t) \end{pmatrix}$$

des Flächenstückes zwischen O und P, und entsprechend erhalten wir die Darstellung

$$\vec{q}(t,s) = \begin{pmatrix} t \\ 6t^2 + s(-4t^2 - 2t + 1) \\ -4t^3 + s(4t^3 + 2t^2 - t) \end{pmatrix}$$

für das Stück zwischen O und Q. Dabei variieren in beiden Fällen s zwischen 0 und 1, ebenso t im ersten Fall, im zweiten aber von -0.809 bis 0.

Wir berechnen nun nach der infinitesimalen Flächenformel[70]

$$dA_1 = |\vec{p}_s \times \vec{p}_t| = (t-1)^2 \sqrt{(s(t-1)^2 - 5t^2)^2 + t^2 + 1}$$

[69] Wir haben bei $\vec{h}_0(t)$ den Parameter r in t umbenannt, weil r und t den *gleichen* Bereich von 0 bis 1 durchlaufen.

[70] Vgl. S. 139.

und erhalten mittels eines CAS durch Integration dieses Ausdrucks nach s und t, jeweils von 0 bis 1, den nummerischen Wert $A_1 = 0.4226$ Flächeneinheiten. Analog folgt

$$dA_2 = |\vec{q}_s \times \vec{q}_t| = |4t^2 + 2t - 1|\sqrt{s^2(4t^2 - 2t - 1)^2 + t^2 + 1}$$

und durch Integration nach s von 0 bis 1 und nach t von -0.809 bis 0 $A_2 = 0.9351$ Flächeneinheiten. Somit beträgt der Flächeninhalt des von den drei Kurven begrenzten Stücks

$$A = A_1 + A_2 = 1.3577 \ \text{Flächeneinheiten.}$$

Interssant ist der Vergleich mit dem Inhalt des jeweiligen Grundrisses. Dazu braucht man nur die z-Komponente gleich 0 zu setzen und die Rechnung zu wiederholen. Im ersten Fall lautet das Ergebnis $A_1^* = \frac{1}{3}$ FE, im zweiten $A_2^* = 0.7575$ FE. Die Abweichungen nach unten sind also nicht sehr groß. Daraus kann man schließen, dass unser Flächenstück, wie es auch die Graphik zeigt, in diesem Bereich nur wenig gewölbt ist.

Mit unserem zweiten Beispiel beziehen wir uns auf die Schiebefläche aus 5.2.3.

Beispiel (2): Der Inhalt einer durch Schiebung erzeugten Fläche

Wir wollen den Inhalt der in Abbildung 4a bzw. 4d dargestellten Fläche berechnen, wobei das verschobene Stück der Abschnitt der Raumparabel zwischen den Punkten $P(1|1|1)$ und $Q(-1|1|-1)$ sein möge und die Leitkurve dasselbe Stück. Dann wird die Schiebefläche offenbar durch

$$\vec{p}(t,s) = \begin{pmatrix} t+s \\ t^2+s^2 \\ t^3+s^3 \end{pmatrix}, \quad -1 \le t, s \le 1,$$

beschrieben. Gemäß der infinitesimalen Flächenformel[71] bilden wir die partiellen Ableitungen nach t und s und dann ihr Kreuzprodukt:

$$\vec{p}_t \times \vec{p}_s = \begin{pmatrix} 1 \\ 2t \\ 3t^2 \end{pmatrix} \times \begin{pmatrix} 1 \\ 2s \\ 3s^2 \end{pmatrix} = \begin{pmatrix} 6ts^2 - 6t^2s \\ 3t^2 - 3s^2 \\ 2s - 2t \end{pmatrix} = (s-t)\begin{pmatrix} 6ts \\ -3(t+s) \\ 2 \end{pmatrix}.$$

Dann ist

$$dA = |\vec{p}_t \times \vec{p}_s|\, dtds = |s-t|\sqrt{36t^2s^2 + 9(t+s)^2 + 4}\, dtds$$

und

$$A = \int_{-1}^{1}\left(\int_{-1}^{1} |s-t|\sqrt{36t^2s^2 + 9(t+s)^2 + 4}\, dt\right) dtds.$$

Ein CAS liefert hierfür den Wert $A = 9.158$ FE.

[71] Vgl. S. 139.

Tatsächlich ist aber die Fläche genau halb so groß! Bei der obigen Rechnung haben wir nicht bedacht, dass a und b miteinander vertauschbar sind. So erzeugen beispielsweise $a = -0.3$, $b = 0.5$ und $a = 0.5$, $b = -0.3$ offenbar den gleichen Punkt $(x|y|z)$ der Fläche. Die durch $\vec{p}(s,t)$ beschriebene Fläche ist also „doppelt vorhanden". Sie ist eine „Überlagerungsfläche",[72] ähnlich wie durch

$$x = \cos u \cos v\,, \quad y = \sin u \cos v\,, \quad z = \sin v$$

mit $0 \leq u \leq 2\pi$ und $-\pi \leq v \leq \pi$ auch die Kugeloberfläche doppelt beschrieben wird. Eine entsprechende Oberflächenberechnung

$$\int_{-\pi}^{\pi} \left(\int_{0}^{2\pi} |\cos v|\, du \right) dv$$

würde daher 8π (FE) ergeben.

Wir wollen diesem Sachverhalt noch etwas weiter nachgehen, indem wir die Menge aller Punkte $(a + b|a^2 + b^2)$ betrachten, die gewissermaßen den „Grundriss" der Fläche bilden (Abb. 9). In der Projektion auf die xy-Ebene erscheint die Raumparabel als die

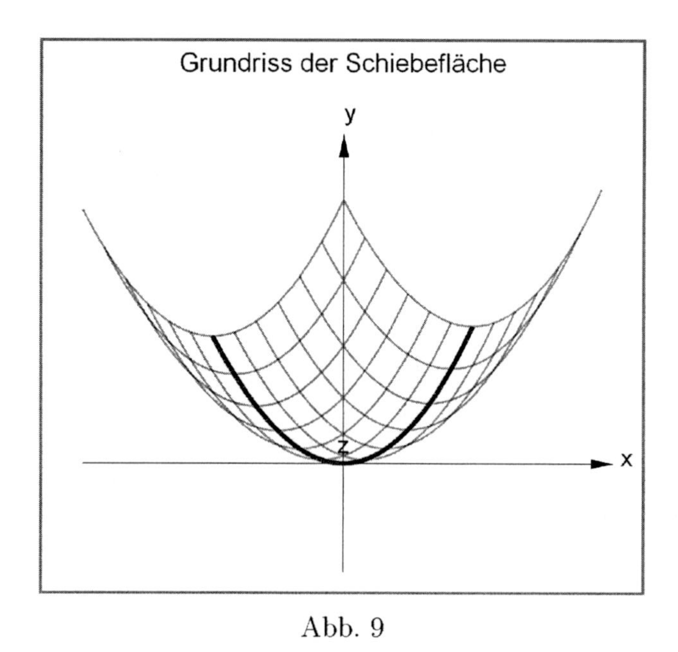

Abb. 9

quadratische Parabel $y = x^2$, die entsprechend der räumlichen Verschiebung parallel verschoben wird, und zwar so, dass ihr Scheitel immer auf der Leitkurve (fett) entlanggleitet.

[72]Vgl. hierzu S. 8.

Wie man der Abbildung unmittelbar entnimmt, gehen durch jeden Punkt zwei Parameterlinien der *gleichen Art*. Der Grundriss wird also „doppelt bedeckt". Davon kann man sich auch so überzeugen, dass man seine Fläche mittels

$$\vec{p}_0(t,s) = \begin{pmatrix} t+s \\ t^2+s^2 \\ 0 \end{pmatrix}$$

berechnet. Das Kreuzprodukt ergibt die dritte Komponente des oben berechneten „allgemeinen" Produktes, also $2(s-t)$, und man erhält

$$A_0 = \int_{-1}^{1} \left(\int_{-1}^{1} 2|s-t|\, ds \right) dt = \frac{16}{3} \text{ FE}.$$

Die Fläche zwischen der unteren „Grenzparabel"[73] $y = \frac{1}{2}x^2$ und den beiden oberen $y = (x-1)^2+1$, $y = (x+1)^2+1$ beträgt aber offenbar genau die Hälfte.

Was wir in Abbildung 9 sehen, ist gewissermaßen der Definitionsbereich unserer Fläche im Raum. Sie wird, wie wir bereits wissen, durch die Funktion $z = \frac{1}{2}x(3y-x^2)$ dargestellt. Lehrreich ist der Versuch, die Größe der Fläche mit ihrer Hilfe zu berechnen. Aus Symmetriegründen wird man sich dabei auf $x, y \geq 0$ beschränken. Will man nun die Parameterlinien zur Beschreibung des Definitionsbereiches nutzen, muss man beachten, dass sich die Normalparabeln nach Berührung der Grenzparabel überschneiden. Um das zu vermeiden, darf sich das Integral bezüglich der x-Werte nur bis zu diesem Berührpunkt erstrecken, also $x = 2a$, da die Parameterlinien die Form $y = (x-a)^2 + a^2$ haben. Somit lautet die Beschreibung der Fläche nun

$$\vec{q}(a,x) = \begin{pmatrix} x \\ (x-a)^2 + a^2 \\ \frac{1}{2}x(3y-x^2) \end{pmatrix}, \quad 0 \leq x \leq 2a\,, \quad 0 \leq a \leq 1\,.$$

Hierin ist für y die zweite Komponente zu setzen. Die Berechnung von A liefert dann nach dem obigen Verfahren wie zu erwarten mit 2.289 FE den vierten Teil des zuerst ermittelten Wertes.

Eine einfachere Parametrisierung des Definitionsbereiches könnte man auf folgende Weise erhalten. Man hält x fest und beschreibt die Punkte mit diesem x-Wert zwischen den

[73] Es handelt sich um die *Einhüllende* der Parameterlinien. In 5.1.3 haben wir sie bereits auf andere Weise ermittelt.

beiden begrenzenden Parabeln als Strecke durch

$$\begin{pmatrix} x \\ \frac{1}{2}x^2 \end{pmatrix} + s \begin{pmatrix} 0 \\ (x-1)^2 + 1 - \frac{1}{2}x^2 \end{pmatrix}$$

$$= \begin{pmatrix} x \\ \frac{1}{2}x^2 + s\left(\frac{1}{2}x^2 - 2x + 2\right) \end{pmatrix} = \begin{pmatrix} x \\ \frac{1}{2}x^2 + \frac{1}{2}s(x-2)^2 \end{pmatrix}.$$

Die dritte Komponente z ergibt sich hieraus wie bisher gemäß $z = \frac{1}{2}x(3y - x^2)$. Führt man mit dieser Darstellung die Flächenberechnung aus, wobei x von 0 bis 2 und s von 0 bis 1 variiert, dann wird man allerdings bemerken, dass für schulübliche CAS das Problem sehr viel schwieriger geworden ist. Wir müssen länger warten, bis es schließlich das (richtige) Ergebnis ausgibt.

Wir berechnen nun noch das Volumen des Grundrisszylinders für $x, y \geq 0$, für das wir bereits wichtige Vorarbeiten geleistet haben. Wir verwenden dabei die letzte Parametrisierung, da sie bei der Volumenberechnung keine Schwierigkeiten macht. Die Funktion erhält dann die Gestalt

$$\begin{aligned} z &= \frac{1}{2}x(3y - x^2) = \frac{1}{2}x\left(\frac{3}{2}x^2 + \frac{3}{2}s(x-2)^2 - x^2\right) \\ &= \frac{1}{2}x\left(\frac{1}{2}x^2 + \frac{3}{2}s(x-2)^2\right). \end{aligned}$$

Als Flächenelement der Grundfläche ergibt sich

$$dA_0 = \frac{1}{2}(x-2)^2 ds dx$$

und hiermit

$$\begin{aligned} V &= \int_0^2 \left(\int_0^1 \frac{1}{2}x\left(\frac{1}{2}x^2 + \frac{3}{2}s(x-2)^2\right) \cdot \frac{1}{2}(x-2)^2 ds \right) dx \\ &= \int_0^2 \left(\frac{5}{8}x^3 - x^2 - \frac{1}{2}x + 2\right) dx = \frac{17}{6} \text{ Volumeneinheiten(VE).} \end{aligned}$$

Beim dritten Beispiele beziehen wir uns auf die Rotationsfläche aus 5.2.3.

Beispiel (3): Oberfläche und Inhalt eines Glases

Für Rotationsflächen und -körper gibt es einfache Formeln, um ihre Oberfläche und ihr Volumen zu berechnen. Sie werden häufig auch in der Schule hergeleitet. Die Flächenformel folgt dabei leicht aus unserer allgemeinen Formel, indem man diese auf

$$\vec{p}(t, s) = \begin{pmatrix} r(t)\cos s \\ r(t)\sin s \\ h(t) \end{pmatrix}$$

anwendet. Dann ist nämlich

$$\vec{p}_t = \begin{pmatrix} r'(t)\cos s \\ r'(t)\sin s \\ h'(t) \end{pmatrix}, \quad \vec{p}_s = \begin{pmatrix} -r(t)\sin s \\ r(t)\cos s \\ 0 \end{pmatrix},$$

folglich

$$\begin{aligned} dA &= |\vec{p}_t \times \vec{p}_s|\, dtds = \left| \begin{pmatrix} -h'(t)r(t)\cos s \\ -h'(t)r(t)\sin s \\ r'(t)r(t) \end{pmatrix} \right| dtds \\ &= \sqrt{r^2(t)\left((h'(t))^2 + (r'(t))^2\right)}\, dtds \\ &= r(t)\sqrt{(h'(t))^2 + (r'(t))^2}\, dtds\,. \end{aligned}$$

Wenden wir dies auf die Fläche von Beispiel (3) des vorigen Paragraphen an, so erhalten wir mit $r(t) = \frac{1}{3}\,|t(t-1)|\sqrt{6(1+t+t^2)}$ und $h(t) = \frac{t+t^2+t^3}{\sqrt{3}}$

$$dA = \frac{1}{3}\,|t(t-1)|\sqrt{3(18t^6 + 18t^5 + 25t^4 + 10t^3 + 9t^2 + 2t + 2)}\, dtds\,.$$

Dabei ist $0 \le s \le 2\pi$ und $1 \le t \le 2.1$ (Kelch) bzw. $0 \le t \le 1$ (Stiel) und $-1 \le t \le 0$ (Fuß). Als Größe der Fläche – und damit als Menge des Materials, wenn das Glas überall gleiche Wandstärke besitzt – erhalten wir hieraus

$$\begin{aligned} A_1 &= 2\pi \cdot 21.92 = 137.73 \text{ Flächeneinheiten (FE)}, \\ A_2 &= 2\pi \cdot 0.332 = 2.09 \text{ (FE)}, \\ A_3 &= 2\pi \cdot 3.055 = 19.20 \text{ (FE)}. \end{aligned}$$

Die Volumenformel leitet man mittels der Scheibchenmethode ab.[74] Im Falle einer parametrisierten Meridiankurve $\begin{pmatrix} r(t) \\ 0 \\ h(t) \end{pmatrix}$ lautet sie

$$V = \pi \int_{t_1}^{t_2} r^2(t) \cdot h(t)dt$$

und ergibt hier für das Volumen des Kelchs

$$V = \pi \cdot 57.93 = 182 \text{ VE}.$$

[74] Vgl. [Kroll, Vaupel 1986, S. 4 ff].

Im folgenden Beispiel tritt eine neue Raumkurve dritter Ordnung auf.

Beispiel (4): Konoid der Raumparabel und kubischer Kreis

Eine wichtige Fläche, die im engen Zusammenhang mit der Raumparabel steht, haben wir bisher nicht betrachtet. Man erhält sie als *Regelfläche*, wenn man jeden ihrer Punkte $P(t|t^2|t^3)$ mit dem Punkt $Q(t|0|0)$ der x-Achse geradlinig verbindet. Flächen die mittels einer Leitkurve und von Geraden erzeugt werden, die die Leitkurve und eine weitere Gerade unter einem rechten Winkel schneiden, nennt man, wie schon an anderer Stelle ausgeführt, *Konoide*.[75] Im obigen Fall sprechen wir vom „x-Konoid“ der Raumparabel. Entsprechend kann man das y- und das z-Konoid (sowie viele weitere) der Raumparabel definieren.

Die Gleichung des x-Konoides ist leicht bestimmt. Man kann sie gemäß der Definition unmittelbar hinschreiben:

$$\begin{pmatrix} x \\ y \\ z \end{pmatrix} = \begin{pmatrix} t \\ 0 \\ 0 \end{pmatrix} + s \begin{pmatrix} 0 \\ t^2 \\ t^3 \end{pmatrix}, \quad s, t \in \mathbb{R}.$$

Aus ihr ergibt sich die Koordinatengleichung, wenn man s und t eliminiert. Das Ergebnis

$$z = st^3 = \frac{y}{t^2} \cdot t^3 = yt = xy$$

zeigt, dass das x-Konoid eine *Sattelfläche* ist, die wir in 2.2.3 bereits ausführlich diskutiert haben. Überraschenderweise ist es mit dem y-Konoid identisch, während das z-Konoid eine neue Fläche liefert.

Auf Grund der Koordinatengleichung können wir die Sattelfläche mit einer einfacheren Parameterdarstellung als oben beschreiben, nämlich

$$\vec{p}(s,t) = \begin{pmatrix} s \\ t \\ st \end{pmatrix}.$$

Ihre Parameterlinien sind Geraden, zu denen auch die x- und die y-Achse gehören. Sie erzeugen ein dem kartesischen Koordinatensystem recht ähnliches st-Koordinatensystem auf der Fläche (Abb. 10). Bringen wir nun die Sattelfläche mit anderen Flächen zum

[75] Vgl. S. 134.

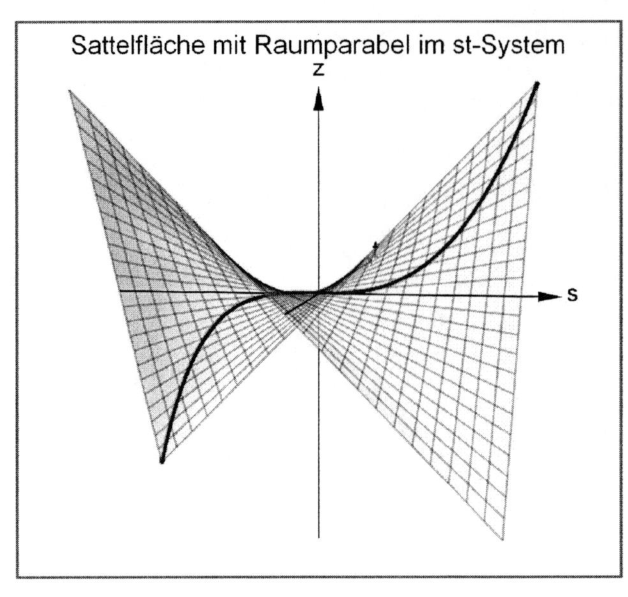

Abb. 10

Schnitt, so erhalten wir auf ihr neue Kurven.

Als schneidende Fläche nehmen wir den Zylinder $y^2 + z^2 = z$. Für die Schnittkurve folgt dann die Bedingung

$$t^2 + s^2 t^2 = st\,,$$

aus der sich

$$t = \frac{s}{1+s^2} = y \quad \text{und damit} \quad st = \frac{s^2}{1+s^2} = z$$

ergibt. Mittels dieser Darstellung erzeugen wir leicht die Schnittkurve (Abb. 11). Sie heißt in der älteren Literatur „kubischer – das heißt *räumlicher* – Kreis“, eine Bezeichnung, die wir hier nicht erklären können. Sie ist ebenfalls wie die Raumparabel eine Kurve dritter Ordnung, da sie mit einer Ebene höchstens *drei* Schnittpunkte haben kann. Eine deutlichere Vorstellung von ihrem Kurvenverlauf gibt Abbildung 12. Die Graphik zeigt, dass der kubische Kreis eine *Asymptote* besitzt, nämlich die Parallele zur x-Achse durch $(0|0|1)$.

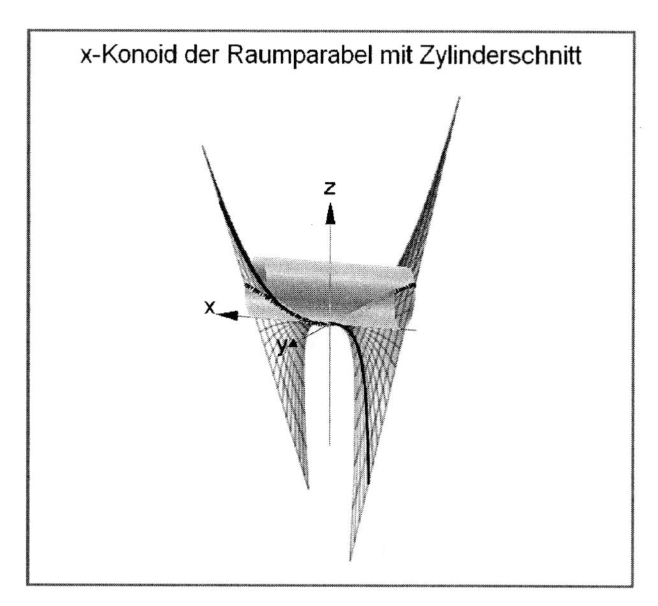

Abb. 11

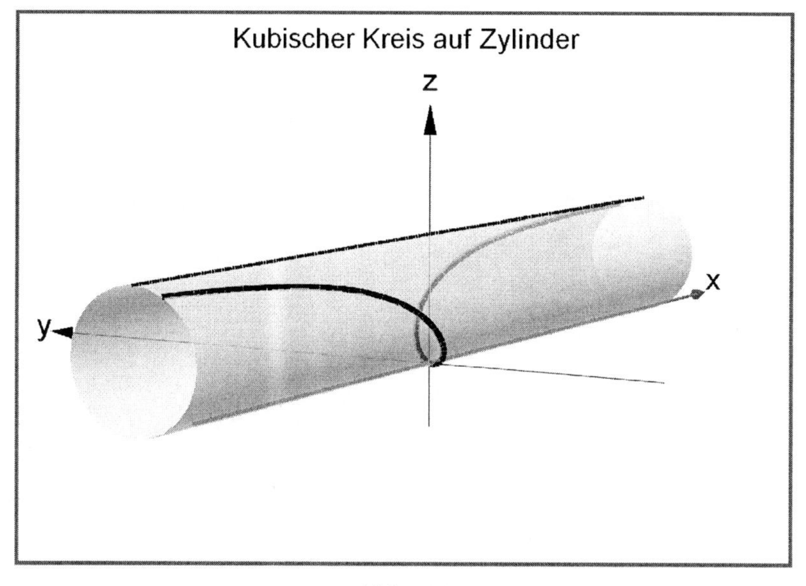

Abb. 12

Wir wollen nun die Fläche berechnen, die zwischen Raumparabel und kubischem Kreis auf ihrer gemeinsamen Trägerfläche liegt. Dazu gehen wir wie beim ersten Beispiel vor und betrachten den Grundriss, der von den Graphen der Funktionen $y = x^2$ und $y = \frac{x}{1+x^2}$ berandet wird (Abb. 13). Wir parametrisieren wie bisher gemäß:

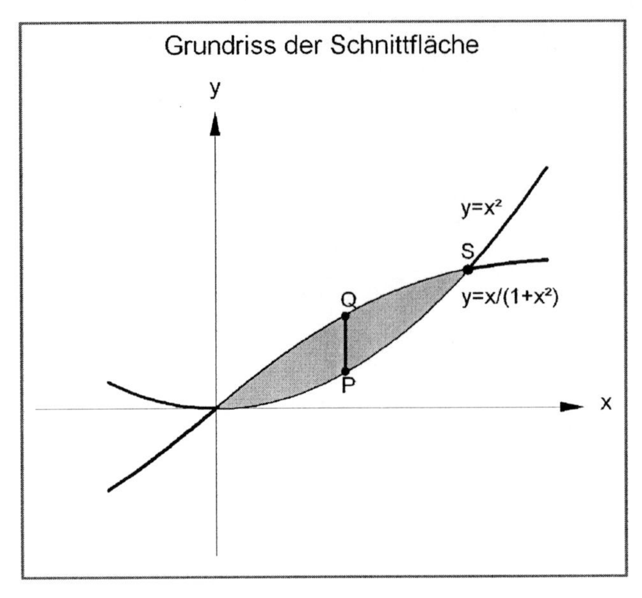

Abb. 13

$$PQ: \begin{pmatrix} x \\ y \end{pmatrix} = \begin{pmatrix} x \\ x^2 \end{pmatrix} + s \begin{pmatrix} 0 \\ \frac{x}{1+x^2} - x^2 \end{pmatrix},$$

wobei s von 0 bis 1 läuft und x von 0 bis zur Abszisse 0.6823 von S, die mit einem CAS leicht berechnet werden kann. Nun setzen wir x und y in die Gleichung der Sattelfläche $z = xy$ ein und erhalten

$$z = x\left(x^2 + s\left(\frac{x}{1+x^2} - x^2\right)\right).$$

Die Berechnung von $dA = |\vec{p}_s \times \vec{p}_x|\, ds dx$ liefert in diesem Fall eine recht lange Formel, so dass wir sie hier nicht wiedergeben. Je nach dem verwendeten CAS kann auch die Auswertung des Doppelintegrals längere Zeit brauchen. Das Ergebnis lautet $A = 0.0923$ Flächeneinheiten.

Exkurs: Ein besonderes Phänomen

Leonhard EULER (1707 - 1783) hat ein besonderes Phänomen entdeckt, zu dem es in der zweidimensionalen Geometrie kein Analogon gibt. Es hat mit der Raumparabel allerdings nichts mehr direkt zu tun.

Zum besseren Verständnis gehen wir gleich von einer Abbildung aus. Sie zeigt ein nach unten geöffnetes

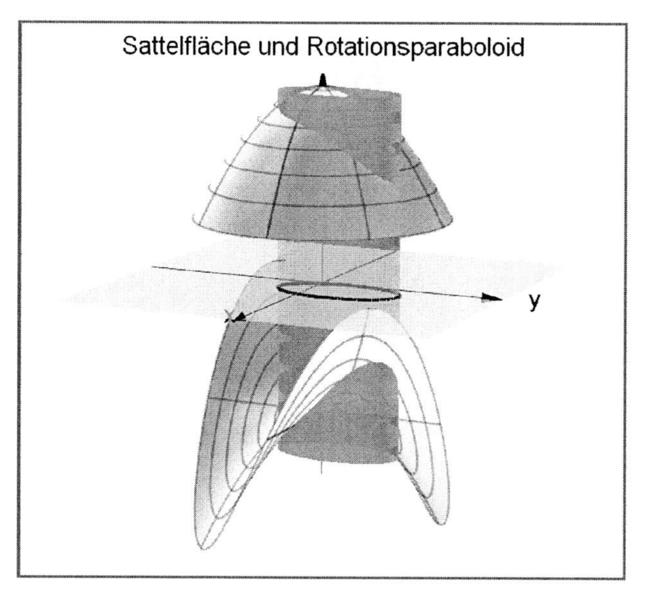

Abb. 14

und nach oben verschobene Rotationsparaboloid mit der Gleichung $z = 3 - \frac{1}{2}(x^2 + y^2)$ sowie eine nach unten verschobene Sattelfläche $z = xy - 1$. Ferner sehen wir noch einen (elliptischen) Zylinder, der aus beiden Flächen eine Teilfläche ausschneidet. Beide sind gleich groß, und das gilt auch dann noch, wenn man dem Zylinder eine ganz beliebige Gestalt und Lage gibt! Er muss lediglich geschlossen sein. Die beiden Verschiebungen spielen dabei natürlich keine Rolle.

EULERS Entdeckung ist relativ leicht zu beweisen, wenn der Grundriss des Zylinders eine geschlossene und konvexe[76] Kurve ist. Man wählt einen Punkt $M(a|b)$ in ihrem Innern und lässt einen *Strahl* um ihn rotieren, der die Kurve in genau einem Punkt P trifft. Wenn der Strahl mit der positiven x-Richtung den Winkel t bildet, ist $|MP|$ eine Funktion von t, die wir $r(t)$ nennen. Dann gilt offensichtlich

$$x = a + r(t)\cos t\,, \quad y = b + r(t)\sin t\,.$$

Die vom Strahl überstrichene Fläche parametrisieren wir durch Streckung aus M:

$$x = a + sr(t)\cos t\,, \quad y = b + sr(t)\sin t\,.$$

Dann erhalten wir für das Paraboloid $z = \frac{1}{2}(x^2 + y^2)$

$$z = \frac{1}{2}\left(a^2 + b^2 + 2sr(t)(a\cos t + b\sin t) + s^2r^2(t)\right)$$

und für die Sattelfläche $z = xy$

$$z = (a + sr(t)\cos t)(b + sr(t)\sin t).$$

Damit berechnen wir dA, was trotz der großen Allgemeinheit der Formeln mit einem CAS keine Schwierigkeiten macht. Auch das Ergebnis

$$dA = sr^2(t)\sqrt{s^2r^2(t) + 2sr(t)(a\cos t + b\sin t) + a^2 + b^2 + 1}\,dsdt$$

[76]Diese Eigenschaft ist nicht wesentlich, da man den Fall nicht konvexer Gebiete leicht hierauf zurückführen kann.

ist relativ kompliziert, aber in beiden Fällen genau dasselbe! Als Konsequenz folgt EULERS Satz für den konvexen Fall bereits. Er besagt: Es gibt verschiedene Flächen $z = f(x,y)$ und $z = g(x,y)$, aus denen ein Zylinder der besprochenen Art stets gleiche Teilflächen ausschneidet.

Wir wenden ihn nun auf den in Abbildung 14 dargestellten Zylinder $2\left(x-\frac{1}{2}\right)^2 + \left(y-\frac{1}{2}\right)^2 = 1$ an. Als M wählen wir natürlich den Mittelpunkt der Ellipse, also $a = b = \frac{1}{2}$. Dann hat der Strahl die Gleichung

$$\begin{pmatrix} x \\ y \end{pmatrix} = \begin{pmatrix} \frac{1}{2} \\ \frac{1}{2} \end{pmatrix} + r(t)\begin{pmatrix} \cos t \\ \sin t \end{pmatrix}, \quad r(t) > 0,$$

und das ergibt eingesetzt

$$4r^2(t)\cos^2 t + r^2(t)\sin^2 t = 1,$$

also

$$r(t) = \frac{1}{\sqrt{4\cos^2 t + \sin^2 t}} = \frac{1}{\sqrt{1 + 3\cos^2 t}}.$$

Das Doppelintegral für $0 \le s \le 1$ und $0 \le t \le 2\pi$ ergibt dann als Größe der *beiden* ausgeschnittenen Fläche $A = 2.087$ Flächeneinheiten.

Nach der gleichen Methode rechnen wir nun noch das Volumen des vom Paraboloid oben und von der Sattelfläche unten abgeschnittenen Zylinders aus. Dazu benötigen wir nur den parametrisierten Grundriss, also

$$\vec{p}_0(s,t) = \begin{pmatrix} sr(t)\cos t \\ sr(t)\sin t \\ 0 \end{pmatrix}.$$

Dann ist

$$\vec{p}_{0s} = \begin{pmatrix} r(t)\cos t \\ r(t)\sin t \\ 0 \end{pmatrix}, \quad \vec{p}_{0t} = \begin{pmatrix} sr'(t)\cos t - sr(t)\sin t \\ sr'(t)\sin t + sr(t)\cos t \\ 0 \end{pmatrix}$$

und

$$\vec{p}_{0s} \times \vec{p}_{0t} = \begin{pmatrix} 0 \\ 0 \\ sr^2(t) \end{pmatrix},$$

also

$$dV = sr^2(t) \cdot z\, dsdt,$$

wobei $z = 3 - \frac{1}{2}(x^2 + y^2)$ bzw. $z = xy - 2$ ist. Im ersten Fall erhalten wir $V_1 = \frac{83}{64}\pi$, im zweiten Fall $V_2 = \frac{7}{8}\pi$. Das Gesamtvolumen beträgt also $V = V_1 + V_2 = \frac{139}{64}\pi$ Volumeneinheiten.

Aufgaben zu 5.1.4

1. Die Normalparabel $y = s$, $z = -s^2$ wird parallel zu sich selbst so verschoben, dass ihr Scheitel dabei immer auf der Raumparabel $x = t$, $y = t^2$, $z = t^3$ liegt.

   a) Berechnen Sie die Größe der Schiebefläche, soweit sie über der xy-Ebene liegt, für $t = 0$ bis $t = 2$. Stellen Sie die Fläche graphisch dar.

   b) Berechnen Sie das Volumen des von der Schiebefläche in Teil a) nach oben begrenzten Körpers über der xy-Ebene.

2. a) Man berechne die Fläche des z-Konoides der Raumparabel zwischen ihren beiden Punkten zu $t = 0$ und $t = 2$ und stelle die Fläche graphisch dar.

b) Welches Volumen hat der Körper, der von der Fläche in Teil a) nach oben begrenzt wird.

3. Dreht man die Raumparabel in gewisser Weise, so erhält man sie in der folgenden Parameterdarstellung

$$u = \frac{t - t^3}{\sqrt{2}}, \quad v = t^2, \quad w = \frac{t + t^3}{\sqrt{2}}.$$

a) Bestimmen Sie die zugehörige Basistransformation $\begin{pmatrix} x \\ y \\ z \end{pmatrix} = u\vec{a} + v\vec{b} + w\vec{c}$ und begründen Sie damit die obige Aussage.

b) Ermitteln Sie die Koordinatengleichung des Sehnenkegels der obigen Raumparabel mit der Spitze in O und bestimmen Sie seine Schnittkurve mit der Kugel $x^2 + y^2 + z^2 = 2y$. Stellen Sie Raumparabel, Kugel und Schnittkurve in einer Graphik dar.

c*) Die Schnittkurve bildet auf der Kugel eine Schleife. Berechnen Sie die Größe dieser Schleife sowie das Volumen ihres Grundrisszylinders.

4. Durch die Gleichungen

$$x = -\frac{1}{2t}, \quad y = 8t, \quad z = -\frac{t + \frac{1}{4}}{t - 1}$$

ist eine Raumkurve dritter Ordnung definiert, die drei Äste besitzt.

a) Begründen Sie diese Aussagen und stellen Sie die Kurve graphisch mit ihren drei *Asymptoten* dar.

b*) Die Kurve heißt *Raumhyperbel* und liegt auf einem Rotationshyperboloid, dessen Gleichung die Form

$$xy + yz + zx + ax + by + cz + d = 0$$

hat. Bestimmen Sie die Koeffizienten a, b, c, d und die Gleichungen des Rotationshyperboloides sowie der Raumhyperbel in einem uvw-System, dessen w-Achse die Raumdiagonale $s\begin{pmatrix} 1 \\ 1 \\ 1 \end{pmatrix}$ ist.

c*) Untersuchen Sie die Frage, ob die drei Äste der Raumhyperbel zueinander kongruent sind.

5. Die Sattelfläche $z = \frac{1}{2}(x^2 - y^2) + 2$ wird vom Zylinder $x^2 + y^2 = 2x + 2y$ geschnitten.

a) Bestimmen Sie die Größe der ausgeschnittenen Fläche sowie das Volumen des Zylinders zwischen xy-Ebene und Sattelfläche.

b) Die Zylinderschnittkurve und die Raumparabel begrenzen auf der Sattelfläche eine Teilfläche. Berechnen Sie die Größe dieser Fläche und das Teilvolumen des Zylinders, das zwischen dieser Fläche und ihrer Projektion auf die xy-Ebene liegt.

6. Wir betrachten die Sattelfläche $z = \frac{1}{2}(x^2 - y^2)$ und das Rotationsparaboloid $z = \frac{1}{2}(x^2 + y^2)$.

a) Man zeige, dass ein Zylinder, dessen Grundriss durch $x = r(t)\cos t$, $y = r(t)\sin t$ gegeben ist, aus beiden Flächen gleich große Teilflächen ausschneidet. Wieso versteht sich dies trotz des im Exkurs bewiesenen Ergebnisses nicht von selbst?

b) Jetzt sei $r(t) = 1$. Man verschiebe das Rotationsparaboloid um eine Einheit nach unten und bestimme das Volumen V_p des Zylinders zwischen xy-Ebene und dieser Fläche. Um wieviel muss man die Sattelfläche nach oben verschieben, damit das entsprechende Zylindervolumen V_s die gleiche Größe wie V_p hat?

c*) Die Gleichungen der beiden Flächen unterscheiden sich nur im Vorzeichen. Man untersuche, ob sich die in a) bewiesene Aussage verallgemeinern lässt.

Arbeitsaufträge zu 5.1.4

1. a) Vom Punkt $A(0|0|1)$ werden Lote auf die Parameterlinien der Sattelfläche $z = xy$ gefällt. Bestimmen Sie die Fußpunktkurven und stellen Sie diese in einer gemeinsamen Graphik dar. Um was für Kurven handelt es sich dabei?

   b*) Das z-Konoid der beiden Fußpunktkurven ist eine Sattelfläche. Man zeige das durch eine geeignete Basistransformation.

2.* Von einem Punkt $P(x|y|z)$ werden auf die drei Geraden

$$g_1 : \begin{cases} x = s \\ y = 1 \\ z = 0 \end{cases}, \quad g_2 : \begin{cases} x = 0 \\ y = s \\ z = 1 \end{cases}, \quad g_3 : \begin{cases} x = 1 \\ y = 0 \\ z = s \end{cases}, \quad s \in \mathbb{R},$$

Lote gefällt und die Lotfußpunkte F_1, F_2, F_3 bestimmt. Gesucht ist die Menge aller Punkte P, deren Fußpunktdreieck $F_1F_2F_3$ gleichseitig ist.

a) Man zeige, dass die gesuchte Menge drei Sattelflächen angehört und in eine Gerade sowie in eine Kurve zerfällt.

b) Es ist nicht einfach, diese Kurve zu bestimmen, da das Gleichungssystem für schulübliche CAS zu komplex ist. Mit der Basistransformation

$$\begin{pmatrix} x \\ y \\ z \end{pmatrix} = r \begin{pmatrix} -1 \\ 1 \\ 1 \end{pmatrix} + s \begin{pmatrix} 1 \\ -1 \\ 1 \end{pmatrix} + \begin{pmatrix} 1 \\ 1 \\ 1 \end{pmatrix}$$

werden die Bedingungsgleichungen jedoch so einfach, dass sie sich nach r und s auflösen lassen. Man erhält

$$r = \frac{-t^2 + t - 1}{t - 1}, \quad s = \frac{-t^2 + t - 1}{t}.$$

Führen Sie die entsprechende Rechnung aus und leiten Sie auf diese Weise die Parameterdarstellung

$$x = 1 + t + \frac{1}{t(t-1)}, \quad y = -1 + t - \frac{1}{t(t-1)}, \quad z = 1 - t - \frac{2t - 1}{t(t-1)}$$

her.

c) Die Kurve ist bezüglich der Geraden $s \begin{pmatrix} 1 \\ 1 \\ 1 \end{pmatrix}$ drehsymmetrisch und geht bei einer Drehung um 120° in sich selbst über. Begründen Sie diese Aussage und folgern Sie aus ihr, dass die Kurve auf einer Fläche zweiten Grades vom Typ

$$x^2 + y^2 + z^2 + a(xy + yz + zx) + b(x + y + z) + c = 0$$

liegt. Bestimmen sie die Koeffizienten a, b, c.

d) Drehen Sie die Symmetrieachse der Kurve so, dass sie in die z-Achse fällt und zeigen Sie, dass dann die mitgedrehte Fläche die Gleichung

$$x^2 + y^2 = 8\left(z - \frac{1}{2}\sqrt{3}\right)^2 + 18$$

erhält. Interpretieren Sie diese und bestimmen Sie ihren Mittelpunkt in der ursprünglichen Lage.

e) Mittels der neuen Erkenntnisse ist es möglich, die Kurve mit der in c) ermittelten Fläche so darzustellen, dass die Drehachse die z-Achse und der Mittelpunkt der Fläche der Nullpunkt ist. Führen Sie das durch und erzeugen Sie die entsprechende Graphik. Bestimmen Sie ferner auch die Asymptoten der Kurve und untersuchen Sie diese in Bezug auf ihre gegenseitige Lage. Stimmen diese mit den Geraden der Lotfußpunkte überein?

3.* Ausgehend von der in Arbeitsauftrag 2 beschriebenen Situation soll jetzt die Bedingung $|PF_1| = |PF_2| = |PF_3|$ zu Grunde gelegt werden. Untersuchen Sie die Menge aller möglichen Punkte $P(x|y|z)$ analog.

5.2 Interpolation

In vielen Anwendungsbereichen der Mathematik tritt das Problem auf, durch eine endliche Schar von Punkten in vorgegebener Reihenfolge eine Kurve oder im Raum auch eine Fläche zu legen, wobei im letzten Fall die „Nachbarschaftsbeziehung“ der Punkte möglichst eingehalten werden soll. Der Sinn dieser Aufgabe besteht darin, die Lücken zwischen den gegebenen Punkten zu füllen und mit den *eingeschalteten* Punkten ein kontinuierliches Modell zu erhalten, das eine ein- oder zweidimensionale Form vollständig beschreibt und dadurch (z. B. für Maschinen) erst handhabbar macht. Hierauf beruht ihr Name, der wörtlich mit „Zwischenschaltung“ übersetzt werden kann.

Es gibt verschiedene Formen der Interpolation. Das hängt von den Bedürfnissen der Anwender und den daraus resultierenden Zusatzbedingungen ab. Generell gilt jedoch, dass die herangezogenen Funktionen möglichst „einfach“ sein sollten, zum Beispiel Polynome. Im ersten Paragraphen geht es um die entsprechende *Grund*aufgabe, die gegebenen „Stützpunkte“ mit einer – wieder möglichst einfachen – *polynomialen* Kurve zu interpolieren, im zweiten Paragraphen um die gleiche Aufgabe für Flächen. Im Computer-Aided-Design (CAD) sind Lösungen dieser Art jedoch kaum brauchbar. Deshalb behandeln wir im dritten Paragraphen die Grundaufgabe des CAD, zwischen zwei bzw. vier gegebenen „Ankerpunkten“ *Freiformkurven* bzw. *Freiformflächen* einzuspannen, die sich ohne großen Aufwand modellieren, d. h. verändern, lassen.

5.2.1 Interpolationskurven

Wir beschränken uns auf den einfachsten nichttrivialen Fall dreier Stützpunkte P_1, P_2, P_3, da dieser bereits zeigt, wie man bei einer größeren Anzahl vorgehen muss. Die drei Punkte seien durch ihre Ortsvektoren

$$\vec{p_1} = \begin{pmatrix} 2 \\ 1 \\ 2 \end{pmatrix}, \quad \vec{p_2} = \begin{pmatrix} 2 \\ 2 \\ 1 \end{pmatrix}, \quad \vec{p_3} = \begin{pmatrix} 1 \\ 2 \\ 2 \end{pmatrix}$$

gegeben und gesucht ist eine (Vektor-) Funktion $\vec{p}(t)$, die sie interpoliert. Dann sind die x-, y- und z-Werte jeweils gewisse Funktionen von t, die wir als Polynome zweiten Grades $f(t) = at^2 + bt + c$ ansetzen können, weil jeweils drei Bedingungen zu erfüllen sind. Allerdings ist noch offen, welchen t-Werten wir sie zuordnen wollen. Wir wählen zunächst $t_1 = 0$, $t_2 = 1$, $t_2 = 2$ und erhalten so die Zuordnungstabelle

t	0	1	2	Funktion $f(t)$
x	2	2	1	$-\frac{1}{2}t^2 + \frac{1}{2}t + 2$
y	1	2	2	$-\frac{1}{2}t^2 + \frac{3}{2}t + 1$
z	2	1	2	$t^2 - 2t + 2$

,

in der die Interpolationsfunktionen bereits angegeben sind. Sie ergeben sich leicht aus den zugehörigen linearen Gleichungssystemen. Abbildung 15 zeigt die Interpolationskurve $\vec{p}(t)$.

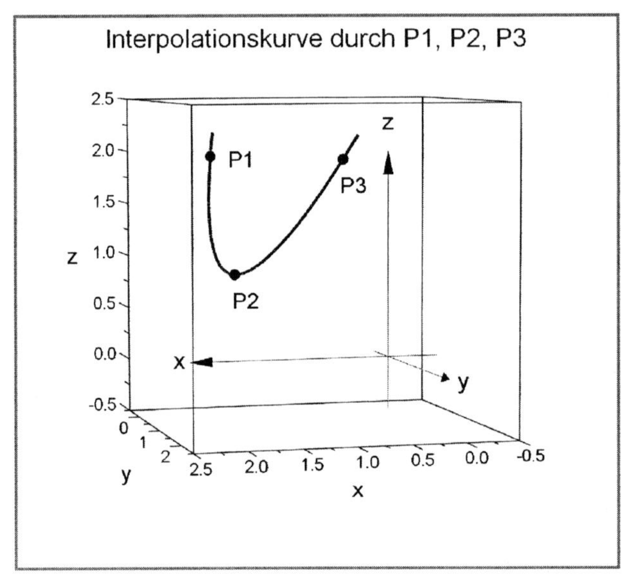

Abb. 15

Es ist nicht schwer nachzuweisen, dass die Kurve eine quadratische Parabel ist. Denn man entnimmt der Darstellung

$$\vec{p}(t) = \begin{pmatrix} -\frac{1}{2}t^2 + \frac{1}{2}t + 2 \\ -\frac{1}{2}t^2 + \frac{3}{2}t + 1 \\ t^2 - 2t + 2 \end{pmatrix} = \begin{pmatrix} 2 \\ 1 \\ 2 \end{pmatrix} + \frac{1}{2}t \begin{pmatrix} 1 \\ 3 \\ -4 \end{pmatrix} + \frac{1}{2}t^2 \begin{pmatrix} -1 \\ -1 \\ 2 \end{pmatrix},$$

unmittelbar, dass die Kurve in der von den Vektoren $\begin{pmatrix} -1 \\ -1 \\ 2 \end{pmatrix}$ und $\begin{pmatrix} 1 \\ 3 \\ -4 \end{pmatrix}$ aufgespannten Ebene liegt, und dass es sich dabei um eine quadratische Parabel handelt, beweist man genauso wie in 5.1.2 (vgl. S. 215 ff).

Wir fragen nun nach den *Veränderungen* der Interpolationskurven, wenn wir den Stützpunkten andere t-Werte zuordnen. Im Falle von $t_1 = 0$, $t_2 = 2$, $t_3 = 3$ erhalten wir mit

$$\vec{p}(t) = \begin{pmatrix} -\frac{1}{3}t^2 + \frac{2}{3}t + 2 \\ -\frac{1}{6}t^2 + \frac{5}{6}t + 1 \\ \frac{1}{2}t^2 - \frac{3}{2}t + 2 \end{pmatrix}$$

die gestrichelte Kurve in Abbildung 16; im Falle von $t_1 = 0$, $t_2 = 1$, $t_3 = 3$ mit

$$\vec{p}(t) = \begin{pmatrix} -\frac{1}{6}t^2 + \frac{1}{6}t + 2 \\ -\frac{1}{3}t^2 + \frac{4}{3}t + 1 \\ \frac{1}{2}t^2 - \frac{3}{2}t + 2 \end{pmatrix}$$

die gepunktete Kurve und im Falle von $t_1 = 0$, $t_2 = -2$, $t_3 = 3$ schließlich mit

$$\vec{p}(t) = \begin{pmatrix} -\frac{1}{15}t^2 - \frac{2}{15}t + 2 \\ \frac{1}{6}t^2 - \frac{1}{6}t + 1 \\ -\frac{1}{10}t^2 + \frac{3}{10}t + 2 \end{pmatrix}$$

die graue Kurve. Die Abbildung zeigt dabei, wie sich die verschiedenen Zuordnungen

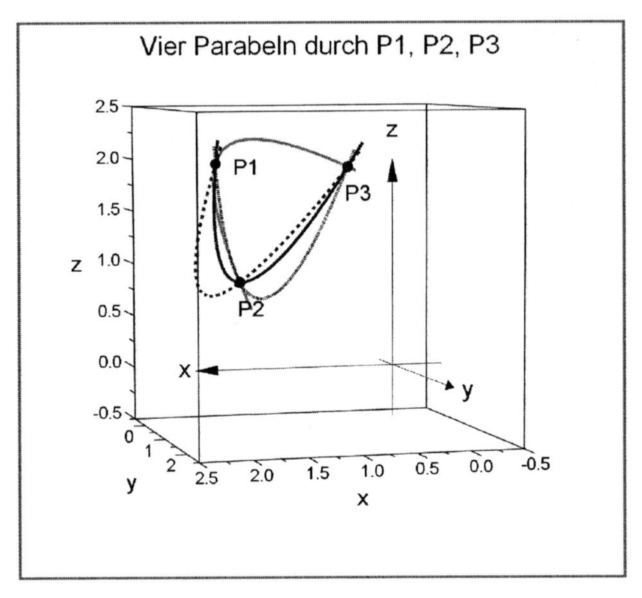

Abb. 16

auswirken. Offenbar wird die Kurve zwischen zwei Punkten umso länger, je länger das zugehörige t-Intervall im Vergleich zu den anderen ist. Letzteres gilt aber nur, wenn dabei die Anordnung der t-Werte gewahrt bleibt. Ändert man sie wie im dritten Fall ab, dann werden die Punkte in anderer Reihenfolge durchlaufen, nämlich stets vom Punkt mit dem kleinsten t-Wert aus zum Punkt mit dem nächst größeren und so fort.

Die Aufgabe zeigt, dass es nötig sein kann, zu einer gegebenen Punktfolge viele Interpolationskurven zu berechnen. Das legt nahe, einen Ansatz zu wählen, der weniger Rechnung erfordert. Im Beispiel unserer drei Punkte könnte man die Frage nach einer interpolierenden Kurve nämlich auch folgendermaßen stellen. Wir betrachten die *Ebene* durch P_1, P_2, P_3, nämlich

$$\vec{p} = \vec{p}_1 + r\,(\vec{p}_2 - \vec{p}_1) + s\,(\vec{p}_3 - \vec{p}_1)$$

und suchen eine *Parameterdarstellung* der beiden *Ebenenparameter* r und s, also $r = g(t)$ und $s = h(t)$. Dann wird ersichtlich, dass $\vec{p}$ eine Funktion von t ist, nämlich

$$\vec{p}(t) = \vec{p}_1 + g(t)\,(\vec{p}_2 - \vec{p}_1) + h(t)\,(\vec{p}_3 - \vec{p}_1)\,.$$

Die hierdurch definierte Kurve geht durch $\vec{p}_1, \vec{p}_2, \vec{p}_3$ genau dann, wenn

$$g(t_1) = h(t_1) = 0\,; \quad g(t_2) = 1\,, \quad h(t_2) = 0\,; \quad g(t_3) = 0\,, \quad h(t_3) = 1$$

ist. Beide Funktionen $g(t)$ und $h(t)$ können daher ebenfalls als Polynomfunktionen *zweiten* Grades gewählt werden, sind aber jetzt nur noch von t_1, t_2, t_3 abhängig. Sie lauten, wie man leicht nachprüft

$$g(t) = \frac{(t - t_1)(t - t_3)}{(t_2 - t_1)(t_2 - t_3)}, \quad h(t) = \frac{(t - t_1)(t - t_2)}{(t_3 - t_1)(t_3 - t_2)}$$

und heißen die *Lagrangeschen Interpolationspolynome* zu den Stellen t_1, t_2, t_3.

Nun geben wir der obigen Darstellung von $\vec{p}(t)$ noch eine *symmetrischere Form*, indem wir

$$\vec{p}(t) = (1 - g(t) - h(t))\vec{p}_1 + g(t)\vec{p}_2 + h(t)\vec{p}_3 = f_1(t)\vec{p}_1 + f_2(t)\vec{p}_2 + f_3(t)\vec{p}_3$$

schreiben. Hierin ist nur $f_1(t) = 1 - g(t) - h(t)$ neu und hat die Eigenschaften

$$f_1(t_1) = 1\,, \quad f_1(t_2) = 0\,, \quad f_1(t_3) = 0\,.$$

Umgekehrt folgt aus einer Darstellung

$$\vec{p}(t) = f_1(t)\vec{p}_1 + f_2(t)\vec{p}_2 + f_3(t)\vec{p}_3\,,$$

in der die Funktionen $f_i(t)$ an der Stelle t_i den Wert 1 und sonst den Wert 0 haben, dass die zugehörige Kurve $\vec{p}(t)$ die Punkte P_1, P_2, P_3 interpoliert und darüber hinaus eine *ebene* Kurve ist. Letzteres ergibt sich daraus, dass stets $f_1(t) = 1 - f_2(t) - f_3(t)$ gilt, da die Summe aller drei Funktionen an den Stellen t_i den Wert 1 annimmt und daher als höchstens quadratische Funktion konstant sein muss. Aus der zweiten Darstellung folgt also stets die erste.

Wir wollen nun die neue Darstellung nutzen, um vier Punkte P_1, P_2, P_3, P_4 mittels einer *geschlossenen* Kurve zu verbinden. Als zugehörige Parameter wählen wir $t_1 = 0$, $t_2 = 1$, $t_3 = 2$, $t_4 = 3$ sowie $t_5 = 4$, wobei P_5 mit P_1 identisch ist. Der Ansatz für $\vec{p}(t)$ lautet aber trotzdem wie bisher

$$\vec{p}(t) = f_1(t)\vec{p}_1 + \cdots + f_4(t)\vec{p}_4$$

und enthält kein Glied $f_5(t)\vec{p}_5 = f_5(t)\vec{p}_1$, da dieses mit dem ersten zusammengefasst werden könnte. Wie die Tabelle der Bedingungen

t	0	1	2	3	4
$f_1(t)$	1	0	0	0	1
$f_2(t)$	0	1	0	0	0
$f_3(t)$	0	0	1	0	0
$f_4(t)$	0	0	0	1	0

zeigt, wird das Schließen der Kurve durch die Gleichung $f_1(0) = f_1(4) = 1$ zum Ausdruck gebracht. Daher ist $f_1(t)$ auch kein Lagrangepolynom und muss gesondert bestimmt werden. Das Ergebnis lautet

$$f_1(t) \;=\; \frac{1}{12}t^4 - \frac{2}{3}t^3 + \frac{23}{12}t^2 - \frac{7}{3} + 1\,.$$

Die übrigen Funktionen sind

$$f_2(t) = \frac{t(t-2)(t-3)(t-4)}{-6} = -\frac{1}{6}t^4 + \frac{3}{2}t^3 - \frac{13}{3}t^2 + 4t\,,$$

$$f_3(t) = \frac{t(t-1)(t-3)(t-4)}{4} = \frac{1}{4}t^4 - 2t^3 + \frac{19}{4}t^2 - 3t\,,$$

$$f_4(t) = \frac{t(t-1)(t-2)(t-3)}{24} = \frac{1}{24}t^4 - \frac{1}{4}t^3 + \frac{11}{24}t^2 - \frac{1}{4}t\,.$$

Die Punkte, die wir durch eine geschlossene Kurve verbinden wollen, seien die Ecken eines Quadrats, gegeben durch

$$\vec{p}_1 = \begin{pmatrix} 0 \\ 3 \\ 3 \end{pmatrix}, \quad \vec{p}_2 = \begin{pmatrix} 4 \\ 1 \\ -1 \end{pmatrix}, \quad \vec{p}_3 = \begin{pmatrix} 0 \\ -3 \\ -3 \end{pmatrix}, \quad \vec{p}_4 = \begin{pmatrix} -4 \\ -1 \\ 1 \end{pmatrix}.$$

Abbildung 17 zeigt das Ergebnis. Dabei ist nicht überraschend, dass die Kurve eben ist.

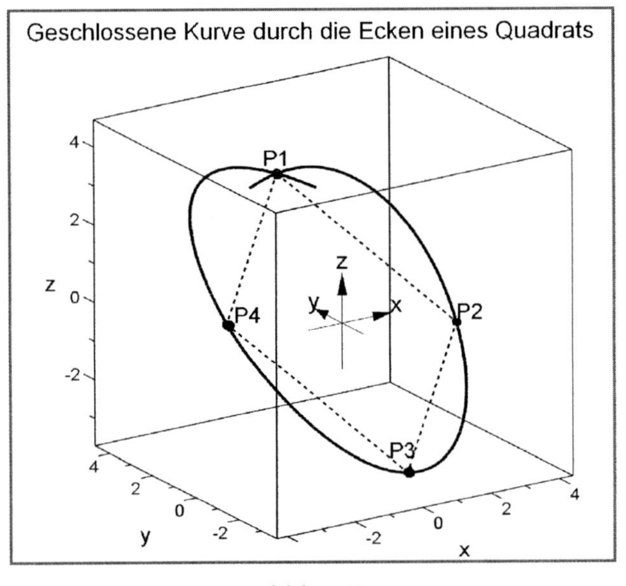

Abb. 17

Denn wie schon im ersten Beispiel gilt auch hier $f_1(t) + f_2(t) + f_3(t) + f_4(t) = 1$, also

$$\vec{p}(t) = \vec{p}_1 + f_2(t)(\vec{p}_2 - \vec{p}_1) + f_3(t)(\vec{p}_3 - \vec{p}_1) + f_4(t)(\vec{p}_4 - \vec{p}_1),$$

und da die Punkte ein Quadrat bilden, sind nur zwei der drei Richtungsvektoren $\vec{p}_i - \vec{p}_1$ voneinander linear unabhängig. Interessanter ist, dass die Kurve in P_1 einen „Doppelpunkt“ hat, in dem sie sich unter einem von $0°$ und $180°$ verschiedenen Winkel selbst schneidet.

Um diesen Effekt zu vermeiden, müssen wir dafür sorgen, dass die Tangenten in P_1 *stetig* ineinander übergehen. Das heißt aber nicht, dass $\vec{p}\,'(4) = \vec{p}\,'(0)$ sein muss, da die Tangentenvektoren lediglich die gleiche *Richtung* haben müssen. Demnach stellen wir an die Interpolationskurve die Zusatzbedingung $\vec{p}\,'(4) = s\vec{p}\,'(0)$ mit $s > 0$.

Es wäre nun mit Hilfe eines CAS nicht besonders schwierig, die Polynome für x, y und z zu bestimmen, die *allen* Bedingungen genügen. Sie müssten jetzt fünften Grades sein und würden noch s enthalten. Einfacher und durchsichtiger ist jedoch ein Verfahren, das das bisherige Ergebnis nutzt, indem es dieses modifiziert. Setzen wir nämlich

$$\vec{p}(t) = f_1(t)\vec{p}_1 + \cdots + f_4(t)\vec{p}_4 + \vec{k}(t),$$

wobei $\vec{k}(t)$ eine „Korrekturfunktion" ist, so ist klar, welche Bedingungen diese erfüllen muss. Sie darf erstens die Werte von $\vec{p}(t)$ an den fünf Stellen $0, 1, 2, 3, 4$ nicht ändern, und sie muss zweitens dafür sorgen, dass die Zusatzbedingung eingehalten wird. Aus der ersten folgt, dass die Komponenten von $\vec{k}(t)$, die wir $k_1(t), k_2(t), k_3(t)$ nennen wollen, an den genannten fünf Stellen verschwinden. Als Polynome (höchstens) fünften Grades hat also jede die Form

$$k_i(t) = c_i t(t-1)(t-2)(t-3)(t-4).$$

Sie unterscheiden sich also höchstens durch einen konstanten Faktor c_i. Dieser ergibt sich aus der Tangentenbedingung, die wir hier nur für die x-Komponente aufschreiben:

$$f_1'(4)x_1 + \cdots + f_4'(4)x_4 + k_1'(4) = s(f_1'(0)x_1 + \cdots + f_4'(0)x_4 + k_1'(0)).$$

Setzt man hier die beiden Ableitungen $k_1'(4) = 24c_1 = k_1'(0)$ ein und löst nach c_1 auf, so folgt

$$c_1 = \frac{(sf_1'(0) - f_1'(4))}{24(1-s)}x_1 + \cdots + \frac{(sf_4'(0) - f_4'(4))}{24(1-s)}x_4\,.$$

Das Ergebnis für c_2 und c_3 lautet entsprechend. Man muss nur die x_i durch y_i bzw. z_i ersetzen. Dabei bleiben die Faktoren die gleichen. Wir kürzen sie im folgenden durch m_i ab, haben also

$$c_1 = m_1x_1 + \cdots + m_4x_4$$

und entsprechend c_2, c_3.

Wir schreiben nun die x-Komponente von $\vec{p}(t)$ mit diesem Wert von c_1 auf, wobei wir $t(t-1)(t-2)(t-3)(t-4)$ noch mit $\ell(t)$ abkürzen:

$$\begin{aligned} & f_1(t)x_1 + \cdots + f_4(t)x_4 + (m_1x_1 + \cdots + m_4x_4)\ell(t) \\ = \; & (f_1(t) + m_1\ell(t))x_1 + \cdots + (f_4(t) + m_4\ell(t))x_4\,. \end{aligned}$$

Da die y- und z-Komponente analog aufgebaut sind, lautet das endgültige Ergebnis einfach

$$\vec{p}(t) = (f_1(t) + m_1\ell(t))\vec{p}_1 + \cdots + (f_4(t) + m_4\ell(t))\vec{p}_4 \,.$$

Zu den Funktionen $f_i(t)$ ist also nur ein weiterer Summand $m_i\ell(t)$ hinzugekommen. Sonst hat sich nichts geändert. Auch die Summe dieser Funktionen ist wie bisher konstant gleich 1, da sie höchstens 5. Grades ist und für $t = 0$ bis $t = 4$ den Wert 1 hat. Die zugehörigen Kurven liegen also in einer Ebene, wenn es die Punkte selber tun.

Die Graphik (Abb. 18 a) ist allerdings enttäuschend. Wie man auch den s-Wert, positiv

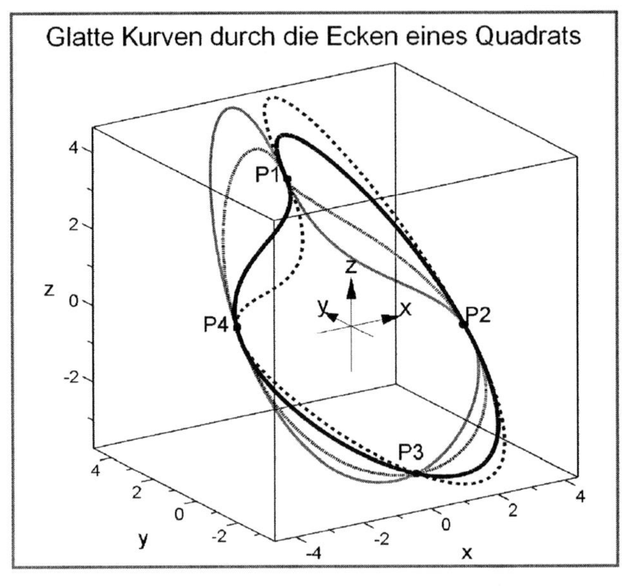

Abb. 18 a

und ungleich 1, wählen mag, die (ebenen) Kurven scheinen alle in P_1 einen Wendepunkt zu haben, der mehr oder weniger ausgeprägt ist, so die dicker gezeichnete Kurve zu $s = \frac{1}{2}$, die graue zu $s = \frac{3}{2}$, die gestrichelte zu $s = 0.7$ und die gepunktete zu $s = 3$. Keine von ihnen ist durchgehend konvex. Allerdings ist vorstellbar, dass eine Interpolation mit Funktionen höheren Grades bessere Ergebnisse brächte.

Wir wählen jedoch lieber einen Ansatz mit trigonometrischen Funktionen, der im Falle einer geschlossenen Kurve auf Grund ihrer Periodizität sinnvoller erscheint. Ordnen wir den Punkten P_i die Parameter $t_i = i \cdot \frac{\pi}{2}$ zu und setzen wir wie bisher

$$\vec{p}(t) = f_1(t)\vec{p}_1 + f_2(t)\vec{p}_2 + f_3(t)\vec{p}_3 + f_4(t)\vec{p}_4 \,,$$

so ist nur noch zu überlegen, welche Form die $f_i(t)$ haben müssen. Jede muss vier Bedingungen erfüllen, also kommen wir mit Funktionen des Typs $a + b\cos t + c\sin t$ nicht aus, da hier nur die drei Parameter a, b, c frei sind. Wir müssen noch mindestens eine weitere Funktion mit der Periode 2π, also $\cos 2t$ oder $\sin 2t$ hinnehmen. Sicherheitshalber nehmen wir beide und haben dann noch einen Koeffizienten übrig, den wir beliebig wählen können.

$$f_i(t) = a_i + b_i \cos t + c_i \sin t + d_i \cos 2t + e_i \sin 2t\,.$$

So erhalten wir die Interpolationsfunktionen mit den e_i als freien Parametern

$$\vec{p}(t) = \begin{pmatrix} (4e_2 - 4e_4)\sin 2t + 4\sin t \\ (3e_1 + e_2 - 3e_3 - e_4)\sin 2t + 3\cos t + \sin t \\ (3e_1 - e_2 - 3e_3 + e_4)\sin 2t + 3\cos t - \sin t \end{pmatrix}.$$

In Abbildung 18 b sind zwei von ihnen dargestellt. Die durchgezogene gehört zu $e_1 = e_2 = e_3 = e_4$ und ist, wie man leicht nachweisen kann, ein Kreis. Die gestrichelte Kurve zeigt

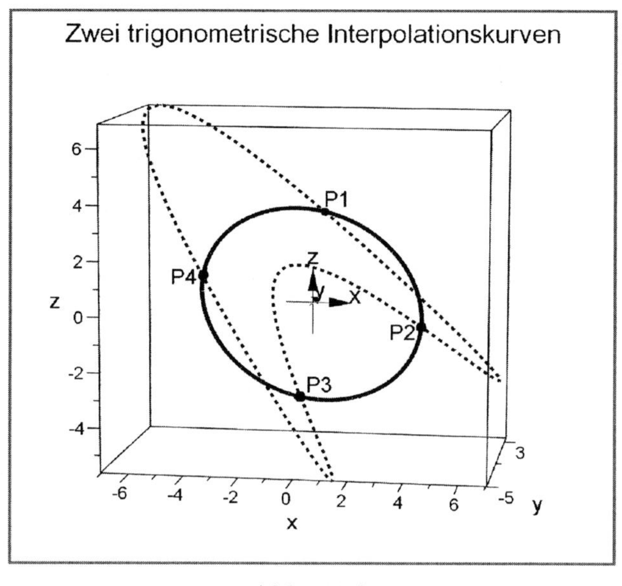

Abb. 18 b

aber eine stark vom Kreis abweichende Kurve, die zu den Werten $e_1 = 0$, $e_2 = \frac{1}{2}$, $e_3 = 1$, $e_4 = -\frac{1}{2}$ gehört. Auch die Trigonometrie garantiert keine „schönen“ Kurven.

Aufgaben zu 5.2.1

1. Gegeben sind die Punkte $A(1|-1|-1)$, $B(-1|1|-1)$, $C(1|1|1)$.

   a) Bestimmen Sie die polynomialen Interpolationskurven von A, B, C, indem Sie den Werten $t_1 = 0$, $t_2 = 1$, $t_3 = 2$ die Punkte zuordnen und dabei alle möglichen Reihenfolgen berücksichtigen. Stellen Sie die Kurven und Punkte in einer Graphik dar.

   b) Durch A, B, C soll eine geschlossene, glatte Kurve polynomialer Art gelegt werden, wobei t

die Werte von 0 bis 4 durchläuft. Bestimmen Sie drei solche Kurven und stellen Sie sie ebenfalls graphisch dar.

c) Welche geschlossene Kurve erhält man bei trigonometrischer Interpolation, wenn man den Punkten A, B, C die t-Werte $t_i = i \cdot \frac{2}{3}\pi$ zuordnet? Ist ein Kreis darunter?

d) Bearbeiten Sie die gleiche Aufgabe wie in c), jedoch mit dem Unterschied, dass A dem Wert π, B dem Wert $\frac{3}{2}\pi$ und C dem Wert 2π zugeordnet wird. Vergleichen Sie.

2. Die Punkte $A(1|-1|-1)$, $B(1|1|1)$, $C(-1|1|-1)$, $D(-1|-1|1)$ sind Ecken eines regulären Tetraeders. Bestimmen Sie durch polynomiale und durch trigonometrische Interpolation eine möglichst einfache, geschlossene und glatte Kurve, die die Punkte A, B, C, D verbindet.

3. Durch die Punkte A und B der Raumparabel $\vec{p}(t) = \begin{pmatrix} t \\ t^2 \\ t^3 \end{pmatrix}$, die zu den Parameterwerten $t_1 = 1$, $t_2 = -1$ gehören, ist eine polynomiale Interpolationskurve niedrigsten Grades zu legen, die die Raumparabel in A und B berühren. Zeigen Sie, dass zwei Kurvenscharen möglich sind und stellen Sie diese graphisch dar.

4. Die Graphen in Abbildung 18a scheinen sich in P_2 und P_4 zu berühren. Untersuchen Sie, ob bzw. für welche der geschlossenen, glatten Interpolationskurven das zutrifft.

Arbeitsauftrag zu 5.2.1

Die obere Schleife der vivianischen Kurve

$$x = \cos^2 t\,, \quad y = \cos t \sin t\,, \quad z = \sin t$$

soll approximiert werden. Dazu werden die Punkte P_1, P_2, P_3, P_4 zu den Parameterwerten $t_i = i \cdot \frac{\pi}{4}$, $0 \leq i \leq 3$, als Stützpunkte gewählt. Die zugehörige Interpolationskurve soll geschlossen sein und für $t_0 = 0$ die Tangentenrichtung $\begin{pmatrix} 0 \\ 1 \\ 1 \end{pmatrix}$, für $t_4 = 4$ die Tangentenrichtung $\begin{pmatrix} 0 \\ 1 \\ -1 \end{pmatrix}$ haben.

a) Bestimmen Sie die polynomiale Interpolationskurve niedrigsten Grades und untersuchen Sie die Güte der Approximation.

b) Welche Interpolationskurve erhält man, wenn man trigonometrisch interpoliert und die Punkte P_i den Parameterwerten $u_i = i \cdot \frac{\pi}{2}$ zugeordnet werden?

5.2.2 Interpolationsflächen

Zunächst geben wir den Stützpunkten eine Struktur, indem wir sie folgendermaßen bezeichnen:

$$\begin{array}{cccc} \vec{p}_{11}\,, & \vec{p}_{12}\,, & \vec{p}_{13}\,, & \cdots \\ \vec{p}_{21}\,, & \vec{p}_{22}\,, & \vec{p}_{23}\,, & \cdots \\ \vec{p}_{31}\,, & \vec{p}_{32}\,, & \vec{p}_{33}\,, & \cdots \\ \vdots & & & \end{array} .$$

Dabei ist die Art der Abzählung prinzipiell willkürlich, in der Realität sind dabei aber die gegenseitigen Lagebeziehungen zu berücksichtigen. Im Folgenden betrachten wir dazu ein einfaches Beispiel. Die Punkte seien

$$\begin{pmatrix}-1\\1\\-6\end{pmatrix}, \begin{pmatrix}0\\1\\-3\end{pmatrix}, \begin{pmatrix}1\\1\\0\end{pmatrix},$$

$$\begin{pmatrix}-1\\0\\-1\end{pmatrix}, \begin{pmatrix}0\\0\\0\end{pmatrix}, \begin{pmatrix}1\\0\\1\end{pmatrix},$$

$$\begin{pmatrix}-1\\-1\\-2\end{pmatrix}, \begin{pmatrix}0\\-1\\-3\end{pmatrix}, \begin{pmatrix}1\\-1\\-4\end{pmatrix}.$$

Für die interpolierende Fläche machen wir nun den analogen Ansatz wie bei der Kurveninterpolation

$$\begin{aligned}\vec{p}(t,u) &= f_{11}(t,u)\vec{p}_{11} + \cdots + f_{13}(t,u)\vec{p}_{13} \\ &+ f_{21}(t,u)\vec{p}_{21} + \cdots + f_{23}(t,u)\vec{p}_{23} \\ &+ f_{31}(t,u)\vec{p}_{31} + \cdots + f_{33}(t,u)\vec{p}_{33}\,,\end{aligned}$$

wobei t und u unabhängig voneinander Element von $\{1, 2, 3\}$ sind. Dann muss $f_{ik}(i, k) = 0$ sein für alle i, k mit $i \neq k$, sonst gleich 1. Diese Bedingung legt eine einfache Produktdarstellung der Funktionen nahe. Haben nämlich die Funktionen $g_i(t)$, $h_k(u)$ die Eigenschaft $g_i(i) = 1$, $h_k(k) = 1$ und sind sonst 0, dann erfüllt offenbar $f_{ik}(t, u) = g_i(t) \cdot h_k(u)$ die oben angegebene Bedingung. In unserem Fall gilt sogar

$$\begin{aligned}g_1(t) &= \frac{1}{2}(t-2)(t-3) &= h_1(t) \\ g_2(t) &= -(t-1)(t-3) &= h_2(t) \\ g_3(t) &= \frac{1}{2}(t-1)(t-2) &= h_3(t)\,,\end{aligned}$$

und es folgt

$$\begin{aligned}
\vec{p}(t,u) &= (g_1(t)\vec{p}_{11} + g_2(t)\vec{p}_{12} + g_3(t)\vec{p}_{13})g_1(u) \\
&+ (g_1(t)\vec{p}_{21} + g_2(t)\vec{p}_{22} + g_3(t)\vec{p}_{23})g_2(u) \\
&+ (g_1(t)\vec{p}_{31} + g_2(t)\vec{p}_{32} + g_3(t)\vec{p}_{33})g_3(u) \\
&= \begin{pmatrix} t-2 \\ -u+2 \\ st - 2ut - 3u^2 + 16u - 22 \end{pmatrix}.
\end{aligned}$$

In Abbildung 19 a ist die zugehörige Fläche dargestellt. Interessant ist der Vergleich mit der

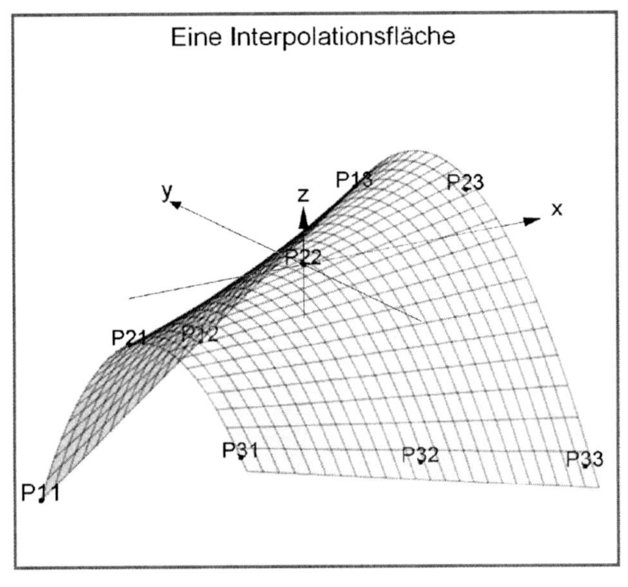

Abb. 19 a

Funktion $f(x,y) = x^3 + 2xy - 3y^2$, die wir zur Erzeugung der neun Punkte benutzt haben. Ihr Graph (Abb. 19 b) weist erheblich stärkere Wölbungen auf. Zur Modellierung einer

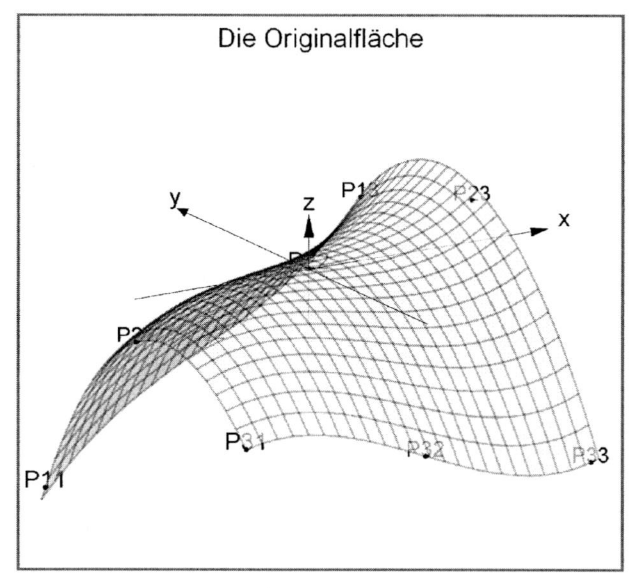

Abb. 19 b

(Blech-) Fläche durch die neun Punkte wäre sie daher weniger gut geeignet als der Graph der *Quadrik*. Durch Elimination von t und u aus

$$x = t - 2\,, \quad y = -u + 2\,, \quad z = 5t - 2ut - 3u^2 + 16u - 22$$

folgt nämlich

$$z = x + 2xy - 3y^2,$$

und dies ist offenbar eine Sattelfläche.[77]

Aufgabe zu 5.2.2

Generieren Sie mit Hilfe der Funktion $f(x,y) = \sqrt{1 - x^2 - y^2}$ neun Punkte, indem Sie für x und y die passenden Wertepaare des Quadratgitters $\left\{-\frac{1}{2}, 0, \frac{1}{2}\right\} \times \left\{-\frac{1}{2}, 0, \frac{1}{2}\right\}$ einsetzen. Bestimmen Sie die Interpolationsfläche zweiten Grades und vergleichen Sie diese mit der Halbkugelfläche $f(x,y)$.

5.2.3 Bézierkurven und -flächen

Interpolationspolynome weisen oft unerwünschte Schwankungen auf, besonders wenn sie höheren Grades sind. Entsprechendes gilt für Interpolationsflächen. Für Designer sind sie daher kaum brauchbar. Günstiger ist es, Kurven stückweise – etwas aus Parabeln dritten Grades – zusammenzusetzen. Solche Interpolationskurven nennt man „kubische Splines“.

[77] Vgl. hierzu 2.2.3.

Wir werden diesen Ansatz aber hier nicht weiter verfolgen,[78] sondern ein anderes Verfahren zur Kurven- und Flächenerzeugung beschreiben, das im Computer-Aided-Design (CAD) eine große Rolle spielt. Bei diesem sind die Kurven und Flächen nicht durch viele vorgegebene Punkte (fast vollständig) festgelegt; sie können vielmehr in großem Umfang *frei geformt* werden und müssen dabei nur wenige geometrische Bedingungen einhalten. Es wundert deshalb nicht, dass die zugrunde liegende Idee im Karosseriebau entstanden ist.

Pierre BÉZIER, der Namensgeber, war junger Ingenieur bei Renault, als er um 1960 ein Verfahren entwickelte, mit dem komplizierte Formen relativ einfach modelliert werden konnten und das sich vor allem für Darstellung und Manipulation mit dem Computer hervorragend eignete. Tatsächlich aber hatte schon 1959 ein Ingenieur bei Citroën, Paul de CASTELJAU, einen Algorithmus gefunden, mit dem sich solche Bézierkurven und -flächen, wie sie später genannt wurden, einfach erzeugen lassen. Aus Geheimhaltungsgründen ließ aber Citroën bis Ende der sechziger Jahre die Veröffentlichung nicht zu, während Bézier seine Arbeiten bereits 1962 publizierte. So kamen die Kurven zu ihrem Namen, während der Algorithmus heute nach de CASTELJAU benannt wird. Im Ergebnis besteht zwischen beiden Methoden kein Unterschied. Inwieweit bzw. ob die beiden Ingenieure dabei auf eine entsprechende Arbeit des deutschen Mathematikers J. V. C. HAASE (1870)[79] zurückgegriffen haben, ist nicht bekannt.

Wir beginnen mit den Bézierkurven, die die Grundlage für die Bézierflächen bilden. Bézierkurven verbinden immer nur zwei Punkte. Doch ihre Form wird durch weitere Punkte – sogenannte *Kontrollpunkte* – festgelegt, die allerdings den Kurvenverlauf nur *grob vorgeben*. Der Casteljaualgorithmus macht aus dieser Vorgabe eine *eindeutig* bestimmte glatte Kurve, deren Konstruktion wir hier für nur zwei Kontrollpunkte P_2, P_3 beschreiben. Die Ankerpunkte seien P_1 und P_4. Wir betrachten nun den Streckenzug $P_1P_2P_3P_4$ und bestimmen auf jeder seiner Seiten P_1P_2, P_2P_3, P_3P_4 einen Punkt Q_1 bzw. Q_2 bzw. Q_3, indem wir in der Parameterdarstellung den *gleichen* t-Wert mit $0 \leq t \leq 1$ wählen:

$$\begin{aligned}\vec{q_1} &= \vec{p_1} + t(\vec{p_2} - \vec{p_1})\\ \vec{q_2} &= \vec{p_2} + t(\vec{p_3} - \vec{p_2})\\ \vec{q_3} &= \vec{p_3} + t(\vec{p_4} - \vec{p_3})\,.\end{aligned}$$

Das bedeutet, dass die Punkte Q_i die Strecke P_iP_{i+1} alle im gleichen Verhältnis $t : (1-t)$ teilen. Nun wiederholen wir den Schritt mit dem Streckenzug $Q_1Q_2Q_3$ und dem *gleichen*

[78] Für eine erste Orientierung vgl. man [Kroll 1985, S. 127 ff].

[79] Vgl. http://www.3dcenter.org/artikel/high-order-surfaces/index2.php, S. 1.

t. Die Teilpunkte mögen jetzt R_1 und R_2 heißen:

$$\vec{r}_1 = \vec{q}_1 + t(\vec{q}_2 - \vec{q}_1)\,, \quad \vec{r}_2 = \vec{q}_2 + t(\vec{q}_3 - \vec{q}_1).$$

Jetzt haben wir unser Ziel fast erreicht. Wir müssen nur noch die verbliebene Strecke R_1R_2 im gleichen Verhältnis teilen, um damit den zu t gehörigen Punkt der Bézierkurve zu erhalten. Wir nennen ihn daher B. Sein Ortsvektor ist

$$\vec{b}(t) = \vec{r}_1 + t(\vec{r}_2 - \vec{r}_1).$$

Abbildung 20 zeigt die Ausführung des Algorithmus für $t = \frac{2}{3}$ am Beispiel von vier Ecken

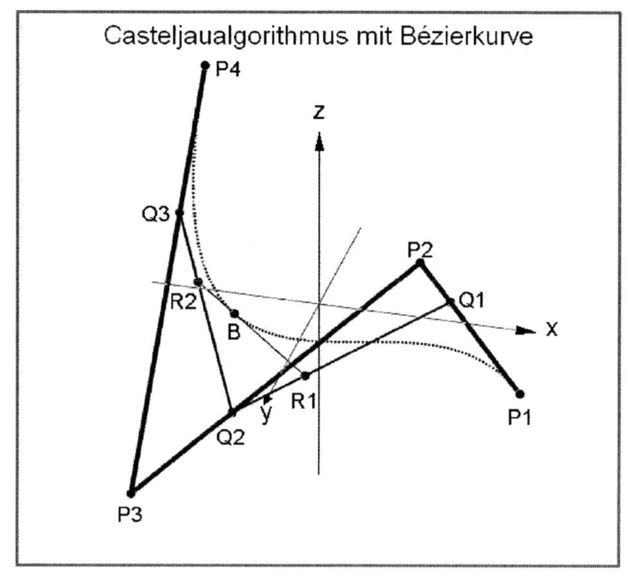

Abb. 20

P_1, P_2, P_3, P_4 des Einheitswürfels, sowie die Bézierkurve (gepunktet), wenn t das Intervall $[0, 1]$ durchläuft. Dabei bewegen sich die Punkte Q_i auf den Strecken P_iP_{i+1} von P_i bis P_{i+1}, entsprechend R_1 und R_2 auf Q_1Q_2 bzw. Q_2Q_3 und schließlich B auf R_1R_2. Der Streckenzug $Q_1Q_2Q_3$ und die Strecke R_1R_2 ändern dabei ständig ihre Lage und Gestalt, während der Ausgangsstreckenzug fest bleibt.

Warum Bézierkurven bei Designfragen so nützlich sind, liegt an ihrer einfachen Manipulierbarkeit. Zieht man an einem der Kontrollpunkte, dann folgt die Kurve der Bewegung, jedoch nur tendenziell und nicht abrupt, so dass man auf dem Bildschirm die Formveränderungen gut verfolgen kann. Auf dem Papier ist das notdürftig nur durch „Momentaufnahmen“ sichtbar zu machen (Abb. 21).

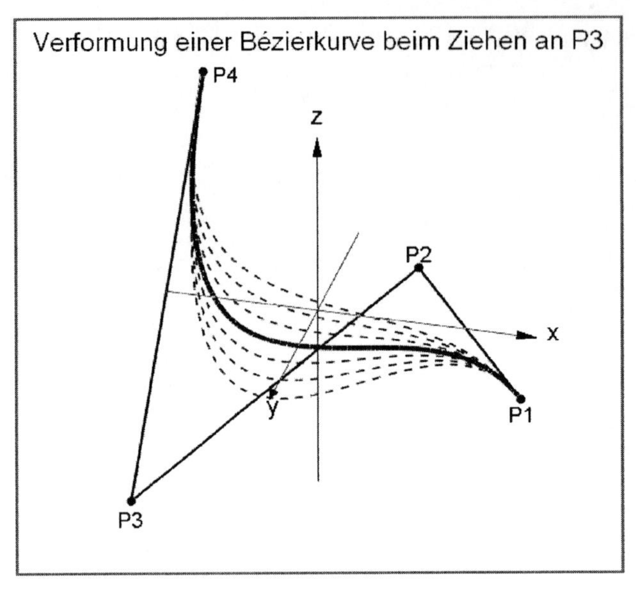

Abb. 21

Für die graphische Darstellung ist es nützlich, über eine explizite Gleichung der Bézierkurve zu verfügen. Sie lässt sich leicht aus der rekursiven herleiten, wenn man zuvor die Berechnung der Teilpunkte *symmetrisiert*. Dazu löst man die auftretenden Klammern auf und bildet eine Linearkombination der in ihr auftretenden Punkte. So wird aus

$$\vec{q}_1 = \vec{p}_1 + t(\vec{p}_2 - \vec{p}_1)$$

die Gleichung

$$\vec{q}_1 = (1-t)\vec{p}_1 + t\vec{p}_2 \,.$$

Setzen wir noch $1 - t = a$ und $t = b$ aus Symmetriegründen, so haben wir

$$\vec{q}_1 = a\vec{p}_1 + b\vec{p}_2$$

mit $a + b = 1$ und analog in allen anderen Fällen. Durch sukzessives Einsetzen folgt aus

$$\vec{q}_1 = a\vec{p}_1 + b\vec{p}_2 \,, \quad \vec{q}_2 = a\vec{p}_2 + b\vec{p}_3 \,, \quad \vec{q}_3 = a\vec{p}_3 + b\vec{p}_4$$

dann zunächst

$$\vec{r}_1 = a\vec{q}_1 + b\vec{q}_2 = a^2\vec{p}_1 + ab\vec{p}_2 + ab\vec{p}_2 + b^2\vec{p}_3 = a^2\vec{p}_1 + 2ab\vec{p}_2 + b^2\vec{p}_3$$

und entsprechend

$$\vec{r}_2 = a^2\vec{p}_2 + 2ab\vec{p}_3 + b^2\vec{p}_4 \,,$$

schließlich also

$$\begin{aligned}\vec{b}(t) &= a^3\vec{p}_1 + 3a^2b\vec{p}_2 + 3ab^2\vec{p}_3 + b^3\vec{p}_4 \\ &= (1-t)^3\vec{p}_1 + 3(1-t)^2t\vec{p}_2 + 3(1-t)t^2\vec{p}_3 + t^3\vec{p}_4\,.\end{aligned}$$

Die hier als Faktoren der Ortsvektoren auftretenden Polynome

$$(1-t)^3,\quad 3(1-t)^2t\,,\quad 3(1-t)t^2,\quad t^3$$

heißen nach dem deutschen Mathematiker Felix BERNSTEIN (1878 – 1956) *Bernsteinpolynome*. An der Schreibweise mit a und b erkennt man, dass sie wie die Glieder der *binomischen Formel* $(a+b)^n$ gebildet sind, denn bekanntlich ist

$$(a+b)^2 = a^2 + 2ab + b^2$$

und

$$(a+b)^3 = a^3 + 3a^2b + 3ab^2 + b^3$$

und so weiter. Bei drei Kontrollpunkten lautet demgemäß die Formel für die Bézierkurve

$$\vec{b}(t) = (1-t)^4\vec{p}_1 + 4(1-t)^3t\vec{p}_2 + 6(1-t)^2t^2\vec{p}_3 + 4(1-t)t^3\vec{p}_4 + t^4\vec{p}_5$$

und so weiter. Ferner sieht man, dass die Summe der Bernsteinpolynome gleicher Stufe stets 1 ist. Daraus folgt dann wie bei den Interpolationspolynomen,[80] dass eine Bézierkurve genau dann eben ist, wenn die Kontrollpunkte mit Anfangs- und Endpunkt in einer Ebene liegen.

Der Übergang von den Bézierkurven zu den Bézierflächen vollzieht sich nun ganz analog wie bei der Interpolation. Dabei gehen wir von 16 Punkten $\vec{p}_{ik}$ aus, $1 \leq i,k \leq 4$, die ein viereckiges Gitter bilden, wie es in Abbildung 22 zu sehen ist. Bezeichnen wir das

[80] Vgl. S. 249 f.

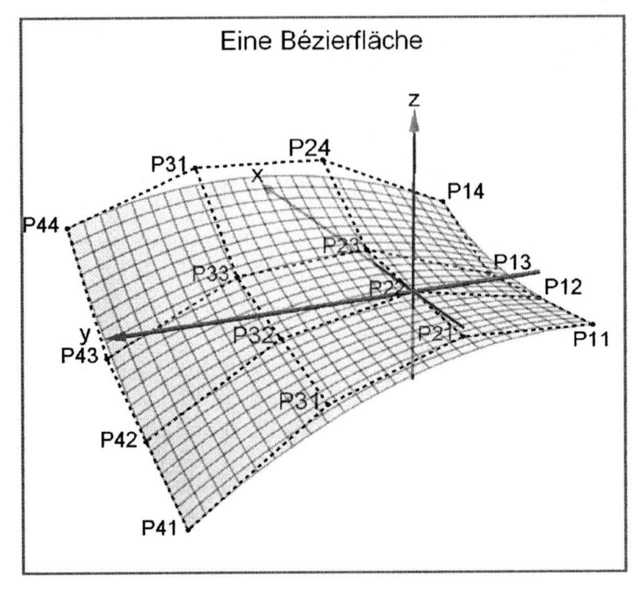

Abb. 22

Bernsteinpolynom $\binom{4}{n}(1-t)^n t^{4-n}$ mit $f_n(t)$, so stellt die Formel

$$\vec{b}_i(t) = f_1(t)\vec{p}_{i1} + \cdots + f_4(t)\vec{p}_{i4}$$

die Bézierkurve dar, die mittels der Basispunkte $\vec{p}_{i1}$ und $\vec{p}_{i4}$ sowie der Kontrollpunkte $\vec{p}_{i2}, \vec{p}_{i3}$ erzeugt wird. Zu einem *festen* Parameter t liefert sie die vier Punkte $\vec{b}_1(t)$ bis $\vec{b}_4(t)$. Mit denen bilden wir die zugehörige Bézierkurve zum Parameter u:

$$\vec{p}(u) = f_1(u)\vec{b}_1(t) + f_2(u)\vec{b}_2(t) + f_3(u)\vec{b}_3(t) + f_4(u)\vec{b}_4(t).$$

Durchlaufen nun t und u das Intervall $[0, 1]$, so erhalten wir die Bézierfläche. Sie geht durch die Stützpunkte $P_{11}, P_{14}, P_{41}, P_{44}$, und die vier Parameterlinien am Rand sind Bézierkurven, deren Kontrollpunkte die dazwischen liegenden *Rand*punkte des Netzes sind. Für die anderen Gitterlinien, zum Beispiel $P_{13}P_{23}P_{33}P_{43}$ oder $P_{21}P_{22}P_{23}P_{24}$, gilt das nicht. Die zu ihnen gehörigen Bézierkurven sind *keine* Parameterlinien. In der Abbildung 22 erkennt man das schon daran, dass sie nicht in ihren Endpunkten die Fläche berühren.[81]

Dem Gitternetz der Abbildung 22 liegen die Punkte der Fläche $f(x, y) = x^3 + 2xy - 3y^2$ zu Grunde, wobei x und y die ganzen Zahlen von -1 bis 2 durchläuft und die Punkte dementsprechend gezählt werden, zum Beispiel $\vec{p}_{23} = \begin{pmatrix} 0 \\ 1 \\ f(0,1) \end{pmatrix}$. Die Berechnung von

[81] Dem widerspricht nicht, dass nach der obigen Konstruktion *alle* Parameterlinien Bézierkurven sind. Die zugehörigen Basis- und Kontrollpunkte müssten aber jeweils bei vorgegebenem t oder u, wie oben dargelegt, gesondert ausgerechnet werden.

$\vec{p}(u) = \vec{b}(t,u)$ ergibt in diesem Fall:

$$\vec{b}(t,u) = \begin{pmatrix} 3t-1 \\ 3u-1 \\ 6t^3+18tu-18u^2-3t+3u-2 \end{pmatrix}.$$

Setzt man $x = 3t-1$ und $y = 3u-1$ in die z-Komponente ein, so erhält man die Bézierfläche als Funktion von x und y, nämlich

$$z = \frac{2}{9}x^3 + \frac{2}{3}x^2 + 2xy - 2y^2 + \frac{5}{3}x - y - \frac{16}{9}.$$

Eine solche Darstellung wird man aber erst dann bevorzugen, wenn die Fläche, das heißt auch das vorgegebene Gitter bereits festliegen. Wenn man auch nur einen der Kontrollpunkte abändert, ändert sich die *gesamte* Fläche. Dieses Problem hat zu einer Verfeinerung der Methoden Anlass gegeben. Doch nach wie vor bilden Bézierkurven und -flächen die Grundlage der CAD-Programmierung.

Aufgaben zu 5.2.3

1. Man beweise mittels der expliziten Darstellung, dass eine Bézierkurve von der „Endstrecke" R_1R_2 des Casteljaualgorithmus im Punkt B berührt wird.
2. a) Man wähle die Punkte P_1, P_2 in Abbildung 21 als Basispunkte und die Punkte P_3, P_4 als Kontrollpunkte und stelle die zugehörige Bézierkurve graphisch dar.

   b) Wie Aufgabe a), wobei P_2 und P_3 ihre Rollen tauschen.

   c) Wie Aufgabe a) mit P_2 und P_3 als Basispunkten.

Arbeitsauftrag zu 5.2.3

Man untersuche die Frage nach *geschlossenen* Bézierkurven. Kann man es dabei so einrichten, dass die Kurve *glatt* ist? Berücksichtigen Sie bei der Untersuchung auch Bézierkurven höherer Ordnung mit mehr als zwei Kontrollpunkten.

Literaturverzeichnis

Adams, Colin C.: Das Knotenbuch. Spektrum Akademischer Verlag 1995. Heidelberg, Berlin, Oxford

Archimedes: Werke. Wissenschaftliche Buchgesellschaft Darmstadt 1972

Baptist, Peter und Heinrich Winter: Überlegungen zur Weiterentwicklung des Mathematikunterrichts in der Oberstufe des Gymnasiums. In: Tenorth 2001, S. 54 – 76

Bär, G.: Eine Einführung in die analytische und konstruktive Geometrie. Teubner 1996. Stuttgart

Bär, Christian: Elementare Differentialgeometrie. De Gruyter 2000. Berlin

Beach, Robert C: An Introduction to the Curves and Surfaces of Computer-Aided-Design. Van Nostrand Reinhold. New York 1991

Berger, Marcel: Geometry I, II. Springer-Verlag Berlin, Heidelberg usw. 1994

Berliner Mathematische Gesellschaft (BMG), Berliner Verein zur Förderung des mathematischen und naturwissenschaftlichen Unterrichts (MNU): Lebendige Mathematik! – Berliner Thesen zum Mathematikunterricht. Mitteilungen der Deutschen Mathematiker-Vereinigung (DMV) Heft 4, 2003, S. 29 – 31

Bigalke, Hans-Günter: Kugelgeometrie. Salle-Sauerländer 1984

Borneleit, P., Danckwerts, R., Henn, H.-W., Weigand, H.-G.: Mathematikunterricht in der gymnasialen Oberstufe. In: Tenorth 2001, S. 26 – 53 sowie in: Journal für Didaktik der Mathematik 22 (2001), Heft 1, S. 73 – 80

Brauner, Heinrich: Lehrbuch der konstruktiven Geometrie. Springer-Verlag Wien-New York 1986

Fladt, Kuno und Baur, Arnold: Analytische Geometrie spezieller Flächen und Raumkurven. Sammlung Vieweg Band 136. Braunschweig 1975

Fuhrer, Heinz: Feldmessen, Kartographie, Klett-Perthes Stuttgart 1998

Giering, O. und J. Hoschek (Hrsg.): Geometrie und ihre Anwendungen. Hanser, München, Wien 1994

Glaeser, Georg: Geometrie und ihre Anwendungen in Kunst, Natur und Technik. Elsevier GmbH, Spektrum Akademischer Verlag. Heidelberg 2005

Gray, Alfred: Differentialgeometrie. Klassische Theorie in moderner Darstellung. Spektrum Akademischer Verlag. Heidelberg 1994

Heitzer, Johanna: Spiralen. Ein Kapitel phänomenaler Mathematik. Ernst Klett Schulbuchverlag Leipzig usw. 1989

Hilbert, David und Cohn-Vossen, Stefan: Anschauliche Geometrie. Wissenschaftliche Buchgesellschaft Darmstadt 1973

Kommerell, V. und K. Kommerell: Theorie der Raumkurven und krummen Flächen.
I: Krümmung der Raumkurven und Flächen
II: Kurven auf Flächen. Spezielle Flächen. Theorie der Strahlensysteme
De Gruyter Berlin und Leipzig 1931

Kroll, Wolfgang: Analysis Band 1: Differentialrechnung 1. Dümmler Verlag Bonn 1985

Kroll, Wolfgang, Reiffert, Hans, Vaupel, Jürgen: Analytische Geometrie/Lineare Algebra. Dümmler Verlag Bonn 1997

Kroll, Wolfgang: HP-Flächen. In: Der Mathematikunterricht 46 (2000) Heft 1, S. 61 - 77

Kroll, Wolfgang (Hrsg.): Raumkurven. Der Mathematikunterricht 51 (2005a) Heft 6

Kroll, Wolfgang: Raumkurven im Mathematikunterricht. Ein Überblick. In: Der Mathematikunterricht 51 (2005b) Heft 6, S. 15 - 43

Leibniz, G. W.: Mathematische Schriften. Band VII. Herausgegeben von C. I. Gerhardt. Olms Verlag Hildesheim, New York 1971

Roero, Clara Silvia: The Italian Challenge to Leibnitian Calculus in 1692. Leibniz and Viviani: A Comparison of two Epistemologies. In: V. Internationaler Leibniz-Kongress. Tradition und Aktualität. Hannover 14. - 19.11.1998. G. W. Leibniz-Gesellschaft Hannover 1998. p. 803 - 810

Schupp, Hans: Einige Thesen zur sogenannten Kurvendiskussion. In: Der Mathematikunterricht 1998, Heft 4 - 5, S. 5 - 21

Schupp, Hans: Kegelschnitte. Franzbecker Hildesheim 2000

Schupp, Hans: Geometrie in der Sekundarstufe II. In: Journal für Mathematik-Didaktik 21 (2000), Heft 1, S. 50 - 66

Schupp, Hans: Rund um die Viviani-Kurve. In: Der Mathematikunterricht 51 (2005), Heft 6, S. 4 - 14

Schupp, H., Dabrock, H.: Höhere Kurven. Lehrbücher und Monographien zur Didaktik der Mathematik Band 28. BI Wissenschaftsverlag Mannheim, Leipzig, Wien, Zürich 1995

Tenorth, Heinz-Elmar (Hrsg.): Kerncurriculum Oberstufe. Mathematik - Deutsch - Englisch. Beltz Verlag, Weinheim und Basel 2001

The Inter-IREM Commission: History of Mathematics, History of Problems. ellipses Paris 1997

Waerden, B. L. van der: Erwachende Wissenschaft. Ägyptische, babylonische und griechische Mathematik. Birkhäuser Verlag Basel und Stuttgart 1966

Stichwortverzeichnis

Anhang

Didaktische Anmerkungen zu den einzelnen Kapiteln

Vorbemerkung

Kaum ein anderer Körper bietet sich für die Einführung in das Thema des Buches so sehr an wie die Kugel. Da ist zunächst einmal ihre astronomische Bedeutung. Sonne, Erde und Mond haben Kugelgestalt. Auch das Himmelsgewölbe selbst erscheint dem Beobachter als kugelförmige Schale, in deren Innern er sich befindet. Die (scheinbare) Bewegung der Gestirne kann in der Tat sehr genau mit den Mitteln der sphärischen Geometrie beschrieben werden. Die Kugelform ist jedoch auch im Alltag weit verbreitet, häufig aus praktischen Gründen, nicht selten aber auch, weil ihre Form als besonders harmonisch empfunden wird. Die Kugel gilt allgemein als Sinnbild des in sich Ruhenden und Vollkommenen. Zugleich erscheint sie als Inbegriff des räumlich Krummen schlechthin und repräsentiert sozusagen das genaue Gegenteil einer ebenen Fläche. Für die Kugel gilt wie für die meisten Flächen, dass sich auch kein noch so kleines Stück ihrer Oberfläche in die Ebene abwickeln lässt, ohne zu zerreißen. Das ist nur bei Zylinder und Kegel sowie gewissen anderen „Regelflächen" möglich, die von Geraden erzeugt werden. Obwohl auf diese Eigenschaft im Text des Buches nicht eingegangen wird,[82] da sie auch auf anschauliche Weise nicht leicht zu erschließen ist, lässt sie sich doch im Zusammenhang mit Abbildungen der Kugeloberfläche in die Ebene thematisieren, nämlich dann, wenn die *winkeltreue* Mercatorprojektion in 1.4.3 oder die *flächentreue* Zylinderprojektion in 3.2.1 besprochen wird. Eine Abbildung, die beide Eigenschaften aufweist, müsste wie die Zylinderabwicklung *längentreu* sein. Aber die gibt es für die Kugel nicht. Dementsprechend ist die Frage nach der kürzesten Entfernung zweier Punkte auf der Kugel, also nach der *Geodätischen*, ein echtes Problem, während sie beim Zylinder trivial ist.

Obwohl nichtebene Kurven auf dem Mantel eines Zylinders ebenfalls *echte* Raumkurven sind, erscheinen sie von vergleichsweise geringem Reiz. Man könnte sie leicht auf Papier zeichnen bzw. von einem Plotter zeichnen lassen und dieses dann zu einem Zylinder rollen. Die einfache Herstellung erhöht zwar ihre Zugänglichkeit, aber trivialisiert sie zugleich. Das gilt sogar für die vivianische Kurve, die ja auch eine Zylinderkurve ist. Erst wenn man sie auf der Kugel gezeichnet sieht, ist sie nicht mehr irgendeine Achterschleife, sondern etwas ganz Besonderes und ästhetisch Eindrucksvolles. Sie geht mit der Kugelfläche gewissermaßen eine gestaltliche Einheit ein, während sie auf einem Zylinder betrachtet, nur dazu zu dienen scheint, seinen Mantel in bestimmter Weise zu zerlegen.

Die größere ästhetische Qualität der sphärischen Kurven ist in der Regel darauf zurückzuführen, dass die Kugeloberfläche durch die Koordinatisierung mittels Länge u und Breite v eine *doppelte* Überlagerungsfläche wird, während der Zylinder nur eine *einfache* Überlagerungsfläche bezüglich der (u, z)-Koordinaten darstellt. Schon einfachste Formeln vom Typ $v = f(u)$ führen so zu interessanten Kurvenverläufen und nichttrivialen Fragestellungen. Zwar mögen nur wenige von ihnen anders als beim Zylinder eine praktische Bedeutung besitzen, doch kann man viele sphärische Kurven ebenfalls mechanisch erzeugen, und manche von ihnen sind wie z. B. die *Radlinien* etwa im Maschinenbau eminent wichtig. Schließlich sei noch erwähnt, dass auch die Abbildung der Kugeloberfläche nicht nur in mathematischer Hinsicht interessant ist, sondern ein zentrales Problem der Kartographie darstellt.

So sprechen die meisten Argumente für eine Bevorzugung der Kugel. Andrerseits liegen die mathematischen Anforderungen etwas höher als beim Zylinder. Darüber hinaus bietet die Umwelt ein reicheres Anschauungsmaterial für zylindrische als für sphärische Kurven. Wer daher lieber mit dem Zylinder in die Thematik einsteigen will, sollte dies auch anhand von Kapitel 2 tun können. Die Möglichkeit dazu besteht. Man braucht lediglich die Abschnitte 1.1 bis 1.3 in den Zylinderkontext zu übersetzen, da sie

[82]siehe jedoch diese Anmerkungen Seite 214

grundlegend für alles Folgende sind. An späterer Stelle des Kapitels 2 werden dann noch die allgemeinen Formeln für den Flächen- und Rauminhalt aus 3.2 benötigt. Diesen Abschnitt wird man am besten im Zusammenhang mit der Wendelfläche bringen, wenn man ihren Inhalt berechnen will. Ansonsten wird seine Kenntnis erst ab Kapitel 4 vorausgesetzt.

Ergänzend zu dem, was bereits in der Einleitung des Buches Seite V ff gesagt ist, sei an dieser Stelle noch einmal hervorgehoben, dass der Text von *den Abschnitten 1.1 bis 1.3 abgesehen* so aufgebaut ist, dass man ihm in jedem Kapitel weitgehend *unabhängig von den anderen* folgen kann, wobei das Stichwortverzeichnis ein eventuell nötiges Nachschlagen erleichtert. Was die Abfolge innerhalb der Kapitel anlangt, wird bei jedem Kapitel zusammen mit einigen inhaltlichen und methodischen Ergänzungen angegeben.

Kapitel 1

Eine sinnvolle Unterrichtseinheit setzt 1.1 bis 1.3 voraus und könnte mit 1.4.1, wahlweise 1.4.3 abgeschlossen werden. Abschnitt 1.5 wäre eine Unterrichtseinheit für sich.

Details

Zu 1.1: Die Probleme, die mit der Erzeugung einer Graphik (von Flächen oder Kurven) verbunden sind, sollten die Schüler selbst entdecken, indem sie experimentieren. Dies gilt besonders für verschiedene Parametrisierungen, wobei die am Schluss auf Seite 4 angegebene besonders lehrreich ist.

Die in 1.1.2 gegebene Herleitung der Parameterdarstellung einer Drehfläche geht davon aus, dass für die erzeugende, in der xz-Ebene liegende Kurve bereits eine Parametrisierung vorliegt. Wenn das nicht der Fall ist und die Kurve durch eine *Gleichung* zwischen z und x gegeben ist, empfiehlt es sich, zunächst eine passende Parameterdarstellung zu finden. Gelingt das nicht, so kann man aber auch die – explizite oder implizite – Gleichung der Drehfläche aufstellen, indem man das x in der Gleichung überall durch $\pm\sqrt{x^2+y^2}$ ersetzt. Selbstverständlich wird man zulassen, dass Schüler auch die Graphiken anderer Rotationsflächen erzeugen, z. B. von Geraden $z = mx$ oder Parabeln $z = ax^2$. Doch sollte darauf nicht zuviel Zeit verwendet werden.

Zu 1.2: Die Definition der vivianischen Kurve als Graph einer Funktion oder als Bahn eines Punktes, der zwei verschiedene Bewegungen gleichzeitig ausführt, bietet Gelegenheit für ergiebige Schüleraktivitäten gemäß der Leitfrage: *Was geschieht, wenn ...*

a) der Punkt auf dem rotierenden Kreis von *Frankfurt* aus z. B. startet. Über welche Städte und Länder verläuft dann seine Bahn? (Zur Beantwortung wäre ein Globus nützlich, auf dem sich die Bahn direkt eintragen ließe.)

b) der Punkt auf dem rotierenden Kreis sich halb so schnell (doppelt so schnell) bewegt wie dieser? (Antwort: Die Gleichung der Bahnkurve lautet dann $v = \frac{1}{2}u$ bzw. $v = 2u$. Darauf gehen wir unten näher ein.)

c) der Punkt zunächst mit der gleichen Geschwindigkeit startet, dann aber *gleichmäßig langsamer* wird und nach einer halben (vollen) Umdrehung des rotierenden Kreises still steht? (Antwort: Hier gilt es zu erkennen, dass eine Art *schiefer Wurf* im uv-Koordinatensystem beschrieben wird. Gemäß der Anfangsbedingung lautet die Gleichung daher $v = u - cu^2$, und c ergibt sich aus $0 = 1 - 2cu$ mit $u = \pi$ bzw. $u = 2\pi$ zu $c = \frac{1}{2\pi}$ bzw. $c = \frac{1}{4\pi}$. Im ersten Fall endet die Bahn im Nordpol, im zweiten schließt sie sich, geht aber ebenfalls durch den Nordpol.)

Besonders ergiebig ist eine ausführlichere Diskussion der zu $v = 2u$ gehörigen Kurve (die anders als bei einem kartesischen Koordinatensystem aber nicht zu $v = \frac{1}{2}u$ kongruent ist!) Durch Animation oder mittels eines Schiebereglers können die Schüler sehen, wie die Bahn entsteht, und feststellen, dass die Kurve zwei Schleifen bildet, die sich gegenseitig im Nord- bzw. Südpol berühren, aber gegeneinander verdreht sind. Doch auch ohne Animationfunktion kann man sich davon überzeugen, wenn man die Graphik dreht. Durch *systematische Variation* des Definitionsbereiches ergibt sich ebenso einfach, dass die Bahn ausgehend von A nacheinander über N (= Nordpol), B, S (= Südpol), C, N, D, S bis A verläuft, wobei A, B, C, D die Schnittpunkte mit der x- und y-Achse im Uhrzeigersinn bezeichnen und für jeden Teilabschnitt $\Delta u = \frac{\pi}{4}$ ist.

Untersuchungen dieser Art wären, obwohl einige Aussagen nur auf „Augenschein" beruhen, durchaus sinnvoll. Will man zum Beispiel die Berühreigenschaft im Nordpol auch beweisen, dann gelingt das sogar ohne Differentialrechnung, indem man bemerkt, dass die Ebene des 45. und 135. Längengrades die Kurvenabschnitte ANB und CND voneinander trennt. Denn AN liegt wegen $0 \leq u \leq \frac{\pi}{4}$ „vor" (links) dieser Ebene. Für $\frac{\pi}{4} \leq u \leq \frac{\pi}{2}$ ist aber $v = 2u \geq \frac{\pi}{2}$, das heißt der entsprechende Bahnpunkt ist vom Längenkreis $\frac{\pi}{4} + \varepsilon$ auf den Längenkreis $\frac{3\pi}{4} + \varepsilon$ übergegangen. Mithin liegt NB ebenfalls links der Ebene. Entsprechend zeigt man, dass CND rechts der Ebene verläuft.

Solche Überlegungen mögen vielleicht kompliziert erscheinen, sind aber an einem Globus (auf den man mit einem Filzstift die Bahn einzeichnen kann) leicht zu verifizieren. Noch interessanter aber wäre der Nachweis, dass die beiden „Schleifen" – jetzt als Flächenstücke auf der Kugel verstanden – kongruent sind. Auch hier liefert die Graphik einen Beweisansatz: bei Drehung um $90°$ um die z-Achse und anschließender Spiegelung an der xy-Ebene müsste die Kurve in sich selbst übergehen, während die Schleifen miteinander vertauscht werden. In der Tat führt die Abbildung

$$\begin{pmatrix} x \\ y \\ z \end{pmatrix} \underset{\text{Drehung}}{\longrightarrow} \begin{pmatrix} y \\ -x \\ z \end{pmatrix} \underset{\text{Spiegelung}}{\longrightarrow} \begin{pmatrix} y \\ -x \\ -z \end{pmatrix}$$

auf die Parameterdarstellung

$$\bar{x} = \cos(2u)\sin u\,, \ \bar{y} = -\cos(2u)\sin u\,, \ \bar{z} = -\sin(2u)$$

der Bildkurve, die tatsächlich mit der ursprünglichen übereinstimmt. Der Unterschied ist nur äußerlich und beruht allein auf einer *anderen Zählung von u*. Beginnt man nämlich die Zählung statt in A in B, das heißt, setzt man $u = \frac{\pi}{2} + \bar{u}$, dann erhält man aus der ursprünglichen Darstellung

$$\begin{aligned} x &= \cos(\pi + 2\bar{u})\cos\left(\frac{\pi}{2} + \bar{u}\right) = \cos(2\bar{u})\sin\bar{u} = \bar{x}\,, \\ y &= \cos(\pi + 2\bar{u})\sin\left(\frac{\pi}{2} + \bar{u}\right) = -\cos(2\bar{u})\cos\bar{u} = \bar{y}\,, \\ z &= \sin(\pi + 2\bar{u}) = -\sin(2\bar{u}) = \bar{z}\,. \end{aligned}$$

Auch die obige Setzung muss nicht vom Himmel fallen. Nach der bereits beschriebenen Methode der systematischen Variation des Definitionsbereiches liest man sie bei Eingabe der neuen Parameterdarstellung unmittelbar aus der entstehenden Graphik ab.

Die „Risse" sind in engem Zusammenhang mit der *zweiten Erzeugungsart von Raumkurven* zu sehen: als Schnittkurve von Flächen. Risse unterstützen die (innere) Anschauung vor allem dadurch, dass man sich den Schnitt der zugehörigen Zylinder vorstellt. Ihre Linearkombinationen führen dann wieder zu neuen Trägerflächen und damit zu weiteren Veranschaulichungsmöglichkeiten. Erst jetzt wird übrigens die geometrische Bedeutung dieses Verfahrens sichtbar, denn bei der Bestimmung der Schnittgerade zweier Ebenen, die ja dem gleichen Muster folgt, wird es nur selten thematisiert.

Das Thema „Schnitt zweier Flächen“ kann im Unterricht zwanglos durch die Frage nach anderen „Achterkurven“ auf der Kugel als der vivianischen initiiert werden. Kurven mit der Gleichung $v = au$ mit $a > 0$ sind zwar als „Streckbilder“ der Vivianikurve anzusehen, doch ist ein „ähnlicher“ Verlauf, wie das Beispiel $v = 2u$ bereits gezeigt hat, nur für $0 \leq u \leq \frac{\pi}{2}$ gegeben. Man wird daher mehr an eine geometrische Erzeugung denken, also an den Schnitt der Kugeloberfläche mit – um den einfachsten Fall zu nehmen – anderen als dem Grundrisszylinder $x^2 + y^2 = x$. Damit die Kurve *geschlossen* ist, muss es auch ihr Grundriss sein, und damit ein *Doppelpunkt* auftritt, muss in $A = (1, 0, 0)$ ein „ähnlicher“ Flächenkontakt auftreten. Somit hätte man zwei einfache Verallgemeinerungsmöglichkeiten: Man ersetzt den Grundrisskreis durch eine Ellipse oder man verkleinert bzw. vergrößert den Kreis. Hierbei bietet sich die zweite auf Grund ihrer Einfachheit besonders an, und so gelangt man zu den bereits auf Seite 6 erwähnten sogenannten *Hippopeden* (= Pferdeschlingen) des EUDOXOS.

Die analytische Bestimmung der Schnittkurve zweier analytisch dargestellter Flächen stellt ein Problem dar, das von der Mathematik noch nicht allgemein gelöst ist. So werden die Schüler bei der Bearbeitung der eudoxischen Hippopeden sogleich mit der Frage konfrontiert: Wie finde ich ausgehend von den beiden Gleichungen

$$x^2 + y^2 + z^2 = 1 \text{ (Kugel)}, \quad (x - 1 + r)^2 + y^2 = r^2 \text{ (Zylinder)}$$

eine geeignete Parametrisierung ihrer Schnittkurve?

Auf den folgenden Weg sollten sie aber in Analogie zum Schnitt zweier Ebenen selbst kommen. Man erklärt eine Variable zum „Parameter“ und löst die Gleichungen nach den beiden anderen auf. Eliminiert man z. B. y^2 durch Subtraktion, so erhält man

$$z^2 = 2(1 - r) - 2(1 - r)x,$$

eine Gleichung, die nichts anderes als den *parabolischen Aufrisszylinder* der Kurve beschreibt. Bei dieser liegt die Auflösung nach x nahe, und durch Rücksubstitution folgt nach einigen Vereinfachungen die Darstellung der Schnittkurve mit z als Parameter

$$x = 1 - \frac{z^2}{2(1 - r)}, \quad y = \pm \frac{z}{1 - r} \sqrt{r - r^2 - \frac{1}{4} z^2}.$$

Da sie wegen der Quadratwurzel nicht eindeutig ist, handelt es sich eigentlich um zwei Darstellungen, was aber nur den Eingabeaufwand beim PC vergrößert.

Bei vielen Problemen kann man Quadratwurzeln nicht vermeiden. Hier kann man es, und die Schüler sollten die Methode auch kennen lernen: Man beschreibe eine der beiden Flächen mittels einer Parametrisierung und setze diese in die andere Flächengleichung ein. Dadurch erhält man eine Bedingung zwischen den zwei Flächenparametern, und wenn sich diese nach einem der beiden auflösen lässt, lassen sich alle übrigen Größen durch den noch verbliebenen ersetzen.

Im vorliegenden Fall gestaltet sich das Verfahren ganz einfach, wenn man den Zylinder gemäß der auf Seite 3 gemachten Bemerkung parametrisiert. Man erhält

$$x = 1 - r + r \cos t = 1 - r(1 - \cos t), \quad y = r \sin t$$

(der zweite Parameter – z – fehlt hier!) und durch Einsetzen in die Kugelgleichung und Auflösen

$$z = \pm \sqrt{2r(1 - r)} \sqrt{1 - \cos t}.$$

Damit sind alle Variablen durch t ausgedrückt, die Wurzel jedoch noch nicht beseitigt. Nun ist aber $\cos t = 1 - 2\sin^2 \frac{t}{2}$, also

$$z = 2\sqrt{r(1-r)}\sin\frac{t}{2},$$

wobei wir jetzt nur das Pluszeichen berücksichtigt haben. (Dass dabei aber nichts verloren geht, sieht man unmittelbar *ohne theoretische Erörterung*, indem man die Graphik zeichnet. Die Schleife ist vollständig, man könnte mit dem Minuszeichen keine neuen Punkte hinzufügen.)

Ein weiterer Schritt aber erweist sich als zweckmäßig: die *Parametertransformation* $\frac{t}{2} \to t$, denn erst dann ist ein Vergleich der Hippopeden mit der vivianischen Kurve möglich. Auf Grund der Beziehungen

$$\cos t = 2\cos^2\frac{t}{2} - 1, \quad \sin t = 2\sin\frac{t}{2}\cos\frac{t}{2}$$

folgt so die

Parameterdarstellung der Hippopeden des EUDOXOS
$x = 1 - 2r + 2r\cos^2 t,\ y = 2r\sin t\cos t,\ z = 2\sqrt{r(1-r)}\sin t, \quad 0 \le t \le 2\pi$

Unabhängig davon, ob man diese Entwicklung für zu schwierig oder langwierig hält, so wäre jedoch die Untersuchung der Hippopeden und ihr Vergleich mit der vivianischen Kurve in jedem Falle lohnend. So sollten die Schüler für konkretes r, das sie größer oder kleiner $\frac{1}{2}$ wählen, nicht nur die Graphik mit ihren Rissen zeichnen, sondern auch den Parameter t *geometrisch* identifizieren und die Formeln für x und y von daher verständlich machen. (Der Vergleich mit der vivianischen Kurve, wo $t = u$ ist, legt nahe, den *Umfangswinkel* im Grundriss mit Scheitel $(1-2r, 0, 0)$ zu betrachten.) Dabei wäre auch zu erklären, warum der Grundriss *zweimal* durchlaufen werden muss. Wichtiger ist die Frage: Gibt es einen Trägerkegel? (ja), und noch wichtiger: Wie hängt die vivianische Kurve, die unser Grundrisszylinder aus der Kugel $(x-1+2r)^2+y^2+z^2 = 4r^2$ herausschneidet, mit der Hippopede zusammen? (Die Gleichung für z zeigt, dass die Hippopede durch eine *senkrechte Achsenstreckung* im Verhältnis $\sqrt{\frac{1-r}{r}}$ aus der vivianischen Kurve hervorgeht. Das wird bei der späteren Bestimmung der Schleifenfläche von Bedeutung sein.) Die wichtigste Frage aber ist die: Die vivianische Kurve lässt sich kinematisch erzeugen. Wie könnte man analog eine Hippopede als Bahnkurve eines Punktes auf der Peripherie eines Großkreises beschreiben? Dabei geht es nicht um eine rechnerische Antwort, sondern um eine *Idee*, die nur aus einer sehr deutlichen anschaulichen Vorstellung hervorgehen kann. Man braucht nämlich den rotierenden Großkreis nur geeignet zu kippen, um solche Achterkurven zu erhalten, und dass es tatsächlich Hippopeden sind, kann man einfach mitteilen.

Das Thema Schnitte von (Kreis-) Zylindern mit der Kugel könnte noch weiter auf die sogenannten *Kugelellipsen* bzw. *-hyperbeln* ausgedehnt werden,[83] doch bietet es für das Aufsuchen von Parameterdarstellungen nichts Neues. Im allgemeinen muss man dabei Quadratwurzeln in Kauf nehmen und die etwas größeren Umstände, die dann das Erzeugen der Graphik macht. Das gilt auch für den Fall, dass man die Schnittkurven des Zylinders $x^2 + z^2 = 1$ mit dem Zylinder $x^2 + y^2 = x$ oder dem Kegel $(x-1)^2 + y^2 = z^2$ bestimmen möchte. Das Ergebnis sind wieder Achterkurven, doch sind sie weder mit der vivianischen noch untereinander identisch.

[83] Vgl. [Kroll 2005b; 26 ff].

Zu 1.3: Anders als bei Funktionsgraphen in der Ebene kann es vorkommen, dass der Tangentenvektor $\vec{p}\,'(t)$ *unbestimmt* wird. Das ist zum Beispiel bei $\vec{p}(t) = \begin{pmatrix} t^3 \\ t^6 \\ t^9 \end{pmatrix}$ für $t = 0$ der Fall. Andrerseits hat die zugehörige Kurve im fraglichen Punkt durchaus eine Tangente. Denn wenn man $x = t^3$ als neuen Parameter wählt, erhält man mit $\vec{q}(x) = \begin{pmatrix} x \\ x^2 \\ x^3 \end{pmatrix}$ *dieselbe Kurve* und $\vec{q}\,'(0) = \begin{pmatrix} 1 \\ 0 \\ 0 \end{pmatrix}$. Daher hat sie die x-Achse zur Tangente. Deutet man die Parameter t und x als *Zeit*, so besagt $\vec{p}\,'(0) = \begin{pmatrix} 0 \\ 0 \\ 0 \end{pmatrix}$, dass ein nach dem zugehörigen Gesetz die Kurve durchlaufender Punkt im Nullpunkt zum Halten kommt (Bahngeschwindigkeit $|\vec{p}\,'(0)| = 0$), während er – dieselbe Kurve, aber nach dem anderen Gesetz durchlaufend – dort die Geschwindigkeit 1 hätte. Das Beispiel zeigt auch, dass bei einer anderen Umparametrisierung, etwa $z = t^9$, die Bahngeschwindigkeit im Nullpunkt unendlich wird. Allgemein kann man sagen: Wenn eine Tangente existiert, ist mindestens eine Komponente des Tangentenvektors ungleich null. Wählt man die zugehörige Koordinate als Parameter, dann erhält man den Tangentenvektor durch Ableiten. Man muss also höchstens drei Möglichkeiten ausprobieren.

Ein analoges Phänomen tritt bei der Schmiegebene auf. Denn auch wenn $\vec{p}\,'(t) \neq \vec{0}$ ist, dann kann an derselben Stelle $\vec{p}\,''(t) = \vec{0}$ sein. In diesem Fall sind *alle* Ebenen durch die Tangente Schmiegebenen. Der zugehörige Punkt wird dann als *Wendepunkt* bezeichnet. Ein Wendepunkt liegt auch vor, wenn zwar $\vec{p}\,'(t) \neq \vec{0}$ und $\vec{p}\,''(t) \neq \vec{0}$ ist, aber die beiden Vektoren linear abhängig voneinander sind.

Die Schmiegebene kann anders als im Text analog zur Tangente definiert werden, nämlich als Grenzlage aller Ebenen durch drei Kurvenpunkte P_0, P_1, P_2, wenn P_1 und P_2 unabhängig voneinander gegen P_0 streben. Der Grenzprozess erfordert jedoch einigen technischen Aufwand, so dass der von uns eingeschlagene Weg zu bevorzugen ist. Er hat darüber hinaus den Vorteil, dass man an ihm die *Abwickelbarkeit* einer Fläche in die Ebene gut verständlich machen kann. Die Tangentenfläche einer Kurve besitzt nämlich diese Eigenschaft, weil die erzeugenden Tangenten jeweils ganz in „ihrer“ Schmiegebene liegen, die infolgedessen Tangentialebene *aller* Punkte der Erzeugenden ist. Fixiert man nun eine dieser Ebenen und verbiegt die Tangentenfläche so, dass ein anschließendes „infinitesimales“ Kurvenstück in die feste Ebene fällt, so fällt damit auch die nachfolgende Tangente in diese Ebene und damit das „zwischen beiden Tangenten liegende infinitesimale Teilstück“ der Tangentenfläche. In der Differentialgeometrie wird sogar gezeigt, dass jede abwickelbare Fläche eine solche Tangentenfläche sein muss. Die Tangentenflächen sind also außer Kegel und Zylinder die einzigen Flächen, die sich in eine Ebene abwickeln lassen. Da eine abwickelbare Fläche also eine *Regelfläche* sein muss, folgt hieraus, dass die Kugel nicht in die Ebene abgewickelt werden kann. Dies gilt nicht nur für ihre gesamte Oberlfäche, sondern sogar für jedes noch so kleine Teilstück.

Man wird auf die Frage der Abwickelbarkeit im Unterricht wohl nur dann eingehen, wenn die Schüler daran ein großes Interesse haben. Wohl aber sollte man die Lage von Schmiegebenen in einzelnen Punkten der vivianischen Kurve untersuchen lassen, damit die naheliegende Verwechslung mit der Tangentialebene an die Kugel verhindert wird, und man könnte fragen, in welchen ihrer Punkte die Abweichung am größten ist (im Nord- und Südpol, $\delta \approx 26{,}5°$). Auch die Tangente selbst liefert, wie die Beispiele des Textes zeigen, genug Möglichkeiten, Methoden der Differentialrechnung zusammen mit solchen der linearen Algebra zu kombinieren.

Zu 1.4: Dass Großkreise die Geodätischen der Kugel sind, haben wir in der Einleitung nur plausibel gemacht. Ein Vergleich des Großkreisbogens mit den Bögen aller Kleinkreise, die die gegebenen Punkte verbinden, wäre allerdings sehr einfach möglich, weil sich diese durch die Formel $b = r \cdot \alpha = r \cdot 2 \arcsin(\frac{s}{2r})$ ausdrücken lassen, wobei s die Länge der Sehne ist. Tatsächlich könnte man aber noch darüber hinausgehen und den allgemeinen Beweis wenigstens andeuten. Er geht von der Dreiecksungleichung für Kugeldreiecke aus, die von Großkreisbögen gebildet werden. Diese sind (in der Einheitskugel) durch ihre Mittelpunktswinkel gegeben. Die drei zu den Ecken führenden Radien bilden einen „Dreikant", und schneidet man diesen an einer Kante auf, so ist offensichtlich, dass sich die beiden Winkelfelder beim Zusammenklappen in eine Ebene überlappen müssen. Das heißt: Bei einem solchen Kugeldreieck ist die Summe zweier Seiten (= Bögen) größer als die dritte Seite.

Nun stellen wir uns eine beliebige Kurve vor, die die festen Punkte auf der Kugel verbindet. Wir zerlegen sie mittels einer Zahl von Punkten in Teilstücke und betrachten jeweils den Großkreisbogen, der die Endpunkte eines solchen Teilstücks verbindet. Dann approximiert dieser Bogen die Länge des Teilstücks, und die Summe aller Bögen die Länge der ganzen Kurve. Anschaulich ist nun klar, dass man die Zahl der Zerlegungspunkte zu einem vorgegebenen $\varepsilon > 0$ stets so groß wählen kann, dass sich die Summe der Großkreisbögen von der Kurvenlänge um weniger als ε unterscheidet. Wir wählen sie außerdem so, dass die Kurve in 2^n Teilstücke zerfällt. Wir betrachten wir nun diejenigen Großkreisbögen, die jeden zweiten Teilpunkt miteinander verbinden, wobei wir bei einem der Endpunkte anfangen. Dann ist jeder dieser Bögen nach der Dreiecksungleichung kleiner als die Summe der zwei Bögen, die er überbrückt. Somit ist auch die Summe aller dieser 2^{n-1} Großkreisbögen kleiner als die der 2^n ursprünglichen. Setzt man diesen Schluss fort, so erhält man schließlich die Aussage, dass der Großkreisbogen, der die beiden gegebenen Punkte verbindet, kürzer ist als die Summe der 2^n Großkreisbögen, die die Länge der Kurve approximiert. Nennen wir diese Summe S_n, die Länge des verbindenden Großkreisbogen B_0 und die Kurvenlänge B, so gilt $B_0 < S_n$ und $S_n - \varepsilon < B$, also $B_0 - \varepsilon < B$. Da ε beliebig gewählt wurde, folgt hieraus $B_0 \leq B$.

Zu der Herleitung der Parameterdarstellung eines Großkreises sei hier eine Alternative erwähnt. Wenn zwei Punkte (keine Diametralpunkte) von ihm gegeben sind (bei einem Kleinkreis drei), so berechnet man die Gleichung der Ebene durch diese Punkte und O löst sie nach z auf (oder x oder y) und setzt den gefundenen Ausdruck in die Kugelgleichung $x^2 + y^2 + z^2 = 1$ für z ein. Sie lässt sich stets durch quadratische Ergänzung auf die Form $(x + ay + b)^2 + (y + c)^2 = d^2$ bringen (Grundrissellipse), und hieraus gewinnt man die Parameterdarstellung wie auf Seite 3 unten. Allerdings muss man jetzt aber noch die beiden t-Werte ermitteln, die zu den gegebenen Punkten gehören. Das ist durch Gleichsetzen leicht möglich.

Wir erwähnen weiter, dass mit den Methoden des Textes auch eine „Kugelgeometrie" mit Großkreisen betrieben werden kann. Beispielsweise könnte man in konkreten und einfachen Fällen den „Umkreismittelpunkt" oder den „Schwerpunkt" eines Kugeldreiecks ermitteln und zeigen, dass sich auch hier die Mittelsenkrechten bzw. Seitenhalbierenden in einem Punkt schneiden.

Stärker noch als bei der Tangente werden bei der Herleitung der Loxodrome Grundvorstellungen der Analysis aktiviert. Dabei kommt ein neuer Gesichtspunkt hinzu: die Abbildung der Kugeloberfläche in die Ebene. Im Prinzip handelt es sich dabei um etwas ganz Einfaches: Man ordnet jedem Kugelpunkt $(u|v)$ durch $x = f(u, v)$, $y = g(u, v)$ einen Punkt $(x|y)$ zu, wobei f und g mindestens stetige und (bis auf Ausnahmepunkte) injektive Funktionen sind sowie x und y als kartesische Koordinaten aufgefasst werden. (Man könnte aber auch Polarkoordinaten nehmen oder noch ganz andere Koordinaten.) Die entscheidende Frage ist: Welche Eigenschaften hat diese Abbildung? (stetig, umkehrbar, winkel- oder flächentreu usw.)

Dies wird hier am historisch wichtigen Beispiel der Mercatorabbildung erörtert. So wie man das Bild einer beliebigen sphärischen Kurve in der Mercatorkarte betrachten kann, so könnte man auch nach dem Urbild einer vorgegebenen Kurve in der Karte auf der Kugel fragen. Am interessantesten ist wohl das Urbild eines *quadratischen* Netzes. Erzeugt man die entsprechende Graphik, so kann man direkt in ihr durch Verbindung gegenüberliegender Quadratecken die 45°-Loxodrome einzeichnen. Im Vergleich zur vivianischen Kurve bemerkt man dann, dass sich erst in Polnähe ein deutlich von ihr abweichender Kurvenverlauf ergibt, indem sie sich beliebig oft um den Nordpol windet.

Im Zusammenhang mit der Mercatorkarte liegt die Frage nach einer längentreuen Abbildung der Kugeloberfläche in die Ebene nahe. Sie ist gleichbedeutend mit der Frage, ob sich die Kugeloberfläche in die Ebene abwickeln lässt, ohne zu zerreißen. Mit der folgenden Argumentation kann man zeigen, dass das nicht möglich ist. Dann müsste nämlich ein Kugeloktant auf ein *gleichseitiges* Dreieck mit der Seitenlänge $\frac{1}{2}\pi R$ und damit der Höhe $\frac{1}{4}\pi R\sqrt{3}$ abgebildet werden. Dagegen hat die Urbildhöhe die Länge $\frac{1}{2}\pi R$.

Zu 1.5: Dieser Exkurs ist besonders anwendungsnah, da Maschinenbauer viel mit abrollenden Rädern zu tun haben und Mechanismen erfinden müssen, um bestimmte Bewegungen – also Kurven – zu realisieren. Er zeigt, dass es nach dem „Überlagerungsprinzip" relativ einfach ist, die Gleichungen aufzustellen, doch ist in jedem Falle das räumliche Vorstellungsvermögen stark gefordert. Will man diesen Abschnitt nicht ganz übergehen, so empfiehlt es sich, aus jedem der beiden Paragraphen ein markantes Beispiel auszuwählen und dieses konkret zu behandeln. Auf Folgendes sei aber noch besonders hingewiesen: Die hier angegebenen Formeln gelten auch für *ebene* Radlinien. Man braucht also keine neuen Überlegungen anzustellen, um sie zu beschreiben. Man vergleiche hierzu den Arbeitsauftrag 1, Seite 43.

Kapitel 2

Beginnt man den Kurs über räumliche Kurven und Flächen mit diesem Kapitel, so wird man die wichtige Erzeugung von Flächengraphiken aus 1.1 gleich bei der Behandlung der Schraubenlinie besprechen, ebenso wie das Rissekonzept aus 1.2 und die „Anwendungen der Differentialrechnung" (1.3). Die wichtige „Linearkombination von Flächen" (1.2.5) wird dagegen noch warten müssen, bis sich bei den Flächen in 2.2 ein geeigneter Anlass bietet. Ganz unabhängig aber davon, ob man dieses Kapitel oder das erste zum Einstieg wählt, sollte eine Unterrichtseinheit neben der „gewöhnlichen Schraubenlinie" (2.1.1) und einigen Beispielen für „räumliche Spiralkurven" (2.1.3) mindestens noch das „Kreuzgewölbe" (2.2.1), die „parabolischen Schnitte" (2.2.2) sowie die „Wendelfläche" (2.3.1) enthalten, um wirklich abgerundet zu sein.

Details

Zu 2.1: Anders als bei der Kugel entspricht die Gleichung $z = u$ in den üblichen Zylinderkoordinaten tatsächlich einer Geraden, wenn man ihren Mantel abwickelt. Die *linearen* Funktionen $z = f(u)$ sind nichts anderes als die Schraubenlinien, und ihr konstanter Anstieg gegenüber der xy-Ebene ist eine unmittelbare Folge ihrer Erzeugung durch Aufwickeln der Ebene auf einen Zylinder. Kurven auf der Zylinderoberfläche könnten deshalb als „quasi-ebene" Kurven angesehen werden. Tatsächlich sind sie aber, von den *ebenen* Zylinderschnitten Kreis und Ellipse einmal abgesehen, *echte*, doppelt gekrümmte Raumkurven, wie die vivianische Kurve. Man erzeugt sie als *Zylinderkurve*, indem man die Sinuskurve $z = \sin u$ so aufwickelt, dass *aufeinanderfolgende Nullstellen* zur Deckung kommen. Wickelt man diese jedoch so auf, dass *Anfang* und *Ende* einer Periode einer (*beliebigen*) Sinuskurve zusammenfallen, entsteht eine Ellipse (vgl. S. 62

ff), und indem man den Anfang einer Periode mit dem Ende der darauf folgenden *zweiten* Periode zusammenfallen lässt, eine *Wellenkurve*, die, wie 2.2 zeigt, mittels eines parabolischen Schnitts erzeugt werden kann. Als „Wickelkurven“ lassen sie sich leicht herstellen, am besten nach dem im Text (S. 47) beschriebenen Verfahren mittels einer Klarsichtfolie.

In 2.1.2 haben wir darauf verzichtet, Formeln für die Krümmung und Torsion beliebiger Kurven aufzustellen, da sie in den folgenden Kapiteln nicht benötigt werden. In einer *Phänomenologie* der Raumkurven und Flächen spielen die beiden Krümmungsmaße noch keine wichtige Rolle. Erst wenn man tiefer in die Differentialgeometrie eindringen möchte, wird man nicht auf sie verzichten können. Andrerseits kann man am Beispiel der Schraubenlinie verhältnismäßig einfach die Definition erklären und damit eine anschauliche Vorstellung von beiden Begriffen geben:
- die Krümmung misst, wie schnell eine Kurve vom geradlinigen Verlauf abweicht;
- die Torsion misst, wie schnell eine Kurve vom ebenen Verlauf abweicht.

Für den Fall aber, dass Schüler ein Interesse haben, Krümmung und Torsion anderer Kurven zu studieren, geben wir hier aber noch die allgemeinen Formeln an. Wenn die Kurve durch ihre Parameterdarstellung $\vec{p}(t)$ gegeben ist, dann geben

$$\kappa = \frac{|\vec{p}\,'(t) \times \vec{p}\,''(t)|}{|\vec{p}\,'(t)|^3}$$

ihre Krümmung an der Stelle t und

$$\tau = \frac{(\vec{p}\,'(t) \times \vec{p}\,''(t))\vec{p}\,'''(t)}{(\vec{p}\,'(t) \times \vec{p}\,''(t))^2}$$

ihre Torsion an der Stelle t an.

Die gewöhnliche Schraubenlinie kann man sich dadurch erzeugt denken, dass zwei Einheitsvektoren $\vec{a}, \vec{b}$, die zueinander und zur Achse der Schraube orthogonal sind, gleichmäßig längs der Achse verschoben wurden. Der mit ihrer Hilfe erzeugte Punkt $r\vec{a}\cos(mt) + r\vec{b}\sin(mt)$, $m \in \mathbb{N}$, beschreibt dann die Schraubenlinie. Dieses Verfahren kann auf beliebige Kurven statt der geradlinigen Achse verallgemeinert werden. Sei diese durch $\vec{p}(t)$ gegeben. Dann wird man als $\vec{a}$ und $\vec{b}$ die *Hauptnormale* $\vec{n}(t)$ bzw. die *Binormale* $\vec{b}_i(t)$ nehmen. Sie sind von t abhängig und Änderung von t bewirkt die Verschiebung längs der Kurve, wobei diese im allgemeinen aber nicht mehr gleichmäßig ist. Durch

$$\vec{q}(t) = \vec{p}(t) + r\vec{n}(t)\cos(mt) + r\vec{b}_i(t)\sin(mt)$$

ist dann eine Schraubenlinie gegeben, die sich im Abstand r um die Kurve windet, und zwar m-mal, wenn t von 0 bis 2π variiert. Nimmt man als Kurve die gewöhnliche Schraubenlinie, zum Beispiel

$$\vec{p}(t) = \begin{pmatrix} \cos t \\ \sin t \\ ct \end{pmatrix},$$

dann ist, wie man leicht nachrechnet,

$$\vec{n}(t) = \begin{pmatrix} -\cos t \\ -\sin t \\ 0 \end{pmatrix} \quad \text{und} \quad \vec{b}_i(t) = \frac{1}{\sqrt{1+c^2}} \begin{pmatrix} c\sin t \\ -c\cos t \\ 1 \end{pmatrix}.$$

Mit $c = \frac{1}{10}$, $r = \frac{1}{20}$ und $m = 100$ erhält man so eine „Schraubenlinie“, die sich 100 mal um eine Windung der gegebenen Schraubenlinie windet. Man spricht daher von einer „doppelt gewendelten“

Kurve. Beispielsweise handelt es sich bei dem „Glühkörper“ einer Glühbirne um einen feinen Draht aus Osmium-Wolfram, der zunächst zu einer sehr feinen Wendel gewickelt wird, die dann ihrerseits noch einmal schraubenförmig gewickelt wird. Leider ist das mit bloßem Auge nicht zu erkennen. Ein gröberes Modell liefert die gewendelte Telefonschnur. Diese kann man recht leicht zu einer doppelt-gewendelten Schnur wickeln, indem man sie um einen länglichen Gegenstand – z. B. einen Besenstiel – windet. Es wäre eine interessante Frage festzustellen, wieviel mal eine Doppelwendel länger ist als eine Windung. Denn die Verlängerung des stromdurchflossenen Drahtes bei einer Glühbirne ist ja das Ziel dieser Technik.

Die Herleitung der „Kegelschraube“ als Loxodrome ist recht aufwändig. Stattdessen könnte man auch einfach ihre Gleichung angeben und dann ihre Eigenschaften nachrechnen lassen. Dabei sollte man eine Untersuchung des *Grundrisses*, der eine logarithmische Spirale ist, einbeziehen.

Zu 2.2: Bei der Kugel sind alle ebenen Schnitte Kreise, beim Kreiszylinder Ellipsen, sofern die Schnittebene weder parallel noch orthogonal zur Zylinderachse verläuft. Dies liefert eine sehr natürliche Situation, die Ellipse als „gedehnten“ Kreis zu definieren, wie es im Text ausgeführt wird. Durch schrägen Schnitt erzeugte Wurstscheiben liefern für dieses Phänomen das beste Anschauungsmaterial, und die von ihnen abgezogene Pelle demonstriert die abgewickelte Kurve.

Umgekehrt kann man, von dieser Tatsache ausgehend, die Frage stellen: „Durch welchen Zylinderschnitt erhält man *zwei* Perioden einer Kosinuskurve?“ Nimmt man als solche $z = \cos 2t$, so hat der zugehörige Kreiszylinder den Radius 1 und die aufgewickelte Kurve die Gleichung $\vec{p}(t) = \begin{pmatrix} \cos t \\ \sin t \\ \cos 2t \end{pmatrix}$. Es gibt natürlich viele Flächen, auf denen diese Kurve liegt. Wegen $\cos 2t = \cos^2 t - \sin^2 t = 2\cos^2 t - 1 = 1 - 2\sin^2 t$ kämen als Anwärter

$$(1)\quad z = x^2 - y^2\,; \qquad (2)\quad z = 2x^2 - 1\,; \qquad (3)\quad z = 1 - 2y^2$$

in Frage. Die erste ist eine Sattelfläche, die zweite und dritte stellen einen parabolischen Zylinder dar. Dies wäre ein alternativer Weg zur Einführung der parabolischen Schnitte und der „Pfannkuchenkurve“. An dieser Stelle könnte man außerdem auf die Frage der Linearkombination von Flächen zu sprechen kommen und sie ganz analog wie bei der Kugel behandeln.

Im Exkurs wird der ergiebige geometrische Zusammenhang dieser Kurve mit der „Sattelfläche“ eingehend behandelt. Im Gegensatz zu den Quadriken Ellipsoid, Hyperboloid und Paraboloid, deren Gestalt als Verallgemeinerung der zugehörigen Rotationsflächen leicht vorstellbar ist, ist die Sattelfläche als „Mischform“ etwas grundsätzlich Neues. Deshalb wäre es wichtig, wenn die Schüler sie kennen lernen, doch nicht unbedingt auf dem im Text dargelegten Weg. Wichtige Eigenschaften erschließt man bereits auf die folgende, stärker algebraisch akzentuierte Weise. Man untersucht die durch (1) gegebene Fläche $z = x^2 - y^2$, die sofort als Schiebefläche zweier Parabeln interpretiert werden kann. (Eine wird längs der anderen parallel zu sich selbst verschoben.) Ihre Schnitte mit den Ebenen $z = \text{const.}$ sind Hyperbeln. Dass es sich um eine *doppelte* Regelfläche handelt, erkennt man am einfachsten so. Wegen $z = (x + y)(x - y)$ ergibt die Setzung $s = x + y$, $t = x - y$ einerseits $z = st$, andrerseits $x = \frac{1}{2}(s + t)$, $y = \frac{1}{2}(s - t)$, also

$$\begin{pmatrix} x \\ y \\ z \end{pmatrix} = \begin{pmatrix} \frac{1}{2}(s+t) \\ \frac{1}{2}(s-t) \\ st \end{pmatrix} = \begin{pmatrix} \frac{1}{2}s \\ \frac{1}{2}s \\ 0 \end{pmatrix} + t \begin{pmatrix} \frac{1}{2} \\ -\frac{1}{2} \\ s \end{pmatrix} = \begin{pmatrix} \frac{1}{2}t \\ -\frac{1}{2}t \\ 0 \end{pmatrix} + s \begin{pmatrix} \frac{1}{2} \\ \frac{1}{2} \\ t \end{pmatrix}.$$

Die erste Darstellung zeigt, dass bei konstantem s eine Gerade vorliegt, die Fläche also von der s-Geradenschar gebildet wird, die zweite, dass das gleiche für die Geraden bei festem t gilt. Dieses Vorgehen lässt sich auf Flächen der Form $z = ax^2 - by^2$ mit $ab > 0$ verallgemeinern.

Andrerseits könnte man, statt von der abgewickelten Kurve $z = \cos 2t$ auszugehen, ebenso gut auch $z = \sin 2t$ nehmen, also die gemäß $\cos\left(2t - \frac{\pi}{2}\right) = \cos\left(2\left(t - \frac{\pi}{4}\right)\right) = \sin 2t$ um $\frac{\pi}{4}$ verschobene bzw. auf dem Zylinder gedrehte Kurve. In diesem Fall ist $z = 2\cos t \sin t = 2xy$, und mit $s = x$, $t = y$, $z = 2st$ sieht man jetzt unmittelbar, dass eine doppelte Regelfläche vorliegt. Von hier liegt nun der Schritt zu einer Linearkombination der beiden Flächen $z = ax^2 - by^2$ und $z = 2xy$ nahe, und man könnte wie im Text des Buches zeigen, dass $z = ax^2 - by^2 + 2cxy$ für $ab > 0$ stets ebenfalls eine Sattelfläche ist. Doch ist das bereits eine recht anspruchsvolle Aufgabe.

Zu 2.3: Dass die Verschraubung einer Kurve eine Fläche erzeugt, versteht sich von selbst. Einzige Ausnahme ist die Schraubenlinie, da sie beim Verschrauben längs der gleichen Achse und mit dem gleichen Vortrieb in sich selbst übergeht. Wird allgemein ein Punkt $P(x|y|z)$ längs der z-Achse verschraubt, so beträgt der Schraubradius $r = \sqrt{x^2 + y^2}$. Bei einer Drehung um t und Verschiebung um ct geht er also in den Punkt $Q(r\cos t|r\sin t|ct + z)$ über. Verschraubt man nun eine Kurve, so wird die Schraubfläche von den Bahnen aller ihrer Punkte P gebildet. Als Beispiel betrachten wir den in der xz-Ebene liegenden Halbkreis mit

$$x = 1 + \frac{1}{25}\cos u\,, \quad y = 0\,, \quad z = \frac{1}{25}\sin u\,, \quad -\frac{\pi}{2} \le u \le \frac{\pi}{2}\,.$$

Dann ist $r = 1 + \frac{1}{25}\cos u$, und wir erhalten die Gleichung der Schraubfläche durch

$$x = \left(1 + \frac{1}{25}\cos u\right)\cos t\,, \quad = \left(1 + \frac{1}{25}\cos u\right)\sin t\,, \quad z = ct + \frac{1}{25}\sin u\,.$$

Beim Sockel einer Glühbirnehaben wir es mit diesem Fall zu tun. Hierbei liegen die Windungen aneinander, die Ganghöhe h beträgt also $\frac{2}{25}$. Wegen $h = 2\pi c$ ist also $c = \frac{1}{25\pi}$, und wir können die zugehörige Graphik gemäß der Gleichung der Schraubfläche leicht erzeugen.

Auch die Tangentenfläche einer Schraubenlinie ist natürlich eine Schraubfläche. Ihr Zustandekommen kann man genauso wie bei der Kugel mit Hilfe eines Kreises erklären, der samt Tangenten zu einer Schraubenlinie aneinandergezogen wird. Da keine ihrer Tangenten die Achse trifft, stellt sie zugleich ein Beispiel für eine *offene* Schraubfläche dar. Wendelfläche und Korkenzieherfläche sind dagegen die einzigen *geschlossenen* Schraubflächen, die von Geraden erzeugt werden.

Die Wendelfläche bietet einen guten Anlass, die Frage des Flächeninhalts aufzugreifen, die hier noch fast „elementar“ geklärt werden kann. Dazu betrachten wir ein infinitesimales Stück rds des erzeugenden Radius. Dieses beschreibt bei einer Windung einen Streifen der Wendelfläche, dessen Inhalt wir leicht angeben können. Der Weg, den der durch rs festgelegte Endpunkt der infinitesimalen Strecke zurücklegt, beträgt nämlich $2\pi\sqrt{c^2 + r^2s^2}$ und der des anderen $2\pi\sqrt{c^2 + r^2(s + ds)^2}$. Beide sind also fast gleich lang, und das Stück der Wendelfläche ist ein Rechteck mit dem Inhalt

$$dA = 2\pi\sqrt{c^2 + r^2s^2}\,rds\,.$$

Durch Integration nach s von 0 bis 1 erhält man mittels eines CAS das allerdings recht komplizierte Ergebnis für A. Bei dieser Gelegenheit wird man dann auch die Frage diskutieren, ob man sich mittels einer Formel die infinitesimalen Überlegungen ersparen kann, und die Formel aus 3.2 wie dort herleitet.

Kapitel 3

Abschnitt 3.1 setzt Kapitel 1 voraus. Wer nicht über die Kugel hinausgehen will, kann mit diesem Abschnitt eine Unterrichtsreihe, bei der die vivianische Kurve im Mittelpunkt steht, sinnvoll abschließen. Abschnitt 3.2 ist dagegen von keinem vorangegangenen Kapitel abhängig. Für einen Kurs, in dem auch andere Flächen als die Kugel auftreten, insbesondere also für die Inhalte von Kapiteln 4 und 5, ist die Kenntnis der allgemeinen Formeln von großer Wichtigkeit. Der Abschnitt kann dann ohne Schwierigkeiten an geeigneter Stelle in die Unterrichtsreihe einbezogen werden.

Details

Zu 3.1: Die Anfänge räumlicher Flächenberechnung mit den Mitteln der Analysis können an keinem Beispiel so gut nachvollzogen werden wie an dem „florentinischen Fenster" und der von LEIBNIZ gegebenen Lösung. Noch existieren keine Formeln und Verfahren. Doch es macht keine große Mühe, aus dem von LEIBNIZ eingeschlagenen Weg eine allgemeine Methode zu entwickeln, die auf beliebige Teilstücke der Kugeloberfläche anwendbar ist. Damit ist noch ein weiterer Vorteil verbunden. Dank der Ergebnisse von ARCHIMEDES kann sie an einfachen Beispielen *getestet* werden. Betrachtet man etwa die Kugelkalotte, die von der Ebene $z = 1 - mx, m > 0$ nach oben hin abgeschnitten wird. Da ihre Höhe $h = 1 - \frac{1}{\sqrt{1+m^2}}$ beträgt, ergibt die archimedische Formel $A = 2\pi h = 2\pi\left(1 - \frac{1}{\sqrt{1+m^2}}\right)$ für ihren Inhalt. Andrerseits ist der Grundriss des Schnittkreises darstellbar durch

$$x = \frac{2m}{1+m^2}\cos^2 t\,, \quad y = \frac{2m}{\sqrt{1+m^2}}\cos t \sin t\,, \quad z = 1 - \frac{2m^2\cos^2 t}{1+m^2}\,,$$

also gilt $\tan u = \frac{y}{x} = \sqrt{1+m^2}\tan t$ und $\cos^2 t = \frac{1+m^2}{1+m^2+\tan^2 u}$. Die Kalotte wird somit abgebildet auf die Fläche, die *oberhalb* der Kurve $z = 1 - \frac{2m^2\cos^2 u}{1+m^2\cos^2 u}$ und unterhalb der Geraden $z = 1$ liegt. Dabei läuft u wie t von $-\frac{\pi}{2}$ bis $\frac{\pi}{2}$. Ein CAS liefert für das Integral von $1 - z$ in diesen Grenzen das nach Archimedes zu erwartende Ergebnis.

Ob der Test in solcher Allgemeinheit funktioniert, hängt davon ab, ob das CAS das zugehörige Integral exakt oder nur nummerisch lösen kann. Schneidet man beispielsweise die Kalotte mittels Ebenen der Form $x = a, 0 < a < 1$, ab, dann wird die Schnittkurve am einfachsten mittels

$$x = a\,, \quad y = \sqrt{1-a^2}\cos t\,, \quad z = \sqrt{1-a^2}\sin t$$

beschrieben, und es gilt $\tan u = \frac{\sqrt{1-a^2}\cos t}{a}$, also

$$\cos t = \frac{a}{\sqrt{1-a^2}}\tan u \quad \text{und} \quad \sin t = \frac{\sqrt{1-a^2}\tan u}{\sqrt{1-a^2+a^2\tan^2 u}}\,.$$

Das Integral von $z\sin t$ in Abhängigkeit von u erweist sich jedoch für den *voyage 200* als unlösbar. Führt man es aber mittels

$$u = \arctan\left(\frac{\sqrt{1-a^2}}{a}\cos t\right), \quad \text{also} \quad du = \frac{-a\sqrt{1-a^2}\sin t\,dt}{(1-a^2)(\cos^2 t - a^2)}\,,$$

auf t zurück, so wird

$$\int z\,du = \int \sqrt{1-a^2}\sin t\,du = \int \frac{-a\sin^2 t\,dt}{\cos^2 t - a^2}\,.$$

Mit den Grenzen $t = \frac{\pi}{2}$ und $t = 0$ liefert der *voyage 200* allerdings nur ein unbestimmtes Ergebnis. Erst wenn man $b = \sqrt{1-a^2}$ setzt, wird mit $du = \frac{-ab\sin t\,dt}{a^2+b^2\cos^2 t}$ das Integral exakt auswertbar, und man erhält

$$A = 4\int_{\frac{\pi}{2}}^{0} \frac{-ab^2\sin^2 t}{a^2+b^2\cos^2 t}\,dt = 1\left(\sqrt{a^2+b^2}\,\mathrm{sign}(a) - a\right)\pi = 2\pi(1-a).$$

Die Reihenfolge der Grenzen ergibt sich dabei aus der Bedingung, dass von $u = 0$, also $t = \frac{\pi}{2}$, bis $u = \arctan \frac{\sqrt{1-a^2}}{a^2}$, also $t = 0$, integriert werden muss.

Noch ein weiterer Test wäre möglich, wenn man weiß, dass der Flächeninhalt *sphärischer* Dreiecke, d. h. solcher Dreiecke, die von *Großkreisbögen* begrenzt sind, gleich dem sogenannten „sphärischen Exzess" $(\alpha+\beta+\gamma-\pi)R^2$ ist. Legt man eine Seite auf den Nullmeridian, die zweite auf einen weiteren Längenkreis und verbindet man zwei Punkte dieser beiden Längenkreise mit einem dritten Großkreis, erhält man ein solches Dreieck. Seine Winkel α, β, γ lassen sich in konkreten Fällen dann leicht bestimmen, ebenso wie das Bild des Großkreisbogens, das von der Zylinderprojektion erzeugt wird. Da die beiden Längenkreise zur z-Achse parallel abgebildet werden, macht die nummerische Integration keine Schwierigkeiten. Am einfachsten ist dabei der Fall zu behandeln, wenn das sphärische Dreieck „gleichseitig" ist. Nimmt man $\frac{\pi}{3}$ als Länge der Seite, dann betragen die drei Winkel $\alpha = \beta = \gamma = \arccos \frac{1}{3}$ und die Größe der Fläche $A = 3\alpha - \pi \approx 0.5513$. Andrerseits lautet die Gleichung des Großkreisbogens

$$\begin{pmatrix} \frac{1}{2}\sqrt{3} \\ 0 \\ \frac{1}{2} \end{pmatrix} \cos t + \begin{pmatrix} -\frac{1}{6} \\ \frac{2}{3}\sqrt{2} \\ \frac{1}{6}\sqrt{3} \end{pmatrix} \sin t \,, \quad 0 \leq t \leq \frac{1}{3}\pi \,.$$

Daraus ergibt sich $u = \arctan \frac{y}{x} = \arctan \frac{4\sqrt{2}\sin t}{3\sqrt{3}\cos t - \sin t}$ und für das Integral $\int_0^{\arccos \frac{1}{3}} (1 - z)du$ durch Substitution von u der Wert 0.551286 in Übereinstimmung mit dem obigen Ergebnis.

Zu 3.2: Die für den Erfolg der beiden allgemeinen Formeln entscheidende Parametrisierung des Grundrisses der zu berechnenden Fläche bzw. des zu berechnenden Körpers kann außer durch zentrische Streckung auch anders erfolgen. *Entscheidend ist, dass sich dabei die neuen Parameterlinien nicht überschneiden*, sondern den Grundriss *einschichtig* bedecken. (Man vergleiche hierzu *Beispiel (2)* S. 159 ff.) Im Falle *konvexer* Grundrisse wie der hier zunächst vorliegenden Ellipse gibt es damit keine Probleme. Andernfalls müsste man die Grundrisse in geeignete Teilflächen zerlegen. Man könnte aber auch ebenso gut mit *Achsenstreckungen* arbeiten, beispielsweise wenn der Grundriss die Ordinatenfläche einer Kurve mit der Gleichung $y = f(x)$ ist. Die zugehörige Parametrisierung lautet dann einfach $y = sf(x), 0 \leq s \leq 1$. Davon machen wir bei den späteren Beispielen öfter Gebrauch.

Der Nutzen der allgemeinen Formeln zeigt sich in den Kapiteln 4 und 5, und zwar besondes dann, wenn sich die Integrale exakt auswerten lassen. Im allgemeinen ist das nicht zu erwarten, so dass man nur einzelne nummerische Ergebnisse erhält, die wenig aussagekräftig sind. Das ist die Kehrseite der Medaille. Am Beispiel der in den Bemerkungen zu 3.1 dargestellten Kalottenberechnungen lässt sich das sehr gut demonstrieren. Das Hippopedenbeispiel am Schluss des Abschnittes S. 106 ff zeigt andrerseits, dass man durch geschickte Substitutionen ebenfalls viel erreichen kann, und deshalb nicht zu schnell aufgeben sollte.

Kapitel 4

Während der Mathematikunterricht die Kugelgeometrie allenfalls streift, nimmt er von der sehr reizvollen Torusgeometrie überhaupt keine Notiz. Für einen *unmittelbaren* Einstieg in einen Kurs erscheint sie jedoch zu anspruchsvoll. Wenn aber die Schüler schon mit einer Fläche vertraut geworden sind, so könnte sich in einer zweiten Unterrichtsreihe der Torus anschließen.

Außer den Abschnitten 1.1 bis 1.3 und 3.2 setzt dieses Kapitel nichts weiter voraus. In jedem Fall sollte eine Unterrichtsreihe den Abschnitt 4.1 enthalten sowie zur Ergänzung einige Toruskurven aus 4.2. Das Phänomen der Villarceaukreise könnten die Schüler bei dieser Gelegenheit ebenfalls kennen lernen, ohne jedoch tiefer in deren Eigenschaften einsteigen zu müssen. Ihre ausführliche Thematisierung in dem hier unter 4.3 dargestellten Zusammenhang wäre aber eine Unterrichtsreihe für sich ebenso wie das Archytasproblem und die Zykliden. Alle drei Abschnitte sind unabhängig voneinander lesbar. Unter ihnen stellen 4.3 und 4.5 die höchsten Anforderungen und entfernen sich weiter von der Schulmathematik als 4.4. Dieser Abschnitt würde sich sehr gut für die Erarbeitung und Präsentation durch einen Schüler eignen, weil die Fragestellung und die Lösungsmethode eng mit in der Schule üblicherweise behandelten Gegenständen zusammenhängen, andrerseits aber die Genese mathematischer Probleme in der Antike an diesem Beispiel exemplarisch verdeutlicht werden kann.

Details

Zu 4.1: Am Beispiel des Torus lässt sich sehr gut zeigen, wie man durch *Variation der Parameter* neue und interessante Flächen erzeugen kann. Sie bieten zugleich sinnvolle Anlässe für Flächen- und Rauminhaltsberechnungen, weil ihre Ergebnisse zu Interpretationen und Vergleichen herausfordern. Sie sollten die Schüler anregen, eigene Produktionen hervorzubringen und analog zu untersuchen. Dabei lernen sie im Wechselspiel von Experiment und vorausschauender Überlegung, die Auswirkung von Funktionen an der Stelle von Parametern einzuschätzen. Dasselbe könnten sie natürlich auch schon im Umfeld der Schraubenlinien von Kapitel 2 praktizieren, doch im Zusammenhang mit Flächen sind die erzeugten Phänomene eindrucksvoller.

Parametervariation stellt jedoch nur eine Möglichkeit dar, neue Flächen zu kreieren. Auch das von uns so genannte „Liften", das man als Verallgemeinerung einer *räumlichen Scherung* ansehen kann, ist ein geeignetes Mittel, wobei man für die Leitkurve freie Wahl hat. Der Torus legt natürlich nahe, Zylinderkurven zu nehmen. Generell aber lassen sich Kreisscheiben längs einer beliebigen Kurve verschieben, wobei man sich lediglich über ihre Ausrichtung verständigen muss. So kann man ausgehend von einem festen Torus und einer vorgegebenen Kurve durch seine Achse Ebenen legen und einen der beiden herausgeschnittenen Kreise *in der Ebene* so verschieben, dass sein Mittelpunkt auf die Kurve fällt, falls die Ebene dabei die Kurve (ein- oder mehrmal) schneidet. So erhält man zur Kurve

$$\vec{p}(t) = \begin{pmatrix} t \\ t^2 \\ t^3 \end{pmatrix},$$

der sogenannten Raumparabel (vgl. Kap. 5) mit $\tan u = t$ den „Schlauch" mit Radius r

$$\vec{q}(t,v) = \vec{p}(t) + r\begin{pmatrix} \cos u \\ \sin u \\ 0 \end{pmatrix}\cos v + r\begin{pmatrix} 0 \\ 0 \\ 1 \end{pmatrix}\sin v = \begin{pmatrix} t + \frac{r\cos v}{\sqrt{1+t^2}} \\ t^2 + \frac{rt\cos v}{\sqrt{1+t^2}} \\ t^3 + r\sin v \end{pmatrix},$$

da $\cos u = \frac{1}{\sqrt{1+t^2}}$ und $\sin u = \frac{t}{\sqrt{1+t^2}}$ ist. Obwohl für jeden Punkt von $\vec{q}(t,v)$ die Kugelgleichung

$$(x-t)^2 + (y-t^2)^2 + (z-t^3)^2 = r^2$$

gilt, *passen diese Kugeln keineswegs in den Schlauch*! Wie man sich leicht durch eine Graphik überzeugen kann, schneiden ihn die Kugeln, und zwar gerade in dem Kreis, der zu seiner Erzeugung dient. Denn die Kugelgleichung besagt lediglich, dass sie für *festes* t erfüllt ist.

Ein echter Schlauch, durch den eine Kugel hindurchpasst – also eine *Rohrfläche* – entsteht erst dann, wenn die Kreise *senkrecht zur Kurve* verschoben werden. Im vorliegenden Beispiel sind die beiden Vektoren

$$\vec{a} = \frac{1}{\sqrt{1+4t^2}} \begin{pmatrix} -2t \\ 1 \\ 0 \end{pmatrix} \quad \text{und} \quad \vec{b} = \frac{1}{\sqrt{1+8t^2+25t^4+36t^6}} \begin{pmatrix} 3t^2 \\ 6t^3 \\ -1-4t^2 \end{pmatrix}$$

zum Tangentenvektor $\begin{pmatrix} 1 \\ 2t \\ 3t^2 \end{pmatrix}$ und zueinander orthogonal sowie auf 1 normiert. Dann wird durch

$$\vec{q}(t,v) = \vec{p}(t) + r\vec{a}\cos v + r\vec{b}\sin v$$

ein Schlauch mit Radius r beschrieben, der diesen Namen auch verdient. Denn ein infinitesimal kurzes Stück der Kurve kann als geradlinig angesehen werden und der Schlauch infolgedessen als gerader Kreiszylinder. Rohrflächen wird man also stets auf diese Weise erzeugen können, sofern die Leitkurve keine scharfen Knicke aufweist.

Zu 4.2: Ebenso wie man aus jeder Kurve nach den oben dargestellten Prinzipien einen „Schlauch“ machen kann, so kann man einen solchen auch wie den Torus umwickeln. Setzt man etwa $v = 60t$, so erhält man mit

$$\vec{q}(t) = \vec{p}(t) + r\vec{a}\cos(60t) + r\vec{b}\sin(60t)$$

einen 60-mal umwickelten Schlauch. Allerdings haben die Wicklungen keineswegs den gleichen Abstand, da die Bogenlänge der zugrunde liegenden Kurve i. a. nicht linear von t abhängt. Das lässt sich nur erreichen, wenn man die Kurve nach ihrer Bogenlänge parametrisieren kann. Bei der Raumparabel ist das nicht der Fall, wohl aber bei der durch

$$x = t^2, \quad y = t^3, \quad z = \frac{1}{2}t^4 - \frac{17}{144}t^2$$

gegebenen Kurve. Ihre Bogenlänge s beträgt von $t = 0$ aus gerechnet

$$s = \frac{1}{144}t^2(72t^2 + 145).$$

Hieraus ergibt sich t in Abhängigkeit von s zu

$$t_{1,2} = \pm\sqrt{-\frac{145}{144} \underset{(-)}{+} \sqrt{\left(\frac{145}{144}\right)^2 + 2s}}\,,$$

wobei unter der großen Wurzel offenbar das Pluszeichen gelten muss. Ersetzt man nun t mittels dieser Formel durch s (unter Berücksichtigung der beiden möglichen Fälle „t positiv“, „t negativ“), so erhält man mit dem gleichen Vorgehen wie oben eine Schlauchumwicklung mit konstantem Windungsabstand.

Aus mathematischer Sicht gehören Knoten nicht in diesen Zusammenhang. Bei ihnen interessiert nicht ihre genaue Gestalt, sondern sie werden als topologische Objekte betrachtet, d. h. solche die man beliebigen stetigen Verformungen unterwerfen darf, ohne sie zu zerreißen. Sie stellen hier nur ein kleines Aperçu zum Thema dar und sind als Anregung gedacht, sich näher mit dem Thema zu beschäftigen. Man vergleiche hierzu das im Literaturverzeichnis angegebene Buch von *Colin C. Adams*. Ähnliches gilt für das *Möbiusband*, das in der Topologie eine wichtige Rolle spielt.

Zu 4.3: Die Loxodromen eines Torus verdienen anders als die Loxodromen der Kugel kein besonderes Interesse. Andrerseits geben sie erneut Gelegenheit, eine nicht zu schwierige Differentialgleichung zu lösen (mit Hilfe eines CAS) und die verschiedenen Formen zu studieren, die möglich sind. Interessant ist, dass sie sich von den entsprechenden Schraubenlinien kaum unterscheiden. Am interessantesten ist aber zweifellos das Phänomen der Villarceaukreise, die natürlich auch direkt als Schnittgebilde gewisser Ebenen mit einem Torus definiert werden können. Ihre Untersuchung ist allerdings nicht ganz einfach.

Zu 4.4: Die Würfelverdopplung des ARCHYTAS wird vielfach in der historischen Literatur dargestellt. Doch sind die räumlichen Darstellungen meistens schwer zu lesen, und vor allem wird der Gedanke, *zwei Ortslinien für den gesuchten Punkt P zu finden*, nicht richtig deutlich. So kann der Schüler an diesem berühmten Beispiel lernen, dass es auch im Raum sehr nützlich sein kann, durch Weglassen einer Bedingung ein Problem zu „dynamisieren" (= „Ortslinien zu finden"), dies für (mindestens) zwei voneinander *unabhängige* Bedingungen zu tun, um schließlich das gleichzeitige Erfülltsein der Bedingungen als Schneiden zu interpretieren. Man kann die Lösung aber auch so verstehen, dass ARCHYTAS von drei Bedingungen jeweils zwei weglässt und als „geometrische Örter" für P *Flächen* erhält, nämlich den Ringtorus, den Kreiszylinder und den Kegel. Dort wo sich alle drei Flächen schneiden, liegt der gesuchte Punkt P.

Zu 4.5: Die Dupinschen Zykliden werden häufig als Hüllflächen von bestimmten Kugelscharen eingeführt (vgl. Fladt, Baur 1975, S. 356 ff). Sie können aber auch durch (räumliche) Inversion eines Torus an einer Kugel, deren Mittelpunkt in der Mittenkreisebene des Torus liegt, erzeugt werden. (Vgl. Glaeser, G., 2005, S. 198 ff). Beide Methoden gehen aber über den in diesem Buch gesteckten Rahmen hinaus. Glücklicherweise lassen sich aber diese Flächen auch durch Kreise erzeugen, die anders als in den bisherigen Beispielen dabei in bestimmter Weise ihren Radius ändern. Damit ordnet sich ihre Erzeugung der allgemeinen Methode der Parametervariation unter. Die Bedingungen, die dabei einzuhalten sind, sind genuin geometrischer Natur, aber erfordern auch Einiges an Rechnung, was ohne CAS nicht zu bewältigen wäre. Das gilt noch mehr für die zweite Erzeugungsart, die vor allem im Hinblick auf den Vergleich besondere Anforderungen stellt. Da würde es auch genügen, die Ergebnisse einfach mitzuteilen.

Vor allem aber könnten die Zykliden Anlass geben, analoge, jedoch einfachere Flächenkonstruktionen vorzunehmen, etwa indem man einen Kreis senkrecht zu einem zweiten Kreis verschiebt und den Radius dabei so variiert, dass sich eine zyklidenähnliche Fläche (Hornzyklide, Einhorn o. ä.) ergibt. Interessant wäre dabei die Frage, wie gut man eine Ringzyklide auf diese Weise approximieren kann.

Auf anderer Ebene liegt das Problem der Verallgemeinerung von Toruseigenschaften. So lässt die Anschauung vermuten, dass es Kugeln gibt, die die Zykliden von außen berühren, wobei ihr Mittelpunkt in der xz-Ebene liegt. Solche Kugeln lassen sich in konkreten Fällen leicht bestimmen, indem man von der Tatsache ausgeht, dass sie die Zyklide mindestens in ihren Schnittkreisen mit der xz-Ebene berühren. In der Ebene durch diese beiden Punkte parallel zur y-Achse müsste dann der Berührkreis liegen. Das bestätigt man leicht für Kugeln mit bekanntem Radius, wenn man eine Ringzyklide oder das Einhorn zugrunde legt. Im Fall der Hornzykliden gelingt es auch, wenn man die Berührsituation in der xz-Ebene richtig analysiert. Hier ist also reiches Übungsmaterial vorhanden. Man kann sogar so weit gehen und nach der Existenz eines Analogons für die Villarceaukreise fragen. Die diesbezügliche Rechnung ist aber schwieriger, da die Faktorisierung des Grundrisses (Schnitt zweier kongruenter Ellipsen) nicht ohne weiteres von einem CAS geleistet wird. (Vgl. Aufgabe 3, S. 142.) Im Fall der Ringzyklide mit $a = 9$, $b = 3$, $d = 2$ sei sie hier angegeben. Die Gleichung einer der beiden Berührebenen lautet $z = \frac{x}{2\sqrt{2}} + \frac{4}{3\sqrt{2}}$. Der Grundriss ihres Schnittes hat dann die Gleichung

$$\frac{81}{64}x^4 + \frac{9}{4}x^2y^2 - 162x^2 + y^4 - 176y^2 + 5184 = 0\,,$$

deren linke Seite in das Produkt

$$\left(\frac{9}{8}x^2 + (y - \sqrt{8})^2 - 80\right)\left(\frac{9}{8}x^2 + (y + \sqrt{8})^2 - 80\right)$$

verwandelt werden kann. Im Anschluss daran ist es leicht zu zeigen, dass diese Tangentialebene die Ringzyklide in der Tat in zwei kongruenten Kreisen schneidet.

Kapitel 5

Ebenso wie im Fall von Kapitel 4 setzt auch dieses Kapitel nur die Kenntnisse von 1.1 bis 1.3 und 3.2 voraus. In 5.1 liegt der Schwerpunkt dabei zunächst auf Kurven mit polynomialer Parameterdarstellung, die als Verallgemeinerung von Geraden im Raum verstanden werden können und dem Schüler auch algebraisch vertraut erscheinen dürften. Als Einstieg in das Thema eignen sie sich trotzdem nicht besonders gut. Denn, wie schon in der Einleitung des Buches dargelegt, nur Kurven und Flächen *zusammen* führen zu den wirklich charakteristischen Fragestellungen. Dabei haftet den Flächen, wie sie in 5.1.2 und 5.1.3 anschließend definiert werden, aber etwas *Künstliches* an, obwohl das für die Erzeugungsweisen selbst nicht gilt. Den Grund hierfür wird man wohl in den recht willkürlich erscheinenden Definitionen suchen müssen. Die Kurven zum Beispiel gehen nicht aus Situationen hervor, die man viel eher als „natürlich" empfindet, etwa wenn sich zwei gut bekannte und vertraute Flächen schneiden oder wenn Punkte auf Flächen Bahnen nach einer bestimmten Gesetzmäßigkeit beschreiben. Andrerseits wäre 5.1 als eine *zweite* Unterrichtseinheit durchaus sinnvoll, wenn ihr eine über sphärische oder zylindrische Kurven vorausgegangen ist. Auf Grund ihrer Andersartigkeit stünde sie in einem fruchtbaren Kontrast zum Vorangegangenen. Dabei würde es genügen, bei den Flächen nur wenige Beispiele zu behandeln. Die Berechnung von Flächen- und Rauminhalten sollte man aber nicht gänzlich außer Acht lassen.

Was im Vorstehenden zu 5.1 gesagt worden ist gilt mutatis mutandis auch für 5.2. Zur Einführung ist dieser Abschnitt nicht besonders geeignet, wohl aber als Ergänzung, die man am besten wohl an 5.1 anschlösse.

Details

Zu 5.1: Sehnen (Sekanten), Tangenten und Schmiegebenen sind die einfachsten Elemente der Raumkurvendiskussion. Hinzu kommen orthogonale Projektionen auf die Koordinatenebenen oder auch auf beliebige andere Ebenen (vgl. Arbeitsauftrag 2, S. 153). Am einfachsten ist natürlich die Frage, ob es sich um eine *ebene* Kurve im Raum handelt, zu beantworten. In der Regel genügt die Überprüfung von vier geeignet gewählten Punkten. Im Fall der Raumparabel sieht man sogar schon ihren Punkten $(0|0|0), (1|1|1), (-1|1|-1)$ unmittelbar an, dass ihre Projektionen auf die xz-Ebene auf einer Geraden liegen. Infolgedessen kann die Kurve nicht eben sein, da dann auch alle anderen ihrer Aufrisspunkte auf dieser Geraden liegen müssten. Die im Buch gewählte Begründung ist demgegenüber abstrakter, aber zeigt dafür die allgemeinen Zusammenhänge auf. Sie zeigt zugleich, welche Bedingungen die drei Parameterfunktionen $f(t), g(t), h(t)$ erfüllen müssen, wenn die zugehörige Kurve eben sein soll. In dem Falle muss nämlich $af(t) + bg(t) + ch(t) = d$ für alle t sein, ohne dass a, b, c gleichzeitig verschwinden. Für $c \neq 0$ z. B. besagt das $h(t) = -\frac{a}{c}f(t) - \frac{b}{c}g(t) + \frac{d}{c}$. Also ist $h(t)$ bis auf eine additive Konstante eine *Linearkombination* der beiden anderen Parameterfunktionen.

Die im Spezialfall der Raumparabel erhaltenen Ergebnisse wird man – mit den nötigen Abänderungen – auch bei anderen Raumkurven mit polynomialer Parameterdarstellung erhalten, soweit es die oben genannten Elemente betrifft. Beispielsweise führt eine analoge Rechnung wie im Haupttext Seite 151 f für die Kurve

$$x = t^2, \quad y = t^4, \quad z = t^5$$

auf die Beziehung $z_Q - z_P = (t-a)^3(-t^2 + \frac{9}{8}at + \frac{3}{8}a^2)$ mit der gleichen Schlussfolgerung, dass die Kurve die Schmiegebene an der Stelle a durchdringt. An dem Faktor von $(t-a)^3$ erkennt man aber, dass es dabei auch auf a ankommt. Denn für $a = 0$ könnte sich der Sachverhalt ändern, wie es z. B. bei der (rektifizierbaren) Kurve

$$x = t^2, \quad y = t^3, \quad z = \frac{1}{16}t^4 - \frac{40}{9}t^2$$

tatsächlich der Fall ist. Dann erhält man nämlich allgemein

$$z_Q - z_P = (t-a)^3\left(-\frac{1}{16}t + \frac{a}{48}\right)$$

und $z_Q - z_P = -\frac{1}{16}t^4$ für $a = 0$. An dieser Stelle durchdringt also die Kurve die Schmiegebene nicht.

In Bezug auf die Schmiegebene bieten sich weitere Untersuchungen an. So kann man ihre Spurgeraden etwa in der xy-Ebene ermitteln und fragen, welche Kurve sie *einhüllen*. Mit Hilfe einer graphischen Darstellung ergibt sich leicht, dass es sich um die *Tangentenspurkurve* handeln müsste, und wird das leicht rechnerisch bestätigen können.

Etwas schwieriger ist die Frage nach der *Fläche*, die die Schmiegebenen einhüllen. Sie kann im vorliegenden Fall jedoch relativ einfach beantwortet werden. Die Gleichung der Schmiegebene

$$z = -3t^2x + 3ty + t^3$$

besagt, dass sie die Parallele zur z-Achse durch den festen Punkt $(x|y|0)$ in einer Höhe z schneidet, die von t abhängt. Die *extremalen* Werte dieser Höhen müssten dann gerade die Punkte $(x|y|z)$ der Hüllfläche sein.[84] Wir berechnen sie wie üblich, indem wir die Ableitung von z nach t bilden und diese null setzen. Die Lösungen der resultierenden quadratischen Gleichung lauten dann $t_{1,2} = x \pm \sqrt{x^2 - y}$.

Setzt man diese in die Gleichung der Schmiegebene ein, so erhält man die extremalen Werte von z in Abhängigkeit von x und y, d. h. die Gleichung der Hüllfläche. Wegen der Doppeldeutigkeit der Wurzel handelt es sich um zwei Funktionen.

Deshalb ist es einfacher, die Parameter t und x beizubehalten und mit Hilfe beider Gleichungen y und z durch sie auszudrücken. Man erhält so nach leichter Rechnung

$$y = 2tx - t^2, \quad z = 3t^2x - 2t^3,$$

und wenn man x noch durch den „neutralen“ Buchstaben s ersetzt, als Gleichung der von den Schmiegebenen eingehüllten Fläche

$$\vec{q}(s,t) = s\begin{pmatrix} 1 \\ 2t \\ 3t^2 \end{pmatrix} + \begin{pmatrix} 0 \\ -t^2 \\ -2t^3 \end{pmatrix}.$$

Wie man unmittelbar sieht, schneidet sie die yz-Ebene in der dortigen Tangentenspurkurve $\begin{pmatrix} 0 \\ -t^2 \\ -2t^3 \end{pmatrix}$. Die Vermutung, dass sie dann die beiden anderen Koordinatenebenen ebenfalls in den Tangentenspurkurven

[84] Vgl. [Kroll 1985, S. 180 ff] für den zweidimensionalen Fall.

schneidet, liegt nahe und ist rechnerisch leicht zu bestätigen ebenso wie die Tatsache, dass sie durch die Raumparabel geht. Alle diese Aussagen verstehen sich von selbst, wenn man die Parametertransformation $s = s^* + t$ vornimmt. Die Parameterdarstellung der Fläche geht dann über in

$$\vec{q}^*(s^*, t) = \vec{q}(s^* + t, t) = s^* \begin{pmatrix} 1 \\ 2t \\ 3t^2 \end{pmatrix} + \begin{pmatrix} t \\ t^2 \\ t^3 \end{pmatrix},$$

und man erkennt unmittelbar, dass es sich um die *Tangentenfläche* der Raumparabel handelt. Wir haben somit an diesem Beispiel gezeigt, dass die Hüllfläche der Schmiegebenen und die Tangentenfläche übereinstimmen, ein Sachverhalt, der allgemein zutrifft.

Hiernach liegt es nahe, den Schnitt der Schmiegebene mit ihrer Hüllfläche zu bestimmen. Dafür wäre es bequem, ihre Gleichung als Beziehung zwischen x, y und z zu kennen. Sie ist nicht schwer herzuleiten. Wie oben beschrieben, erhalten wir durch Einsetzen am besten mit Hilfe eines CAS

$$z = -2x^3 + 3xy \mp 2\sqrt{x^2 - y}^3$$

und hieraus durch Umstellen und Quadrieren sofort

$$(z + 2x^3 - 3xy)^2 = 4(x^2 - y)^3.$$

Dabei ist zu beachten, dass $y \leq x^2$ sein muss, wenn z definiert sein soll. Die Schnittkurve der Fläche mit $z = -3a^2x + 3ay + a^3$ ergibt sich hieraus wie üblich durch Einsetzen von z. Die resultierende Gleichung erweist sich als vierten Grades, doch da ja die Tangente sicher zur Schnittmenge gehört, lässt sich der entsprechende Faktor abspalten, sogar zweimal. Einfacher kommt man zu dem Ergebnis, wenn man alle Glieder auf eine Seite bringt und den Term mit Hilfe eines CAS faktorisiert. Das Ergebnis

$$(2ax - a^2 - y)^2(3x^2 + 3ax - a^2 - 4y) = 0$$

zeigt, dass der *Grundriss* der Schnittkurve in die Gerade $2ax - a^2 = y$ und die Parabel $3x^2 + 2ax - a^2 = 4y$ zerfällt. Demnach muss auch die Schnittkurve selbst zerfallen, wobei der Kurventyp derselbe bleibt. Dabei kann man noch feststellen, dass die Tangente an die Raumkurve im Punkt $(a|a^2|a^3)$ ebendort auch die Parabel berührt.

Die Bestimmung von Hüllflächen tritt als Möglichkeit zu den im Text genannten Erzeugungsweisen von Flächen aus Kurven hinzu. Da die Struktur solcher Flächen im allgemeinen aber recht kompliziert ist, stellt ihre Untersuchung höhere Anforderungen. Umgekehrt führt die rein algebraische Definition einer Fläche mittels $z = f(x, y)$, wo $f(x, y)$ ein Polynom in x und y ist, zu recht einfachen, aber darum auch nicht sehr interessanten Objekten. Das ändert sich schlagartig, wenn man von einer Gleichung der Form $f(x, y, z) = 0$ ausgeht, wo $f(x, y, z)$ wieder ein Polynom – jetzt in x, y und z – ist, aber eine Auflösung nach z (oder x oder y) nicht möglich ist bzw. große Schwierigkeiten macht. Findet man darüber hinaus auch keine passende Parameterdarstellung, so ist eine Untersuchung solcher Flächen nur mit Hilfe einer Software möglich, die solche *implizit* gegebenen Flächen darstellen kann. Deshalb sind wir im Text nicht auf diese Möglichkeit eingegangen. Hier soll aber an einem Beispiel gezeigt werden, wie man zur impliziten Gleichung einer Fläche gelangen kann, die bestimmte Eigenschaften haben soll.

Wir gehen vom Einheitskreis $x^2 + y^2 = 1$ aus und fragen, wie die Gleichung lauten würde, wenn man, anschaulich gesprochen, die Peripherie des Kreises nach innen eindrückt, aber die Achsenschnittpunkte dabei festhält. Außerdem soll die entstehende Kurve weiterhin zu beiden Achsen und zu beiden Winkelhalbierenden symmetrisch sein. Nach diesen Vorgaben ist klar, dass man den Radius entsprechend ändern, nämlich so verkleinern muss, dass er für $x \neq 0$ oder $y \neq 0$ kleiner als 1, sonst aber 1 ist. Ferner muss in der Gleichung x mit $-x$, y mit $-y$ und x mit $\pm y$ vertauschbar sein. Statt 1 auf der rechten Seite, wird man daher einen Bruch setzen, der x^2 und y^2 symmetrisch im Nenner enthält und für $x = 0$ oder $y = 0$ den Wert 1 annimmt. Das ist z. B. der Fall für

$$r^2 = \frac{1}{1 + x^2y^2}, \quad \text{nicht aber, um eine Alternative zu nennen, für} \quad r^2 = \frac{1}{1 + x^2 + y^2}.$$

Als Gleichung des eingedrückten Kreises ergibt sich so $(x^2+y^2)(1+x^2y^2) = 1$. Die graphische Darstellung zeigt jedoch, dass der Effekt nur ganz gering ist, da der kleinste Wert für r, der an der Stelle $x = y \approx 0.651$ angenommen wird, nur 0.921 beträgt. Will man erreichen, dass die Kurve *sternförmig* ist, dann muss r deutlich kleiner als $\frac{1}{2}\sqrt{2}$ sein. Mit Hilfe eines konstanten Faktors c, der den Nenner noch weiter verkleinert, erreicht man dieses Ziel. Wenn in $(x^2 + y^2)(1 + cx^2y^2) = 1 \quad c > 16$ ist, beginnt die Kurve sternförmig zu werden. Mit $c = 1000$ erhält man einen ausgeprägten Stern. Diese Zusammenhänge können mit handelsüblicher Software leicht untersucht werden.

Überträgt man nun die vorstehenden Überlegungen auf die Kugel, so liegt es nahe, die Gleichung sofort in der Form $(x^2+y^2+z^2)(1+1000x^2y^2z^2) = 1$ anzusetzen. Die Graphik zeigt dann jedoch keinen räumlichen Stern, da die Schnitte mit den Koordinatenebenen *Kreise* sind. Die Kugel ist lediglich *innerhalb* der acht Oktanten nach innen eingedrückt. Wenn man einen Stern erhalten will, darf der zweite Faktor nur dann 1 werden, wenn zwei der drei Variablen x, y und z *gleichzeitig* verschwinden. Hier wird man natürlich die Schüler mit verschiedenen Gleichungen experimentieren lassen. Die Lösung $(x^2+y^2+z^2)(1+1000(x^2y^2 + y^2z^2 + z^2x^2)) = 1$ liegt allerdings nicht auf der Hand.

Die Flächen- und Volumenberechnungen des letzten Paragraphen dieses Abschnittes mögen auf manche Leser etwas künstlich wirken. Bei ihnen handelt es sich um die Verallgemeinerung von geläufigen Problemstellungen des $\mathbb{R}^2$ auf den Raum, wobei der $\mathbb{R}^2$ durch eine beliebige Fläche ersetzt ist. Andrerseits sind die Fragestellungen aber keineswegs sinnlos. Denn Flächenausschnitte und Körper, die von solchen Ausschnitten begrenzt werden, sind ganz alltägliche Objekte, wenngleich sie in Wirklichkeit häufig komplizierter sind.

Zu 5.2: Für Interpolationskurven und -flächen ist charakteristisch, dass sie – sind die Rezepte einmal entwickelt – nichts grundsätzlich Neues mehr bieten. Man kann sie aber ähnlich wie die Flächen und Kurven in den vorstehenden Abschnitten untersuchen. Andrerseits können die Formeln ganz schematisch aufgestellt und deshalb auch leicht programmiert werden. So dient dieser Abschnitt eigentlich nur dazu, die Schüler in einige grundlegende Konzepte einzuführen, die in der Praxis eine große Rolle spielen. Viele Beispiele dazu zu rechnen, wäre nicht sinnvoll.

Im Fall der Flächen könnte man außer Punkten natürlich auch Ableitungen vorschreiben. Dann ist es aber nicht sinnvoll, ein komplexes Interpolationsproblem im gleichen Zusammenhang zu formulieren. Vielmehr wird man – analog zum zweidimensionalen Fall – den Funktionstypus angeben, damit das Problem übersichtlich bleibt. Zum Beispiel könnte die Problemstellung lauten: Man bestimme in $z = f(x, y) = ax^3 + by^2$ die Koeffizienten a und b so, dass die Fläche durch den Punkt $(1|1|1)$ geht und in diesem Punkt in der Richtung der Winkelhalbierenden $y = x$ die Steigung m hat. Zur Lösung muss man die Kurvengleichung bestimmen $\left(\begin{pmatrix} x \\ x \\ ax^3 + bx^2 \end{pmatrix}\right)$, ableiten $\left(\begin{pmatrix} 1 \\ 1 \\ 3ax^2 + 2bx \end{pmatrix}\right)$, den Punkt einsetzen, um schließlich die Steigungsbedingung „z-Komponente des Tangentenvektors durch seinen Grundriss gleich m" formulieren zu können. Zusammen mit $1 = a + b$ folgt daraus hier $a = \sqrt{2}m - 2$, $b = 3 - \sqrt{2}m$.

Aufgaben dieser Art könnten sehr sinnvolle Übungen sein. Mit praktischen Problemen haben sie aber wenig zu tun.